# 분당에서 세종까지

대한민국 도시설계의 역사를 쓰다

# 분당에서 세종까지

## 대한민국 도시설계의 역사를 쓰다

안건혁 지음

한울
아카데미

# 서문

우리가 말하는 현대 신도시는 1900년을 전후로 진행된 영국의 에베네저 하워드Ebenezer Howard의 전원도시garden city에서 시작되었지만, 그 배경에는 19세기 서구의 이상도시들이 있다. 물론 이상도시라는 용어는 16세기 초 토머스 모어Thomas More의 『유토피아Utopia』에서 기원하는데, 이는 상상 속의 도시일 뿐 실현되지는 못했다. 이후에도 수많은 사람들이 이상도시를 꿈꾸어 왔지만 실천에는 이르지 못했다. 비록 마을 규모였지만 이상도시가 처음으로 시도된 것은 19세기에 이르러 산업혁명으로 인한 도시환경의 피폐화를 벗어나 새로운 유토피아를 만들고자 했던 로버트 오언Robert Owen의 뉴하모니New Harmony(1825)라 할 수 있다. 그러나 이것도 여러 가지 내부 사정으로 인해 오래 지속되지는 못했다. 이들 모두가 목표하는 바는 제각기 다르지만, 공통점은 현실 도시보다 나은 이상적인 도시를 그리고 있다는 것이다.

이러한 이상도시의 꿈이 서양에만 한정된 것은 아니다. 남아 있는 자료는 많지 않지만 우리나라는 물론 중국이나 일본에도 있었다. 역사상 등장하는 많은 나라들의 새로운 수도 계획은 당시의 계획 철학을 기반으로 만든 이상도시라고 불릴 만하다.

19세기 말에 이르러 에베네저 하워드는 그의 이상도시를 전원도시라고 이름 짓고, 런던 교외에 레치워스Letchworth에 이어 웰윈Welwyn을 건설했다. 이들 전원도시의 계획 이념은 2차 세계대전 후 건설된 수많은 신도시에 큰 영향을 주었다. 이후 신도시들은 대부분 하워드의 전원도시와 같이 이상 도시 건설이라는 공통된 목표를 갖게 되었다.

어느 시대, 어느 나라에서, 어떤 목적을 갖고 신도시가 개발된다 하더라도 그 신도시는 추구하는 목적에 따라 이상형인 도시를 염두에 두고 만들어진다. 그러나 만들어지는 신도시가 모두 이상적인 결과를 만들어내는 것은 아니다. 목표와는 달리 어떤 신도시는 설계자의 자질이 부족해서, 어떤 신도시는 개발자가 비용을 줄이기 위해서, 어떤 신도시는 입주할 주민들의 수준이 낮아서 이에 맞추다 보니 신도시라는 이름을 붙이기가 민망해지는 경우도 있다.

일생 동안 신도시 설계에 매달리다 보니, 세간에서 신도시에 대한 이야기가 나오면 늘 귀를 기울이게 된다. 대개는 개발과 분양 그리고 집값 등에 관한 이야기지만, 때로는 신도시가 살기 좋다든지 나쁘다든지 하는 삶의 질에 관한 말들도 섞여 있다. 그럴 때면 내가 설계한 신도시는 어떤 평가를 받고 있는지 궁금해진다. 생산자의 입장에서 소비자의 반응이 궁금해지는 것과 마찬가지이다. 한때 '천당 아래 분당'이라는 우스갯소리가 있었지만, 이런 소리를 듣는 내 기분은 그리 나쁘지 않았다. 그렇다고 해서 내가 신도시 예찬자라는 것은 아니다. 나는 주변 사람들에게 신도시는 살 만한 곳이 못 된다고 늘 이야기 한다. 내가 겸손해서가 아니라 실제로 그렇게 생각하기 때문이다. 신도시가 좋다고 말하는 사람들의 판단 기준은 매우 단순하다. 거주 환경이 편리하다거나, 깨끗하다거나, 심지어 집값이 많이 올랐다거나 할 때 신도시는 좋은 도시가 되는 것이다. 그러나 차원을 조금만 달리하면 전혀 다른 평가가 나온다. 과연 신도시는 사람들이 애착을 갖거나 정들 만한 곳을 갖고 있는가? 역사적인 깊이를 갖고 있으면서 문화적으로 그 향내를 제공하는가? 이런 기준에서 보면 신도시는 그야말로 황무지나 다름없다. 새로 만드는 도시에서 이러한 것들을 기대하기는 거의 불가능하다. 그래서 신도시를 설계할 때는 항상 이러한 점을 염두에 두어야 한다. 신도시를 만들면서 역사적 깊이를 만들어낼 수는 없지만, 오랜 시간이 지났을 때 좋은 도시가 될 수 있도록 하기 위해서는 문화가 만들어질 수 있고 사람들에게 정을 줄 수 있는 장소를 미리 고려해 설계해야 한다.

나는 도시란 그 시대를 사는 사람들의 문화적 수준을 그대로 보여주는 것이라 생각해 왔다. 어느 유명한 건축가의 건물이 도시 한가운데 자태를 뽐내고 있다고 해도, 그것만으로 도시의 수준이 달라지는 것은 아니다. 도시의 수준은 달동네에서, 뒷골목에서, 건물에 덕지덕지 붙어 있는 간판에서 가름된다. 아무리 도시를 잘 계획하고 건설해도 사람들이 제대로 사용하지 않는다면 설계자의 좋은 의도도 헛된 것이 되고 만다. 그것은 수차례에 걸쳐 시도한 아케이드가 모두 실패한 것을 보면 분명하게 들어난다. 그래서 신도시가 잘 만들어지든 잘못 만들어지든 간에, 이는 단순히 어느 특정인의 잘잘못으로 벌어지는 것은 아니라고 생각한다. 계획가, 개발자, 정책 결정자, 주민 모두가 그 도시를 생산해 낸 것이다. 그러나 도시는 정지해 있는 무생물이 아니라 살아 꿈틀거리는 생물과 같아서 늘 변한다. 주민들의 소득도 올라가고 의식 수준도 향상되면 도시 환경도 나아질 것이다. 다만 시간이 좀 걸릴 뿐이다.

내가 도시설계가로서 살아오면서 수많은 스승과 선배들로부터 가르침을 받았지만, 지금까지 잊을 수 없는 분들이 몇 분 계시다.

대학교 4학년이 되면서 나와 학우들은 졸업 설계 주제로 관악종합캠퍼스 계획을 정했다. 당시로서는 건축 분야에서 큰 관심사였고, 학과 교수님들도 모두 관심을 가졌다. 나는 당시 우리 과에서는 설계에 관한 한 대표 주자였기에 마스터플랜을 맡았고, 나머지 동료 학생들이 건물을 하나씩 나누어 설계하게 했다. 처음 해보는 큰 스케일의 설계였기에 3개월 동안 그야말로 악전고투 속에서 계획안을 만들었다. 게다가 단위 건물을 맡은 친구들의 작품 수준도 그냥 그래서, 종합적으로 보면 썩 내놓을 만한 것은 못 되었다. 그렇게 전시회 마지막 날에 품평회가 열렸고, 거기에는 건축과 모든 교수가 참석했을 뿐만 아니라, 건축과 선배들도 많이 나타나 그야말로 큰 행사가 되고 말았다. (예년 같으면 건축 전시회에 선배들은 물론 교수님들도 몇 분밖에 안 나타나셨다.) 관람이 끝나고 간단한 품평회 시간이 돌아왔다. 마스터플랜 책임자였던 나는 계획안 설명을 해야 했다. 사실 시간에 쫓기다 보니 도면 마감이 제대로 안 되었고, 건물 디자인도 제대로 된 것이 하나도 없어서 부끄러운 생각뿐이었다. 하여튼 내가 간단히 계획 설명을 마치자 객석에서 질문들이 나왔다. 그중에서 기억나는 하나의 질문⋯⋯. 그 질문은 나를 지금까지도 그때를 잊지 못하게 만들었다. 질문한 사람은 바로 김중업사무소에서 만났던 고故 김석철 선배였다. 질문의 요지는 이러하다. 발표자는 계획 프로그램과 건물 배치 개념을 이야기하고 있는데, 그 이전에 대학 종합화의 의미와 계획 철학이 무엇인지를 먼저 설명해 달라는 것이었다. 질문자는 여러 동창과 교수 앞에서 폼을 좀 잡으려고 한번 던진 질문이었겠지만, 나는 생각지도 못한 갑작스러운 질문에 당황해 아무 답변도 하지 못했다. 변명하자면, 거의 일주일 이상 잠도 못자고 설계와 모형 작업에 몰두하던 나의 머릿속은 그야말로 하얗게 되고 말았다. 이 끔찍한(?) 사건은 그 후에 줄곧 내 뇌리에서 지워지지 않았고, 그것은 이후 설계 전문가로서 내 인생에 많은 영향을 주게 되었다. 즉, 어떤 설계라도 먼저 설계 철학이 정립되어 있어야 하고 그것으로부터 설계 목표가 나와야 한다는 것이다.

내가 대학에서 들은 강의 중에 명강의라고 생각되는 것은 모두 미국 유학 시절에 경험했다. 오하이오주립대학교에 처음 갔을 때, 석사 과정 커리큘

럼상 건축설계와 구조역학은 필수였다. 건축설계 스튜디오야 내가 잘 할 수 있다고 생각했지만, 구조역학은 솔직히 자신이 없었다. 한국에서는 구조 공부를 등한시했었고, 선생님께서 칠판에 필기해 주신 것만 겨우 베껴왔을 뿐이었다. 그런데 미국에 갈 때 구조역학이 필수라는 것을 보고 혹시나 해서 구조역학 원서와 학부 노트를 갖고 온 것이 큰 도움이 되었다. 오하이오에 와서는 교수님의 강의가 너무나 재미있었고, 교수님께서 설명도 잘 해주신 덕에 새롭게 구조역학에 흥미를 느꼈던 것 같다. 교수님은 겸임교수adjunct professor로서 클리블랜드에 개인 엔지니어링 사무실을 운영하고 있었는데, 실무를 하셔서 그런지 너무나도 알기 쉽게 가르쳐 주셨다. 이 분의 이름은 피터 코르다Peter Korda이고 제2차 세계대전 후 미국으로 이민 온 헝가리 사람이었는데, 부친도 엔지니어였고 부다페스트의 다뉴브강에 있는 한 교량을 설계한 분이라고 강의 중에 자랑스럽게 이야기했다. 이 강의가 매우 특색 있었던 것은 구조의 원리를 이야기할 때 자신의 팔과 다리를 사용해 가며 설명한다는 점이었다. 예를 들어 팔을 옆으로 쭉 뻗어서 펴고 손에 무거운 것을 들면 어디에 무게가 느껴지는가를 묻는 것이다. 이때는 어깨에 무게가 느껴지는데, 여기서 팔은 캔틸레버cantilever이고 어깨가 받는 힘은 모먼트moment라는 식으로 설명을 했다. 교수님은 또 강의를 아주 쉬운 방법으로 학생들의 이해를 도왔는데, 복잡한 구조물도 미분이나 적분 등 어려운 수학 지식 없이 더하기와 빼기 그리고 곱하기만 알면 풀 수 있다는 것이었다. 마지막에는 그 어렵다는 셸shell 구조물까지 풀어낼 수 있도록 가르치셨다. 또 한 가지 빠트릴 수 없는 것은, 교수님은 구조 엔지니어였지만 안전성보다 아름다운 설계에 더 역점을 두었다는 점이다. 이것은 내가 한국에 돌아와서 엔지니어들을 대할 때 늘 강조하는 대목이기도 하다.

내가 미국 유학 시절 감명 받은 또 한 분의 교수는 하버드대학교에서 건축음향을 가르쳤던 로버트 B. 뉴먼Robert B. Newman 교수다. 그는 당시 MIT 겸임교수였고, 개인적으로는 음향연구소를 운영하던 미국서 제일가는 음향전문가였다. 그는 20세기 전반에 거장 건축가 에로 사리넨Eero Saarinen과 함께 많은 건축물의 음향 설계를 했는데, 대표적인 건축물로 MIT의 예배당chapel이 있다. 그는 자신의 성대를 이용해 온갖 소리의 고저와 다양한 음색을 사용하면서 강의를 했다. 강의 자체가 재미있었을 뿐만 아니라 이해하기도 쉬웠다.

이들을 통해 명강의란 듣는 사람이 쉽게 이해할 수 있어야만 한다는 것을 느꼈다. 한국의 유명 건축가들이 쓴 수필이나 논문을 보면 도저히 이해할 수 없는 현학적인 표현들이 난무하는데, 내 학문이 부족한 것인지 독해력이 부족한 것인지 모르겠지만 결코 좋은 글들은 아니라고 생각한다. 좋은 글은 평범한 사람들이 쉽게 이해하고 동감하거나 감명받을 수 있어야 한다. 20년 넘게 교단에서 학생들을 가르치면서 나는 학생들이 내 강의를 쉽게 이해할 수 있도록 노력했고, 원고를 작성할 때도 가능하면 쉽게 표현하려고 노력했다.

도시계획이나 설계에서도 이러한 원리는 그대로 적용된다. 나는 좋은 도시란 계획과 설계 단계에서부터 읽기 쉬워야 한다고 생각한다. 도면 읽기가 난해하면 그 도면을 바탕으로 만들어진 도시도 마찬가지로 파악하기 난해해진다. 좋은 도시는 계획도면도 아름답다. 마치 좋은 건축은 그 설계도면마저도 아름다운 것과 마찬가지이다. 그래서 도시계획은 아름다운 도면을 만들어내야 한다.

도시계획도 마찬가지지만, 도시설계 또한 종합적인 학문 분야다. 도시계획이 정량적 부분을 다룬다면, 도시설계는 미적 측면과 같은 정성적 부분을 좀 더 다룬다. 하버드대학교의 도시설계 프로그램은 내가 후일 도시설계가로 성장하는 데 필요한 기본적인 지식이 무엇인가를 가르쳐주었다. 내가 막연히 하버드대학교 도시설계 프로그램에 지원할 때까지만 해도 도시설계란 건축처럼 도시를 그리는 일이라고만 생각했지, 엔지니어링은 물론 사회적·경제적 문제들까지 다뤄야 한다는 것은 알지 못했다. 그래서 하버드대학교를 갈 때까지 그런 분야에 대해서는 아무런 준비도 하지 않았다. 하지만 막상 가서 보니 도시계획법, 주택론, 사회기반시설infrastructure, 도시경제학 등 설계 외에 공부해야 할 과목들이 너무나 많았다. 나는 이러한 분야에 기초가 너무 부족해서 학기 내내 쩔쩔매었고, 그때의 스트레스는 지금까지도 여러 형태로 꿈에 나타나 나를 시달리게 한다.

설계 외에 다양한 분야를 접해보는 것은 후일 도시설계가, 더 나아가 도시계획가로서 활동하는 데 상당한 도움을 주었다. 실제로 물적 도시계획이나 도시설계를 할 때 건축을 이해하는 것은 필수라 생각한다. 건축이 삼차원적인 물체를 만들어나가는 것이고, 도시계획과 도시설계가 단순히 이차원적인 토지이용계획만을 만드는 것이 아니라 그 위에서 이루어지는 삼차원적 활동을 함께 고려해야 하는 것이라면, 당연히 건축에 대해서도 잘 알아야 한다. 대학 학부에서 도시계획이나 도시공학만을 전공하고 사회에 나오는 경우에는 건축적 기초가 되어 있지 않아 설계 일에 바로 투입할 수가 없다. 그뿐 아니라 도시계획과 도시설계를 하기 위해서는 도로를 그릴 줄 알아야 하고, 교량이나 입체교차로가 어떻게 생겼는지, 상하수도는 어떤 방향으로 흘러가는지 알아야만 한다. 더 나아가 사람들의 행태, 경제성장, 문화 등에 대해서도 최소한의 지식이라도 있어야 한다. 다행하게도 나는 이러한 전문 분야들에 대해 조금씩이나마 접해왔고, 또한 공부해 왔다. 대학에서는 건축설계를 바탕으로 구조역학을 통한 구조물의 안전성 개념을 이해했으며, 사회에 나와 국토연구원에 근무하면서 각종 상위 계획을 접해보고, 정책과 법규를 다루어보았다. 이 모든 것들은 내가 신도시를 계획하는 데 밑거름이 되었음이 분명하다.

도시를 계획하고 설계하는 일도 시대가 바뀌고 환경이 달라지면 변할 수밖에 없다. 내가 신도시 계획을 시작하던 1980년대와 지금을 비교하면 사회적 요구나 물리적 여건, 사람들의 생각에도 많은 차이가 발견된다. 그래서 계획가는 늘 새로운 문제에 당면하게 된다. 이러한 새로운 문제를 풀어가기 위해서 계획가는 과거의 경험으로부터 도움을 청하게 된다. 이를 돕고자 한국 신도시 계획에 내가 바친 40년의 경험을 이렇게 책으로 엮게 되었다. 독자들이 이 책에서 무엇인가 도움이 될 것을 찾아가기를 바란다.

# 차례

# 창원신도시 중심지구
# 도시설계
(1982년 9월~1983년 2월)

창원신도시는 원래 마산시와 인접한 구 창원군 창원면·상남면·웅남면 일대가 공업단지로 지정됨에 따라 배후 도시로 계획된 신도시다. 내가 국토개발연구원에 들어와서 용역 프로젝트를 맡게 된 것은 창원시 중심지구 도시설계가 처음이었다. 수개월 전부터 건설부 지구계획 제도화 연구 실무팀에 합류해 연구를 한 것이 계기가 되어 프로젝트가 내게 들어온 것 같다. 프로젝트는 건설부의 유원규 도시계획과장의 소개로 경상남도 도시계획과장을 만나 추진되었고, 계약은 창원시와 했다. 당시만 해도 도시설계 제도가 완벽하게 갖춰지지 않았었고, 서울에서만 실험적으로 몇 군데 실시하고 있었다. 이 새로운 수법을 건설부 도시계획과에서 지방 도시에 한번 실험해 보고자 한 것이다. 유원규 과장은 나보다 10년 선배인데, 임시행정수도 계획에 실무 과장으로 참여했기에 그와 나는 전부터 안면이 있었다. 창원신도시의 도시계획은 원래 ㈜대지종합기술공사에서 맡아 했지만, 도시설계라는 새로운 제도하에서 새로운 계획은 젊은 도시설계가에게 맡기는 것이 좋겠다는 생각을 가졌던 것 같다. 아마도 임시행정수도 계획이 그 이전의 계획들과는 사뭇 달랐음을 본인도 실감했을 것이기 때문이다.

## 도시개발의 배경

창원공단은 박정희 대통령 시기 중화학 공업 정책에 의해서 1974년 4월에 산업기지 개발구역으로 지정되었고, 산업기지개발공사(현 수자원공사)가 개발을 담당했다. 2년 후인 1976년 말에는 58개 기업체가 입주했고, 인구 규모도 4만 5000명 가량인 시급 도시로 성장하게 되었다. 이에 따라 1977년 4월에 창원도시계획 재정비 결정고시가 이루어졌고, 같은 해 12월 말부터 신도시 개발사업에 착수했다. 도시설계가 착수된 1982년도의 상황을 보면, 1979년 박정희 대통령 서거 이후 정치적·사회적 혼란과 경제 불황 등으로 인해 도시 성장이 계획했던 것만큼은 이루어지지 못했다. 1986년을 목표 연도로 해 30만 명을 수용하겠다는 초기 계획이 다소 차질을 빚게 된 것이다. 1981년 말 당시 창원시의

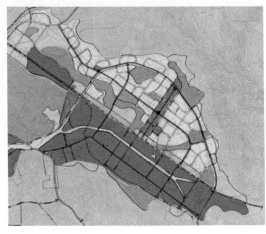

그림 1-1. 창원시 도시계획도_ 프로젝트 대상지인 중심지구는 주거지역 (노란색 부분) 한가운데 남북으로 길게 뻗은 주황색 부분이다. (경상남도 창원지구출장소, 1977).

총인구는 12만 8000명으로, 주거지역의 절반가량이 개발되어 있었으나 막상 도심부는 거의 개발이 이루어지지 않은 상태였다. 그런데 마침 1983년 6월에 경상남도청이 창원으로 이전할 계획이어서 이를 계기로 도청에서 공단에 이르는 남북축의 중심상업지역도 개발이 활성화될 것으로 기대되었다. 따라서 경상남도 입장에서는 도청 이전 전에 중심부 도시설계를 함으로써 창원시가 도청 소재지로서의 면모를 갖추기를 원했고, 당시 건설부와 상의해 도시설계 용역을 국토개발연구원에 의뢰하게 된 것이다.

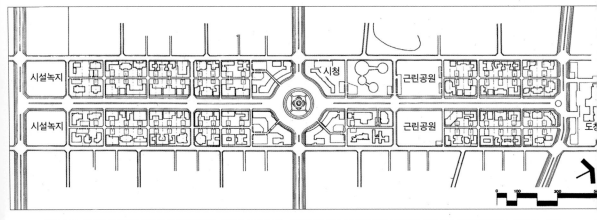

그림 1-2. 창원시 중심지구 건축물 구상(변경 전)_ 여기에 그려져 있는 건물들은 최초 계획을 만든 사람들이 의도했던 모습과 배치다. 〈그림 1-4〉와 비교해 보면 대부분의 건물들이 이대로 지어지지는 않았다. (창원시, 1983.2).

## 현장 방문과 문제의 발견

프로젝트에 임하면서 가장 먼저 해야 하는 일은 현장 방문이다. 현장은 우리에게 무엇이 문제인지를 말해주는 동시에 어디에 해답이 있을지를 암시해 준다. 그래서 건축가들처럼 도시계획가들도 가장 먼저 찾는 곳이 현장이다.

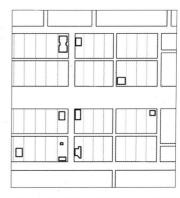

그림 1-3. 도시설계 당시 중앙 로터리 남쪽에 이미 지어져 있던 건물들_ (창원시, 1983.2).

처음 창원을 방문했을 때 느낀 점은, 공단은 이미 개발과 입주가 거의 완료된 것처럼 보였고 공단과 인접한 주거지역도 산발적이지만 이미 개발되어 주거지로서의 형태를 갖추어가고 있었다는 것이었다. 문제는 도심부(남북으로 2.75km, 동서로 450m, 총면적 약 118만 8000m²)인데, 중앙 로터리 옆 시청사와 북쪽 끝에 경남도청 청사가 준공되었을 뿐이고 거의 대부분의 땅이 나대지 상태로 남아 있었다. 중심상업지역의 중앙에는 폭 70m의 중앙로가 남북으로 지나갔고, 좌우편 끝에는 중앙로와 평행한 폭 25m 도로가 주거지역과 경계를 이루고 있었다. 블록 내부에는 이들 도로와 평행한 폭 8m의 서비스 도로가 지나면서 양편으로 거의 같은 형태의 필지들과 접하고 있었다. 따라서 로터리 주변 대형 필지만 빼면 164개의 필지의 규모가 거의 동일했다. 즉, 단변이 대략 35m, 장변이 82m(세장비 1:2.3), 면적이 2870m²(약 870평)인 긴 형태를 가졌다. 기다란 필지에는 건물이 큰 도로변에 가까이 위치해 있고 일반적인 건물의 세장비가 1:1~1:1.5인 것을 감안하면 뒷길인 8m 도로변은 큰 공지로 남게 되어 주차장 등으로 사용될 것이다. 그렇게 되면 중앙로와 평행한 8m 도로의 좌우로는 남북으로 기다란 **비건폐 공간**이 조성되어 동서 간의 단절(건물 사이의 거리가 대략 80~100m)을 야기하며, 도시설계 차

**세장비(細長比)**: 필지의 좁은 폭과 긴 폭의 길이 간 비례를 말한다.

**비건폐 공간**: 주차장 등 건물이 차지하지 않은 빈 땅이다.

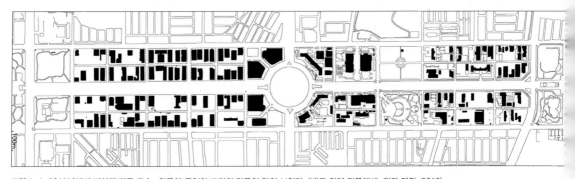

그림 1-4. 2019년까지 지어진 건물 모습_ 왼쪽에 동일한 크기의 건물이 많이 보인다. (백도 위에 건물채색, 저자 제작, 2019).

원에서 볼 때도 **네거티브 보이드**negative void가 조성되어 바람직하지 않다. 균일한 필지 분할이 갖는 또 다른 문제는 중심상업지역의 다양한 서비스 기능을 수용하는 데 적합하지 않다는 점이다. 중심상업지역에는 대형 필지를 선호하는 업무 시설이나 호텔 혹은 대형 상가가 입지하는데, 여기에는 또 이들을 지원하거나 서비스하는 중소형 건물들도 필요하다. 예를 들면 특색 있는 상점이나 레스토랑, 빵집, 책방 등인데, 이들은 독자적인 건물에 입지하기를 원할 때가 많다.

사람들이 좋아하는 길이란 여의도 증권가나 테헤란로 거리가 아니라 명동길, 가로수길, 인사동길 같이 거리의 상점들이 아기자기하고 특성 있는 길들이다. 따라서 상업지역에서 수용되는 기능을 다양화하고, 더 나아가서 동일한 건물 경관이 아닌 다양한 도시경관을 만들기 위해서도 일률적인 크기와 비례의 필지 분할은 결코 바람직하지 않다. 대형 필지는 자연스레 대형 건물과 고층 건물을 유도한다. 상업지역들이 모두 대형 건물과 고층 건물로 이루어지면 가로변의 다양한 활동은 사라질 수밖에 없다. 나중에 이 지역들이 개발된 양상을 보면 상당수의 건물이 거의 비슷한 크기와 높이를 갖는 종합상가 형태로 들어서 있는 것을 볼 수 있다.

## 대안

가장 먼저 생각한 것은 필지의 규모를 다양하게 만드는 것이었다. 아직 건물이 지어지지 않은 필지의 경우, 둘로 분할하되 각각 크기를 달리해 세장비를 줄임으로써 다양하고 특색 있는 건물들이 들어설 수 있게 했다. 각 필지의 **접도 길이**인 35m는 그대로 두되, 장변의 길이를 둘로 나누고 하나는 다른 하나에 비해 조금 크게 두었다. 예를 들어 하나는 25~30m, 다른 하나는 40~45m 정도로 해서 크기를 1:1.5 정도로 하고, 그 사이에 새로운 8m짜리 접근 도로를 설치하는 것이다. 물론 이렇게 할 경우 새로운 도로로 인해 필지 면적의 합은 약간 줄어들 수밖에 없다. 그렇다고 모든 미개발 필지를 이렇게 나누자는 것은 아니다. 인접 필지의 개발 상황을 보아 자를지 말지를 판단하면 되는 것이다(〈그림 1-6〉, 〈그림 1-8〉, 〈그림 1-9〉). 이렇게 될 경우 기존의 8m 도로는 보행자전용도로로 사용할 수 있다. 새로운 도로에 필요한 땅은 공공이 매입할 수도 있고, 아니면 사도私道로 만들게 해 토지

**네거티브 보이드**: 주변이 연속된 건물로 둘러싸여 있지 않아 확실한 형태로 느껴지지 않는 빈 공간을 말한다. 반대되는 의미의 포지티브 보이드(positive void)는 주위로 건물들이 둘러싸고 있어서 공간의 구획이 분명하게 느껴지는 빈 공간이다.

**접도 길이**: 필지가 도로와 접한 길이를 말한다.

▲ 그림 1-5. 제1·2블록 모형_ (창원시, 1983).

▶ 그림 1-6. 제1·2블록 필지 4분할도_ 아직 건물들이 들어서지 않은 곳이므로 남쪽 6개의 필지의 분할이 가능하다. 내부로 폭 8m의 소로를 루프(loop) 형태로 돌림으로써 새로 만들어지는 소필지들에 접근성을 좋게 했다. 경남도청과 인근한 북쪽 두 개의 필지는 대형 공공기관이 입지할 수 있게 하기 위해 분할하지 않았다. (창원시, 1983.2).

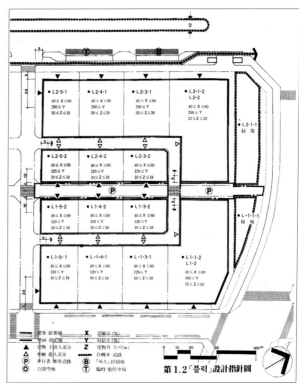

▲ 그림 1-7. 제 40·41블록 모형_ (창원시, 1983.2).

▶ 그림 1-8. 제40·41블록 필지 4분할도_ 비록 남쪽에 두 개의 건물이 도로변에 세워져 있지만, 이들의 동의를 얻는다면 모든 필지를 둘로 나누어 4분할이 가능하다. 만약 동의하지 않는다면 두 필지를 빼고 나머지 필지만 나누어 4분할을 할 수 있고, 새 도로는 루프형으로 두어 〈그림 1-6〉과 동일하게 할 수 있다. (창원시, 1983.2).

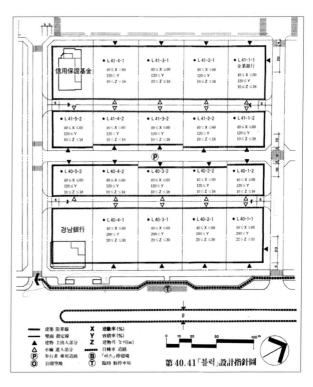

소유자의 재산 손실을 예방할 수도 있다. 또 다른 방법은 필지에 도시설계를 해서 공개 공지를 확보토록 하는 것이다. 어느 방법이 되었든 간에 토지 소유자는 큰 **재산상의 손실 없이** 경제적으로 다양한 건물을 지을 수 있게 되고, 두 필지 중 하나를 다시 매각할 수도 있다. 결과적으로는 소형 필지의 등장으로 개발이 활성화될 수 있고, 건물 사이의 거리가 줄어들어 보행자들에게 좋은 환경이 만들어질 수 있다.

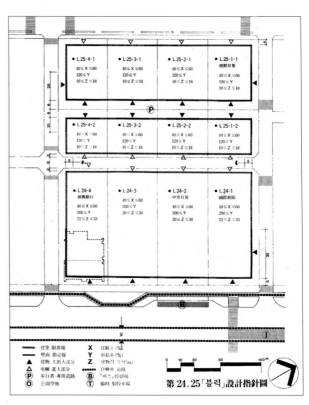

새로운 도로로 인해 필지 면적은 줄어드나 필지가 접하는 접도 길이가 늘어나므로 토지가격은 상승한다.

그러나 모든 블록의 필지들을 둘로 나누자는 것은 아니다. 이미 개발된 건물들이 있고, 건물의 특성상 넓은 면적을 차지하려는 것들이 있기 때문이다. 그래서 새로운 세가로細街路를 설치하기 어려운 여건이거나, 대형 건물이 입지하거나 또는 할 예정인 곳은 분할이 가능한 곳만 나누기로 했다. 이것을 우리는 3분할 블록이라 불렀다(〈그림 1-9〉).

이후에는 필지 재분할과 세가로 신설, 그리고 각 필지별 건축지침이 만들어졌다. 중심상업지역 중심에 위치한 32, 33블록에는 코너에 상가 건물 하나가 준공되어 있었고 나머지 필지들은 전부 비어 있었다. 그래서 이 블록은 기본적으로는 4분할을 제시했지만(〈그림 1-10〉) 토지 소유자들과 협의가 가능하다면 〈그림 1-11〉처럼 중심에 광장을 둔 쇼핑몰을 만들 수 있을 것으로 판단했다. 이상의 필지 재분할과 세가로망 계획 외에도 건폐율과 용적률, 건물 높이, 건축선, 차량 진출입 구간 등이 각 필지마다 제안되었고 건물의 허용 용도 또한 지정되었다. 이 계획에서는 민간 또는 공공 소유의 필지에 대한 도시설계뿐만 아니라 광장이나 공원 같은 공공장소와 주요 도로 단면 및 평면 구성도 다루었다.

창원신도시에는 중심지역 한가운데에 우리나라에서 가장 큰 로터리가 계획되어 있었다. 직경이 도로 바깥쪽으로는 255m, 도로 안쪽으로는 209m가 되고 도로 폭은 약 24m로 특정되어 있었다.

그림 1-9. 제24·25블록 필지 3분할도_ 때로는 아래쪽 70m 광로 변에는 대형 건물이 입지하는 것이 바람직할 수도 있으므로, 필지 분할을 하지 않고 위쪽만 분할했다. (창원시, 1983.2).

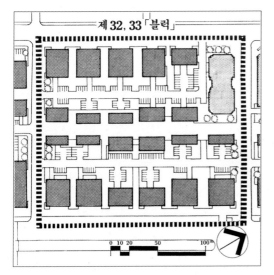

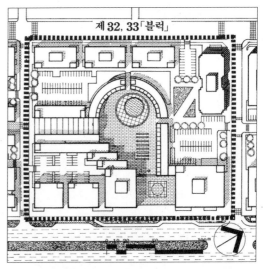

그림 1-10. 4분할 개발 예시_ 모퉁이의 기존 건물을 제외하고는 모든 필지를 둘로 분할했다. (창원시, 1983.2).

그림 1-11. 혼합 개발 예시_ 기존 건물을 제외하고 두 블록 전체를 하나의 개발 단위로 해 백화점, 쇼핑몰, 광장, 오피스 등으로 개발한다. (창원시, 1983.2).

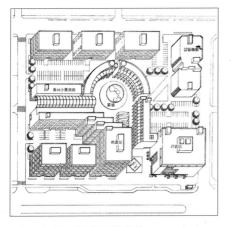

그림 1-12. 혼합 개발 부등각투사도(axonometric drawing)_ (창원시, 1983.2).

그림 1-13. 초기계획상의 로터리_ (경상남도 창원지구 출장소, 1977).

가운데 광장 면적은 약 3만 4000m²가 되어 1만 평이 약간 넘었다. 이 광장에 대해서는 당시 아무런 구체적인 계획이 없었고, 단순히 잔디밭으로만 남아 있었다. 초기 계획을 보면 중심에 높은 전망대를 설치하는 것으로 구상되었음을 알 수 있는데(《그림 1-13》), 현실성이 없어 그대로 방치되었다. 이 정도 규모의 광장이라면 누구든지 상징탑 하나는 세우고 싶은 마음을 가질 것 같았다. 또, 경상남도나 시청에서도 이런 움직임이 있었던 것도 사실이다. 그러나 계획가로서 우리 팀은 그러한 높은 상징탑이 이곳에 설치되는

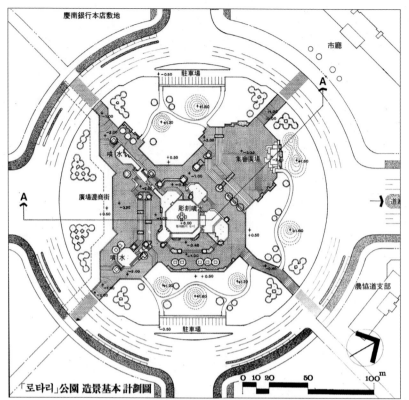

그림 1-14. 로터리 광장 계획_
도로변의 녹지는 중앙으로 갈수록 경사를 두어 약간 높이고, 가운데에는 성큰광장(회색 부분)를 만들어 보행자 공간을 창출하고 있다. 성큰 광장 사방으로 보행자 통로를 내어 원형도로 밑을 통과하게 하며, 시청을 비롯한 도로 건너편 필지들과 연결되게 했다. 성큰 광장의 둘레를 따라서는 상가와 편익시설을 배치(녹지 하부)하고 중심부에는 조각 분수를 설치했다. (창원시, 1983.2).

것은 바람직하지 않다고 생각했다. 광장을 둘러싸고 일방통행으로 6차선 도로가 지나가므로, 자동차의 속도가 대단히 빨라 보행자가 광장으로 접근하는 것은 거의 불가능했기 때문이다. 이런 곳에 상징탑을 설치해도 그저 주변에서 바라보는 데 그칠 것이다. 그래서 생각해 낸 것이 **성큰 광장**sunken plaza이다. 성큰 광장을 가운데 만들고 주변의 (시청과 같은) 필지나 도로 혹은 지하에서 연결해 준다면 성큰 공간을 최대한 활용할 수 있을 뿐만 아니라 상가 등 편익시설도 배치할 수 있을 것이다. 이 광장 설계는 당시 나와 함께 일하던 민범식 박사의 작품이다(〈그림 1-14〉).

**성큰 광장**: 광장을 지표면보다 낮추어 지상으로부터 내려가게 함으로써 주변으로부터의 소음을 줄이고, 아늑함을 갖게 한 광장을 말한다

## 평가와 교훈

창원신도시 중심지구 도시설계는 지방 도시에서 계획된 최초의 도시설계였다. 1980년 말 '건축법'에 도시설계 조항이 삽입되었지만 시행령이 갖추어

진 것은 이듬해인 1981년 말이었고, 이 과
제가 발주된 것은 불과 몇 달 뒤의 일이
었기에 서울을 제외하고 다른 도시에서
는 개념조차 이해하지 못하고 있었다. 따
라서 이 프로젝트를 맡으면서 생각한 것
은 이것이 이후 다른 수많은 도시설계 프
로젝트에 대해 하나의 벤치마크가 되리
라는 것이었다. 지금 와서 생각하면 필지
를 재분할하고 새로운 세가로를 지정하
는 일들은 도시설계에서 다루는 일반적
인 내용은 아니다. 그러나 그러한 일들이
개발을 촉진시키고 도심에 활력을 불어넣

그림 1-15. 기존 계획상의 70m 폭 중앙대로_ 도로 양편의 건물의 규모나 토지 이
용에 비추어 지나치게 넓은 도로를 소화하기 위해서 넓은 중앙 분리대는 물론이
고 양옆 보도 쪽에도 자전거도로와 분리대(녹지)를 설치했다. (경상남도 창원지구
출장소, 1977).

어 줄 수 있는 것이라 생각해서 프로젝트의 가장 중요한 이슈로 삼았다.

경상남도와는 필지 분할에 대해 이견이 있었지만 건축물 규제에 대해서는
대체로 공감대가 조성되었다. 그러나 이 결과물이 건설부 주택국 건축과에
상정되었을 때 문제가 발생했다. 아마 경상남도에서도 비슷한 생각을 했던
것 같은데, 건설부에서는 심의 과정에서 필지 분할이 국가 100년 대계를 생
각할 때 바람직하지 않다는 결론을 내렸다. 당시 담당 계장(기좌)이던 류○○
이 그렇게 했다고 후에 알려졌는데, 내가 직접 본인한테 확인은 하지 못했
다. 도시에 다양성을 제공하는 일이 100년 대계와 무슨 상관이 있을까? 100
년 대계는 당시에 도시계획에서 자주 등장한 표현이었는데, 이에 따라 인천
은 시청 앞 도로 폭을 200m로 했고, 반월신도시에서도 시청 앞 도로를
100m로, 다른 간선도로를 70m로 만들었다. 창원에서도 도청에서 공단에
이르는 중앙대로를 폭 70m의 광로로 만들었다. 도무지 도시의 **인간 척도**라 **인간 척도**: 'human scale'을 말하
는 것은 도외시한 처사였으며, 과거 구시가지의 좁은 가로로 인한 열등감에 는 것으로, 도로 폭이나 건물 크기
서 나온 반작용에서 비롯되었다고 밖에는 설명할 수 없다. 이후 이 계획은 가 사람들의 신체 치수에 비해 지
경상남도가 필지 재분할과 **세가로망** 계획 그리고 로터리 계획을 제외하고, 나치게 크지 않은 것을 말한다.
건축물에 관한 지침만 허가 과정에서 반영했다고 했다. 비록 주된 제안이
거부되었지만 이 프로젝트를 통해서 나는 몇 가지 교훈을 얻을 수 있었고, **세가로망**: 소로(小路) 등으로 구성
이후 내가 관여한 많은 프로젝트에 영향을 주었다. 된 가로망을 말한다

첫 번째 교훈은 이미 민간에 분양된 필지에 대해서는 어떠한 변경(용도지
역, 필지 크기, 높이 제한 등)도 실행하기 어렵다는 점이다. 그 변경이 토지 소유

자에게 조금이라도 재산상의 손실을 가져올 수 있을 경우에 그러하다. 그렇다고 어떤 경우에도 손실을 가져오게 해선 안 된다는 이야기는 아니다. 손실에 대해 확실한 보상이 따른다면 계획을 밀어붙일 수 있다. 또 대다수를 위해 소수의 사람을 보상을 전제로 희생시킬 경우에도 가능하다. 다시 말해서 어떤 프로젝트를 하던 적보다 우리 편을 많이 만들어야 계획이 성공할 수 있다는 것이다.

또 하나는 신도시, 특히 공업도시를 개발할 경우 주거지역 개발과 도심부 개발은 동시에 이루어져야 한다는 것이다. 도심부에는 중심상업, 공공업무, 일반업무 등이 수용되어야 하는데, 특별한 유치 전략이 없는 한 이들은 도시개발 초기에는 들어오지 않는다. 다시 말해서 어느 정도 거주 환경이 갖춰져 일정 규모 이상의 주민 수가 확보된 후라야 입주하는 경향이 있어서, 개발 초기에 상당수의 인구가 정착하더라도 중심지역은 텅 비어 있는 경우가 많다. 같은 이야기가 이듬해 착수한 반월신도시 도시계획 재정비에서도 이어진다.

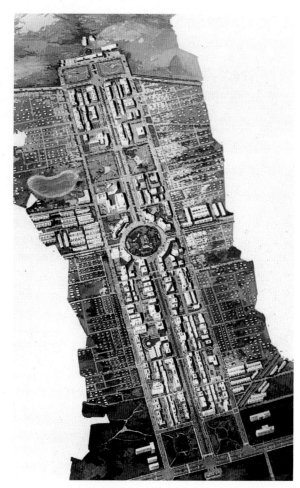

그림 1-16. 창원신도시 중심지구의 조감도_ 우리가 제안한 대로 3분할 또는 4분할 대안을 반영한 그림이며, 붉은색으로 표시되어 있는 공간은 광장과 보행자전용도로다. (창원시, 1983.2).

# 특정지역 제주도 종합개발계획
## 관광 부문

(1982년 10월~1984년 12월)

제주 종합개발계획은 전두환 대통령 시절 제주도를 국제적 수준의 관광자유지역으로 만들고자 하는 정부의 정책에 따라 시작되었다. 제주도에 관해서는 이미 1970년대 중반부터 자유항을 만들자는 정책이 정부의 한 부처를 중심으로 추진된 적이 있었다. 국민적 관점에서 보면 제주는 분명 이국적 풍광을 갖는 우리나라의 보물이라고 할 수 있다. 정부는 이미 1970년대 말부터 중문관광단지를 경주의 보문관광단지와 더불어 우리나라의 대표적인 관광지로 개발하기 시작했고, 이를 통해 국외로부터 관광객을 유치하고자 했다. 이러한 정부의 계획이 발표되자 민간 용역회사들이 뛰기 시작했다. 그중에서 가장 정치적으로 영향력을 발휘한 회사는 환경그룹이었다. 환경그룹은 정·관계와 인맥이 닿아 있었는데, 이 인맥을 바탕으로 정부로부터 상당한 용역을 따냈다. 제주도 계획에 대해서도 당시 정부 고위급 관료를 통해 압력이 내려왔다. 환경그룹에서는 제주도 프로젝트가 원래 자기들이 개발한 용역이라고 주장했는데, 용역 금액이 워낙 크다 보니 정부에서 민간 회사에 맡길 수는 없었을 것이다.

정부로부터 받은 용역비는 당시 사상 유례가 없는 거금인 10억 원이었다. 이를 2018년의 가치로 환산하자면 대략 100억 원 정도가 되는 금액이다(당시 주임연구원이었던 내 월급이 30만 원 정도였다). 프로젝트 규모가 크다 보니 연구원 직원 절반 이상이 여기에 참여할 수밖에 없었다. 연구책임자급만 5~6명에다 연구원까지 합하면 20~30명 가까운 직원들이 2년에 걸쳐 연구를 진행하도록 계획되었다. 발주처는 제주도였지만 실질적으로는 중앙조정실무반과 더불어 거액의 예산을 배정해 준 경제기획원이 감독관청이나 다름

없었다. 만약에 건설부가 예산을 배정했다면 그 절반도 안 되었을 것이다. 여하튼 자기들이 용역의 임자라고 주장하던 환경그룹을 경제기획원에서도 외면할 수는 없었던지 고위급 관료를 통해 하도급을 주라고 우리에게 지시했다. 당시의 내 위치와 입장에서는 정부의 지시를 거부할 수 없었고, 어쩔 수 없이 관광 부문에서 상당한 금액을 떼어 주었다. 물론 그들로부터 받은 성과물은 아무 쓸모가 없는 수준의 것들이어서 나중에 대부분 폐기되었다. 환경그룹은 이후에도 프로젝트 수주 때문에 수차례 나와 부딪쳤다.

지역 계획 부문에서도 하도급이 있었는데, 이것은 ㈜대지종합기술공사라는 거대한 용역회사가 따냈다. 사장은 이○○라는 퇴직 공무원이었는데, 내무부 공무원을 하다가 퇴직한 후 회사를 차렸다고 한다. 그는 내무부 인맥을 통해 전국의 도시계획을 휩쓸었다. 당시 전국의 도시계획은 내무부 소관이었기 때문에 가능한 일이었을 것이다. 그러나 단순히 내무부 출신이라고 해서 프로젝트를 몽땅 가져갈 수는 없었다. 그래서 그들은 내무부의 관련자들을 온갖 방법을 동원해 회유와 매수를 일삼았다고 전해 들었다. 지금 같았으면 상상할 수 없는 일들이 당시에는 벌어졌다. ㈜대지종합기술공사는 서귀포 도시개발계획을 담당했는데, 나중에 사장이 서귀포에 땅을 대규모로 사들인 것이 언론에 기사화되어 결국 구속되었고, 회사는 이로 인해 문을 닫게 되었다.


## 배경

제주 지역을 자유항 또는 자유지역으로 만들고자 하는 논의는 오래전부터 있었지만 계획으로 구체화되지는 못했고, 늘 정책 페이퍼 수준에 머물렀다. 그 배경에는 우리도 홍콩이나 싱가포르와 같은 국제적인 자유지대를 만들어 국부를 창출하자는 데 있었다. 새로운 국제무역항을 만들기 위해 선택한 곳은 모슬포 대정항이었는데, 그곳만이 대형 선박이 출입할 수 있는 충분한 수심이기 때문이었다. 중문은 이미 관광단지로 지정되어 일부 진출입로와 전력공급시설 등 기반시설들이 건설되고 있었지만 전반적으로는 토지분양도 다 이루어지지 못한 상태였다. 한편 제주공항은 소음으로 인해 민원이 잦은데다 터미널 시설용량이 거의 꽉 차서 더 이상의 관광객을 받기가 어려웠던 탓에 청사를 확장 중이었다. 그래서 제2제주공항에 대한 논의가 수면 위로 떠오르기 시작했다. 그러나 이러한 산발적인 개발 논의가 있었음에도 종합적으로 제주를 개발하려는 계획은 부재한 실정이었다.

## 연구진 구성과 진행

연구는 각 분야별로 책임자가 정해졌고, 총괄책임은 당시 지역개발연구부장이었던 박수영 박사가 맡았다. 분야는 총론, 정주·사회개발, 지역계획, 산업, 교통 및 인프라, 관광, 투자 및 집행 등으로 나누어져 있었는데, 중간에 몇 차례 통폐합이 이루어졌다. 제주종합개발계획에서 관광계획이 차지하는 비중은 너무나 커서 처음에는 관광정책팀과 개발계획팀으로 이원화되어 두 팀이 맡아 진행하다가 연구진 개편 때 내가 관광계획 전체를 맡게 되었다. 결국 최종 보고서도 관광계획 중심으로 짜이게 되었다. 용역 금액이 너무 크다 보니 금액에 맞추어 처음에는 많은 연구진이 참여했지만, 점차 연구의 실효성이 낮아지고 연구 기간이 길어지면서 하나둘씩 빠져나갔고, 결국 내가 총대를 메는 셈이 된 것이다.

## 현장 답사와 대상지 지정

관광계획을 수립하기 위해서는 관광 실태를 먼저 조사해야 했다. 연구를 시작하던 1982년의 제주의 관광객은 내국인 82만 명에 외국인 4.4만 명이었으니, 2017년의 1475만 명(국내 1352만 명, 외국인 123만 명)에 비하면 그야말로 얼마 되지도 않는 숫자였다. 우리는 통계로부터 관광객 증가 추이를 살펴보고 목표 연도의 관광객 수를 예측했다. 그런데 관광계획에서 목표 관광객 수를 정하는 것만큼 황당한 일도 없다. 현재의 증가 추세를 연장한다는 것은 아무 개발을 안 해도 된다는 이야기이기 때문이다. 관광개발은 새로운 관광객 유발 시설을 건설하는 것이므로, 이로 인한 관광객 수는 아무 개발도 하지 않을 때의 증가 추세보다는 더 많아야 된다. 또한 개발을 하더라도 우리가 계획하는 관광시설의 수용 능력에 맞추어 증가할 것이라고 보기도 어렵다. 증가하는 관광객 수는 관광시설의 질적 수준과 밀접한 연관이 있기 때문이다. 꼭 필요한 시설을 최고의 수준으로 개발하면 관광객이 늘 것이고, 아무리 많이 투자해도 필요 없는 시설이나 낮은 수준의 시설로 개발하면 관광객이 줄어들 것이다. 특히 해외 관광객의 경우는 다른 대안이 많기 때문에 더욱 예측하기가 어렵다. 우리가 택한 방법은, 첫째, 해외 관광객의 세계적 증가 추세, 동아시아 관광객 증가 추세, 우리나라와 제주도의 외국인 관광객 증가 추세를 검토하고, 우리나라 외국인 관광객 예측치 중 제주도가 차지하는 점유율을 증가시키는 방법으로 구했다. 내국인 관광은 전국의 관광객 증가에서 제주도가 차지하는 비중을 바탕으로 관광 비용, 관광시설 등을 타 관광지와 비교한 뒤 가감해 산출했다. 우리가 제시한 2001년도의 관광객은 392만 명(국내 320만 명, 해외 72만 명)이었는데, 2001년 실제 방문한 관광객은 420만 명으로 우리 예측이 상당히 정확했음을 알 수 있다.

다음으로는 제주의 관광 자원에 대한 철저한 조사와 잠재력 평가가 필요했다. 우리는 어떤 지역을 조사할 것인가를 결정하기에 앞서 제주도로부터 관광개발 후보지에 관한 자료를 받았다. 거기에는 50개도 넘는 입지들이 나열되어 있었는데, 상당 부분은 민간인들이 개발하겠다고 신청한 사업 부지였다. 이들 부지를 포함해 우리는 제주도 전역을 조사하고 평가할 필요를 느꼈다. 연구진이 모두 여덟 명 정도였으므로 두 팀으로 나누어 제주도 전역의 관광지 조사를 일주일에 걸쳐 진행했다. 해변가의 모든 마을과 이름 있는 명소, 잘 알려진 오름들, 식생 군락지들을 답사했고, 하루는 배를 빌려서 남쪽 해안가를 돌기도 했다. 이렇게 모은 자료를 바탕으로 각 곳의 관광지로서의 잠재력을 평가했다. 현지 조사를 통해 조금이라도 특이한 자연 요소는 모두 추출해 평가한 결과 17개의 장소가 선정되었다. 그중에서 관광 요소가 단순한 자연 경관에 그치는 경우에는 관광지구라 이름하고, 자연 경관과 더불어 대규모로 시설을 개발할 가능성이 있는 지구를 관광단지로 선정했다. 관광단지로는 당시에 이미 개발 중이던 중문관광단지, 그리고 일출봉이 있는 성산포지구와 민속마을이 있는 표선지구를 지정했다. 관광단지에는 많은 인공적인 관광시설을 유치할 수 있게 하고, 그 규모도 크게 정했다.


## 연구의 진행

선정된 관광지구와 관광단지에 대해서 우리는 어떤 기능을 수용할 것인지를 정하고 개략적인 건물 배치까지 했다. 그러나 배치 그림은 그다지 세밀하거나 감동을 주는 것은 아니었고, 형식적인 모습과 성격만 보여주는 것이었다. 물론 건물 설계까지 제대로 해서 설계 능력을 자랑할 수 있었으면 좋았겠지만, 그러기에는 팀원들의 능력이 부족했고 개수도 너무 많았다. 또 그렇게 에너지를 쏟을 필요가 없었던 것이, 우리의 설계안대로 지어질 것도 아니기 때문이었다. 이것이 도시설계의 한계이기도 하다. 즉, 도시설계는 건물 설계에 관여는 하지만 설계 자체를 하는 것은 아니

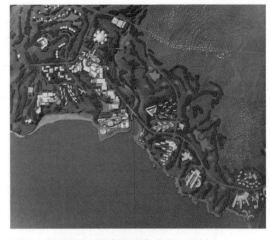

그림 2-1. 중문관광단지 모형(벡켓 제작)_ (제주도, 1984).

고, 건축주와 건축가가 지어질 건물을 설계할 때 따라야 하는 지침을 제시하는 일이다. 그럼에도 불구하고 10억짜리 용역이라는 부담 때문에 몇 곳이라도 그럴듯한 그림을 제시해 줄 필요는 있었다. 마침 중문에 호텔 건설 의향이 있다는 미국 회사가 찾아왔다. 벡켓이라는 건축회사였는데, 개발 일도 함께 하고 있으며, 이미 북경에 호텔을 하나 짓고 있다고 했다. 그래서 중문단지의 마스터플랜을 맡겼다. 비용은 5만 달러 정도를 줄 수 있다고 했더니 자기들은 개발에 참여하기 위한 것이므로 용역비는 적어도 된다고 했다. 오히려 이들은 자기들 비용으로 보스턴의 수요조사기관economic research agency: ERA을 동원해 타당성을 검토하기도 했다. 이들을 통해 중문관광단지에 대한 건축가의 멋진 계획도가 마련되었다(〈그림 2-1〉 참조). 벡텔이라는 회사도 제주도 프로젝트에 참여했는데, 이들은 정부의 윗선을 통해 낙하산으로 내려왔다. 이들에게는 국제관광 수요 예측 등을 맡겼는데 결과는 신통치 않았다. 몇 가지 중요한 내용이 빠져 있어서 벡텔에 문제 제기를 했더니 우리 측에서 제공해야 하는 자료가 전달되지 않아서 할 수 없었다는 답변을 받았다. 계약서에 분명히 벡텔 측이 제공해 달라고 십여 가지 자료 목록을 써넣은 것이 있었는데, 계약 당시에는 구할 수 있을 것 같아서 그냥 무심코 넘어간 것이 화근이 되었다. 몇몇 자료는 우리도 구할 수 없었고 그런 자료 없이도 용역회사가 알아서 해주려니 생각했지만 그것은 잘못된 판단이었다. 나는 계약서의 중요성을 그때서야 알게 되었다. 특히 외국 기관과의 계약일 때는 조심스럽게 살펴보아야 하는 것이었다. 국내에서는 계약 내용을 무시하는 경우가 많다. 그저 '갑'이 요구하면 계약에 있든 없든 해야만 하는 것

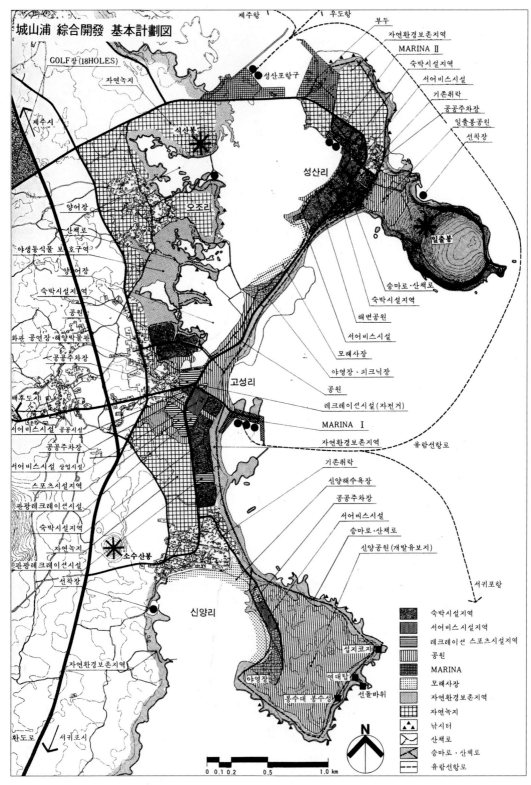

城山浦 綜合開發 基本計劃図

GOLF장 (18HOLES)
자연녹지
제주시
식산봉
양어장
산책로
야생동식물 보호구역
양어장
숙박시설지역
공원
화관·공연장·해양박물관
공공주차장
배후도시
서어비스시설 공공시설
공공주차장
서어비스시설 상업시설
스포츠시설지역
관광레크레이션시설
숙박시설지역
자연녹지
관광레크레이션시설
선착장
환도로
서귀포시

제주항
우도항
부두
자연환경보존지역
MARINA Ⅱ
숙박시설지역
서어비스시설
기존취락
공공주차장
일출봉공원
선착장

성산포항구
성산리
오조리
일출봉

승마로·산책로
숙박시설지역
해변공원
서어비스시설
모래사장
야영장·피크닉장
공원
레크레이션시설 (자전거)
MARINA Ⅰ
자연환경보존지역
유람선항로

고성리

기존취락
신양해수욕장
공공주차장
서어비스시설
승마로·산책로
신양공원 (개발유보지)

소수산봉

서귀포항

신양리

자연환경보존지역

섭지코지
연대탑
봉수대 봉수정
선돌바위
야영장

N

0 0.1 0.2    0.5    1.0 km

숙박시설지역
서어비스시설지역
레크레이션 스포츠시설지역
공원
MARINA
모래사장
자연환경보존지역
자연녹지
낚시터
산책로
승마로·산책로
유람선항로

그림 2-2. 성산포관광단지_ (제주도, 1984).

30    분당에서 세종까지

이 우리의 실정이다. 소위 한국식 용역 문화에 젖어 있다 보면 외국 회사와의 계약 내용도 무시해 버리는 경우가 있는데, 그래서는 안 된다는 것을 나는 일찍이 깨닫게 되었다. 이후부터는 외국인과 계약을 할 때는 문장과 글귀 하나하나를 점검하는 버릇이 생겼다.

## 관광단지와 관광지구의 계획

제주도의 가장 대표적인 관광단지는 역시 중문관광단지다. 우리가 계획에 착수하기 10년 전에 정부는 이미 제주도 관광종합개발계획(1973)에서 중문을 국제 수준의 위락 관광지로 지정했고, 1978년에 개발계획이 수립되어 개발이 진행되고 있었다. 전체 면적은 290ha(중부 지역+동부 지역)로서, 여의도 면적만 하다. 당시에는 하얏트호텔만이 건설되었을 뿐이고 나머지는 투자자를 찾지 못해 사업이 지지부진한 상태였다. 중문의 장점은 바람이 적고 날씨가 아열대 기후여서 휴양지로서 자격을 갖추었다는 것이었지만, 백사장이 경사가 급하고 충분히 길지 않다는 것은 취약점이었다.

우리는 기존 계획 면적만으로는 체류형 관광단지로 충분하지 않다고 판단하고 서부 지역 122ha을 확장해 총 412ha로 만들었다. 골프장도 2개소로 늘렸으며, 열대식물원, 면세점, 특급 관광호텔, 고급 콘도미니엄 등을 수용하기로 했다. 나는 이 지역의 풍광과 경관을 보존하기 위해 건축물에 대한 아주 강력한 규제가 필요하다고 판단했다. 이미 지어진 하얏트호텔이 8층 높이인데, 아무런 규제가 없다면 제주시 칼KAL호텔처럼 20층 가까이 짓겠다고 할지도 모른다는 생각이 들어서였다. 그래서 중문에는 건물의 최고 높이를 5층까지로만 한정하고, 호텔의 경우는 3~4층으로 짓도록 권장했다. 내가 꿈꾸었던 것은 유럽풍의 휴양지를 우리나라에도 만들어보자는 것이었다. 건물 높이를 규제하는 것에 대해서는 제주도에서도 찬성했다. 당시 중산간 지역에 군인 휴양소(7층)가 새로 들어섰는데, 이로 인해 한라산 경관이 훼손되었다고 난리들이었기 때문이다. 이에 따라 후일 신라호텔은 5층 규모로 들어섰다. 그런데 롯데호텔은 경사지를 악용해 북측 진입부에서는 5층으로 보이지만 남쪽으로는 아래로 지하층처럼 계속 내려가 5~6개 층을 더해서 규제를 피해나가기도 했다.

우리가 두 번째 관광단지로 지정한 성산포는 일출봉 덕분에 제주에서 가

당시 제주도에서 가장 높은 건물이 제주시 칼호텔이었는데, 주변 건물들이 모두 10층 미만이었던 데 반해 홀로 20층 높이로 솟아올라서 한라산 경관을 해치고 있었고, 사람들로부터 지탄을 받고 있었다.

장 유명한 곳 중 하나이기도 하다. 그러나 우리는 일출봉 외에도 주변의 유사한 돌출 부분들, 즉 신양리나 성산리 등도 개발 잠재력이 충분하다고 판단했다. 당시 성산포에는 많은 관광객이 몰리기는 했지만 관광시설은 별로 없었다. 그래서 이 일대 전체(성산리, 오조리, 고성리, 신양리)를 단지 내로 포함시키고 해변 개발 및 보존 계획을 수립했다. 특히 여기서는 일출봉이라는 천연기념물의 경관이 압도적이므로 건축물에 대한 규제를 까다롭게 할 수밖에 없었다. 따라서 고성리에서 일출봉으로 접근하는

그림 2-3. 성읍민속마을_ (NAVER 지도).

입구에서부터 성산리 일대까지 건축물의 높이를 최대 2층으로 제한했다. 반면 고성리에는 5층까지 지을 수 있도록 해서 호텔 등 관광시설이 들어올 수 있는 여지를 남겨놓았다. 일출봉 아래는 마을까지 공원으로 지정해서 자연 생태계를 보존하도록 했고, 신양반도에도 대부분의 땅을 신양공원으로 지정해 초지를 보존하게 했다. 한편 성산포구 안쪽 바다와 바깥 바다 사이를 북쪽에서 제방으로 연결하되 수문을 설치해 안쪽 바다의 수위를 항상 유지시키고, 보트 및 요트를 즐길 수 있는 수상공원으로 조성하도록 했다.

세 번째 관광단지는 표선민속관광단지인데, 처음에 표선민속관광단지를 구상할 때는 인근의 성읍민속촌을 옮겨서 확대한 뒤에 관광에 필요한 기반시설을 보충하는 것으로 생각했다. 그런데 성읍민속촌은 이미 지역문화재로 되어 있어서 손댈 수 없었고 주민들도 원하지 않아서 기존의 계획을 포기하고 새로 만들 수밖에 없었다. 성읍민속촌이 사람들이 살고 있는 전통 마을이라면, 표선민속관광단지는 인위적으로 조성하는 민속촌이라 할 수 있다. 우리는 성읍민속마을의 경우에는 성 안쪽은 그대로 보존하되 기반시설이 부족한 부분은 보충해 주기로 했다. 성곽 외부에는 300m의 완충 공간을 두고 별도로 인공적인 관광시설을 개발할 수 있도록 했다.

성읍과는 달리 표선민속관광단지 계획에서는 관광객이 참여하는 관광 활동을 좀 더 적극적으로 유도하기 위해 기존의 표선읍과 인접한 바닷가 미개발지를 택했다. 따라서 여기서는 기존의 포구를 이용해 뱃놀이도 할 수

있게 하고, 모래사장을 이용해 해수욕
도 할 수 있게 했다. 단지의 입구에는
주차장과 안내소, 식당, 상가들이 입주
하게 하고 중심부에는 민속마을을 재현
했는데, 건물 배치는 제주의 전통 마을
구성 방식을 택했다. 여기에는 제주도
의 다른 지역에 있는 전통 가옥들을 수
집해 이전하는 것으로 했다(〈그림 2-4〉).

우리가 관광지구로 선정한 곳은 서귀
포지구를 비롯해서 용연지구, 만장굴지
구, 송당지구, 성판악지구, 돈내코지구,
강정지구, 1100고지지구, 송악산지구, 차
귀도지구, 협재지구, 사라봉지구, 함덕지
구, 남원지구 등 14개 지구였는데, 이들
에 대해서는 개략적인 개발계획을 수립
했다. 그중에서 가장 중요한 것은 서귀
포지구로서, 서귀포는 제주도에서 두 번
째로 큰 도시라는 점 외에도 정방폭포
와 천지연폭포를 포함하며, 삼매봉, 대

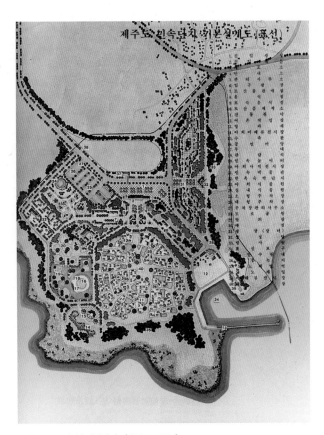

그림 2-4. 표선민속관광단지_ (제주도, 1984).

륜동 분화구, 새섬, 외돌괴 등 많은 천연 자원들을 갖고 있기 때문이었다.
우리의 계획은 대부분 이러한 자원들을 보호하고 주변 경관을 컨트롤하는
데 초점이 맞추어졌다. 당시 서귀포시는 읍급 도시 수준이었는데, 건물들이
상업용 건물의 경우에는 5층 이하, 주택의 경우는 대개 단층 또는 2층으로
되어 있었다. 다만 천지연 폭포로 진입하는 도로 옆에 있는 7층 높이에 주
황색 타일로 온 벽을 두른 여관이 있어 경관을 심하게 훼손하고 있었다. 따
라서 앞으로는 이러한 일이 일어나지 않도록 도시 전체의 건물 높이를 강하
게 규제할 필요가 있었다. 우리는 그것이 무리라는 것을 알면서도 서귀포
도시 전체의 건물 높이를 5층으로 제한했고, 이후 상당 기간 제주도에 의해
이 규제가 지켜졌다. 천지연에서 흘러내려 오는 하천의 양옆은 당시에도 보
호구역이었는데, 군데군데 건물들이 들어서 있어서 장기적으로는 모두 철거
토록 했다. 새섬은 북쪽에 숲이 잘 보전되어 있어서 더 이상의 개발을 금지
시키되, 기존의 프린스 호텔의 수준을 격상시키도록 제안했다. 새섬과 육지

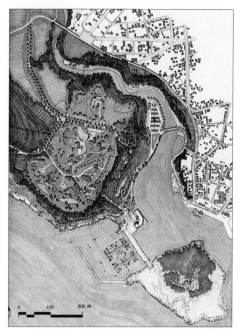

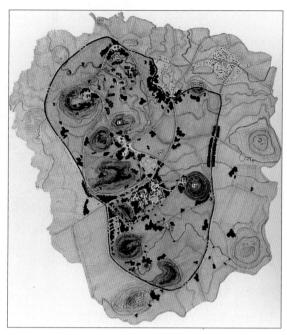

그림 2-5. 천지동 일대와 새섬_ (제주도, 1984).  그림 2-6. 송당지구_ (제주도, 1984).

를 연결하는 도로와 접해서는 마리나marina를 신설해 서귀포를 찾는 관광객
들이 이용할 수 있게 제안했다.

다음으로 특색 있는 지구는 중산간 지대의 오름들이 모여 있는 송당지구
다(〈그림 2-6〉). 이곳은 송당목장과 건영목장이 있어서 잘 알려져 있었는데,
중산간 도로를 통해 접근이 가능하며 제주도 중산간 지대의 거친 자연 경
관을 파노라믹하게 잘 보여주는 곳이라 할 수 있다. 이곳의 오름 중에는 체
오름이 유명하며, 안돌오름, 아부오름, 밤돌오름 등이 이색적인 경관을 펼치
고 있다. 만장굴이나 산굼부리와도 가까워 승마로를 통해 연계 관광이 가
능하다.

산방산 또한 많은 관광객을 끌어 모으는 관광지구다. 산방산이 특이한
점은 산이 화강암으로 구성되어 있다는 것이다. 제주도에서는 보기 드문 경
우다. 전설에 따르면 한라산 분화구가 폭발하면서 터져 나온 돌덩이가 이곳
에 와서 떨어졌다고 하는데, 백록담 둘레가 산방산 둘레와 비슷하다는 데
서 지어낸 말이다. 정상까지 오르기는 힘들지만 그 위에 분화구가 있는 것
으로 보아서는 이 또한 오름 중 하나임이 틀림없다. 이 지구는 노인 휴양 시
설, 복지관, 콘도 등 노인을 대상으로 하는 시설들을 수용하도록 했다.

그림 2-7. 서귀포 시가지 모습(1982년)_ (저자 촬영).

그림 2-8. 산방산 아랫부분_ (저자 촬영, 1982).

## 평가

이 계획은 프로젝트 발주 당시 국제자유지역 조성계획이 포함되어 있었으나 자유지역으로의 발전 가능성이 불투명하고, 투자 재원 과다와 투자 효과의 불확실성 등의 이유로 최종 단계에서는 유보되었으며, 연구의 여러 부문 중에서 관광계획만이 살아남게 되었다. 문제는 이 프로젝트에 어마어마한 예산이 배정된 것은 국제도시의 구체적인 개발계획을 수립하는 것을 전제했기 때문이었는데, 초기 타당성 조사에서 가능성이 없다고 결론나자 연구 내용이 부실해졌고 계약에 나온 내용은 그저 형식적으로만 포함시키게 되었다. 그러자 경제기획원에서는 연구 결과에 대해 부정적인 평가(KDI가 대신 평가)를 내렸다. 그리고 누군가는 이에 대해 책임을 질 수밖에 없었다. 중앙정부가 사전에 타당성 검토 없이 꿈만 갖고 무조건적으로 용역을 발주한 결과인데, 늘 그러하듯이 중앙정부의 누구도 책임을 지려하지 않았고, 결국 용역의 당사자인 국토연구원장이 모든 책임을 지게 되었다. 김의원 당시 원장이 연임하지 못한 것은 이 때문이라는 소문이 돌기도 했다. 결국 개발 또는 건설사업에 대한 모든 정부 용역은 긍정적인 결과를 내놓아야만 책임 문제가 안 생기는 것 같다. 그러니 사업 타당성 연구의 결과는 대부분 긍정적이 될 수밖에 없고, 그 결과 아무도 이용하지 않는 경전철이나 고속도로 혹은 국제공항에 수천억 원씩 투자하게 되는 것이다.

내가 제주도 관광개발계획을 일 년 넘게 하면서 얻은 것은 매우 많았다. 첫째는 제주도에 대해 누구보다도 많이 알게 된 점이다. 내가 1967년에 처음으로 제주도 여행을 한 이후 15년 만에, 프로젝트를 시작하면서 거의 열 번 이상 출장을 다녀왔다. 명승지는 대부분 답사를 했는데, 당시에는 가기 힘들었던 우도에도 가보았고, 주간명월도 답사해 보았다. 처음 해본 관광개발계획이었지만 우리는 철저하게 조사 및 연구를 했으며, 노력의 결과로 700쪽이 넘는 두툼한 보고서도 발간했다. 이 특정지역 제주도 종합개발계획은 많은 분야를 다루었지만, 결과적으로는 우리가 만든 관광개발계획만이 의미를 갖게 되었다. 이후 10여 년에 걸쳐 국토개발연구원이 제주도 관광개발계획을 지속했지만, 나는 2~3년이 지난 후 손을 뗐다. 우리가 만든 관광개발계획도 모두가 반영된 것은 아니었다. 그러나 내가 강력하게 제시했던 건물 높이 등의 건축물 규제는 20년 가까이 지켜져 오다가, 지사가 바뀌고 시장이 바뀌면서 점차 완화되어 안타깝게도 지금은 거의 흔적을 찾아볼 수 없게 되었다.

# 반월특수지역
# 도시계획 재정비
(1984년 9월~1985년 9월)

반월신도시는 반월신공업도시, 반월전원도시 등으로도 불렸는데, 용역명은 대상지의 법적 명칭인 '반월특수지역'에 대한 기존의 개발계획을 수정하는 '도시계획재정비계획'이었다. 반월이 도시명이 된 것은 대상지가 2개 군, 3개 면, 즉 시흥군 군자면과 수암면, 화성군 반월면 등으로 구성되었고, 그중에서 반월이라는 지역 명칭이 친근감을 주어서 도시명으로 선택된 것 같았다. 한자로 半月은 반쪽 달이란 의미로, 시적으로도 느껴지고 옛 기생 이름같이 애처롭게 느껴지기도 한다. 그러나 이 지역의 옛 명칭은 안산安山이었다. 따라서 지역 향토사학자나 옛 어른들은 반월이라는 명칭에 대해 못마땅하게 생각했던 것도 사실이다. 결국 반월신도시의 개발이 완료되고 개발 기간 동안 행정을 담당해 왔던 반월출장소가 공식적인 시청으로 승격된 1986년도에야 도시 명칭도 주민들의 바람대로 안산으로 변경되었다.


## 도시개발의 배경

반월신도시는 창원신도시와 함께 1970년대 중반에 건설된 우리나라 최초의 신도시라고 볼 수 있다. 두 도시 모두 '산업기지개발촉진법'에 근거해 당시 산업기지개발공사(현 수자원공사)에 의해 대규모 공업단지의 배후 도시로 건설되었다. 차이가 있다면 창원에는 우리나라 기계공업의 중심지로 육성하기 위한 대형 공장들이 주로 입주했고, 반월에는 서울에 있던 불법 또는 부적격 영세 공장들을 이전시켜 수용했다는 점이다. 창원은 경상남도청이 이

전함에 따라 1980년대 들어와 잔여 도시개발을 경상남도가 인수해 진행했고, 반월은 끝까지 산업기지개발공사가 도시개발을 진행했다. 두 도시는 모두 1979년 이후 부동산 경기 침체와 더불어 토지 수요가 줄어들어 개발이 부진했다. 반월신도시 프로젝트의 경우, 용역 제목에서 알 수 있듯이 도시계획재정비 프로젝트였다. 도시계획재정비란 이미 존재하는 도시계획에서 필요한 곳을 수정해 다시 고시하는 것을 의미한다. 그러나 당시 나는 이러한 일을 해본 경험이 전혀 없었다. 건설부에서 산업기지개발공사를 관할하고 있었기 때문에 개발 부진을 타파하기 위해 국토개발연구원에 연구를 의뢰하기는 했지만, 건설부 실무자들은 정책 연구나 하는 국토개발연구원이 과연 엔지니어링회사에서나 할 수 있는 도시계획재정비를 할 수 있을까 하는 의구심을 갖고 있었다. 그렇지만 나는 당시만 해도 자신감에 넘쳐 있었고, 가능하면 모든 종류의 도시계획 용역을 해보고 싶었다. 건설부의 유원규 과장도 우리가 할 수 있을 것이라고 자신감을 불어넣어 주었고, 나도 두 말 않고 용역을 수주했다. 나중에 일이 꼬이기 시작했을 때, 우리 팀의 **민범식**이 이 연구는 연구원에서 맡아서는 안 되는 프로젝트라면서, 본인이 내가 이런 프로젝트를 해본 경험이 있어 맡은 줄 알고 아무 말 안 했다고 원망스런 표정으로 말했다. 그러나 나는 내가 결정한 일에 대해서는 후회해 본 적이 없다. 어떤 난관이 있어도 헤쳐 나갈 자신이 있었기 때문이었다. 그러나 나 때문에 밑의 연구원들이 결정조서를 꾸미느라 많은 고생을 한 것에 대해서는 미안한 생각이 든다.

민범식은 나의 경기고등학교 7년 후배인데, 서울대학교 농대 조경학과를 거쳐 환경대학원에서 석사 과정을 마치고 입사했다. 그가 석사 과정 2년차 때 내가 시간강사로서 스튜디오를 맡아 지도했고, 클래스에서 가장 우수한 학생으로 판단되었다. 그가 졸업 후 국토연구원에 입사할 때 내가 우선적으로 선택했음은 말할 나위가 없다.

## 현장답사와 문제의 발견

반월신도시의 도시 구조는 매우 특이한 형태를 지녔다. 감자같은 모양의 도시를 중심점을 기준으로 4등분했을 때 남서쪽을 공업단지로 지정하고, 북서의 군자지구, 북동의 수암지구, 남동의 반월지구까지 세 곳을 지역 중심 생활권으로 해 주거지역이 지정되어 있다. 군자지구와 수암지구 사이에는 도심부가 지정되어 있고 도심부 북측에는 시청이 자리 잡고 있다. 반월신도시는 창원신도시와 거의 동시에 개발이 시작되었는데, 현지의 시가지 상황은 훨씬 좋지 않았다. 도심 한가운데에는 시청만 들어서 있을 뿐 주변은 텅 비어 있었고, 공단과 인접한 군자지구 중심의 남쪽만 개발이 거의 완료된 것으로 보였다. 공업단지가 개발되면서 인접한 곳에 가장 먼저 주거지가 자리 잡기 시작한 것이다. 주거지역에는 단독주택과 저층 연립주택, 그리고 5층짜리 주택공사 아파트가 들어서 있었는데, 환경의 질은 아주 열악했다. 도심 상업지역이나 군자지구 중심상업지역이 개발되지 않은 상태라서 주민들은 주거지역에서 상업이나 서비스 기능을 스스로 확보해야만 했던 것 같다. 공공시설 또한 부족했던 것은 물론이다. 그러다 보니 상당수의 단독주택이나 연립주택의 1층 부분이 상점으로 사용되고 있었고, 심지어 어떤 단독주택은 1층 한 곳에 우편취급소까지 입주해 있는 실정이었다. 아파트 주변 길거리에는 시장이 들어서 있었고, 이동식 판매대나 바닥에 좌판을 벌인 가게 등으로 자동차나 보행자의 통행이 어려울 정도였다. 반면 도로는 대체로 넓었는데, 시청 앞 도로는 폭이 100m로서 양옆의 중심상업지역을 단절시키는 부작용을 낳고 있었으며, 그 밖의 간선도로들이 폭 50~70m로 되어 있어서 인구 30만 명을 목표로 하는 도시 치고는 지나친 감이 있었다.

## 도시 구조의 변경

반월신도시의 구조적 특성은 세 개의 지구 중심이 육각형 구조를 갖고 있다는 점이다. 마치 호주의 캔버라를 연상시키는 이러한 구조는 반월신도시의 상징이라고도 할 수 있다. 그런데 이러한 짝퉁 아이디어는 도시가 기능하는 데 많은 지장을 초래하게끔 만들어졌다. 육각형의 꼭짓점마다 도로가 연결되어 있고 꼭짓점 사이에도 도로 교차점을 갖고 있어 차량 통행 시 방향성을 혼란스럽게 했으며, 이로 인해 생겨난 블록들이 너무 작고 사다리꼴을 형성하고 있어서 토지 이용에도 비효율적이었다. 특히 이곳이 아파트 단지로 지정됨으로 인해서 건물 배치에 더욱 어려움을 가져다주었다. 캔버라의 경우는 그 스케일이 크고 시청이나 국회 등 상징적인 건물을 중앙에 배치해 순환방사형의 도로 패턴을 그렸다. 그러나 결국 여러 차례 수정 작업을 거쳐서 캔버라 시청

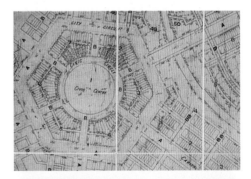

**그림 3-1. 캔버라의 육각형 중심부_** (Australian Government National Capital Authority, 2004).

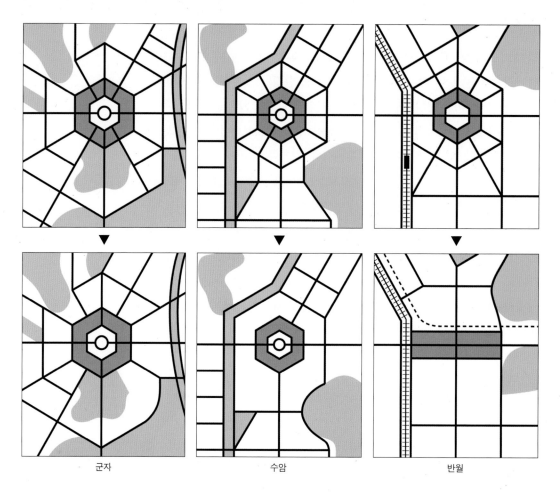

그림 3-2 군자, 수암, 반월 지구 중심의 변경_ (저자 제작, 2019).

이 들어서기로 했던 육각형의 중심 부지는 녹지로 남겨두고, 중심부를 둘러
싸고 있는 육각형 토지는 대부분 주차장으로 바뀌고 말았다. 그렇게 했음
에도 불구하고 현실적으로는 운전자의 방향성이 상실되고, 토지 이용이 비
효율적이라는 점이 아직까지 문제로 지적되고 있다. 반월의 경우는 지구 중
심 육각형 패턴과 주변의 가로 패턴이 조화롭지 못한데다 너무 많은 교차
로를 만들고 있어 무엇이든 새로운 조치가 불가피해 보였다. 이때 세 개의
육각형 구조를 모두 없애든가 일부만 남기든가 결정을 해야 했는데, 군자지
구는 이미 한국도로공사가 육각형의 건설을 절반 이상 진행 중이었기에 아
주 없앨 수는 없는 형편이었고, 그렇다고 군자지구 하나만 남겨 놓는 것도
이상할 것 같아, 군자지구와 수암지구 두 군데는 육각형을 유지하되 여기에
방사형으로 연결되는 도로의 개수를 절반 정도로 줄였다. 도로 개수를 줄

인 것은 교차로 개수를 줄인다는 점 외에도 블록의 크기를 크게 만드는 효과도 있다. 즉, 육각형 상업지역 외곽 인접지는 아파트 단지가 지정되어 있었는데, 부지가 너무나 많은 도로에 의해 소규모 필지로 분절되어 있을 경우 단지 계획이 용이하지 않기 때문이다. 한편 세 번째 육각형인 반월지구의 경우에는 이곳으로 지하철 4호선의 연장선이 통과할 예정이어서 도저히 육각형 구조를 유지할 수가 없었다. 그래서 최초 계획가에게는 미안한 일이지만 반월지구의 중심을 평범한 격자 구조로 변경했다. 이러한 변경은 나중에 초기 계획안을 만들었던 나상기 교수와 담당 엔지니어(정무용 기술사)로부터 심한 반발을 사게 되었다. 하긴 짝퉁 육각형이 아무리 이상하다 해도 두 개보다는 세 개를 놔두는 것이 도시의 균형을 맞추는 데 도움이 되었을지 모른다. 또, 초기 계획가의 아이디어를 나중에 작업하는 사람들이 마음대로 뜯어고친다는 것도 다시 생각해 봤어야 할 일이었다. 당시 나는 짝퉁 육각형에 대한 반감만으로 하나를 없앴지만, 그럴 것이 아니라 육각형을 유지하면서 도시가 작동할 수 있게 만들어야 했다는 것을 지금은 크게 뉘우치고 있다. 훗날 내가 설계한 분당 계획과 세종시 계획이 나중 사람들에 의해 조금씩 바뀌어 가는 것을 보면서 안타깝게 생각하는 것과 다름이 없는 일이다.

## 인구지표와 도시계획시설

모든 계획은 목표 인구로부터 출발한다. 반월신도시가 처음 계획되었을 당시의 인구 목표는 도시계획재정비 기준 연도인 1991년도에 22만 명, 도시개발이 완료되는 목표 연도 2001년에 30만 명이었다. 그러나 초기 계획 당시에는 아무도 이 도시가 목표 연도에 30만 명(현재는 70만 명 이상)까지 도달하리라고는 상상하지 못했다. 그래서 1991년도 목표 인구 22만 명에 맞추어 초·중·고 학교의 개수를 각각 18개, 9개, 7개로 계획했다. 그러나 10년 후인 2001년에는 인구가 10만 명가량 증가하게 되어 있으므로 실제로는 학교 부지를 여기에 맞추어 계획해야 한다. 학교 부지가 미리 확보되지 않으면 인구가 증가할 때 학교 부지를 확보하지 못해 큰 문제가 야기될 것이기 때문이다. 우리가 만든 변경안에서는 인구 30만 명에 적합하도록 초등학교 27개소, 중학교 10개소, 고등학교 9개소를 지정했다. 물론 우리는 궁극적으

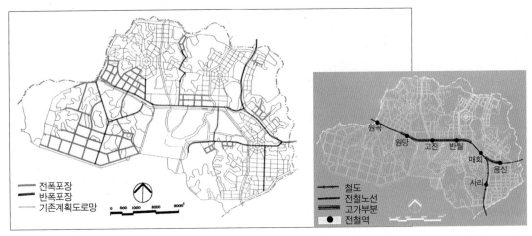

**그림 3-3. 도로의 확장 및 포장_** (건설부·산업기지개발공사, 1985).      **그림 3-4. 전철 노선과 역사_** (건설부·산업기지개발공사, 1985).

로 인구가 50만 명 이상으로 성장하리라 추정했지만, 목표 인구를 완전 부정할 수는 없었다. 개발자인 산업기지개발공사 또한 인구 규모를 높이면 상수·하수 처리 등 모든 공급 지표를 상향 조정해야 하므로 수정은 불가능하다고 주장했으며, 건설부도 이 문제에 대해서는 공사와 같은 입장을 고수했다. 그러나 계획 완료 이후에 교육청은 원래 계획에서 추가된 학교 12개소조차 예산이 부족해서 토지를 매입하지 못하겠다고 했다. 게다가 20년 후인 목표 연도 2001년에 김대중 정부가 학교 학급 규모 축소와 학급 수 축소를 정책으로 결정하자 더 많은 학교가 필요하게 되었다. 더구나 인구도 30만 명이 아니라 50만 명을 초과하게 되자 학교 시설 부족이 큰 사회 문제로 대두되었다. 학교마다 교사를 증축했지만 콩나물시루를 벗어나지는 못했다. 그래서 정부는 개발구역 밖의 그린벨트를 풀어 학교 용지를 마련하고자 했으나, 어린 학생들의 통학 거리를 고려했을 때 문제가 있기는 마찬가지였다. 이처럼 도시계획에서는 장기적인 안목이 필요하며, 예측이 빗나갈 경우에 대한 대처 방안도 강구해 놓아야 한다.

신도시에 새로 설치되는 시설로 가장 중요한 것은 역시 전철 노선이다. 경부선 철도를 금정역에서 분기해 반월까지 끌어오는 것은 당시 반월신도시의 개발과 분양이 부진한 것을 만회하기 위해 건설부와 산업기지개발공사가 논의하고 공사가 건설 비용의 일부를 부담하면서 가능해졌다. 도시계획상 결정해야 할 문제는 어느 곳을 통과할 것인가와 역사 몇 곳을 어디에 설치하느냐 하는 점이었다. 또한 어떤 형태로 도시를 통과하느냐도 중요한 과제였다. 철도는 구반월(그린벨트 내 원래의 반월마을)을 통과해 반월지구 중심을 지나게 되어 있었다. 따라서 시내를 통과하는 루트는 저절로 반월의 중심을 동서로 관통하는 중앙대로와 평행한 노선으로 결정되었다. 하지만 거기에는 기존의 수인산업철도가 지나고 있어 노선이 중복될 수밖에 없었다. 이 루트는 북쪽의 주거지역과 남쪽의 공업단지의 경계부로서, 주민들 이용권을 생각하면 바람직한 루트는 아니다. 그러나 공업단지는 이미 개발이 완료되어 있었고, 군자지구와 수암지구 중심을 지나게 하려면 상당 구간을 우회해야 하는 문제가 생길 수밖에 없어 포기했다. 개발구역 내에는 여섯 개의 역사를 지정했는데, 역사 간의 거리는 대략 1.5km로 했다. 그것은 이 철도가 도심처럼 인구 밀집 지역을 통과하는 것이 아니라 서울과 반월을 연결하는 광역철도이기 때문이었다. 이용 인구가 많지 않으면 역사 하나 유지하는 것도 큰 부담이 되므로 철도청에서는 역사 수를 더 줄여주기를 바랐지만, 우리는 이 계획을 그대로 관철시켰다. 철도는 지상, 반지하, 지하, 고가 등 몇 가지 형태를 취할 수 있는데, 검토 끝에 중앙 부분에서는 대부분 고가로 지나가게 했다. 물론 도시경관을 해칠 수가 있지만 가장 경제적이고 기능적인 이유에서 고가를 선택했다. 선로의 양옆으로 시설 녹지와 대로가 지나고 있어서 인접 건물에 대한 피해가 없고, 장차 남쪽의 고잔지구를 개발하더라도 도로 연결이 용이하기 때문이었다. 당시 전문가의 이야기로는 지하철로 만들면 고가선로보다 공사 비용이 두 배 이상 들고, 지상철로 하는 것보다 세 배 정도가 든다고 했다.

## 도시계획 결정고시

대학에서 도시계획을 공부한 사람들도 대부분 도시계획 결정고시나 지적고시를 위해서는 해당 도면과 함께 조서를 꾸며야 한다는 사실을 모르고 있다. 대학에서는 그러한 일은 가르치지 않고 있으며 교수들조차 경험해 본적이 없기 때문이다. 이러한 일들은 이전에는 엔지니어링 회사에서 주로 공업고등학교 출신들을 고용해서 진행해 왔다. 그런 것을 보면 공업고등학교에서는 행정 업무에 관한 것도 가르치는 것 같다.

나도 프로젝트를 맡기 전에는 도시계획재정비를 하려면 결정고시 서류를 작성해야 한다는 것을 전혀 모르고 있었다. 일부 직원이 결정도면과 조서를 꾸미는 일은 우리 같은 연구원에서 할 수 있는 일이 아니라고 내게 몇

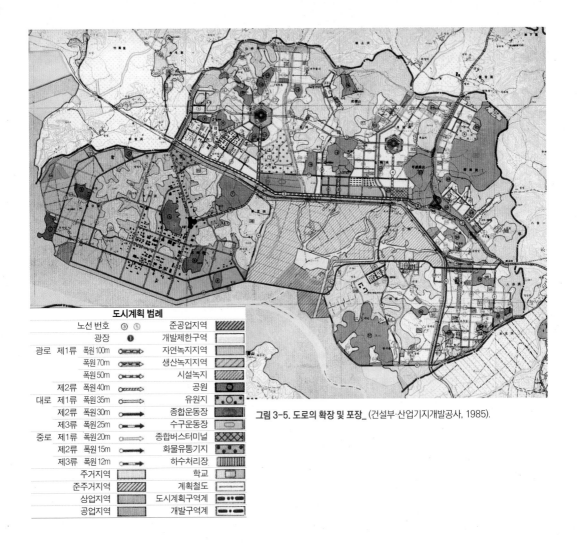

| 도시계획 범례 | | | | |
|---|---|---|---|---|
| | 노선 번호 | ③ ⑤ | 준공업지역 | |
| | 광장 | ❶ | 개발제한구역 | |
| 광로 | 제1류 폭원100m | | 자연녹지지역 | |
| | 폭원70m | | 생산녹지지역 | |
| | 폭원50m | | 시설녹지 | |
| | 제2류 폭원40m | | 공원 | |
| 대로 | 제1류 폭원35m | | 유원지 | |
| | 제2류 폭원30m | | 종합운동장 | |
| | 제3류 폭원25m | | 수구운동장 | |
| 중로 | 제1류 폭원20m | | 종합버스터미널 | |
| | 제2류 폭원15m | | 화물유통기지 | |
| | 제3류 폭원12m | | 하수처리장 | |
| | 주거지역 | | 학교 | |
| | 준주거지역 | | 계획철도 | |
| | 상업지역 | | 도시계획구역계 | |
| | 공업지역 | | 개발구역계 | |

그림 3-5. 도로의 확장 및 포장_ (건설부·산업기지개발공사, 1985).

차례 말했지만 나는 개의치 않았고, 못할 것이 어디 있느냐는 식으로 밀어붙였다. 당시에는 모든 것을 해보고 싶었고, 할 수 있을 것 같았기 때문이었다.

도시계획의 변경 내용이 거의 다 결정되어 가면서 결정도면과 조서를 작성할 때가 되었다. 이전 계획과 변경된 계획을 대조해 가면서 그 내용을 표로 만들었고 도면도 작성했다. 도면을 1/3000 축척으로 청사진을 떠서 그곳에 제도를 한 다음 도장을 찍었는데, 변경된 부분 전체를 1/3000로 만드니 도면 매수가 반절지 크기로도 50장이 넘었다. 청사진에 변경된 선을 긋고, 용도지역, 용지지구, 도로 등 도시계획시설이 변경된 부분에 미리 파둔 고무도장을 찍는 데 팀 전체가 동원되었다.

하지만 10세트 정도 만들었을 때쯤부터 문제가 시작되었다. 고생 끝에 조서와 도면을 건설부 도시계획과에 제출하자 담당 사무관이 점검을 시작했다. 사무관은 전○○ 사무관으로 육사 출신이었고, 박정희 대통령 당시에 육사 출신 장교에 대한 공무원 특채 케이스로서 건설부 사무관으로 임용된 사람이었다. 그에게서 꼼꼼하게 점검받은 결과, 잘못된 부분이 많이 발견되었다. 특히 도시 경계부의 그린벨트와의 경계선에서 문제가 많이 발생했다. 왜냐하면 우리는 상세한 축척의 그린벨트 지적고시 도면을 갖고 있지 않았기 때문이다. 담당 사무관이 캐비닛에서 도면을 꺼내더니만 우리 도면과 대조하기 시작했다. 그리고 틀린 부분을 찾아내서 새로이 작성하라고 요구했다. 그러니 그 많은 도면은 다 쓰레기통 신세가 되고 말았다. 우리가 캐비닛의 도면을 빌려달라고 했지만 대외비라 빌려줄 수 없다고 해서 할 수 없이 지적당한 부분을 수정해 다시 10세트를 만들어 보냈지만, 이번에도 새로운 오류가 발견되었다. 그래서 또다시 결정도면을 새로 작성할 수밖에 없었다. 도면을 갖고 갈 때마다 조금씩 체크를 하는 통에 같은 일만 서너 차례 이상 한 것 같다. 마지막에는 고무도장의 크기가 기준에 맞지 않는다고 지적받기까지 했다. 그래서 도장을 모두 다시 파서 찍고 서류를 제출해야만 했다. 여태껏 대여섯 번이나 제출할 때는 아무 말 하지 않더니, 왜 이제 와서 도장 크기가 문제가 되었는가? 왜 처음 검토할 때 철저하게 대조해 잘못된 곳을 한 번에 지적하지 않고 여러 번에 걸쳐 조금씩 지적했는가? 그린벨트 고시 도면을 우리에게 보여주기만 하면 한 번에 다 수정할 터인데 어째서 도면을 감추고 자기만 본 것인가? 정말이지 이가 갈렸다. 경험해 보지 못한 일을 호기만 갖고 시작했지만, 민범식이 나에게 말했듯이 결정고시 서류 작성은 사실 국토연구원 같은 곳에서 할 일이 아니었다. 우리가 호되게 당하는 것을 보고 담당 사무관 밑의 토목기사(양언모)는 우리를 상당히 동정하는 눈치였지만, 그가 어찌 도와줄 도리는 없었다. 아무튼 우여곡절 끝에 프로젝트를 준공하고 나니, 고생은 했지만 새로운 경험을 했다는 점에서 뿌듯했다. 이제는 어떤 도시계획도 잘할 수 있다는 자신이 생겼다.

## 평가와 교훈

도시계획재정비는 신도시 계획과는 근본적으로 다르다. 그것은 기존에 존재하는 도시와 도시계획을 바탕으로 수정 작업을 하는 것이다. 그렇기 때문에 수정에 앞서 기존 도시와 기존 계획이 왜 이렇게 되었는지를 먼저 살

퍼보아야 한다. 즉, 도시와 계획의 내력을 먼저 알고 나서, 꼭 수정이 필요하다면 그때 수정하는 것이 올바른 자세라 생각한다. 비단 이러한 종류의 용역뿐 아니라 법과 제도를 고칠 때도 마찬가지다. 기존의 법규가 현실에 맞지 않아 고치려고 할 때에도 그 규정이 만들어진 때의 상황과 이유를 먼저 이해해야만 한다. 그렇지 않고 무조건 기존 규정을 고치거나 삭제하면 과거의 문제들이 다시 생겨날 수 있기 때문이다.

반월신도시 개발계획(1978)에서 발견한 가장 두드러진 문제점이라면, 사업 전체에 대한 적절한 단계 설정과 전략이 부족한 점을 들 수 있다. 개발 규모가 57.8km²(분당의 약 세 배)나 되는 신도시는 몇 단계로 나누어 진행할 수밖에 없는데, 이때 개발 순서는 단순히 공사의 편의성만 고려해 정해서는 안 된다. 공사비 지출과 분양 수입의 균형도 중요하고, 초기 입주자들의 생활 편익 확보도 중요하다. 특히 첫 단계의 사업은 신도시 개발의 성패를 좌우할 만큼 중요한데, 첫 단계 사업이 문제 없이 잘되어야 사람들 사이에 좋은 도시로 소문이 나고 분양자들이 몰리기 때문이다. 따라서 첫 단계에는 사람들의 관심을 끌 만한 시설들을 유치해야 한다. 영국의 밀턴킨스Milton Keynes는 도시의 중심부터 개발됐는데, 개발자development corporation가 직접 중심에 거대한 쇼핑몰을 건설해서 런던 사람들의 관심을 끌었다. 물론 초기에는 주민들이 적어 상점들이 손실을 봤지만, 정부가 각종 세금과 임대료를 경감해 줌으로 해서 상인들의 손실을 보전해 주었다. 반월의 경우 제대로 된 상업지역은 물론, 학교를 비롯해서 파출소, 우체국, 소방서 등 근린공공시설들조차 제대로 준비하지 않은 채 주택부터 짓게 함으로써 주민들의 불편은 말할 것 없고 도시의 이미지를 망치는 결과를 초래했다.

반월신도시 프로젝트는 내가 도시 전체를 들여다보고 신도시 계획의 문제를 연구할 수 있었던 첫 프로젝트였다. 이전에 참여했던 충무상세계획이나 부산지하철 역세권, 임시행정수도, 창원 중심부 등의 프로젝트에서는 도시 일부만 연구 대상으로 했거나 내가 담당했던 부분이 도시의 일부에 국한되었기 때문에 도시 전체를 이해할 기회가 없었다. 그러나 반월신도시를 통해서 도시계획이 어떻게 결정되며, 그 과정에서 어떤 문제들이 등장하는가를 배울 수 있었다.

# 안산시 도시설계
## (1985년 12월~1986년 12월)

반월신도시 도시계획재정비가 끝나자마자 바로 도시설계가 시작되었다. 프로젝트 계약 당시에는 반월신도시 도시설계로 프로젝트명이 정해졌지만, 종료 시점에는 반월신도시가 시로 승격되면서 명칭도 안산시로 바뀌었다.

　도시설계는 당시에도 서울을 비롯한 대도시 몇 군데에서만 진행되었고, 지금처럼 광범위하게 수립되지도 않았었다. 우리는 창원 중심지구 도시설계를 해본 경험이 있었기에 부담 없이 프로젝트를 진행했다. 더구나 도시계획재정비를 통해서 도시에 관해서 속속들이 알고 있었기에 더욱 쉬웠다. 발주처는 역시 산업기지개발공사였는데, 지난 이삼 년간 상호 신뢰가 쌓인 까닭에 매우 우호적인 분위기 속에서 연구가 진행되었다.

## 배경

반월신도시는 도시계획이 1977년에 결정된 이후 1978년(대지종합기술공사)과 1980년(환경그룹) 두 차례에 걸쳐 이른바 '도시설계'가 수립되었다. 첫 번째 도시설계는 1977년의 도시계획을 보완하고 입체적으로 규제하겠다는 목표를 갖고 시작되었으나, 결과적으로는 좀 더 상세하게 계획을 하고 건물의 모습을 제시하는 수준에 머물렀다. 당시에는 도시설계를 통해 무엇을 할 수 있는지 그리고 어떻게 할 수 있는지에 대해 연구된 바가 거의 없었고, 그러다 보니 도시설계는 담당 계획가의 희망 사항을 그려놓은 데 불과했다. 물론 그 결과물에 대해서도 집행할 수 있는 법적 근거가 마련되지 않아 무용지물이 되고 말았다. 산업기지개발공사에서는 도시설계 내용에 문제가 있다고 판단해 1980년에 다시 도시설계를 수정하는 용역을 발주했다. 그러나 1980년 도시설계도 마찬가지로 그저 그림에 불과했고, 규제 수단이 없는 상황에서는 이전의 계획과 별반 차이가 없었다. 우리가 계획을 맡게 된 1985년에는 이전의 도시설계 때와는 달리 법적 장치가 마련되었을 뿐 아니라 새로운 설계방법론도 속속 개발되고 있었다.

## 신도시 개발의 과제

반월신도시 재정비계획을 하면서 느낀 점은 이 신도시를 과연 우리가 지향해야 할 신도시의 모습이라 할 수 있겠는가 하는 의문점이었다. 유럽의 신도시와 일본의 신도시를 방문해 보고 이들과 비교해 보기도 했으나 도저히 받아들일 수 없었다. 어디서부터 문제가 생겨났고, 어떻게 고쳐나가야 할 것인가? 우리가 재정비계획을 시작할 당시에도 이미 도시 골격은 완성되어 있었고, 이에 따라 기반시설 공사도 50% 정도는 진행되고 있었다. 도시계획 재정비에서 각종 지표들의 재점검, 일부 미집행된 도로망의 수정, 각종 도시계획시설들의 결정, 그리고 이러한 변화를 모아 결정고시를 했지만 그것만으로 도시의 문제들을 완전히 해결할 수는 없었다. 따라서 도시설계에서 공공 및 민간의 설계에 대한 규제지침을 만들고 이를 통해서 도시의 질적 수준을 높여야 하는 과제를 안게 되었다.

## 도시설계의 목표

반월신도시를 처음 계획할 때 내걸었던 캐치프레이즈는 '전원도시'였다. 그래서인지 개발 면적에 비해 수용 인구는 매우 낮게 잡아 20만~30만 명으로 정했다. 하지만 그러한 구호가 무색하게도 먼저 개발된 군자지구 일부만의 인구는 이미 10만 명에 육박하고 있었다. 즉, 처음부터 밀도에 대한 전략이 전혀 부재했다. 진행되고 있는 개발 밀도를 도시 전체에 반영하면 인구는 50만~60만 명이 수용될 수 있다. 그래서 전원도시는 안되더라도 전원적 환경을 조성하는 것을 도시설계의 목표로 하고 인구 밀도 조정을 처음으로

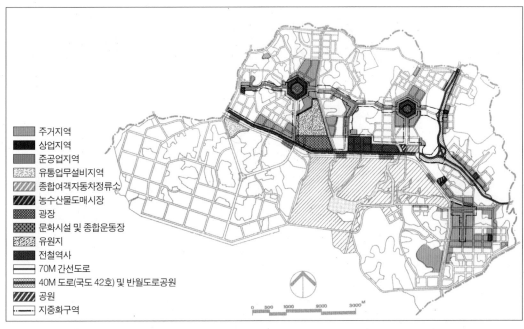

**그림 4-1. 도시설계 대상 구역**_ (안산시·산업기지개발공사, 1986).

범례:
- 주거지역
- 상업지역
- 준공업지역
- 유통업무설비지역
- 종합여객자동차정류소
- 농수산물도매시장
- 광장
- 문화시설 및 종합운동장
- 유원지
- 전철역사
- 70M 간선도로
- 40M 도로(국도 42호) 및 반월도로공원
- 공원
- 지중화구역

시도했다. 다음으로는 도시경관의 개선이다. 도시설계가 궁극적으로 도시경관을 개선하는 데 목적이 있는 만큼, 기존 반월신도시의 형편없는 도시경관을 바로잡고 새로운 이미지를 창출하는 것이 필요했다. 그래서 우리는 도시경관에 대한 분석과 대응 방안을 제시하고 계획 대상지 내의 모든 건축물에 대한 설계지침을 마련하기로 했다.

건축법상 도시설계 대상 지구는 당시만 해도 도시 전체가 아니라 중심지와 간선도로변에 한해서 지정하도록 되어 있었다. 따라서 아직 개발이 끝나지 않은 도심, 군자지구 중심, 수암지구 중심, 반월지구 중심 등 상업지역과 주변의 주거지역, 그리고 수인산업도로(국도42)와 중앙대로를 대상지로 선정했다. 면적은 약 10.58km²이며, 개발구역의 18%에 해당되었다.

## 경관계획

도시설계는 도시경관계획에서부터 시작했다. 경관계획의 목표는 식별성, 장소성, 심미성의 제고로 정했다. 식별성은 면, 선, 점 차원의 3단계로 나누어 분석했다. 장소성은 특성화지구를 구획해 각 지구별로 면, 선, 점 차원에서

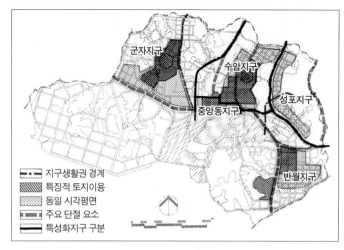

그림 4-2. 특성화지구 구분도_ (안산시·산업기지개발공사, 1986).

그림 4-3. 군자 진입로 경관 분석/대책_ (안산시·산업기지개발공사, 1986).

대책을 마련했다. 심미성은 그 기준을 상징성, 조망성, 중요성에 두고, 주로 중요 간선도로를 따라 형성되는 경관에 치중했다.

건물의 높이와 규모 또한 경관에 영향을 미칠 수 있다. 따라서 용도지역별로 건축물의 규모와 높이에 대한 도시설계적 대응 방안을 마련했다. 이는 도시설계에서 다뤄야 할 사항은 아니지만 도시경관에 큰 영향을 미치므로, 적절한 양의 공급을 위해서 도시설계 수법을 통해 조절하기로 했다. 인구와 소득 증가를 전제로 상업시설의 면적 수요를 예측하고 기존에 상업지역으로 지정된 면적에 대한 평균적 개발 밀도를 곱해 얻은 개발 가능 면적을 비교한 결과, 공급이 수요의 220% 정도로 나와 상업지역 면적이 지나치게 넓게 지정되어 있었음을 알 수 있었다. 신도시에서 상업지역 면적이 필요 이상으로 넓게 지정되는 이유는 개발사업의 주체가 분양가가 높은 상업지역 면적을 가능한 한 넓게 지정하고 싶어 하기 때문이다. 이러한 경향은 후일 개발되는 거의 모든 신도시에서도 동일하게 나타나는 문제다.

그러면 상업지역이 도시에 과다하게 지정되면 어떤 문제가 발생하는가? 첫째, 상업용지의 분양이 지체되거나, 땅은 팔렸는데 건물을 짓지 않거나, 건물이 지어진 뒤에도 상가 분양이나 임대가 어려워진다. 대부분의 도시개발자들은 토지만 분양하면 자기들의 역할은 다하는 것이라고 생각하고, 건물의 미분양이나 미임대는 토지 매입자가 해결할 문제라는 입장이다. 이는 도시 전체의 상가 수요와 공급에 대한 정보가 없는 토지 매입자들에 대한 배신 행위나 다름없다. 둘째, 토지나 건물의 미분양이나 미임대가 오래 지속되면 그 공간에는 바람직하지 않은 용도가 잠식하게 된다. 빈 땅은 임시 용도들(즉, 고물상, 건자재상, 공해성 공장, 임시 주차장 등)이 차지하며, 건물의 경우에는 퇴폐 용도들(모텔, 마사지업소, 사행성 업소)이 입주한다. 셋째, 필요 이상의 상가 면적은 필요 이상의 상점 수를 만들어내고, 이들은 정해진 수요자를 유치하기 위한 과당 경쟁에 들어간다. 그러다 보면 광고판과 간판이 홍수를 이루게 되고 도시경관은 혼돈 속에 놓이게 된다. 그러나 이미 도시계획으로 결정한 용도지역계획을 바꾸는 것은 거의 불가능에 가깝다. 상업용지 분양 물량 감소로 인한 손실에 대해 책임지려는 사람은 아무도 없기 때문이다. 따라서 도시설계에서 건축물 규제를 통해 상업 공간을 축소하고, 비상업용지(단독주택용지 등)에 상가시설이 입주하는 것을 막아야만 했다.

## 상업지역의 도시설계

1978년의 도시설계를 보면, 도심지역 도시설계에 필지 분할 개념은 전혀 없이 대블록super block 개념으로 그 안에 건물들을 옹기종기 그려 넣는 모습을 보여주고 있다. 이는 블록 전체를 하나의 필지로 보고 한 사람의 소유자가 개발을 한다면 가능한 설계이겠지만, 여러 건물주가 각기 자기 건물을 지으려 한다면 불가능한 설계다. 다양한 형태의 건물들을 한 블록 안에 그려 넣은 것을 보면 건물별로 필지를 나누어 분양하는 것을 의도한 것 같았는데, 문제는 이를 가능하게 하는 필지 분할 계획이 없다는 것이었다. 그 상태에서 건물 그림을 기준으로 필지를 분할한다 해도 각 필지가 접근이 가능한 도로에 접해야만 하고, 특히 100m 폭의 광로변에만 접한 건물은 차량이 광로에서 직접 진입해야만 접근이 가능한데, 그러려면 도로변에 위치한 보행 공간이나 식재 공간을 가로질러야만 한다. 그게 아니면 블록 가운데 위치한 주차장을 통해서 진입해야만 하는데, 주차장은 도로가 아니라는 법적 문제가 생긴다. 그래서 도시설계에서는 우선 미분양된 필지를 분할하고 모든 필지가 차량 진입이 가능한 도로와 접하도록 했다. 그리고 이를 위해서 새로운 소로를 필지 사이에 신설해 차량의 진출입로로 활용토록 했다. 이미 건물이 들어섰거나 소로의 삽입이 불가능한 경우에는 보행자 통로를 지정해

편의를 도모했다.

도심상업지역 설계에서 생긴 또 하나 의 문제점은 블록마다 한가운데 공동 주차장을 크게 만들어놓은 탓에 도심 부 여기저기 텅 빈 공간이 형성되어 도 심성을 약화시키고 있다는 점이었다. 설계자의 의도는 도심 블록에 입주하 는 모든 건물에 대해 개별 주차장을 필 지 내에 건설하는 대신 블록 한가운데 에 큰 공동주차장을 두어 사용하게 함

그림 4-4. 도심상업지역 블록 중심부 공동주차장_ 번잡해야 할 도심부 한가운데가 비어 있어 도심성이 현저히 떨어지고 있다. (저자 촬영).

으로써, 개별 건물의 공사비도 절감하고 주차장 운용의 효율성도 높이겠다 는 의도로 추측되었다. 그러나 이 아이디어는 몇 가지 문제를 내포하고 있 다. 첫째, 당시만 해도 필지 밖에 분리해 주차장을 마련하는 것은 '주차장법' 에 위반되었다. 따라서 초기에 건축된 건물들은 공동주차장과는 별도로 필

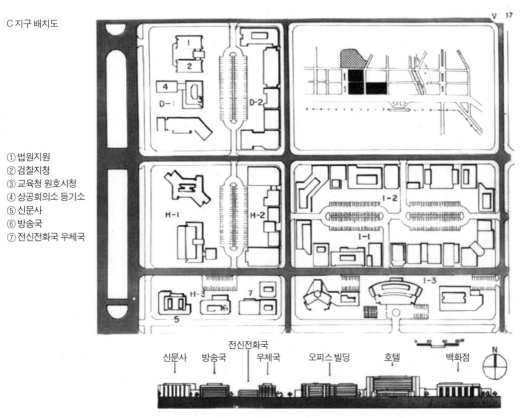

그림 4-5. 첫 번째 도시설계(1978)에 등장한 도심지구 도시설계_ (산업기지개발공사, 1978).

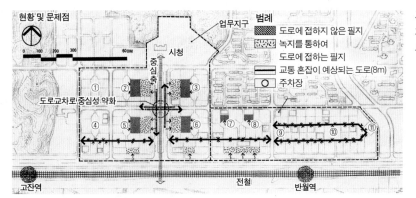

그림 4-6. 도심지구 현황 및 문제점_ (안산시·산업기지개발공사, 1986).

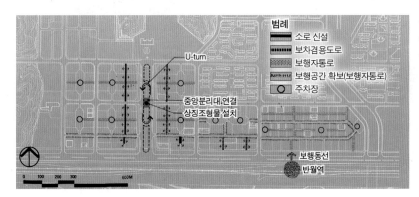

그림 4-7. 교통 대책 방향_ 필지로의 차량 진출입을 위해 이면도로와 막다른 길이 추가되었다. (안산시·산업기지개발공사, 1986).

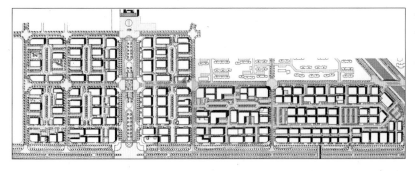

그림 4-8. 도심상업지구 건축 예시_ 법정 최대 건폐율을 적용할 때의 모습이다. (안산시·산업기지개발공사, 1986).

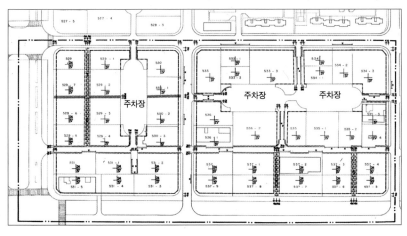

그림 4-9. 도심상업지구 일부 구간 도시설계지침도_ 필지 내 십자 표시 안의 숫자는 건물의 최고 높이(m)이며, 로마자는 최저 층수이다. (안산시·산업기지개발공사, 1986).

지 내에 주차장을 마련하지 않으면 안 되었다. 이들은 공동주차장에 대한 토지 지분을 갖고 있었고 필지 매입 시 이에 대한 비용도 지불했으므로 이 중으로 부담을 한 셈이 되었다.

둘째, 도시설계 측면에서 볼 때 도심 블록 한가운데가 텅 비어 경관적으로 도심부라는 느낌을 주지 않는다. 더구나 블록 안쪽에서 건물들을 볼 때는 건물의 뒷면을 보게 되고, 건물의 지저분한 서비스 공간이 공동주차장

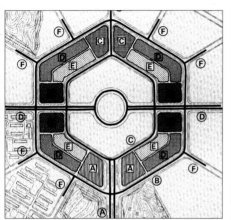

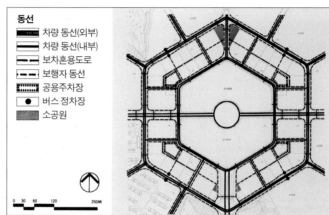

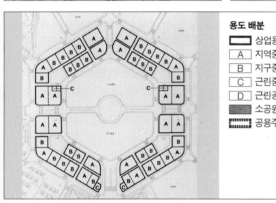

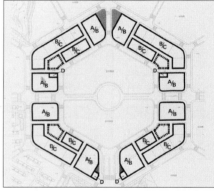

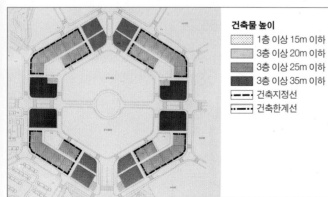

그림 4-10. 군자지구 계획도_ 왼쪽 위부터 ① 가로망 및 장소별 성격 분석 / ② 동선 분석 / ③ 용도 배분 / ④ 필지 분할과 규모 설정 / ⑤ 건축물 높이 규제. (안산시·산업기지개발공사, 1986).

에 면하게 되어 경관을 해친다. 이러한 공동주차장이 도심상업지역 내에만 11개소가 있었다.

군자지구 및 수암지구 중심에는 도넛 모양의 토지에 대해 필지 분할, 접근 도로 체계, 경관 구상, 이에 따른 건축규제지침을 마련했다. 네 방향의 주 진입로 변에는 대형 필지를 배치하고, 건물의 높이도 높여 상징성을 강조했으며, 식별성을 높게 했다.

수암지구는 육각형 도넛의 크기가 군자지구보다 작다. 그런 까닭에 남쪽에서 진입하는 도로 입구에는 높은 건물 대신 녹지 공원을 조성토록 했다. 왜냐하면 이미 진입로 양편으로 고층 아파트가 지어지고 있어서 입구에 상징적 건물을 배치하는 것은 별 의미가 없기 때문이다. 그러나 동서간선도로변은 군자지구와 마찬가지로 대형 고층 건물을 배치시켰다. 한편 중심 광장에는 군자지구 광장과는 달리 입체적인 인공 동산(콘 형태)을 설치하고 도로를 그 밑으로 관통시켜 광장을 입체적으로 인식하게 하고, 남쪽에 벽천과 분수를 설치토록 했다.

광장을 계획하는 과정에서 웃지 못 할 일이 벌어졌는데, 산업기지개발공사에서는 이 프로젝트가 도시설계인 만큼 '설계'로서의 의미에 부합되도록 단면도를 제출하라고 했다. 도시설계는 건축설계와는 달리 단면도는 그리지 않는 것이라 아무리 말을 해도 듣지 않았다. 결국 간단하게 개념 단면도를 그릴 수밖에 없었는데(〈그림 4-11〉), 이들은 별도의 조경 시공도면 없이 그 단면도 그림대로 공사를 진행했다.

## 도심상업지역 상가 부지 개발 방식

우리가 시청 앞 도심상업지역에 대해 도시설계 작업을 하기 이전에 이 땅들은 이미 분양이 완료되었다.

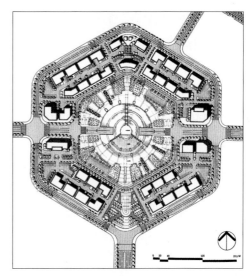

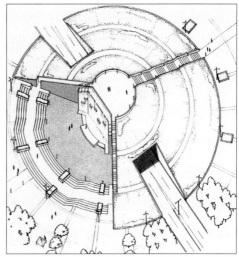

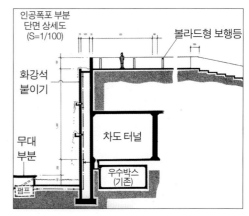

그림 4-11. 수암지구 중심과 광장 계획_ 위부터 ① 중심 광장 / ② 광장과 벽천분수 / ③ 벽천분수대의 단면도. (안산시·산업기지개발공사, 1986).

그러나 몇몇 관공서를 제외하고는 거의 건물이 들어서지 않은 상태였다. 각 필지마다 소유자가 정해져 있었기 때문에 우리가 필지 분할을 재구성할 수는 없었다. 우리는 이 땅들이 왜 개발되지 않고 있는가를 조사해 보았고, 그것은 소유 관계가 복잡하게 얽혀 있기 때문이라는 것을 알게 되었다. 기존 계획에서 분할해 놓은 필지 규모가 크다 보니 어느 한 개인이 사기에는 너무 벅찼고, 그래서 사람들 여럿이 모여서 공동으로 구입한 필지들이 많았다. 그러니 건축이 쉬울 리가 없었다. 각자의 자금 사정이 다르기 때문이다. 사실 땅도 혼자 살 형편이 못되는 사람들이 건물 지을 돈이 넉넉할 리 만무하다. 그래서 땅이 오랫동안 방치되었던 것이다. 우리가 도시설계를 진행하던 1980년대 중반이 되자, 이들은 개발 여건이 무르익었다고 판단하고 개발 자금 확보에 나섰다. 이때 건설회사들이 등장했다. 건설회사는 이들로부터 개발을 위임받아 자기들의 자금으로 원하는 대로 건물을 지었다. 건물이 지어지고 나면 토지 소유자와 건설회사는 건물의 소유권을 나눠 가졌다. 토지 소유자는 땅값만큼 건물을 차지하게 되었는데, 대개 1·3·5층이나 B1·2·4층 중에서 선택하고, 나머지는 건설회사 몫이 되어 자기들이 분양해 공사비를 보전했다.


## 주거지역의 도시설계

반월신도시 도시설계를 할 당시만 해도 주거지역은 도시설계의 대상이 아니었는데, 그렇게 된 이유는 주거지역에 도시설계가 필요 없었다기보다는 주민들의 민원이 심해서 규제가 어려웠기 때문이었다. 신도시의 경우 주민들이 결정되어 있지 않으므로 필요하면 도시설계 대상지에 주거지역을 포함시키는 것은 가능하다. 주거지역 안에서의 도시설계 대상은 주로 아파트 단지다. 당시만 해도 지금처럼 고층만을 선호하는 시대가 아니었고, 지방 도시에서는 오히려 저층 아파트를 선호하는 경우가 많았다. 그 이유는 아주 단순하다. 고층 아파트는 골조 공사비가 더 들고, 엘리베이터를 설치하므로 공사비가 추가되어서 분양가가 높아진다. 또, 엘리베이터 운영 때문에 주민들이 내야 하는 공동전기료가 상승해서 선호하지 않았다. 그러나 수암지구 쪽에서는 벌써 15층짜리 고층 아파트가 지어지고 있었다. 그것은 수암지구가 비교적 소득이 높은 사람들을 대상으로 분양되었기 때문이다. 그래서

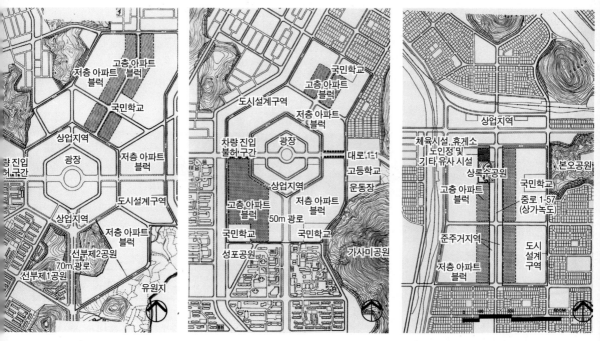

그림 4-12. 지구중심 주거지역의 고층 아파트 지구 설정_ 왼쪽부터 군자지구, 수암지구, 반월지구의 설계 구상이다. (안산시·산업기지개발공사, 1986).

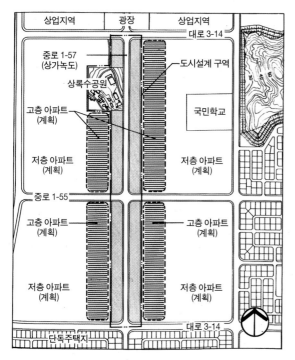

그림 4-13. 반월지구 남-북 중심 도로_ (안산시·산업기지개발공사, 1986).

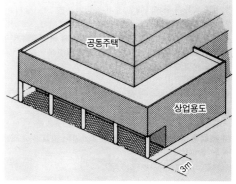

그림 4-14. 아케이드의 기본 구조_ (안산시·산업기지개발공사, 1986).

4장 안산시 도시설계 **57**

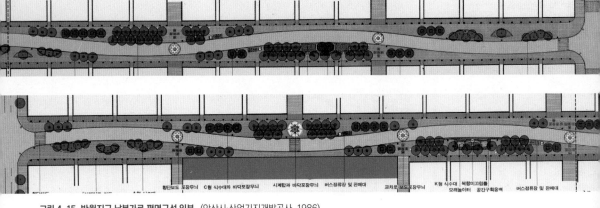

그림 4-15. 반월지구 남북가로 평면구성 일부_ (안산시·산업기지개발공사, 1986).

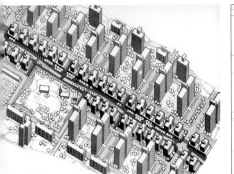

그림 4-16. 지구중심 주거지역의 고층 아파트 지구 설정_ (안산시·산업기지개발공사, 1986).

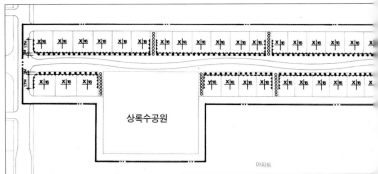

그림 4-17. 남북 도로의 북쪽 일부(상록수공원 쪽)_ 필지 안의 십자 표시 왼쪽 위 X는 건물의 용도를, 오른쪽 위 숫자는 건물의 최고높이를 의미하며, 보도변의 ○는 아케이드를 의미한다. (안산시·산업기지개발공사, 1986).

도시설계에서는 요즈음과는 반대로 고층 아파트 지구를 설정해 도시의 상징성을 높이고자 했다.

반월지구 중심축에 대해서는 새로운 시도를 했다. 육각형 중심을 제거하는 대신 남북 중심도로변 준주거지역을 저층의 쇼핑몰로 구상했다. 이것이 아마도 우리나라에서 처음 시도하는 아케이드 거리일 것이다. 아케이드가 들어서는 준주거지역의 건축물 최고 높이는 16m로 제한했다. 16m면 4~5층 정도의 건축이 가능한데, 2층까지는 상업용도로 사용하고 3층 이상은 주거용도로 사용토록 용도를 지정했다. 그리고 아케이드로 만들기 위해서 1층의 벽면을 도로변 건축선에서 3m만큼 후퇴시키고, 전면 기둥과 2층 외벽면은 건축선에 접하도록 했다. 그리고 아케이드 바닥면의 높이를 인접 필지의 아케이드 바닥 높이와 10cm 이상 차이가 나지 않도록 했는데, 그 이유는 남-북 간 도로가 북쪽이 높고 남쪽이 낮아 기울어져 있기 때문에 건물의 전면 폭과 바닥 높이 차이를 계산해 정한 것이다(〈그림 4-14〉).

20m 폭의 남북 중심도로는 쇼핑몰에 적합하도록 보행 공간을 대폭 넓히고 차도를 좁혀 일방통행로를 만들었다. 늘어난 보행 공간에는 별도의 붉은 벽돌 포장과 더불어 가로시설물street furniture과 수목을 식재해 보행자들에게 쾌적함을 주도록 했다.

## 기타 계획

기존 계획의 필지 분할에는 무리한 부분이 많이 있었다. 도심 상업지역도 그랬고, 근린상업지역의 필지에서도 마찬가지였다. 토지 수요자의 여건이나 개발 의사와는 관계없이 대형 필지로 분할해 매각을 하다 보니 토지 매입자들의 토지 분할 허용을 요구하는 민원이 그치지 않았다. 나중에 알게 된 일인데, 반월에서 상업용 토지를 매입한 사람들은 대부분 실수요자가 아닌 투기 목적을 가진 사람들이었다. 그런데 이들은 자본가가 아니라 영세한 사업자여서 대형 토지를 개발할 자본이 없었다. 따라서 여러 사람이 일단 공동으로 토지를 매입한 후, 투자자 수에 따라 필지를 분할하고자 한 것이다. 그래서 우리는 이들이 요구하는 숫자에 맞추어 필지를 분할하되, 추가되는 도로는 이들이 부담토록 했고, 합리적인 분할 계획을 만들어 이들과 합의를 보았다(〈그림 4-18〉).

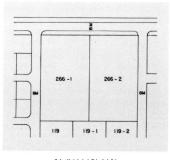
현재의 분할 현황

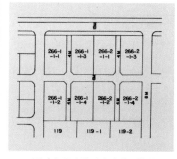
토지 소유자의 지적 변경 요청안

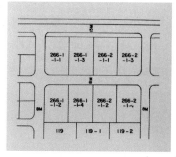
도시설계에서 조정 후 지적 현황

그림 4-18. 대형 필지의 재분할_ (안산시·산업기지개발공사, 1986).

## 간판 규제

상업지역에 들어가는 모든 건물은 간판 규제를 받도록 했다. 간판이 허락되는 곳은 2층 창문 바로 위까지며, 1층과 2층 사이에는 횡간판을 허용하되 대로변에는 미관을 고려해 문자조각형 간판을 설치하도록 유도했다(〈그림 4-19〉). 그밖에 돌출간판에 대한 규제도 했지만 이러한 간판 규제가 과연 지켜질까에 대해서는 확신이 서지 않았다. 서울을 비롯한 전국 도시에서 간판에 대한 규제를 오랜 기간 해왔지만 관리행정 능력의 부족으로 불법 간판에 대한 단속이 어려웠고, 상인들의 의식도 높지 않아 잘 지켜지지 않았기 때문이다.

30m 미만 도로변

30m 대로 이상 도로변

그림 4-19. 간판 규제_ 1층 창호 위의 짙은 붉은 면은 일반적인 횡간판이고, 2층 창호 위의 네모난 점선은 횡간판을 설치할 수도 있다는 것을 의미한다. 아래 그림에서 2층 위의 붉은 점은 문자조각형 간판만 설치가 가능함을 의미한다. (안산시·산업기지개발공사, 1986).

## 간선도로의 기본설계

도시설계가 시행되기 시작한 초기부터 우리는 도시설계에 도로와 광장, 공원, 교량 등 기반시설에 대한 설계지침을 포함시키기 시작했다. 당시에는 건물이 아닌 기반시설에 대한 설계를 토목기술자들에게 전적으로 의존하다 보니 미적 감각이 상실된 기능적 설계가 주를 이루어서 여기에 대한 디자이너의 참여가 필요하다고 판단했기 때문이다. 반월신도시는 간선도로가 지나치게 넓은 반면에 그 넓은 공간을 어떻게 활용할 것인가에 대해서는 별로 아이디어가 없는 상황이었다. 그래서 도시설계에 중앙대로(70m)와 시청 앞 광덕대로(100m)의 넓은 공간 활용을 위한 평면 구상과 국도 42번(수인로) 양편의 선형 공원에 대한 설계를 포함시켰다. 1970년대에는 한때 대로 또는 광로의 평면을 구성할 때 차도와 보도 사이에 자전거도로를 설치하고, 자전거 이용자를 보호하기 위해 자전거도로와 차도 사이에 녹지대를 두는 수법이 유행했다. 1970년대에 신설 또는 확장된 서울의 대부분의 대로에서 이에 따라 독립적인 자전거도로가 만들어졌고, 창원이나 반월 같은 신도시에도 같은 방식이 적용되었다. 그러나 자전거 이용을 장려하겠다는 정부의 정책은 이해가 되더라도 현실적인 적용에서는 여러 가지 문제를 발생시켰다. 즉, 자전거도로 내 불법 주차

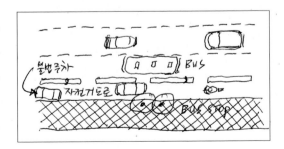

그림 4-20. 자전거도로와 불법 주차_ (저자 스케치).

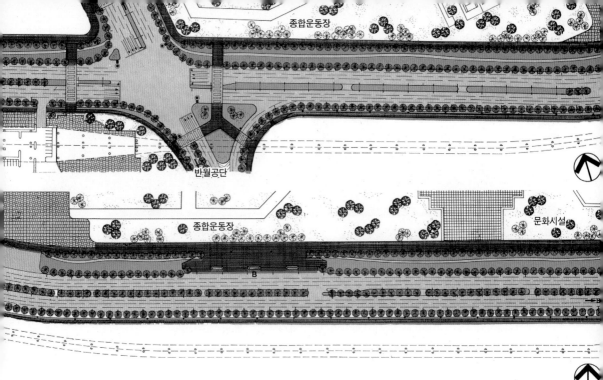

그림 4-21. 중앙대로의 평면 구성과 자전거도로_ (안산시·산업기지개발공사, 1986).

가 발생하거나, 택시가 보도에 서 있는 손님을 태우기 위해 자전거도로 안으로 진입하거나, 심지어는 버스까지도 정류장의 손님을 태우기 위해 고개를 들이미는 경우도 발생했다(〈그림 4-20〉). 결국 이러한 설계의 자전거도로는 1980년대부터는 사라지게 되었다. 반월신도시 도시설계에서는 보도와 차도 사이에 넓은 녹지대를 설치하고, 자전거도로는 차도와 완전히 분리해 녹지대 안에 설치했다. 버스 정류장은 녹지대를 파고들어 설치했으며, 보도는 자전거도로를 횡단해 버스를 승하차하도록 설치했다(〈그림 4-21〉).

## 평가와 교훈

나는 도시설계를 통한 인구 통제가 처음부터 가능하리라고 생각하지 않았다. 현실적으로 인구가 50만~60만 명이 넘을 수도 있다는 것을 누차 건설부와 공사에 알렸지만, 인구를 두 배 가까이 증가시켜 도시계획을 하는 것에 대해서는 누구도 원하지 않았고 책임지려 하지도 않았다. 이미 도시 기반시설의 대부분을 30만 명을 기준으로 시공을 마친 상황에서 인구의 증가는 공사를 전부 다시 하라는 것과 같기 때문이다. 상하수도 공급은 이미

그림 4-22. 반월 아케이드 거리의 시작점_ (저자 촬영).

그림 4-23. 아케이드의 사유공간화_ (저자 촬영).

충분히 용량을 설정해 놓았기 때문에 문제가 없었지만, 학교 등 공공시설은 문제가 되었다. 여기서 생각해 볼 점은 용역을 담당하는 도시설계가의 역할이 어디까지인가 하는 점이다. 도시설계가가 발주자(공사)는 물론이고 상급 관청(건설부)이나 관련 관청(예를 들어 교육청)을 찾아다니며 설득을 해야 할지는 확신이 서지 않았다.

반월중심지의 아케이드 구상은 시도했다는 것에 만족해야 했다. 몇 년 후 반월을 다시 방문했을 때 아케이드의 모습은 처음 가졌던 꿈을 산산조각 내는 모습이었다. 도시설계지침에 따라 모든 건물에 아케이드를 설치하긴 했는데 바닥의 높이가 엉망이었다. 옆 필지와의 높이 차이를 10cm 이내로 하라는 지침은 거의 지켜지지 않았다. 통로 공간이 지하층의 천정 슬래브slab가 되므로 수평을 유지하다 보면 옆 필지와의 높이차가 생겨나는데, 그 차이를 계단으로 처리한 곳이 있나 하면 슬로프slope로 처리한 곳도 있었다. 공사 마감도 지저분하게 되어 있었다. 또 다른, 그리고 더 큰 문제는 이 공간이 보행통로로 사용될 수 없도록 1층 상가에서 물건들을 적치하거나, 식당의 경우는 식탁을 배열해 사용하고 있었다는 점이다(〈그림 4-23〉). 즉, 사용자가 아케이드를 어떻게 사용해야 하는가에 대해 전혀 무지하거나 알아도 협조하지 않고 있었다. 왜 아케이드를 만들어야 했는지 이해하기보다는, 이 공간이 규제 때문에 만들어지기는 했지만 자기들 소유의 공간이기에 자기들 마음대로 사용할 수 있다고 생각한 것이다. 또, 아케이드의 천정고에 대한 규제를 하지 않다 보니 높이가 제각각이어서 연속성이 유지되지 않았다. 1개 층 높이의 아케이드는 건물 내부의 층고(약 3m 내외)를 갖고 만들어지다 보니 높이가 너무 낮았고, 1층 외벽을 3m 후퇴시켜 확보한 통로도 기둥 너비를 빼고 나니 별로 남지 않아 통행이 비좁고 답답하며 불편했다. 그밖에도 1층 외벽에 부착된 에어컨으로부터 뜨거운 바람이나 냄새 등이 새어 나와 불쾌하기도 했다. 이러한 문제의 인식과 경험은 나중에 분당이나 평촌 설계 때 큰 도움이 되었다.

도시계획이나 설계에 대한 한계도 느꼈는데, 어떠한 좋은 의도나 잘된 계획도 그대로 실현되지 않으면 아무 소용이 없다는 점이다. 좋은 도시를 만들고자 할 때는 개발자의 의식과 지식, 개발에 필요한 추가적인 비용 부담 의사, 높은 수준의 시공 능력을 가진 건설사들의 참여가 무엇보다도 중요하다. 도시설계 용역을 발주했으니 교량이나 공원 설계를 별도로 발주할 수 없다는 공사 내 의사결정자들의 소치는 이런 점에서 무지에 가까웠다.

도시설계를 진행하다 보면 때로는 개발자나 상부 관청으로부터의 이해할 수 없는 요구를 만나게 된다. 버스터미널 계획이 이에 해당되는데, 1978년 계획에서는 도심상업지역 내에 위치시켰고, 면적은 7만 1548m²로 꽤 큰 편이었다. 이는 2만 평이 조금 넘는 크기로, 대전의 고속버스터미널(당시 약 6000평)의 3배 이상이었다. 인구가 10분의 1밖에 안 되는 도시에 이렇게 큰 터미널 부지를 확보한 까닭이 무엇인가? 여기에는 모종의 이유가 있을 것으로 짐작된다. 터미널은 도시계획시설이므로 공영 개발 시 터미널 사업자에게 조성원가로 분양하게 되어 있었다. 그런데 이러한 규정을 악용해 필요 이상으로 넓은 면적을 분양받은 후에 버스 관련 시설보다는 백화점이나 상업시설을 많이 지으려는 시도들이 당시 전국 여기저기서 벌어지고 있었다. 반월의 경우에도 어느 업자가 제출한 개발계획을 보니 조그만 터미널 건물 외에 백화점, 종합상가 및 오피스 건물 등을 세우려 하고 있었다. 당시에 나는 이러한 개발 행위가 부당하다고 생각했다. 우리는 우선 터미널 위치를 도시의 동측 도시 진입부로 옮기려고 했다. 도심부의 교통 혼잡을 막기 위해서였다. 또한 백화점과 같은 시설의 입지 잠재력을 사전에 줄이고자 한 점도 있다. 그렇지만 이러한 구상은 공사와 건설부로부터 별다른 이유 없이 거부당했다. 우리는 누군가가 압력을 넣고 있다고 생각했고, 도시설계를 통해 이러한 시도를 막아야겠다는 생각이 들었다. 그래서 도시설계에서 내부 토지 이용에 대한 상세한 용도 배분과 건물 높이에 대한 규제를 마련했다. 그런데 당시 건설부나 공사나 모두 도시설계에 대해 익숙하지 않은 터라 이러한 규제가 무엇을 의미하는지 모르는 채로 도시설계안이 승인되었다. 결국 이곳에 터미널을 지으려던 사람은 토지를 확보해 놓고도(값은 치르지 않았을 것이다) 개발을 하지 못했다. 이 땅은 도시개발이 완료된 후 5년이 넘도록 개발되지 못했다. 젊은 오기로 벌인 일 때문에 안산 시민들이 피해를 본 것 같아 미안한 생각이 든다. 지금은 그곳에 버스터미널과 롯데마트 및 부속 건물이 들어서 있다. 확인되지는 않았지만 당시 그 땅을 확보하고 개발하려던 사람은 전○○라는 정권과 관련된 실력자였다고 한다.

신도시 계획과는 관련이 없지만, 비슷한 시기에 상부로부터 이상한 지시를 받은 적이 있다. 공무가 아니라 비공식적인 부탁이라고 하면서도 지시는 공식 라인을 통해 내려왔다. 내용인즉, 나더러 미국 출장을 다녀오라는 것이었다. 목적지는 뉴저지인데 출장 목적은 그곳의 어느 특정 부지에 대한 부동산 개발 가능성을 조사해 보고 오라는 것이었다. 출장은 비밀로 유지해야 했고, 따라서 혼자 미국에 갈 수밖에 없었다. 위치는 맨해튼이 바로 강 건너에 보이는 땅이었는데, 허드슨강과는 가까운 거리에 있었다. 당시만 해도 그 지역은 버려진 땅brown field 같았는데, 주변 건물들은 5층 정도의 어두운 벽돌색 창고처럼 보였다. 주거지도 있긴 했으나 소형의 저소득층 주택들뿐이었다. 그곳이 지금은 금싸라기 같은 고급 주거지로 변모했지만 30여 년 전에는 상상하기 어려웠다. 귀국해서 그 지역에 대한 리포트를 작성했는데, 맨해튼과 가까워 미래에는 잠재력이 있을 것이나 현재는 별 볼 일 없는 땅이라고 썼다. 나를 출장 보낸 사람이 결국 그 땅을 샀는지 안 샀는지 나는 모른다. 추측컨대 미래를 보고 투자하는 사람들은 아닐 것이라 생각한다. 아마도 버스터미널을 개발하려던 사람이 아닐까?

# 목동 신시가지 개발 기본설계 현상

## 목동 신시가지 개발 기본설계 현상

**(1983년 7월)**

## 대상지 여건

대상지인 목동지구는 안양천을 따라 남북으로 길게 뻗어 있는데, 계획구역 430ha(약 130만 평)에 정비구역 78ha(약 24만 평)로 총 508ha(약 154만 평)이고, 계획 인구는 13만 5000명이었다(〈그림 5-1〉). 문제가 되는 것은 정비구역이 대상지의 한가운데 위치하고 있어서, 이곳을 어떻게 할 것인가가 중요한 변수가 되었다. 이 구역을 새로운 계획에 포함시킬지, 아니면 제척시킬지에 대해 공모지침에서는 전적으로 설계가에게 맡겨두었다. 지금 와서 생각하면 서울시 공무원 입장에서는 절대 정비구역을 손대지 않으려 할 것이라는 점을 간과한 선택이었지만, 아무튼 우리는 이상적인 계획안을 만들기 위해 정비구역을 새로운 계획에 포함시키기로 했다. 부지의 형상은 크게 보아

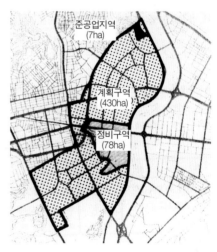

**그림 5-1. 대상지와 제척지 _** (저자 제작, 1983).

서 S자 형상이었고, 동측은 안양천으로 인해 양평동과 격리되어 있으며, 서측과 남측은 화곡동과 고척동으로 난개발이 진행된 저소득층 주거지였다.

## 기본구상

서울시가 목동을 중산층 이상을 대상으로 하는 주거지로 계획한 만큼, 주

교통 설계 제도

━━━ 고속도로
━━ 도시고속도로
━ 간선도로
─ 집산도로
⋯⋯ 지하철

그림 5-2. 가로망 계획도_ (저자 제작, 1983).

그림 5-3. 우리가 제작한 구상안 모형_ (저자 제작, 1983).

변 시가지와는 약간의 격리가 필요했다. 그래서 기성 시
가지와의 경계부에 간선도로를 넣어 분리시키기로 했
다. 한편 도심부는 오목교를 통해 양평동과 연결되는 지
역에 두기로 하고, 오목로를 확장해 정비지구를 관통하
게 했다. 그리고 오목로의 남측과 북측에 평행하는 도
로를 두고, 오목로 좌우로 목동의 중심상업지구를 지정
했다. 한편 S자 형상에 맞추어 남북 간 근린생활축을 설
정하고, 그 축상에 근린공원, 학교, 근린상업시설을 배
치했다. 남북으로 길게 뻗은 S자 형 근린생활축은 두 개
의 평행하는 남-북 간 도로로 인접 아파트 단지와 경계
를 짓게 했는데, 이 두 도로는 일방통행으로 만들어 교
통 소통을 원활하게 만들었다(〈그림 5-2〉, 〈그림 5-3〉). 우리
계획안은 심사에서 5개 당선작 안에 들었는데, 흘러나오
는 이야기로는 공동 3등인가를 했다고 한다. 1등 당선안
은 삼우기술단(대표 이〇〇)이 만든 안인데, 엄청난 투자
와 로비가 있었다고 했다. 하기야 당시 서울시의 큰 프로

그림 5-4. 근린지구 구분과 지구별 세대수_ (저자 제작, 1983).

젝트는 삼우기술단에서 거의 독식하던 때였으니까 당연히 당선되리라 예상하고 투자를 많이 했을 것이다.

## 당선안과의 비교

그러나 나는 삼우기술단이 만든 최종안에 대해 인정할 수 없었다. 당선안은 우리와 마찬가지로 중심축을 남북으로 길게 만들었는데(사실 대부분의 제출안이 남북 중심축을 제안했다). 그 성격은 우리 것과 달랐다. 그들은 중심축을 오목로 근처에서 어긋나게 만들고, 여기에 중심상업지구를 집중시켜 사각형의 이상한 패턴을 만들어냈다(〈그림 5-5〉). 제척지를 가능한 한 피해서 중심지를 만들다 보니 그럴 수밖에 없었을 것이지만 엇갈린 축 때문에 교통의 흐름이 비틀어지고 꼬이게 되었다. 서울시에서는 물론 정비지구를 최소한으로 건드린다는 것만으로도 이 안에 찬성했을 것이다. 좀 어렵더라도 정비지구를 이참에 재정비하고자 하는 마음이 이들에게 있었을리가 만무하다. 그래서 결국 목동 중심지구의 매듭은 지금까지도, 아니 앞으로도 여기를 지나는 차량들을 어리둥절하게 만들 것이다.

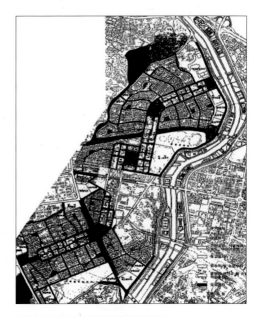

그림 5-5. 삼우기술단의 당선안_ (NAVER).

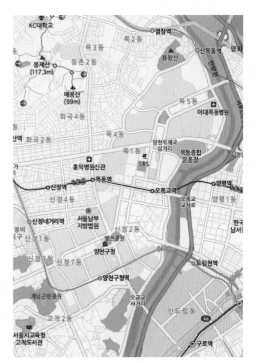

그림 5-6. 실제 건설된 가로망_ (NAVER 지도).

# 서울시 주요 도로 노선번호 부여 및 표지판 설치 계획
## (1988년 3월~1988년 8월)

## 배경과 문제점

정부는 1980년대부터 지번 체계를 서양식으로 바꾸기 위한 작업에 들어갔다. 즉, 일제강점기 때부터 사용해 온 행정구역 단위 지번을 도로 중심으로 변경하고자 한 것이다. 그런데 100년 가까이 사용해 온 지번 체계를 전혀 새로운 체계로 바꾸는 것은 결코 쉬운 일이 아니었다. 지번 체계 작업은 내무부가 담당해 왔는데, 도로는 건설부 담당이고 우편물 배달은 체신부 소관인 데다가 지방자치단체들의 반응도 시원치 않아 어려움을 겪었다. 게다가 우리 도시들이 노선 체계가 갖춰지지 않았고, 도로명도 거의 없었으며, 도로에 이름을 붙이려 해도 골목길이 너무나 많아 불가능에 가까웠다. 도로 중심 지번 체계를 확립하기 위해서는 골목길을 포함해서 모든 도로의 기종점이 확실해야 한다.

이러한 상황에서 획기적인 전기를 갖게 한 사건이 1988년 서울올림픽 유치였다. 1986년 서울아시안게임을 치르면서 절실하게 느낀 점은, 많은 외국인들이 서울에 와서 관광을 할 때 지번을 갖고 어떤 장소를 찾는다는 것이 거의 불가능하다는 사실이었다.

그러나 서양처럼 도로에 유명 인사의 이름을 붙이는 것은 그때나 지금이나 금기시되어 있다. 인물을 지칭하는 도로명은 고작 충무로, 세종로, 율곡로, 사임당로, 을지로, 도산로, 백범로 등이 있는데, 그것도 이름이 아니라 대부분 시호나 당호 또는 사후에 추서된 묘호 등으로, 본래의 이름은 아니다. 왜 그럴까, 좌우 이념 대결 때문일까?

서양식으로 한다면 이승만로, 박정희로, 노무현로, 김대중로, 박태준로, 정주영로 등 수많은 근현대사에 등장하는 인물의 명칭을 사용할 수 있는데도 우리나라에서는 이들의 부정적인 측면만 문제 삼아 사용하지 않는다. 그러다 보니 붙일 이름이 없는 것이다.

또한 골목길이 짧고 많으며, 간선도로도 노선이 연속되지 않고 구간마다 단절되다 보니 너무나 많은 고유명사를 필요로 하는 것도 문제다. 그래서 단기간에 효과를 보기 위해 우선 서울시 주요 도로에 노선 번호를 붙여 부르도록 하자는 대안이 시행되었다.

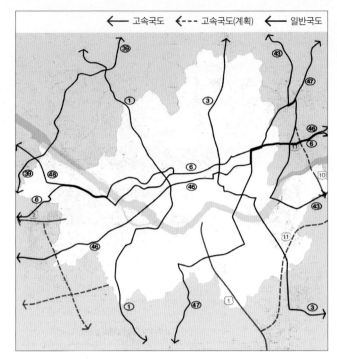

그림 6-1. 서울시 내 고속국도 및 일반국도 현황_ 1번 국도는 신의주-평양-서울-목포를 잇는 첫 번째 국도이고, 3번 국도 역시 한반도를 종단하는 국도이다. 짝수는 동-서 방향으로, 홀수는 남-북 방향으로 지나간다. (서울시, 1988).

## 주요 도로 판정

이 프로젝트는 서울시가 발주했는데, 올림픽 개막 전까지 필요한 것인 만큼 6개월 만에 끝내야 했다. 처음 이 프로젝트를 시작하면서 해결해야 할 첫 번째 문제는 어떤 도로가 주요 도로인지를 정의하는 것이었다. 우선, 그간 많은 연구를 통해 간선도로로 불리던 도로들을 중심으로 주요 도로를 찾아나갔다. 그리고 그 간선도로들을 노선route화해 최대한 시 경계까지 연장했다. 당시 서울을 관통하는 고속국도는 경부고속도로를 포함해 4개였고, 도시고속도로는 올림픽대로 1개, 계획을 진행 중이던 서부간선도로 등 6개, 마지막으로 일반국도 8개가 있었다. 우리는 기존 도로는 물론 계획 중인 도로에도 노선 번호를 부여하기로 했다.

## 노선 결정

우리가 첫 번째로 한 일은 고속국도와 일반국도를 제외한 모든 도로들의 노선을 설정하는 일이다. 노선 설정 원칙은 노선의 연속성과 형태 등을 고려해 정했으며, 노선의 양쪽 끝부분을 기종점으로 구분했다(〈그림 6-2〉). 그런데 여기서 문제는 국도 노선이 불규칙한 것이 많고, 중복되거나 교통 흐름이 노선을 따라 움직이지 않는 것들이 많다는 점이었다. 그것은 국도가 지정된 이래 수많은 도로들이 만들어졌고, 또 대체 도로들이 생겨났기 때문이었다. 그래서 우리는 국도 노선을 가능하면 외곽으로 돌려 거리를 줄이고 교통 소통이 원활하도록 노선을 약간 수정했다(〈그림 6-3〉).

예를 들어 국도 1호선은 시흥동-한강대교-서울역-구파발로 가는 도로였지만, 이것이 지역 간 도로일

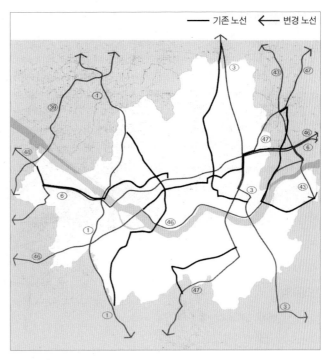

그림 6-2. 일반국도 노선 변경안_ (서울시, 1988).

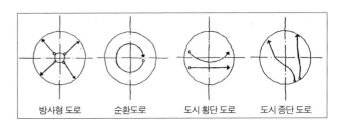

그림 6-3. 기종점 부여 원칙_ (서울시, 1988).

진대 굳이 시내를 관통할 필요가 없다고 판단되어 시흥동-안양천-성산대교-구파발로 노선을 바꾸었다. 마찬가지 원리로 국도 3, 6, 43, 46, 47, 48호선의 시내 통과 노선을 변경했다.

서울의 경우 도시 내 주간선도로는 대부분이 방사형 노선 모습을 띠고 있다. 그것은 도시가 사대문 안에서부터 점차 사방으로 확장되어 나왔기 때문이다. 방사형 도로가 아닌 것은 동-서 연결 도로거나 남-북 연결 도로다. 또한 도심 외곽노선으로서 율곡로를 연장해 방사형 노선의 기점을 여기에 두도록 했다. 다음으로는 보조간선도로의 노선을 설정했다. 보조간선도로는 주간선도로에서 제외된 간선도로로서 연장이 짧은 것을 대상으로 한다. 여기에도 방사형 도로와 환상형 도로가 있다.

## 노선 번호 부여 원칙

간선도로와 보조간선도로의 노선을 정의한 후에는 노선별로 번호를 부여할 차례다. 당시에도 고속도로나 국도에는 노선 번호가 제정되어 있었지만, 그 외의 주간선도로나 보조간선도로에는 도로명을 붙이거나 도시계획도로 번호를 붙여서 일관성이 결여되어 있었다. 우리는 고속국도와 일반국도의 경우에는 법정 노선 번호를 그대로 사용하기로 했다. 주간선도로와 도시고속도로에는 두 자리 수를 부여하고, 보조간선도로에는 세 자리 수를 부여하기로 했다(〈그림 6-5〉).

도시고속도로는 그 중요성을 감안해 기억하기 쉬운 번호를 부여했다. 예를 들어 올림픽대로는 88번, 강변북로는 77번, 도시순환고속도로는 99번, 북부간선도로는 66번 등이다.

나머지 일반적인 주간선도로에는 20~69 사이의 번호를 부여하되, 40~49 사이의 번호는 국도 번호와 중복되는 경우가 많아 제외했다. 주간선도로는 대부분 방사형 도로이므로 노선 번호에 위치를 알려줄 수 있는 구역별 번호 부여 범위를 설정했다. 즉, 도시 전체를 도심을 중심으

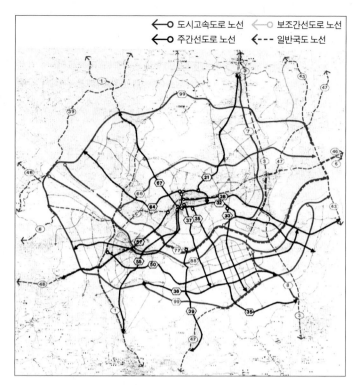

그림 6-4. 노선 번호 부여 종합계획_ (서울시, 1988).

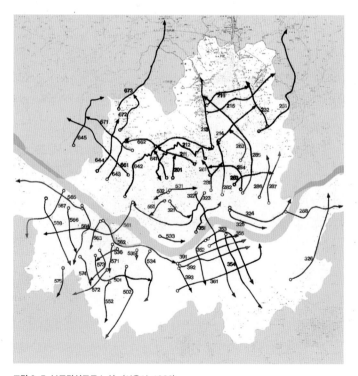

그림 6-5. 보조간선도로 노선_ (서울시, 1988).

로 4분원으로 나누고, 북동 구역은 20~29, 남동 구역은 30~39, 남서 구역은 50~59, 북서 구역은 60~69 구간에서 정하기로 했다. 구역별로는 시계 방향으로 번호를 붙여나가되, 도로가 남-북 방향에 가까우면 홀수 번호를, 동-서 방향에 가까우면 짝수 번호를 부여하기로 하고, 장래 신설될 도로를 고려해 중간마다 **여분의 번호**를 남겨두기로 했다. 보조간선도로도 이와 같은 방식으로 세 자리 수 번호를 부여했다.

이러한 방식은 미국에서 주(state)들을 연결하는 고속도로(interstate highway)에 번호를 부여할 때 사용한다.

## 도로 표지판 개선 방안

다음은 도로 표지판의 디자인을 번호 체계나 지점 명칭 등에 따라 어떻게 표시하느냐 하는 문제다. 도로 표지판은 당시 경찰청 소관이었기에 도시설계가들이 관여할 방법이 없었지만, 서울시가 나서서 고치기로 한 만큼 적극적인 대안을 제시하기로 했다. 우리나라의 도로 안내 표지는 일본식을 따르고 있다. 미국식은 도로 구조가 비교적 단순하기 때문에 표지판을 복잡하게 만들 필요가 없지만, 일본이나 우리나라는 골목길이 많고 교차로가 얽혀 있어 복잡해질 수밖에 없다. 그리고 복잡한 내용을 담다 보니 표지판 자체가 커지게 된다.

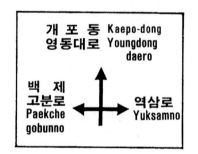

그림 6-6. 문제점 사례 _ (서울시, 1988).

　도로 표지판은 방향 안내 표지와 지점 안내 표지로 나누어진다. 그중 방향 안내 표지는 방향 예고 표지판과 방향 표지판으로 구성되어 있다. 우리는 여기서 주로 방향 안내 표지에 대해서 검토했다. 첫 번째로 우리가 한 일은 현황 조사와 분석, 문제점 도출 등이었다. 여기서 우리가 놀란 것은 실제 길거리의 방향 안내 표지, 도로 바닥에 흰 페인트로 쓴 운전자 안내 표지, 방향 예고 표지와 방향 표지의 내용이 실로 엉망진창이었다는 점이다.

　지금은 내비게이터navigator가 있어서 많은 운전자가 도로 표지판에 대해서 신경을 쓰지 않지만, 당시만 해도 길 찾는 데는 도로 표지판이 유일한 수단이었다. 여러 가지 문제들을 정리하면 다음과 같다.

　첫째, 방향 안내 표지 기호의 의미가 혼란스럽다. 표지에서 화살표가 가리키는 곳이 가로명일 경우, 진행해 도달하는 목적지를 의미하는지 주행하고 있는 도로를 의미하는지 혼란을 준다. 〈그림 6-6〉에서 영동대로는 주행하는 도로이고, 백제고분로는 진행하여 도달하는 목적지를 의미한다. 역삼

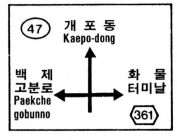

그림 6-7. 대안 1_ (서울시, 1988).

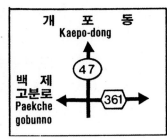

그림 6-8. 대안 2_ (서울시, 1988).

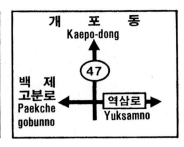

그림 6-9. 대안 3_ (서울시, 1988).

로는 그저 교차하는 도로를 의미한다.

　둘째, 안내 지명의 연속성 미비와 명료성 부족을 들 수 있는데, 주행하는 동안 표지판에서 목적지의 지명이 사라지거나 중간에 다른 지명이 나타나는 경우도 있었고, 예고 표지와 방향 표지의 안내 지명이 다른 경우도 있었다.

　셋째, 주행자에게 현 위치나 노선을 알려주는 안내 표지가 없고, 운전자가 올바른 방향으로 가고 있는지 확인할 수 있는 **확인 표지**가 없다.

　그밖에도 많은 문제들이 제시되었다. 우리는 개선 방안으로 가로 안내 체계의 정립, 안내 지명 선정과 연속성 확보, 노선 안내 표지의 설치와 노선 호칭 체계 개선, 표지판 식별성 향상과 시야의 장애물 제거 등을 거론했다. 우선 '→' 기호의 의미에 대해, 화살표 끝이 가리키는 지명이나 가로명은 목적지로 했다. 주행 중인 노선을 표시하기 위해서는 화살표의 끝을 피해서 화살표의 중간에 노선 번호를 삽입하거나 화살표 위 또는 옆에 노선 번호를 표기하도록 했다. 노선 번호의 형태는 고속국도, 일반국도, 시도 등을 구분할 수 있도록 달리 했다. 〈그림 6-6〉의 사례에 대한 개선안은 〈그림 6-7〉~〈그림 6-9〉와 같다.

　여기서 영동대로는 현재 주행 중인 도로이므로 화살표 중간에 노선 번호 47을 넣었고, 개포동은 목적지이므로 화살표 끝에 배치했다. 백제고분로는 주행 중인 도로에서 다른 도로를 거쳐 도달하는 목적지 도로이므로 화살표 끝에 배치했고, 역삼로는 그냥 다음번 교차로에서 우회전하면 진행하게 되는 도로이므로 화살표 중간에 넣었다. 방향 표지판의 개선안은 〈그림 6-10〉~〈그림 6-12〉와 같다.

　연구 결과는 곧바로 서울시가 외국인들을 위한 관광지도를 작성하는 데 사용되었고, 일부 도로 표지에 반영되었다. 올림픽이 끝난 후 건설부는 도

미국에는 한 노선에서도 중간마다 'N XXX', 'S XXX' 같은 확인 표지가 있다.

로 번호 시스템 연구용역을 새로이 발주했다. 이번에는 교통 전문가들에게 용역을 맡겼는데, 이미 우리가 연구해 놓았음에도 불구하고 교통 전문가가 아니라는 이유로 우리를 발주 대상에 포함시키지 않았다.

몇몇 교통 전공 교수들이 용역을 맡아서 진행하는 동안 이전에 우리가 해놓은 연구가 있다는 것을 발견하고 자문을 구해왔다. 첫 번째 자문회의에 나가보니 그들이 연구하는 것은 우리 연구를 거의 그대로 베끼는 수준이었다. 그래도 우리 연구가 쓸모 있어 베끼는 것까지는 용서할 수 있었는데, 변경을 위해 변경하는 것은 참을 수 없었다. 예를 들면 남부순환도로를 우리는 99번이라고 했는데, 이들은 아무런 이유 없이 90번으로 바꿔버렸다. 그 이후로 자문회의 초청은 없었다. 아마도 내가 자문회의에서 너무 많은 이야기를 했던 것 때문이 아닌가 한다.

그림 6-10. 기존 방향 표지판_ (서울시, 1988).

그림 6-11. 대안 1_ (서울시, 1988).

그림 6-12. 대안 2_ (서울시, 1988).

# 안양·평촌지구
# 택지개발
## (1988년 9월~1989년 7월)

## 배경

수도권 5개 신도시 중 가장 먼저 개발계획이 진행된 곳은 평촌신도시다. 평촌은 원래 안양시가 몇 년 전에 개발을 추진했었다. 이때는 삼우기술단이 계획을 맡아 진행했는데 건설부에서 승인을 내주지 않았다. 이유는 확실치 않지만 당시 인구 50만 명의 안양시가 추진하기에는 규모가 너무 컸고, 무엇보다도 이 땅을 차지하기 위한 한국토지개발공사의 로비 때문이 아니었을까 생각된다. 참고로 삼우기술단에 대해 언급하자면, 1980년대 중반에 대지종합기술공사가 서귀포 땅 투기에 연루되어 문을 닫은 후 '태양'같이 등장해 도시계획 시장을 장악했던 회사다. 회장은 이태양이었는데, 중년의 나이였음에도 완전히 백발이었고 얼굴은 홍안에 대춧빛을 띠고 있어 보기에 보통 범상한 인물은 아니었다.

토지공사는 안양시와 개발권 문제가 생기자 국토연구원에 계획을 의뢰했다. 토지공사에서 국토연구원에 계획을 의뢰하는 이유는 국토연구원에서 계획을 잘 할 수 있으리라고 판단해서라기보다는 계획의 공신력을 높이려는 이유가 더 컸다. 특히 문제의 소지가 있거나 사회적으로 관심이 많은 프로젝트일 경우 발주자들은 국토연구원의 문을 두드렸다.

나는 삼우기술단의 일을 가로챈 것 같은 느낌이 들었지만 맡지 않을 수가 없었다. 반월에서 남이 계획한 도시의 문제를 다 짊어지고 3년 동안이나 해결을 위해 고생했던 나에게 내가 중심이 되어 새로운 도시를 설계할 기회가 생겼는데 왜 마다하겠는가? 그러나 자신들의 개발사업 추진이 좌절된

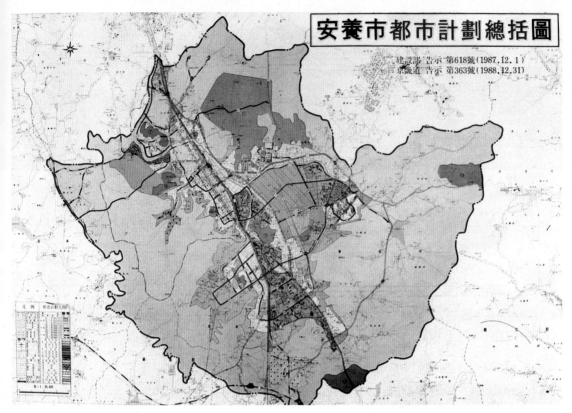

安養市都市計劃總括圖
建設部 告示 第618號(1987.12.1)
京畿道 告示 第363號(1988.12.31)

**그림 7-1. 안양시, 의왕시, 군포시를 포함한 안양시 도시계획도(1988)_** (한국토지개발공사·국토개발연구원, 1989).

안양시의 반발이 컸다. 이후 안양시는 개발 이익 배분 문제를 두고 토지공사와 소송까지 갔었고, 그와 더불어 국토연구원과도 우리가 평촌사옥을 떠날 때까지 사이가 껄끄러웠다.

평촌신도시는 1989년 4월 정부가 5개 신도시 개발을 발표할 때 포함시켰지만, 그 전해인 1988년에 신정부가 출범하던 때 주택 건설 200만 호 계획에 이미 포함되어 있었고, 발표 당시에는 산본과 더불어 계획이 상당 부분 진행되고 있었다. 그러니까, 이미 진행 중인 신도시사업이었는데도 5개 신도시 속에 포함시킨 것이다. 200만 호라는 쉽지 않은 계획을 위해 전국에 개발 가능한 대규모 토지를 하나도 빠짐없이 징발(?)해야 하는 입장에서 이는 어쩌면 불가피한 조치였다고 볼 수 있다.

## 평촌신도시의 입지

안양은 경부선 철도와 국도 1호선이 지나가면서 선형으로 발전한 도시다. 그러던 것이 과천이 개발되면서 서울과의 연계성이 좋아지자 **관악로**를 따라 동쪽으로 확장되었고, 다시 의왕의 포이동이 개발되면서 47번 국도(흥안로)를 따라 산업 기능들이 들어서고 있었다.

관악로는 후일 '관악대로'로 명칭이 바뀐다.

그러다 보니 세 개의 도로가 삼각형을 구성하고 그 안에 평촌신도시 계획 부지가 미개발지로 남게 되었다. 이 땅은 거의 전체가 평탄지로, 논으로 사용되고 있었으며 주변의 도로와 시가지가 성토盛土되어 만들어지다 보니 비가 오면 저습지가 되고 침수 피해를 입기도 했다. 게다가 이 땅은 시가지로 둘러싸여 있어 쓰레기나 오수 등 불법 투기로 점점 오염되어서 농사에 부적합한 토지로 바뀌고 있었다. 특히 인덕원 쪽으로는 오뚜기식품 등 식품 공장들이 많이 분포되어 있어 냄새가 큰 문제였고, 안쪽으로는 대한전선의 케이블 공장이 많은 화공약품을 사용하고 있었다. 서쪽으로도 국도 1호선과 철도 사이(군포시)에 중소 규모의 공장들이 밀집되어 있어 환경 오염을 가중시켰다.

그림 7-2. 세 도로가 둘러싼 대상지_ (한국토지개발공사·국토개발연구원, 1989).

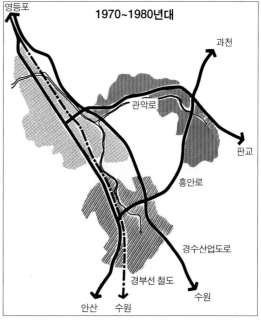

그림 7-3. 주변의 개발 상황_ 짙은색 지역은 개발 중인 지역이고, 옅은색은 기존 시가지다. (한국토지개발공사·국토개발연구원, 1989).

## 인구 규모의 결정

도시개발에서 가장 기본적인 데이터는 수용 인구다. 평촌 개발은 수년 전부터 안양시가 추진하고 있었던 까닭에 인구 문제를 또다시 논할 필요는 사실상 없었다. 그러나 정부가 주택 200만 호 건설을 공약한 이후에는 상황이 달라졌다. 안양시는 평촌의 인구 밀도를 과천(235인/ha)이나 목동(264인/ha) 수준인 243인/ha로 해 총 12만 명을 수용하는 것을 목표로 했는데, 정부로부터 그것의 두 배가 넘는 500인/ha에 해당하는 25만 6000명을 수용하라는 지시가 내려왔다. 어떻게 해서라도 고밀 개발을 유도해야 200만 호를 위한 토지 확보 문제가 쉬워진다는 당국자들의 계산 때문일 것이다.

이러한 밀도는 그때까지 대규모 개발 중에서 가장 고밀도였던 중계동(597인/ha) 개발과 비슷한 높은 수치다. 어떻게 해서든지 좋은 도시를 만들어보고자 원했던 나로서는 정부의 지시를 그대로 따를 수 없었다. 그래서 할 수 있는 모든 수단을 동원해서 이와 같은 고밀 개발을 막으려 했다. 그중 한 가지 방법은 유사한 규모의 신시가지 사례와 비교하는 것이었다. 그래서 저밀 개발인 과천과 목동, 고밀 개발인 상계, 중계지구의 밀도를 비교했다.

물론 중계지구처럼 개발한다면 못할 것도 없겠지만, 중계지구는 신도시가 아니고 고밀도 아파트 단지 집단에 불과하다. 신도시가 되기 위해서는 각종 공공시설이 들어가야 하고, 도심이 형성되어야 하며, 농수산물 시장, 열병합 발전소, 종합병원, 공원 등이 있어야 한다. 이런 시설들이 포함되기 위해서는 주거용지의 비율이 낮아져야만 한다. 4개 사례 지역의 주거용지 율은 46(과천)~54.6(중계)%이므로 평촌을 신도시답게 만들기 위해서는 최대 46%를 넘어서는 안 된다고 주장했다. 다른 한편으로는 안양시에 이 문제를 알려 관계기관 협의 시 문제 제기를 해주길 부탁했다. 이러한 노력의 결과로 절충안이 마련되었는데, 인구는 17만 명으로 하고 세대수는 가구당 4인 기준으로 해 4만 2500세대를 수용하기로 했다.

## 지하철 4호선 노선 대안

도시의 구조를 짜기 전에 먼저 결정해야 할 일은 서울지하철 4호선의 연장선이 어떻게 이 지역을 관통해 경부선 철도에 연결되게 하느냐였다. 철도가 과천의 정부청사역을 지나 인덕원 부근까지 오는 루트는 거의 결정되었고, 우리가 간섭할 일도 아니었다. 우리가 결정해야 할 일은 평촌에서 철도를 동서 방향으로 관통시킬 것인가, 아니면 남북 방향으로 관통시킬 것인가 하는 것이었다. 경부선과의 연결도 명학역과 금정역 중 하나에서 이루어질 예정이었다. 지하철 연장 노선에 대한 건설 비용은 도시개발 주체가 부담하는데, 나중에 산본신도시가 개발되면서 지하철을 산본까지 연장하기로 했고, 이로써 이미 건설된 안산(반월)선과의 연결 노선이 확정되었다. 안산신도시(산업기지개발공사 담당) 구역 밖의 구간에 대해 비용을 부담했던 철도청 입장에서는 상당 구간에 대한 지하철 건설 비용을 평촌과 산본의 개발 주체가 분담하게 되어 자신들의 비용 부담을 줄일 수 있었다. 당시 철도청은 안산과의 연결 철도를 경부선 철도 금정역에서 고가로 분기하도록 만들었지만, 지하철 4호선이 평촌과 산본을 관통해 금정역까지 오게 됨에 따라 이 노선을 안산선과 연결하기로 한 것으로 보인다(〈그림 7-4〉). 도면에서 보는 바와 같이 평촌을 남북으로 관통하는 대안은 인덕원역을 따라 관양동에 1개 역을 신설하고, 평촌 내에서는 3개 역을 만들며, 군포시 호계사거리에 또 하나의 역을 만든 후 금정역에 접속하는 것으로, 총 5개 역이 만들어진다. 이 노선은 평촌 주민과 관양동 주민 그리고 호계동 주민들에게는 바람직한 노선이지만, 철도 노선을 S자로 돌아가게 하기 때문에 산본 신도시로 바로 연결할 경우 금정역에는 연결할 수 없다.

반면 동서로 관통하는 노선 대안은 평촌에만 두 군데 역사를 건설하고 바로 금정역을 거쳐 산본으로 연장되는 대안인데, 철도청 입장에서는 단순하고 합리적이다. 물론 관양동과 평촌신도시 주민들을 많이 흡수하지 못한다는 단점이 있다. 우리가 선택한 대안은 동서 관통 노선이었다. 그것은 지역 간 광역 철도는 가능한 한 최단 거리로 연결해야 한다는 생각 때문이었다. 노선이 수요자를 찾아 구불구불 돌아다닌다면 장거

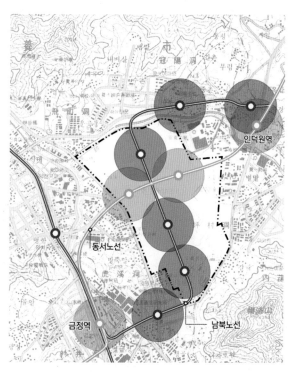

그림 7-4. 지하철 4호선 연장 노선 대안_ (한국토지개발공사·국토개발연구원, 1989에서 재작성).

리 여객을 상실하게 된다. 이러한 생각을 하게 된 배경은 내가 유럽이나 일본의 신도시로부터 얻은 교훈에 기인한다. 밀턴킨스Milton Keynes, 파리의 신도시들, 다마多摩뉴타운 등은 평촌보다 훨씬 규모가 크지만 모도시와의 철도 연결 면에서는 2~3개의 역만을 갖고 있으며, 이동 시간을 줄이기 위해 거의 대부분 지름길을 택하고 있다.

동서 관통 노선을 선택하자 안양시에서 반대 의견이 나왔다. 안양시가 선호한 대안은 남북 관통 노선이고, 이것은 안양시가 만든 원래 계획안에 반영되어 있었다. 그들이 볼 때 동서 관통 노선을 만들면 안양 주민 이용자 수가 절반 이하로 줄어든다는 것이다. 추가 역사의 개수가 다섯 개에서 두 개(금정역 제외)로 절반만큼 줄어들기 때문이다. 철도청은 남북 관통 노선일 경우 경부선 철도와 연결이 불가능한 점을 들어 우리가 제안한 동서 관통 노선을 선택했다.


## 간선도로망 패턴

간선도로망을 결정하는 일은 철도의 경우처럼 단순하지가 않았다. 여기에는 여러 대안이 존재할 수 있고, 또한 간선도로망은 도시 전체의 골격을 결정하기 때문이다. 그래서 나는 신도시를 설계할 때는 항상 모도시나 주변으로부터 대상 부지로 어떻게 접근하는가를 먼저 알아본다.

이미 대상지를 둘러싸고 세 개의 지역 간 간선도로(관악로, 홍안로, 국도 1호선)가 건설되어 있었으므로 제일 처음 결정해야 했던 것은 이들 간선도로와 신도시 내부도로가 어떻게 접속하느냐의 문제였다. 지역 간 간선도로와의 접속이 기존 도로의 차량 흐름에 장애를 초래해서는 안 되기 때문이

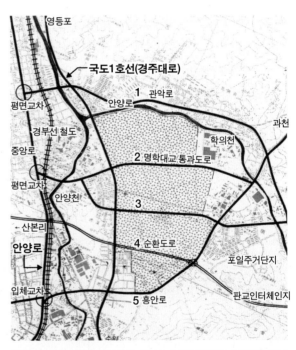

그림 7-5. 주변 간선도로와의 접속 가능점_ (한국토지개발공사·국토개발연구원, 1989에서 재작성).

다. 또 다른 고민거리는 이 세 개의 도로가 애매한 삼각형을 구성하고 있어서 내부에 어떤 패턴을 갖고 와도 어울리게 만들기가 어렵다는 것이었다.

또 하나의 변수는 수도권외곽순환고속도로를 신도시 내에 수용할 것인가 하는 점이었다.

앞에서 언급한 대로 내 지론은 순환고속도로는 가능하면 서울의 중심과 가깝게 통과해야 한다는 것이다. 그래서 나는 수년 전에 관양동의 북쪽 관악산 끝자락을 통과하는 것을 제안했지만 받아들여지지 않았다. 그래서 대상지 내에서 수용하던가, 아니면 더 남쪽으로 도로를 내려보내야만 했다.

우리는 할 수 없이 대상지 내에서 도로를 수용하되 남쪽을 관통하는 것으로 절충했다. 고속도로에서 대상지로의 진입을 우리 계획에서는 홍안로에서 입체교차로로 진입하는 것으로 계획했으나, 나중에 변경되어 현재는 평촌 내부에서 업다운 램프up-down ramp로 진출입하게 했다.

다음은 세 외부간선도로의 성격을 연구했다. 서측에 있는 국도 1호선(경수대로)은 안양 중심부와 연결되며 남으로는 군포와 수원으로 연결되는 가장 중요하고 상징적인 도로다. 관악로(현 관악대로)는 과천에서 인덕원을 거쳐 안양으로 연결되는데, 그 북측으로는 새로이 중산층을 위한 고밀도 아파트 단지들이 개발되고 있었기 때문에 교통량이 늘어서 도로 폭을 확장하고 있었다. 인덕원을 지나는 홍안로는 좌우편에 공장들이 들어서 있고, 바

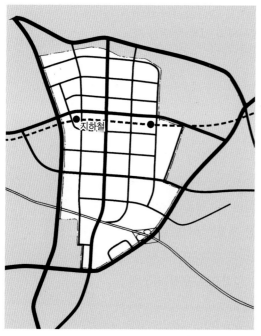

**그림 7-6. 주변 간선도로와의 접속 가능점_** (한국토지개발공사·국토개발연구원, 1989에서 재작성).

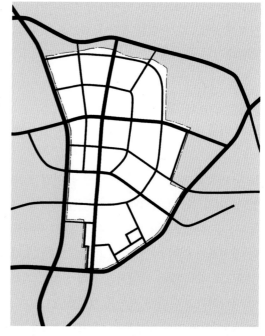

**그림 7-7. 내부가로망 패턴 대안 II(루프형)_** (한국토지개발공사·국토개발연구원, 1989에서 재작성).

로 남쪽에 포일주거단지가 개발되어 있다.

이들 세 도로에서 신도시로 진입할 수 있는 곳은 이미 정해져 있는 것이나 다름이 없었다. 안양의 기존 시가지는 안양로(옛 국도 1호선)를 따라 남-북으로 형성되어 있어, 신도시를 기존 시가지와 연결하기 위해서는 무엇보다도 안양로에 연결시켜야 한다. 안양로와 경수대로 사이에는 안양천이 지나고, 또 경부선 전철이 지상으로 지나고 있어 접속이 제한적일 수밖에 없다.

현재는 관악대로, 명학대교 통과로 홍안로만이 안양로와 연결되어 있으며 추가적인 도로 접속은 매우 어렵다. 그래서 일단 경수대로(현 국도 1호선)를 확장하고 신도시 간선도로들과 연결한 다음 기존의 접속점을 통해서 서울과 안양 기존 시가지를 연결시키기로 했다. 결과적으로는 내부를 관통하는 간선도로로 남-북 간 1개 노선, 동-서 간 2개 노선(고속도로 제외)이 결정되었다.

다음은 신도시 내부의 가로망을 어떤 패턴으로 짜야 할지였는데, 거기에는 몇 가지 대안이 있었다. 지형이 대부분 평지이기 때문에 격자형 패턴과 루프형 패턴을 만들어 비교했고(〈그림 7-6〉, 〈그림 7-7〉), 그 결과 격자형 패턴으로 결정했다. 동-서를 관통하는 지하철 노선(도면의 붉은 선)은 명학대교와 연결되는 시민대로와는 일치하지 않고 약간 남쪽으로 지나가게 함으로써 상부에 보행도로를 위한 공간을 확보하고 지하철 역사와의 보행 연결을 도모했다.


## 토지 이용

토지 이용을 정하기 위해서는 먼저 어떤 도로가 주도로인가를 결정해야 한다. 여기서는 지하철역이 어디를 지나가느냐에 따라 두 역을 이어주는 동-서 간 간선도로를 주도로로 정했다. 따라서 중심 지역도 이 도로를 따라 형성하는 것이 자연스럽다고 판단했다. 우리는 남-북 간 간선도로를 중심축으로 하는 것은 안양시의 원래 안처럼 지하철을 남북으로 보낼 경우에만 타당하다고 판단해 전자를 채택했다.

주거지역은 거의 대부분을 아파트 단지로 채웠다. 물론 우리 입장에서는 단독주택과 연립주택 등을 섞어 도시가 다양한 주거환경을 제시할 수 있어

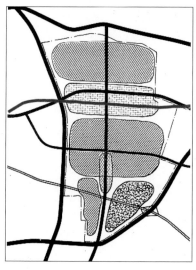

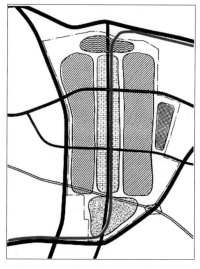

그림 7-8. 동서 방향 지하철 통과에 따른 토지 이용 패턴 대안_ (한국토지개발공사·국토개발연구원, 1989에서 재작성).

그림 7-9. 남북 방향 지하철 통과에 따른 토지 이용 패턴 대안_ (한국토지개발공사·국토개발연구원, 1989에서 재작성).

야 한다고 판단했지만, 평촌 개발에서 그러한 생각은 사치스럽고 낭만적인 생각으로 치부되었다. 좁은 땅에 인구 17만 명을 살게 하려면 저층·저밀은 불가능하다. 토지공사나 정부는 단독주택이나 연립주택은 아예 허용하지 않았다. 그들은 바람직한 신도시를 만드는 것이 주목적이 아니라 어떻게 하면 많은 주택을 지을 수 있는가에 목적을 두고 있었다. 다만 토지를 매수당하는 원주민들을 위해 단독주택단지 형식의 이주민 택지 약간만을 마련할 수 있었다.

## 도시계획시설

안양시는 비록 자신들의 계획대로 되지는 않았지만 평촌신도시로 시 청사를 이전하고자 했다. 그것은 당시 시청이 지은 지도 오래되었고, 주변이 낙후되었을 뿐만 아니라 접근도로 등이 협소했기 때문이었다. 기반시설이 잘 갖추어진 신도시로 오겠다는 것은 어쩌면 당연한 일일 것이다. 우리는 이를 막을 수도 없었던 데다가, 오히려 그들이 평촌 개발에 도움을 줄 것 같아 받아들이기로 했다. 그런데 그들은 청사 위치를 신도시 한가운데로, 부지 면적은 자그마치 2만 평을 요구했다. 시청이 상징적인 기능을 갖고 있으니 그런 요구를 할 수도 있다. 그런데 2만 평은 지나치게 넓었다. 게다가 부지 북측에 거의 같은 크기의 근린공원을 지정해 달라고 했다. 이러한 요구도 물론 지나친 것이었다. 시장님이 점심 식사 후 산책이라도 하셔야 한단 말인가? 결국 토지공사와의 논의 끝에 우리는 어쩔 수 없이 시의 요구를 받아들였다. 나중에 시청사를 건설하고 난 후에는 땅이 남아서 4면의 테니스장, 분수대, 운동장, 지상 주차장 등으로 공간을 채웠다. 나는 시청이 과연 누구를 위한 시설인가 하는 생각이 들었다.

평촌 내에는 지하철 4호선 역이 두 개 생길 예정이었는데, 동쪽이 평촌역이고 서쪽이 범계역이다. 지하철 노선을 시청이 접하고 있는 시민대로를 따라가도록 하지 않고 그보다 약간 남쪽으로 보낸 것은 상부 공간을 보행자

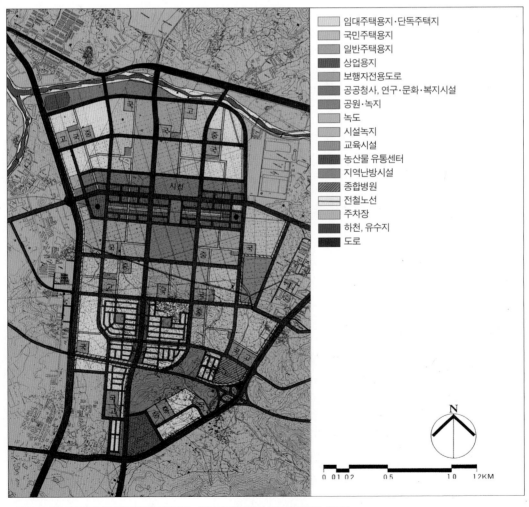

**그림 7-10. 평촌지구 택지개발 기본구상(초기 설계안)_** (한국토지개발공사·국토개발연구원, 1989).

공간으로 확보할 명분을 만들기 위한 것이었다. 이 두
역을 잇는 보행자 공간은 아케이드가 양편에 들어선 쇼
핑 공간이 될 것이었다. 아케이드 통로는 안산신도시에
서 한 번 시도했지만 결과가 별로 신통치 않았다. 그 당
시의 잘못된 점을 고쳐서 이번에는 제대로 된 모습을 갖
추도록 도시설계로 규제하기로 했다.

그림 7-11. 네덜란드 알마르의 인공 도시 숲_ (RoVorm, 2006).

평촌신도시는 주변이 온통 기존 시가지로 둘러싸여
있고 내부는 평탄지라서 녹지 확보가 어려웠다. 그래서
생각해 낸 것이 중앙공원이다. 마침 도시계획시설 기준
에 각 도시는 중앙공원을 두게 되어 있었는데, 대부분의
기성 도시는 중심부 근처의 대규모 산지를 중앙공원으
로 지정하고 있다. 평촌의 경우 인위적인 공원을 조성하
기로 하고 중심부에 400×300m의 사각형 부지를 마련
해 중앙공원으로 지정했다. 비록 뉴욕의 센트럴파크만
큼 크지는 않지만 숲을 조성해 주위의 주민들이 휴식처
로 사용할 수 있기를 바랐다.

그림 7-12. 하늘에서 본 중앙공원_ (NAVER 지도).

그리고 시청 앞에는 100×200m의 광장을 따로 두어
각종 행사를 치를 수 있게 지정했다. 그러나 이러한 의
도는 보기 좋게 빗나가고 말았다. 공원에는 나의 처음
생각처럼 숲이 우거진 공간을 만들지 않았고, 그 대신 면
적의 중심부를 타일로 마감해 광장처럼 만들어 각종 행
사를 치를 수 있게 했다. 그 결과, 여름이면 태양열에 달
구어진 타일이 열을 뿜어내어 도저히 공원을 걸을 수가
없는 상황이 되고 말았다.

그림 7-13. 평촌중앙공원_ (Daum 지도).

중앙공원의 설계는 아마도 토지공사가 조경회사에 의
뢰를 한 모양인데, 그저 나무만 많이 심으면 될 것을 지나치게 무언가를 설
계하려 했던 것 같다. 소위 오버디자인over-design을 한 것이다. 더구나 나무
는 변두리에만 몇 그루 심어서 그늘조차 만들지 못하고 있다. 알고 보니 나
무를 많이 심으면 타일 공사보다 비용이 더 많이 들고, 시에서도 나무 관리
가 어렵다고 해서 그렇게 된 것이었다.

몇 년 후에 내가 개인적으로 신중대 당시 안양시장을 만나 불만을 말했
더니 그 후에 시에서 나무를 좀 더 심었다고 들었다. 그러나 지금도 가보면

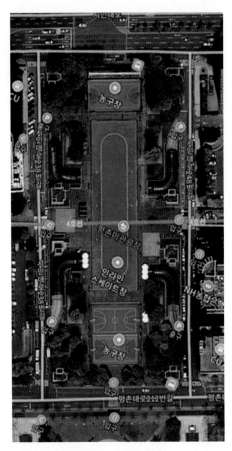

그림 7-14. 평촌 중앙광장_ (NAVER 지도).

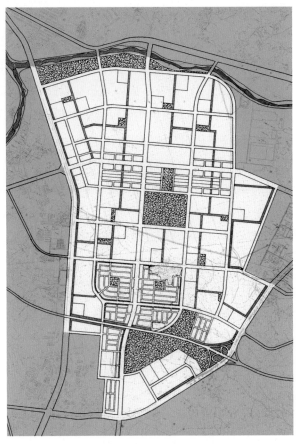

그림 7-15. 공원 녹지 체계_ 회색조 부분이 공원이고, 회색조 선이 완충녹지 또는 보행자도로이다. (한국토지개발공사·국토개발연구원, 1989).

운동장, 테니스장, 축구장, 야외 무대, 주차장 등이 공원의 주인이 되어 대부분의 땅을 차지하고 있고, 수목은 그 사이사이를 채우기 위해 심겨 있을 뿐이다.

광장의 경우는 더욱 해괴하다. 우리는 여기야말로 그냥 비워놓는 시민 광장으로 계획했는데, 현재 그곳에는 인라인스케이트장, 길거리 농구장 3면, 그리고 거대한 뚜껑이 있는 지하차도 입구 5개가 자리 잡고 있다(〈그림 7-14〉). 우리나라 사람들은 빈 공간을 보면 그냥 두지 못하는 습성이 있는 것 같다. 도시의 한가운데 그리고 시청 앞 중심축 광장의 공간을 왜 인라인스케이트장과 농구장이 차지하고 있어야 하는지 모르겠다. 결과적으로 어렵게 만들어낸 중앙공원과 광장은 이상한 조경 설계로 인해 허접한 놀이터로 변하고 말았다.

평촌은 남북 방향 길이가 동서 방향 길이보다 길어서 중앙공원 외에도 남쪽과 북쪽에 공원 녹지가 필요할 것 같았다. 북쪽에는 학의천이 지나고 있으므로 천변으로 녹지 띠를 남김으로써 공원으로 활용할 수 있게 했고, 남쪽에는 평촌의 유일한 구릉지가 있어 이를 보존하고 그 일대를 공원으로 정했다. 그러나 몇 차례 변경이 있은 후, 학의천변 공원은 그 폭이 잔뜩 줄어들어 공원이라고 보기 어렵게 되었고, 남쪽에도 운동장이나 국궁장 등이 파고들어 면적이 대폭 줄어들었다.

평촌에서 최초로 시도되어 아직까지 잘 기능하고 있는 것은 보행녹도 체계이다. 평촌 전체에 걸쳐 보행녹도가 만들어졌는데, 아파트 블록 한가운데 소공원을 배치하고 이를 기점으로 해 사방으로 보행자를 위한 녹도를 연계시켰다.

나는 평촌을 구상할 때 평촌은 안양의 일부이며 안양의 마지막 노른자위 땅으로서, 이것을 잘 만들어야 안양이 현대 도시로서 살아날 수 있다고 생각했다. 기성 시가지는 길과 철도를 따라 자생적으로 발전해 온 것으로, 그간 여러 차례 토지 구획 정리 사업을 해왔지만 역시 현대 도시로서의 모습을 갖추지 못하고 있었다. 그런 까닭에 평촌의 골격을 짤 때 안양 시가지와 어떻게 하면 잘 연결될 수 있을까 하는 점에 집중했다.

그렇지만 안양 기존 시가지와 연결하기는 쉽지 않았다. 서쪽으로는 철도와 하천 그리고 산업 지대로 인해 원활한 연결이 되지 않았고, 북쪽으로는 관악산 자락이 가로막아 시가지의 연담화(聯擔化)가 거의 불가능했다. 그래서 유일한 연결 도로인 국도 1호선(경수대로)을 확장하고, 주요 교차로를 입체화하며, 평촌으로 진입해 시민대로와 만나는 곳에는 양편에 공원을 지정했다. 진입 부분만이라도 숲을 조성해 평촌이 시작되었다는 것을 알리고 이미지를 좋게 하고자 한 것이다.

반면 동쪽은 이미 공업지대가 펼쳐지고 있어 별 관심을 두지 않았다. 그런데 공업지대를 지나면 동쪽으로 새로이 과천을 통해 내려오는 국도 47번으로 접속되어 서울과 연결이 용이했다. 이 접근도로의 잠재력은 알고 있었지만, 입구 좌우편으로 공장들이 차지하고 있다는 점을 평계로 삼아 그곳에 열병합 발전소와 쓰레기 소각장을 위치시켰다. 그러나 몇 년 지나지 않아 그러한 판단이 잘못된 것임을 알게 되었다.

그림 7-16. 서울 가는 방향에서 본 발전소 굴뚝_ (저자 촬영).

평촌에 입주한 주민들은 안양 북서쪽 지역인 기존 시가지에 거주하는 시민과는 별 관계가 없는 사람들이었다. 평촌 한가운데에 시청이 있으니 평촌 주민도 안양 시민인 것은 틀림없지만, 주민들 대부분이 서울에서 내려온 사람들이고, 그것도 강남 쪽이 다수라서 서울 사람으로 볼 수밖에 없었다. 그런데 이들이 강남으로부터 접근하려면 길가의 쓰레기 소각장과 열병합 발전소를 보면서 진입할 수밖에 없다. 그것이 평촌의 이미지에 부정적인 것은 말할 나위가 없다. 주변의 공장들은 땅값이 오르자 하나둘 다른 지역으로 이전했고, 지금은 주거용이나 상업용으로 용도가 바뀌고 있다.

## 지하철역사 주변 지구

평촌신도시에는 지하철역이 두 개가 있는데, 개발계획이 확정될 당시만 해도 서쪽에 있는 역이 평촌역이고 동쪽에 있는 역이 비산역이었다. 그런데 몇 년 지나서 평촌역이 범계역으로, 비산역이 평촌역으로 명칭이 변경되었다. 이 두 역은 평촌신도시에서 가장 핵심 지역이다. 도시 한가운데 시청이 지나가고 광장과 중앙공원이 놓여 있지만, 우리나라 시청들이 다 그렇듯이 그 공간을 시민들과 함께 공유하지 않기 때문에 시민들 삶의 중심 공간이 될 수 없다. 더구나 광장 설계를 보면 광장 둘레를 모두 지하 주차장 출입구로 막아놓고 있었고, 청소년층들만 즐길 수 있게 만들어 놓아 도심 활동의 중심지로서 역할을 할 수 없었다. 그러다 보니 지하철 역사 주변이 도심 활동의 중심 역할을 맡을 수밖에 없었다.

처음부터 지하철 노선의 상부를 보행전용도로로 만들고 양 끝이 두 개의 지하철역이 되도록 한 만큼, 이 역사들을 보행 활동의 결절점이 되도록 하는 것이 내 의도였다. 그래서 지

그림 7-17. 산본신도시 계획(대한주택공사)_ (The Korea Research Institute for Human Settlements, 1991).

하철역사의 상부에 광장을 만들기로 했다. 또한 광장으로서의 기능을 할수 있도록 그 주위를 건물로 위요圍繞시키고자 했다. 그러나 이런 발상은 개발계획으로는 상세하게 규정할 수 없는 까닭에, 도시설계로 이 아이디어를 넘길 수밖에 없었다.

## 평가와 교훈

평촌의 도시 구조는 사실 불만족스럽다. 너무나 평이한 격자 구조를 갖고 있고, 매력 있는 장소를 만들어내지도 못했다. 물론 평촌 계획을 끝내기도 전에 분당과 일산 프로젝트가 시작되는 바람에 충분히 생각할 여유도 없었다. 그렇다 하더라도 계획가로서 변명의 여지는 별로 없다. 외부로부터의 접속에 너무나 무게를 두다 보니 내부에서는 그것들을 이어주는 데 그친 감이 있다. 이와는 대조적으로 주택공사가 계획한 산본신도시의 경우는 도시의 중심을 우물 정# 자로 만들어 밖으로부터 안으로 조이게 하고, 주변을 자유롭게 풀어내어 평촌보다는 짜임새가 있어 보인다(〈그림 7-16〉 참조). 산본은 삼면이 산으로 위요되어 있고, 주변과의 연결은 동쪽의 군포로 방향으로만 열려 있어 내부의 가로망 계획이 평촌보다 자유로웠다. 임시행정수도 설계 책임자였던 강홍빈 박사가 충분한 시간을 갖고 직접 계획을 지휘한 점도 **질적 수준**을 한 단계 높이는 데 기여했음은 물론이다. 평촌계획에서 그나마 보람이 있었다면, 정부와 싸워가며 수용 인구를 줄여 인구 밀도를 낮추었다는 점과, 처음으로 보행 네트워크를 도시 전체에 갖추고 지하도나 육교 등으로 연결시켰다는 점이다. 특히 보행 육교는 경사를 완만하게 하고 중간에 자전거를 이용할 수 있도록 공간을 마련했는데, 결과적으로는 자전거를 타면서 램프를 내려가거나 올라가기는 어려운 탓에 잘 이용되지는 않고 있어서 아쉬운 점으로 다가온다.

우리는 평촌의 도시 구조가 산본에 비해 수준이 낮음을 자인할 수밖에 없다. 그러나 아이러니하게도 일반 사람들은 두 도시를 비교할 때 평촌이(아마 집값이 더 올라서?) 더 좋다고 했다. 심지어 군포 시장을 만났을 때는 그가 산본 설계자들을 비난하길래 이유를 물었더니 평촌은 도로의 경계석이 화강암인데 산본은 콘크리트로 만들어 잘 깨진다는 것이다. 사람들은 아주 사소한 것으로 도시를 평가하는 경우가 많다.

# 안양·평촌지구 도시설계

## (1989년 12월~1992년 3월)

평촌의 도시설계는 분당과 일산의 개발계획이 마무리되어 가는 어수선한 시기에 시작되었다. 도시설계의 주안점은 아파트 단지 안에서 건물을 어떻게 규제하는가 하는 것과, 어렵게 만들어 놓은 지하철역을 이어주도록 보행자도로의 아케이드를 어떻게 성공적으로 만들어내는가 하는 것이었다.

## 용적률 조정

아파트 단지에 대한 도시설계는 반월에서도 한번 실시한 적이 있지만, 당시에는 주민들이 모두 저층 아파트를 선호할 때였고 용적률이 무슨 뜻인지조차 잘 모를 때였다. 우리가 도시설계를 통해 단지의 설계지침을 만들고 있을 때 토지공사는 벌써 아파트 부지를 건설업체에 분양해 버렸다. 입지가 나쁘지 않다 보니 아파트 부지는 순식간에 다 분양되었다.

　그렇게 토지 소유자(건설업체나 시행사)가 생긴 상황에서 규제를 하려다 보니 문제가 생겨날 수밖에 없었다. 가장 큰 문제는 토지를 분양할 때 용적률 220%까지 건물을 지을 수 있다고 사업 시행자인 한국토지개발공사가 공약한 것이었다. 이 220%라는 숫자는 토지공사가 서울 중계동을 개발할 때 허용했던 용적률인데, 이것을 평촌에 적용한 것이다. 이 사람들의 머릿속은 용적률만 높여주면 분양이 잘되니까 도시가 잘되고 못되고는 관심이 없다는 식이었다.

　그런데 문제는 용적률을 크게 높일 경우에는 도시설계를 하더라도 단지의 경관을 조화롭게 할 방법이 마땅치 않게 된다. 당시는 아파트 높이가 15층이 대부분이었고, 초고층으로서 25층이 지어지기 시작할 때였다. 그래서 우리는 어떻게 해서든지 용적률을 낮추어야 했다. 우리가 기본구상(1989년 7월)을 만들면서 제시한 용적률 기준은 임대주택 165%, 국민주택 185%, 분양주택 185%로, 평균 178%를 제시했었다. 그런데 이것이 개발계획 승인 시에는 우리가 모르는 사이에 각각 202%, 220%, 220%로 높아졌다. 이는 분명 토지공사가 벌인 일일 것이다.

우리가 심하게 반발하자 건설부는 절충안으로 180~220% 범위를 제시하고 도시설계에 따르도록 했다. 그러나 건설부의 이러한 범위 제시는 책임회피에 불과하다. 자기들은 양쪽 의견을 다 절충했으니 나머지는 도시설계자가 알아서 정하라는 것이다. 건설업체들은 자기들이 분양받은 조건을 절대 양보할 수 없다고 주장했다. 이런 경우 도시설계가가 마음대로 용적률을 낮출 수 있겠는가? 고민 끝에 우리는 업체들을 설득시키기로 했다.

우선 도시 전체 모형을 만들고 업체들을 초청했다. 자기들이 매입한 토지에 어떤 규제가 가해질지 궁금했는지, 대부분의 분양 건설업체들이 참여해 성황을 이루었다. 우리가 용적률을 180%로 낮추겠다고 하자 난리가 났다. 회의에 참여한 직원들은 대개 부장급, 차장급들이었는데 내 설명이 끝나자마자 욕설과 삿대질이 난무했고, 그야말로 아수라장이 되었다. 특히 동아건설의 차장이라는 사람과 청구주택의 이사 등은 내게 대들면서, 자기는 이러

그림 8-1. 건설업체와의 회의 모습_ (저자 촬영).

그림 8-2. 용적률에 관해 건설업체와 회의하는 모습_ (저자 촬영).

표 8-1 신시가지의 허용 용적률 비교

| 지구 | | 분당 | 일산 | 산본 | 중동 | 평촌 | 상계 | 중계 |
|---|---|---|---|---|---|---|---|---|
| 면적비<br>(%) | 단독 | 6.6 | 26.2 | 12.5 | 11.7 | 7.8 | — | — |
| | 연립 | 11.2 | 10.3 | 0 | 0 | 0 | — | — |
| | 아파트 | 82.2 | 63.5 | 87.5 | 88.3 | 92.2 | — | — |
| 용적률(%) | | 180 | 168 | 190 | 229 | 180~220 | 168.5 | 220 |

자료: 안양시(1992).

한 조치를 본사에 들어가서 도저히 설득시킬 수 없다면서 한편으로는 애원
조로, 다른 한편으로는 위협조로 말했다. 용적률이 이렇게도 업체에 중요한
지는 이때 처음 알았다. 나는 그들에게 새로운 절충안을 만들어 보겠다고
약속할 수밖에 없었다.

다음으로는 건물의 배치에 관한 것을 설명했다. 평행형 일자 배치를 지양
하기 위해 건물의 방향을 직각으로 하거나 중정형으로 하도록 모형을 갖고
설명했다. 대부분 수긍하는 눈치였지만 한 업체만이 자기들은 도저히 따를
수 없다고 했다. 바로 청구주택이었는데, 자기네 CEO는 모든 건물을 남향
으로만 할 것이라고 끝까지 우겼다. 나중에 아파트들이 지어질 때 보니 결
국 그들만 자기들 주장대로 평행형 일자 배치를 했다.

이들의 전체적인 의견을 종합해 만든 절충안은 임대 195%, 국민 및 분
양 205%다. 그런데 이것이 토지공사와의 협의 과정에서 다시 조정되어 임
대 200%, 국민 및 분양 210%로 상승되었다. 다만 도시설계로 5% 이내에서
축소할 수 있도록 건물 배치, 건축선, 차량 진출입로 등의 지침을 잘 지키는
경우 5%의 인센티브를 주기로 했다. 하지만 결과적으로 인센티브 항목은
별 의미가 없게 되었다. 왜냐하면 모두가 5%를 더 얻기 위해 도시설계지침
을 따랐기 때문이다.


## 도심부 보행자 네트워크

범계역(계획 당시에는 평촌역)과 평촌역(계획 당시에는 비산역)을 잇는 지하철 노
선 상부의 보행자전용도로는 평촌 계획에서 가장 중요하게 생각한 부분이
었다. 이 보행자전용도로를 중심상업지역의 한가운데로 지나게 함으로써

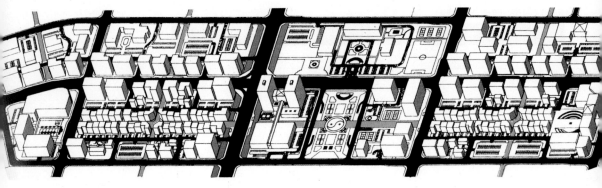

그림 8-3. 중심지 도시설계 예시도_ (안양시, 1992).

활발한 상행위가 여기서 이루어지도록 만들고자 했다. 지하철 노선을 가장 중심도로인 시민대로 하부로 넣지 않고 남쪽으로 끌어내린 것도 이러한 이유에서였다. 지하철이 통과하는 철도 터널은 폭이 약 9m면 되었지만, 보행량을 고려해 20m로 했다. 이 보행자도로 좌우편에는 필지를 200평 미만으로 작게 나누어 대형 건물이 입지하지 못하게 했다. 양편에 들어서는 건물은 1층에 아케이드를 설치하도록 했다.

우리는 안산에서의 경험을 바탕으로 좀 더 상세하고 강화된 지침을 마련했다. 두 역사를 잇는 보행자도로의 연속성을 유지하는 데는 몇 가지 장애 요소가 있었는데, 남-북으로 지나가는 두 개의 간선도로와 한가운데 위치한 공공시설(시청 및 광장)이 그것이었다. 간선도로로 인한 단절을 해결하기 위해 보행자도로와 바로 일직선으로 연결되는 지하보도를 설치했는데, 경사를 완만하게 해 보행자의 부담을 줄이고, 가운데에는 자전거를 탈 수 있도록 경사로를 만들었다.

광장과 그 양편의 대형 건물 사이에서는 보행도로를 가운데로 통과하도록 했는데, 보행자도로 양편에 상가 형성이 되지 않아서 구매 활동이 단절될 수밖에 없었다. 나중에 보니 광장에 인라인스케이트장이 들어서고 펜스로 둘러쳐져서 보행자도로는 기능적으로 단절되고 말았다.

이 도심부 보행자 네트워크에서 가장 중요하고도 고민거리가 되었던 것은 양쪽 끝의 지하철역 상부를 어떻게 마무리 할 것인가였다. 어차피 양단이 지하철역이므로 광장을 두어 보행자도로를 끝맺자는 데는 이견이 없었지만, 어떤 광장을 어떤 모습으로 만드느냐가 중요했다. 나는 광장이 되려면 중세 도시나 바로크 시대 도시의 광장과 같이 위요된 공간이 되어야 한다고 생각했다. 이탈리아의 산마르코 광장, 시에나 캄포 광장, 마드리드의

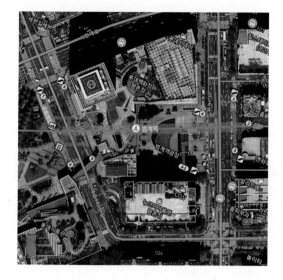

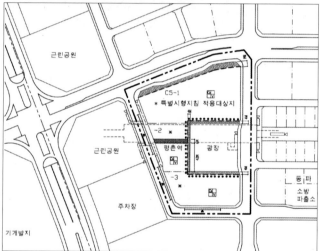

◀▲**그림 8-4. 범계역의 실제 모습_** (Daum 지도).
▲**그림 8-5. 범계역 광장(건물 짓기 이전)_** 왼쪽과 아래에 롯데가 백화점을 짓기 이전에는 광장의 모습이 제법 갖춰져 있었다. (NAVER 지도).
◀**그림 8-6. 범계역 도시설계지침_** (안양시, 1992).

마요르 광장 등과 같이 건물에 둘러싸이고 건물 1층 한 곳에는 커피점이 문을 열어 의자들을 늘어놓는 그런 장소가 되기를 원했다.

그래서 무리해서라도 범계역 상부 지상 공간에 70×70m 광장을 만들고, 3면을 건물 1층 아케이드로 둘러싸게 했다. 여기서 한 가지 문제는 지하에서 지하철이 통과하는 약 20m 폭의 공간 상부는 분양할 수 없는 공용 공간이 된다는 것이다. 그러지 않아도 동쪽으로 도로가 지나가 광장이 도로에 개방되는데, 반대편에 20m 폭의 공간이 터지게 되면 광장의 위요감은 사라질 수밖에 없다.

그래서 이 블록을 특별시행지침 적용 대상지로 지정했다. 이를 통해 지하철 상부 공간에도 지하철 구조물에 지장을 주지 않는 한도에서 건물을

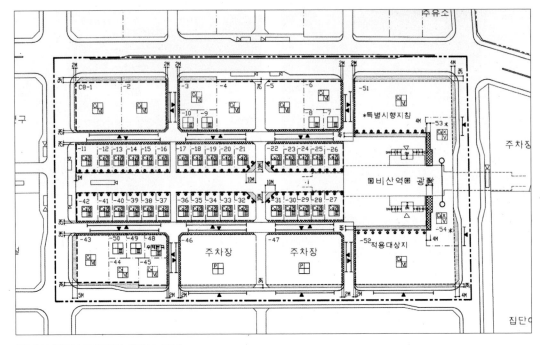

그림 8-7. 평촌역 도시설계지침_ (안양시, 1992).

지을 수 있게 했다. 그리고 광장을 위요하는 건물은
최저 층수를 5층으로 지정하고, 최고 높이 제한은 두
지 않았다. 토지공사가 땅이 팔리지 않을 수 있다고
하도 안달을 해서 뺀 것이었는데, 바로 이것이 문제였
다. 우리가 아차 하는 순간 도시 모습은 순식간에 상
상조차 못할 괴물로 바뀐다. 조용한 보행광장을 꿈꾸
었으나 만들어진 것은 온통 입체적으로 올리고 내리
고 가로막힌, 도저히 보행광장으로 볼 수 없는 광경
이 만들어졌다. 광장을 둘러싼 건물은 조촐한 상가들
이 아니라 거대한 백화점이 10층 이상의 높이로 들어
섰고, 코너에는 30층 가까운 오피스 타워가 들어섰다.
이러한 세팅으로는 광장은 별 의미가 없다.

그림 8-8. 평촌역의 실제 모습_ (Daum 지도).

이러한 시행착오는 평촌역(비산역)에서도 똑같이 발
생했다. 여기는 범계역과는 달리 상권이 약해서 고밀 개발의 수요가 적은
곳이다. 여기는 지하철 구간을 가운데에 놓고 북쪽에 2개 필지, 남쪽에 2개
필지로 분할했는데, 북단과 남단은 대형 필지로 하고 지하철과 접한 2개의
작은 필지는 한 명의 개발자가 매입해 지상층(지하철 상부)은 공용 통로로 한

뒤에 상부는 건물로 이어 짓도록 했다. 그렇게 이어 짓도록 한 것은 역시 광장에 위요감을 주기 위한 것이다.

이렇듯 도로나 광장의 상부 공간에 건물을 지을 수 있게 하는 것은 특별 설계구역이라는 예외 조항이 있어 가능했다. 공공 토지의 공중 공간이나 지하 공간을 사용하기 위해서는 당해 면적에 적합한 점유료를 내면 된다. 그러나 이러한 도시설계에도 불구하고 분양부터 의도한 바와는 달라져 결과 또한 잘못되고 말았다. 지하철 통과 구간과 접한 작은 토지 2개는 단일 개발자가 매입해야 함에도 불구하고 북쪽의 작은 필지를 북쪽의 큰 필지 매입자(이마트)가 사버린 것이다. 그러다 보니 2개의 작은 필지에 대한 공동 개발과 건물의 연결은 불가능해졌다. 실제 개발에서는 남쪽 작은 필지에 동아프라자라는 10층짜리 복합건물이 들어서고, 북쪽 작은 필지에는 이마트가 6~7층 높이의 주차장을 건설했는데, 이들 건물 간에는 아무런 연결도 이루어지지 않았다. 또한 남쪽 큰 필지에는 21층짜리 주상복합 아파트가 지어져 광장의 분위기와는 걸맞지 않은 상황을 만들고 있다. 이마트나 이마트 주차장도 광장과는 아무런 연관을 지을 수 없고, 오히려 광장의 분위기만 해치고 있다. 건물의 외벽은 모두 막혀 있거나 사람들의 출입이 불가능하게 되어 있다.

광장 자체는 4면 중 건물로 막힌 길이가 열린 거리와 비슷해 위요감을 형성하지 못하고 있다. 공간설계 자체는 범계역보다 요란하지 않지만, 광장 이곳저곳에 시설물들이 설치되어 있어 광장으로서의 잠재력을 상실하고 있다. 여기서도 범계역과 마찬가지로 좀 더 강화된 건축지침이 만들어지지 못한 것이 비참한 결과를 초래하게 된 것이다.


## 국토연구원 부지

대규모 도시개발을 하다보면 공공기관이나 도시계획시설로 지정할 수 있는 용도로 개발하겠다고 공공과 민간이 너나없이 여기저기서 토지를 요구한다. 안양시청도 그런 경우였고, 시청 부속기관이나 관련 기관도 마찬가지다. 민간 부문에서도 버스터미널이나 농수산물 유통단지, 시장, 종합병원, 심지어 종교시설도 지정된 땅을 요구했다.

평촌신도시에는 내가 몸담고 있던 국토연구원에서 청사를 짓겠다고 나섰다. 창립 때부터 그때까지 10년여 동안 연구원은 민간 건물이나 공공 건물에 세 들어 있었기에 청사 확보가 숙원이었다. 청사 신축을 위한 토지 확보는 대규모 도시개발계획을 도맡아 해온 나에게 부여된 임무 중 하나였다. 황명찬 원장 시절 내가 반월신도시 계획을 할 때에도 부지 확보 문제가 나와서 반월의 미분양 토지를 하나 추천한 적도 있다. 그때에는 자금 확보가 여의치 않아서 중단되었다. 서울에서 너무 멀다는 것도 적극 추진하지 않은 이유 중에 하나였다.

평촌신도시 계획이 시작되면서 새로 부임한 허재영 원장은 자신이 연구원장으로서 연구원에 기여할 수 있는 것은 청사를 마련하는 것이라고 직원들 앞에서 공언했다. 그는 경제기획원에서도 근무한 적이 있고, 건설부에서 기획관리실장까지 지내다 원장으로 온 사람이어서 정부 쪽에 연줄이 많았다. 그래서 나는 평촌신도시 중심부에서 국토연구원 입지에 적당한 곳을 찾았다. 대로(시민대로)변은 시끄러우니 피하고, 지하철역과 가깝고 조용한 곳을 찾아낸 것이 범계역 근처 시민대로 북측 두 번째 블록(현재 안양동안경찰서 옆 동안평생교육센터 부지)이었다. 그래야 남의 눈에 잘 들어나지 않을 것 같았다.

그래서 이곳을 문화·연구 시설 부지로 지정했다. 내 딴에는 이렇게 해야 경쟁자가 줄어들고 토지 가격도 낮출 수 있을 것 같았다. 그런데 연구용역이 끝나고 얼마 후 토지공사가 나와는 상의도 없이 계획을 변경했는데, 그들은 문화·연구 시설 부지를 시청 앞 시민대로변으로 옮겨놓았다. 이유를 물어보니 문화 시설은 시청 앞으로 가는 것이 옳겠다고 판단해 옮겼다는 것이다. 덕분에 땅도 조금 더 넓어졌고 상징성도 높아졌지만, 지하철역에서는 멀어졌다.


## 쇼핑센터 부지의 독점

당시 평촌신도시는 계획 인구가 고작 17만 명인 신도시였다. 그때만 해도 백화점이 하나 입점하기 위해서는 인구가 중산층 기준 최소 30만 명은 되어야 경제성이 있었다. 기존의 안양시에 백화점이 하나 있기는 했으나 메이저급은 아니었기 때문에, 판매 상권을 관양동과 구시가지까지 확대한다면 충분히 하나쯤은 더 생길 것으로 판단했다. 그래서 그 적지로 범계역 광장과 붙어 있는 대형 필지(현 롯데백화점)를 지정했다. 그리고 종합상가나 대형 마트 부지를 평촌역(비산역) 근처에 하나 배치했다. 그러나 필지 분양 과정에서 뉴코아 측이 대형 필지를 모두 싹쓸이하는 일이 벌어졌다. 자신들이 백화점과 대형마트 부지를 모두 사들여 상권을 독점하겠다는 계획이었는지는 모르겠지만, 수요를 보아서는 도저히 불가능한 일인데 과욕을 부린 것 같았다. 그 후 얼마 지나지 않아 뉴코아는 아웃렛 하나만 짓고 결국 부도 처리되었다.

## 평가와 교훈

5개 신도시 건설을 동시에 진행하다 보니 여러 측면에서 문제들이 발생했다. 평촌에서는 공사 중에 조립식 아파트의 발코니가 붕괴되는 사고가 발생했다. 정부는 이것이 신도시 전체에 대한 부실 공사로 비쳐질까 봐 즉시 수습에 나섰다. 조사 결과, 6개 업체(동아, 우성, 광주고속, 동성, 선경 등)가 사용한 레미콘이 부적격한 것으로 판명되어 12개 동 전체를 재시공하는 일까지 벌어졌다. 정부의 지나친 개발 추진이 빚어낸 참사라고 볼 수 있다.

평촌의 보행자전용도로변 아케이드 개발은 안산의 아케이드보다는 형편이 조금 나은 편이었지만 그래도 역시 문제가 많았다. 상인들이 잡다한 물건들을 아케이드 통로에 적치하는 것은 안산이나 다름이 없었고, 1층 벽면에 돌출되어 불쾌한 바람을 뿜어내는 에어컨도 마찬가지였다. 이러한 문제

그림 8-9. 아케이드 모습_ 보행자 통로 머리 위에 에어컨 박스가 걸려 있어 흉물스럽다. 통로에는 술병 박스와 접이식 식탁, 의자가 쌓여 있어 보행을 불가능하게 만든다. (저자 촬영).

그림 8-10. 보행자몰 입구_ 입구로서의 상징성은 없고, 건물에 간판만 덕지덕지 붙어 있다. (저자 촬영).

그림 8-11. 지하통로와 램프_ 사람들은 계단보다 자전거를 위한 램프를 즐겨 이용한다. (저자 촬영).

그림 8-12. 완경사 육교와 램프_ (저자 촬영).

는 입주한 상인이나 건물의 관리자들이 아직도 아케이드에 대해 이해를 하지 못하고 있거나 그럴 만한 문화 수준이 되지 못해서인데, 이러한 점을 규제를 강화한다고 해서 해결할 수 있을 것 같지는 않다.

나중에 안 일이지만 보행자전용도로변의 필지들은 200평 미만으로 획지를 분할했음에도 실제로는 합필이 많이 일어났다. 토지공사 입장에서는 가능하면 빨리 토지를 분양해야 하기 때문에 누구든지 인접된 여러 필지를 구매하길 원하면 그대로 분양하고 만다. 합필은 그 후에 이루어지기 때문에 도시설계에서 관리하기가 어려워지는 것이다.

지하철역 입구 광장과 도심광장이 설계 의도와는 달리 만들어지는 것을 보면서 앞으로 다시 기회가 주어진 다면 어떻게 해야 할 것인가를 내 나름대로 정리하면 다음과 같다.

- 광장을 둘러싼 건물들의 높이를 적정한 수준에서(4~6층) 동일하게 하고, 불허 용도(사무실, 주차장 등)를 구체적으로 지정할 것
- 건물의 벽면 지정선을 필지 전면 접도길이만큼 지정해 건물 사이에 빈 공간이 만들어지지 않게 할 것(건물이 광장을 위요하는 길이의 합이 광장 4면의 길이의 4분의 3 가까이 되도록 할 것)
- 건물의 1층부의 용도를 구체적으로 지정하고, 광장으로 사람들이 출입할 수 있게 할 것
- 광장 자체에는 군더더기가 되는 시설물을 일절 설치하지 말 것. 지하철 출입구도 돌출시키지 말며, 가능하면 건물 1층을 통해 낼 것

지하보도나 고가보행자도로(육교)에서 자전거를 탄 채 지나가게 하는 것은 결코 시도해 볼 만한 일이 아니다. 그것이 가능해지려면 경사도를 아주 완만하게 만들어야 하지만, 그마저도 사고의 위험이 있으므로 포기하는 것이 좋다. 평촌에서 보행자를 위한 지하도와 육교에 자전거 통로를 만들어보았지만 경사가 높은 이유로 실패했다. 다만 자전거를 끌고 건널 수 있도록 램프를 병행시키는 것은 바람직하다.

# 분당 택지개발
## (1989년 5월~1990년 5월)

## 배경

1980년대 후반에 들어와 주택의 수요 측면에서는 소득 증가에 따른 주거
소비의 상승, 핵가족화에 의한 가구 수 증가, 주택 투기 등의 원인으로 인해
수요 증가율이 이전보다 훨씬 큰 폭으로 상승했다. 반면 공급 측면에서는
올림픽 준비에 여념이 없던 정부의 대책 소홀, 대규모 개발 가능지의 부족,
물가 상승 억제를 위한 공동주택 분양 가격의 통제 등의 원인으로 공급이
수요를 쫓아가지 못하게 되었다. 당시 서울시 내부에는 쓰레기 처리장인 난
지도나 공항 지역으로 묶여 있는 김포가도 이외에는 대규모의 토지가 고갈
된 상태였다. 민간이 소유한 것까지 다 합해도 개발 가능지는 100만 평에도
미치지 못했다. 이러한 땅들이 모두 2~3년 안에 개발된다 하더라도 3만~4
만 호 밖에는 지을 수 없어 태부족 상태인 데다, 당시 정부의 분양가 상한
액이 평당 134만 원이어서 비싼 땅을 사들여 주택사업을 벌이려는 업체들
이 나서지도 않는 상황이었다. 그 결과, 올림픽 전후로 주택 가격이 서울 강
남 지역을 중심으로 시작해 지방도시 지역까지 급등하기 시작했으며, 심각
한 사회 문제로 대두되기에 이르렀다. 한때 전두환 대통령은 주택 문제를
해결하기 위해 500만 호 건설계획을 검토한 적도 있었다. 그것은 아주 단순
한 계산법에 의해 나온 숫자인데, 당시 주택 보급률이 50% 정도니 주택이
없는 2000만 명(500만 가구)을 위해 500만 호를 건설하면 되지 않겠냐는 것
이었다. 그러나 그것이 얼마나 무모한 발상이었는지 알고서는 곧 취소했다.
1987년 대통령 선거에서 노태우 후보는 좀 더 현실성 있게 200만 호 주택

건설을 대통령 선거 공약으로 내세웠다. 노태우 정부 취임 첫해는 서울올림픽이 개최되는 해라서 온 사회의 관심이 올림픽에만 쏠려 있었지만, 정부는 다른 한쪽에서 200만 호 공약을 실천하기 위해 청와대 경제수석 밑에 서민 주택건설실무기획단을 만들고 실천 계획에 착수했다. 이로써 200만 호 주택 건설계획은 본격적으로 가동되기 시작했는데, 건설부와 산하 기관인 한국토지개발공사(이하 '토개공' 또는 '토지공사'로 표기)및 대한주택공사(이하 '주공' 또는 '주택공사'로 표기), 국토개발연구원(후일 '국토연구원'으로 명칭 변경) 등 관련 기관 모두가 참가해 계획을 도왔다.

1989년 4월 27일 자 ≪동아일보≫는 정부의 신도시 개발 정책을 다음과 같이 실었다.

정부는 최근 폭등하고 있는 서울의 주택 가격을 안정시키고 주택 공급을 크게 확대하기 위해 경기 성남시 분당동 일대에 540만 평 규모, 고양군 일산읍 일대에 460만 평 규모의 주택도시 두 곳을 새로 건설, 총 18만 가구의 아파트 및 단독주택을 공급키로 했다. 이 같은 주택 공급 물량은 서울 강남 지역의 전체 아파트 23만 가구의 78.3%에 해당하는 것으로, 앞으로 수도권의 주택난 완화와 계속 폭등하고 있는 아파트 및 단독주택 가격 진정에 크게 기여할 것으로 기대된다.

박승 건설부장관은 27일 오전 노태우 대통령 주재로 청와대에서 열린 주택 관계 장관회의에서 이 같은 신도시 건설계획을 보고하고 총 7600억 원을 투입, 늦어도 1992년까지 분당에서 서울 도심까지 30분 내에 통근이 가능하도록 잠실과 분당을 잇는 23km의 전철을, 또 일산지구는 도심까지 25분 내 통근이 가능하도록 구파발에서 일산 간 15km의 전철을 건설하겠다고 밝혔다.

박 장관은 이와 함께 새로 건설될 신도시에 서울 인구의 실질적 이주를 유도키 위해 최우수 학교 및 교사를 배치, 강남 8학군 수준의 교육 환경을 조성하겠다고 밝혔다.

정부는 이번 개발계획 발표에 따른 땅값 폭등과 투기를 막기 위해 두 지역에 대해 토지 거래 허가제 운용을 대폭 강화, 실수요자 여부를 철저히 심사하는 한편, 특히 건설 예정 지역 내에서 발생하는 모든 토지 거래에 대해서 선매권을 발동, 토지개발공사가 매수토록 할 계획이다.

건설부가 마련한 신주택도시 건설계획에 따르면 성남시 분당지구는 중산층이 선호하는 중형 이상 아파트 10만 5000가구를 건설, 42만 명의 인구를 수용하며, 일산지구는 아파트와 단독주택을 병행해 7만 5000가구를 건설, 서북권 중산층의 주택 수요를 충족키로 했다. 특히 30만 명의 인구를 수용할 일산지구는 한수 이북 지역 개발이 그동안 지연돼 온 점을 감안, 향후 수도권 개발의 우선순위를 강남에서 강북으로 전환해 수도권 인구를 재배치한다는 정부의지를 보이기 위해 교육 시설을 고루 갖춘 한수 이북 지역의 중심도시로 건설키로 했다.

신도시에 조성될 택지는 평당 80만 원 선에 주택건설업자에게 공급되며 아파트는 전용면적 30~40평짜리를 집중적으로 건설, 전용면적 25.7평 이하의 국민주택은 평당 127만원, 국민주택 규모 이상은 평당 134만원에 분양하기로 하였다.


## 신도시 개발사업자 결정

200만 호 주택을 지으려면 먼저 엄청난 양의 토지가 필요하다. 기존 시가지에 빈 땅을 찾아 한 채 두 채 짓다가는 200만 호를 다 채울 수도 없고 관리도 어렵기 때문이다. 방법은 절반 이상을 신도시에 건설하고, 나머지는 기존 시가지에 재개발이나 재건축을 통해서 숫자를 채우는 것이다. 그런데 신도시를 위한 대상 지역 선정 시 기존 시가지와 개발제한구역greenbelt 사이에는 신도시로 개발할 만한 대규모의 토지가 없었던 관계로 개발제한구역을 뛰어넘어선 위치에 신도시 입지를 선정할 수밖에 없었다. 정부는 개발의 위험도를 줄이기 위해 도심에서 가장 가깝고 접근성이 좋은 곳을 찾게 되었다. 이러한 배경 아래 서울 근처에서 5개 신도시가 선정되었으며, 분당이 가장 크고 강남에 가까워 대표적 신도시가 되었다.

정부는 신도시 개발 주체로 정부투자기관인 토지공사와 주택공사를 선택했다. 정부의 속내는 분당은 토지공사에, 일산은 주택공사에 맡기는 것이었다. 당시 건설부 장관은 박승 씨였는데, 이러한 배분 계획에 대해 주택공사는 반발하고 나섰다. 자기들이 분당을 개발하게끔 토지공사와 바꿔달라는 것이었다. 그러나 토지공사는 미리부터 조직을 정비하는 등 준비를 진행하고 있었고, 분당의 설계팀으로 이미 국토개발연구원을 예약한 뒤였다. 정부의 입장에서는 5개 신도시와 같이 사회적으로 관심이 많은 프로젝트를 진행하는 데는 초기 구상일지라도 국토연구원 같은 권위 있는 기관에 맡겨야 이후에 문제가 생겨도 책임을 전가할 수 있을 것이었다. 그래서 처음부터 민간 용역회사는 배제된 것이다. 그러나 주택공사도 만만치 않았다. 당시 사장이 권영각 씨였는데, 육군 삼성 장군 출신이고 국방부 차관을 지낸 뒤 바로 주택공사 사장에 부임했다. 내가 토지공사 부사장(이송만)과 분당 계획 준비 상황을 보고하기 위해 박승 장관을 방문했을 때, 마침 주택공사 권영각 사장이 박 장관에게 전화를 걸어왔다. 권 사장의 주장은 분당과 일산을 정 바꿔주지 못하겠다면, 분당과 일산을 토지공사와 주택공사가 각각 반씩 나눠 개발할 수 있게 해달라는 것이었다. 그렇게 해주지 않으면 주택공사는 일산을 맡지 않겠다고 거의 협박성으로 말했다. 입장이 난처해진 장관은 이송만 부사장에게 두 기관이 나눠서 개발할 수 있느냐고 물었다. 노련한 이송만 부사장은 그렇게 하는 것은 공사 기간 등을 고려할 때 불가능하다는 것을 조리 있게 설명했다. 신도시 개발이 워낙 시급한 사항이고 차질을 빚어서는 안 되는 것이었기에, 장관은 할 수 없이 교환이나 분할 개발을 없던 일로 했다. 그러면서 궁지에 몰린 장관은 이송만 부사장에게 대한주택공사가 일산을 포기한다면 그것도 맡아줄 수 있느냐고 물었다. 대답은 당연히 할 수 있다는 것이었다. 이렇게 해서 수도권 신도시 5개 중 가장 중요한 분당과 일산 개발이 토지공사 손에 들어왔다.

## 신도시 개발에 대한 전문가들의 반응

정부가 신도시 개발을 발표하자 사회 전체가 들끓었다. 언론에서는 큰 사건이라면서 시민들의 관심을 자극하는 기사들을 연일 내보내면서도, 다른 한편으로는 예상되는 문제를 파헤쳐 가며 반대론자들의 의견들을 실어냈다.

전문가들의 관심도 신도시에 집중되었다. 어떤 이들은 객관적인 입장에서 종합적으로 정부의 정책 결정에 대한 평가를 내리기도 했지만, 대부분은 각자의 전공 분야에 따라, 또 신도시와 관련해 자기들의 처한 입장에 따라 정부 정책에 대한 평가를 내리는 경우가 많았다. 대체적인 견해는 부정적이었는데, 이는 중요한 정부의 정책이 사회의 동의를 얻어 이루어진 것이 아니며, 특히 전문가들의 참여 없이 결정된 데 대한 하나의 항의였을 수도 있다. 그러나 무엇보다도 정부가 내린 정책 결정의 사유와 배경이 어떻든 계획의 내용과 일정으로 보아서는 졸속한 정책임에는 변명의 여지가 없었다. 전문가들이 제기하는 문제점들을 정리해 보면 대개 다음과 같이 세 가지로 요약될 수 있다.

첫 번째는 신도시 개발이 주택 문제 해결의 효율적 수단이 아니거나, 또는 형평에 맞는 수단이 아니라는 주장이다. 둘째는 수도권에, 그것도 서울 인근에 신도시를 개발하는 것은 수도권의 비대화를 촉진시키며 기존의 국토균형개발계획 이념에도 상반되는 모순을 낳게 된다는 주장이다. 셋째는 신도시 개발의 결정을 도시계획의 영역을 벗어난 정치적 결정으로 간주하더라도, 정부가 정의한 신도시의 성격이 베드타운bed town으로서 장차 심각한 교통 문제를 야기시킬 것이라는 점이다.

첫 번째 주장은 주로 사회 정의에 관심을 갖는 학자들이 제기한 문제점으로서, 신도시 개발 정책이 중산층들만을 위한, 과거의 타성에서 비롯된 졸렬한 정책임을 강조했다. 대표적인 분들이 권태준(서울대학교, 작고)을 비롯한 서울대학교 환경대학원 교수들이다. 권태준은 1989년 4월 29일 자 ≪중앙일보≫ 논단에서 다음과 같이 말하고 있다.

…… 최근에 이르러 정부의 주택 정책은 계층 간의 복지 균형화를 배려하는 쪽으로 체제 개선을 하려는 노력이 보였었다. …… 그런데 이번에 발표된 신도시 건설계획은 적어도 그 일차적인 목적은 위와 같은 주택 정책의 기본 취지에 어긋난다. …… 강남 지역 고급 아파트 시장의 타 지역 타 계층에 대한 상향적·하향적 선도 효과의 여부와 그 속성에 관한 실증적 근거도 약한데다가 도대체 계획된 신도시와 서울의 강남 지역이 언제, 어떤 계기로 하나의 주택 시장이 될는지 그럴싸한 전망이 없다. …… 이번 발표된 신도시 계획도 이런 사회·정책적 배려에서 그 내용과 방법이 수정되어야 한다…….

그는 이어서 같은 해 12월 1일 자 ≪동아일보≫ 5면의 동아시론에서 신도시 개발에 관해 신랄하게 비판하고 있다.

'분당 신도시'는 최근 수년에 가장 크고 뜨거운 '주택 노름판'이 될 조짐이 역력하다. 바야흐로 전개되고 있는 판세를 보건대, 적어도 '서구적 전원도시' 같은 것의 기대는 접어둠이 옳을 것 같다.

4천여 가구분에 수십만이 몰려드는 장세에 참여자들은 모두들 희색이 만면하다. 주택 정책 당국자들은 그들의 정책 구상 결과에 대한 인기에 흡족해 있고 건설업자들과 중개업자들은 돈벌이에 신명이 나 있으며 주택청약권자들도 당첨이 되든 말든 한판 뛰어들어 손해 볼 것은 없기 때문이다. 이 싸늘한 첫 추위에도 불구하고 뜨겁게 몰려드는 인파가 그 모두의 흥분을 말하고 있지 않는가.

장이 섰다는 것만으로도 이렇게 폭발적인 인기인데, 누가 과연 언제 어디에 길을 내고 학교를 끌어들이고 하는 등의 '사소한 문제'에 정신을 쓰고 있을까. …… 적어도 저 하늘 위에 헬리콥터를 타고 다니면서 큰 땅덩어리를 고르려 다니는 결정권자들에겐 누구에게든 많이만 지어 팔면 그 혜택이 결국에는 저 밑의 '셋방살이들'에게도 물흐르듯 내려 미치게 된다는 식으로 추상화되어 버리고 만다. 이런 식의 '화끈한' 물량 공세의 압권이 이번 '분당·일산전원도시' 계획이다.

비슷한 시기인 1990년 5월 22일에 대한주택공사 주택연구소장이었던 강홍빈은 ≪동아일보≫에서 다음과 같이 신도시에 대한 견해를 피력했다.

희대의 대역사 수도권 외곽의 신도시 건설 사업이 한창 진행 중이다.

여러 점에서 이번 신도시 사업은 기네스북 거리다. 돌연한 출현과 격렬한 반대, '전면 재검토하되 원안대로 추진'키로 한 당국의 '소신', 한강 다리 하나 놓을 시간에 거의 광주만 한 도시를 만들려는 배짱, 감탄할 일투성이다.

신도시 건설은 한 사회의 창조적 에너지가 집중되어야 할 큰 사업이다. 그래서 신도시 건설은 종종 이상향을 향한 추구와 결합됨을 문명사는 보여준다. 히포다무스의 고대 희랍 도시부터 하워드의 전원도시, 혁명 러시아의 신도시는 모두 한 시대, 한 사회의 꿈과 열망의 집약된 표현이었다.

신도시에서 우리는 무엇을 꿈꾸는가.

나라가 팔 걷고 주도하고 있고, 집을 기다리는 사람들이 줄서고 있는 터라 사업의 성공은 일단 보장된 듯 보인다. 그러나 과연 무엇을 위한 사업인가. 서민을 위한 주택 공급? 수긍이 가기에는 서민의 부담 능력을 넘어선 크고 호화로운 집이 대부분이다. 주택 가격의 안정과 투기 억제? 부끄럽게도 현실은 정반대의 결과를 보인다. 수도권의 균형 발전? 아쉽게도 수도권 정책 자체가 표류하고 있는 듯하다.

무리를 거듭하면서 진행되는 사업으로 투입된 노력에 비해 소출이 시원치 않을까 걱정이다. 사업의 규모와 성격으로 볼 때 먼저 집을 많이 짓는다는 논리만 가지고는 충분하지 않다.

사회란 운동장에 사람들을 몰아넣는다고 만들어지지 않는다. 마찬가지로 도시 역시 아파트를 늘어 세운다고 이룩되지 않는다. 도시는 숲이지 나무가 아니다.

그럼에도 숲을 숲으로 보지 못하는 단세포적이고 즉물적卽物的인 생각이 힘을 쓰고 있다. 건설 현장은 열심히 관리하면서, 정작 누구를 위해 어떤 집을 지을 것 인지에는 큰 관심이 없고, 온돌 배관재로 시끄럽기는 해도 도시의 성격과 동네의 모습에 대해서는 별무관심이다.

도시란 어차피 시대의 반영이다. 수도권 신도시가 그 요란한 소리에도 불구하고 또 하나의 강남에 그치더라도, 이 시대의 수준이 그것이라면 할 말은 없다. 그러나 그래도 아쉬운 것은 이 사회의 양식과 사업의 가능성이 지금 진행되는 수준보다는 높음을 알고 있기 때문이다.


한편 양윤재(서울대학교)는 주택을 공급하는 데는 신도시 개발 말고도 재개발이나 재건축 등 여러 가지 방법이 있는데, 그중에서 신도시 개발이 가장 비효율적인 방법이라고 주장했다. 그는 기존 도시 내에도 불량한 주거지가 많이 있으므로 이러한 지역을 재개발하는 것이 오히려 저소득층을 위해서 바람직한 일이라고 말했다. 또한 그는 여기에 덧붙여 신도시 개발 정책의 결정이 비민주적인 과정을 거쳐 졸속하게 이루어졌다는 점을 강조했다.

두 번째 주장은 매우 광범위한 공감대를 형성했는데, 특히 수도권계획이나 국토계획에 참여해 온 전문가나 공직자들 사이에 공통되는 인식이었다. 이들은 대부분 정부 계획에 비교적 동조해 왔거나, 반대할 수 없는 입장에 있는 사람들이어서 이들의 목소리는 크게 확대되지 못했다. 수도권 비대화 촉진과 수도권 정책에 역행한다는 주장은 사실 반박하기 어려운 것으로서, 정부 정책의 모순을 스스로 내보인 셈이다. 1988년 초에도 수도권 개발 억제를 다짐한 건설부가 지난 20여 년간 견지해 온 수도권 정책에 부정적 효과를 가져다줄 것이 분명한 신도시 개발을 채택함으로써, 정부 정책에 대한 신뢰성에 커다란 타격을 줄 뿐 아니라 장차 국토계획의 수행에도 지장을 초래할 것임이 명백했다. 건설부 내에서도 이 문제로 인해 신도시에 대한 의견이 양분되었으며, 보수적 경향의 정통 계획부서 관료들은 대부분 부정적인 시각을 갖고 마지못해 참여했다. 국토 전반에 대한 정책을 결정하는 국토계획국과 신도시에 대한 구상 초기에 참여했고 또 당연히 주관을 해야 할 도시국이 이 계획에서 완전히 손을 떼고, 그 대신 실행 업무를 담당하는 진보적 성향의 토지국과 주택국이 개발계획을 초기에 추진해야 했으며, 사업의 시작 무렵에 급기야 신도시기획관실을 새로 조직해야 했던 것도 이러한 까닭이었다.

세 번째는 주로 물적 계획을 다루는 계획 전문가들로부터의 문제 제기로서, 특히 정부가 정책 발표 당시 신도시를 '새주택도시'로 명명함으로써 신도시를 베드타운으로 만들려고 하는 것이 아닌가 하는 의구심과 함께 이에 대한 많은 논란이 빚어졌다. 국토개발연구원 교통연구실장은 70만 명 이상을 수용하는 신도시가 단순한 베드타운이 될 경우 매일 일시에 30만 명 이상이 서울로 몰려들 것이기 때문에 아무리 완벽한 교통 체계를 갖춘다 하더라도 심각한 교통 문제를 유발할 것으로 우려하고, 따라서 베드타운보다는 어느 정도 경제 기능을 가진 자족도시로 키워나가는 것이 모도시와의 관계를 균형 있게 유지할 수 있는 방법이라고 제안했다. 신도시 개발에 대한 입장은 사람들마다, 자기가 어떤 처지에 속해 있느냐에 따라 달랐다.

국토개발연구원이 분당을 맡았다는 소문이 나자 강홍빈 박사한테서 전화가 왔다. 당시 강 박사는 대한주택공사 주택연구소에서 소장직을 맡고 있었다. 강 박사의 전화 내용은 정부가 신도시 개발을 너무 서두르고 있고, 좋은 도시를 설계할 수 있는 여건을 만들어주지 않을 것이니 설계 기간 등 조건이 나빠 못하겠다고 버티라는 충고였다. 그러면 정부가 어쩔 수 없이 우리가 요구하는 조건에 맞출 수밖에 없을 것이라고 했다. 그러면서 자기가 걱정하는 것은 내가 정부에 이용만 당할 수 있다는 것이었다. 한편 내가 그 일을 맡게 되면 어떻게 해서든 잘 해보려고 노력할 것이 뻔하고, 어느 정도의 수준으로는 만들 수도 있을 것이라고도 말했다. 그러면서 내가 못하겠다고 버텨도 정부가 일반 용역회사에 일을 맡길 수는 없을 것이라고도 했다. 그러니 좀 더 좋은 조건에서 일을 할 수 있도록 거래를 하라는 뜻이었다. 한 마디 한 마디가 옳은 지적이고 충고였지만 내 마음을 바꿔놓지는 못했다. 내 주장은, 내가 맡지 않는다고 해서 정부가 신도시 개발을 포기하지는 않을 것이며 아무리 악조건이라 해도 일을 맡겠다는 사람은 넘쳐나리라는 것이다. 그러니 내가 해서 조금이라도 나은 신도시를 만드는 것이 바람직하지 않겠느냐 하는 것이었다.

한국토지개발공사에서 분당과 일산의 개발을 모두 맡게 되자 한국토지개발공사는 일산의 설계를 국토도시계획학회에 의뢰하려 했다. 당시 회장은 주종원 교수(작고)였는데, 주종원 회장은 신제주 설계 경험도 있고 해서 관심을 갖고 수주하려고 했다. 그렇게 되자 학회 고문이었던 강병기 교수(작고)가 적극 반대하고 나섰다. 학회에서 상당한 격론이 벌어졌지만 반대하는 의견이 더 많았고, 주종원 교수 편을 드는 원로들은 많지 않았다. 진통 끝에 결국 심성이 약한 주 교수가 포기하고 말았다. 난감하게 된 한국토지개발공사는 내게 전화를 해서 국토개발연구원이 일산까지도 할 수 있겠냐고 물었고, 나는 당연히 할 수 있다고 답했다. 그렇게 해서 분당과 일산의 계획이 다 내 앞에 떨어졌다.

지금 생각하면 지나쳤다는 생각도 들지만, 젊었을 적 나는 내게 부탁하는 프로젝트를 한 번도 못하겠다고 마다한 적이 없었던 것 같다. 얼마 안 있어 강병기 교수한테서 전화가 왔다. 국토도시계획학회가 신도시 계획을 보이콧하니까 국토개발연구원도 동참하는 게 어떻겠느냐는 것이었다. 나는 우물쭈물하며 답을 못 하고, 상의해 보겠다고만 말했다. 이미 원장도 우리가 하는 것으로 알고 있고, 건설부와도 논의가 다 이루어진 마당에 내가 어떻게 못 하겠다고 하겠는가? 사실 난 그럴 생각도 없었다.

## 연구팀 구성

분당 계획을 시작할 당시 나는 내 도시설계팀을 갖고 있었다. 이들은 내가 처음 국토연구원으로 온 후 신규 채용 때마다 도시설계 전공자를 가려 뽑은 직원들이다. 민범식과 신동진 등이 대표적인데, 이들은 6~7년간을 나와 머리를 맞대며 함께 일해온 사람들이었다. 그러나 평촌신도시 일이 한참 진행되고 있는 가운데, 새로 분당과 일산을 동시에 진행하기에는 힘에 벅찼다. 마침 미국서 박사 학위를 마치고 귀국한 온영태 박사(경희대학교 명예교수, 작고) 소식을 듣고 바로 연락을 했다. 온영태는 나보다는 건축과 1년 후배이고, 내가 1977년 겨울에 잠깐 임시행정수도 계획을 위해 한국에 들어왔을 때 같이 일했던 터라 잘 알고 있었다. 그런데 온영태 말로는 이미 강홍빈 박사가 맡고 있던 주택공사 부설 주택연구소로 가기로 했다는 것이다. 주택공사는 당시 산본신도시를 맡아 계획을 시작하고 있던 터라 신도시 설계에 관심이 있던 온영태가 주택공사로 가기로 한 것은 이해할 만했다. 그러나 강 박사와 언약만 한 상태라는 것을 알고 나는 온영태를 적극 설득했다.

산본과 분당은 그 규모나 세간의 관심이나 크게 차이가 나고, 분당신도시는 두고두고 역사에 남을 것이라는 점을 강조했다. 온영태는 내 말에 수긍하는 것 같았다. 다만 국토개발연구원이라는 조직이 지나치게 공무원 조직같아 자유로운 활동은 물론 직위도 보장되지 않을 것을 염려했다. 나는 어느 정도 설득이 되었다고 생각하고 바로 원장한테 가서는 온영태를 스카우트하려 하니 특채를 허가해 달라고 부탁했고, 흔쾌히 승낙을 받아냈다. 온영태는 박사 학위를 받은 지 만 1년이 안 되었지만, 박사 학위 이전의 실무 경력을 인정받아 수석연구원으로 바로 채용되어 분당 연구팀에 합류하게 되었다(당시 국토연구원의 직급 규정을 보면 박사 학위 후 1년이 지나야 수석연구원이 될 수 있었다. 나는 박사 학위가 없던 관계로 3년째 되던 해에야 수석연구원으로 진급했다).

## 도시의 성격과 개발 목표

정부가 신도시 개발계획 발표 시 신도시를 '새주택도시'로 명명한 것은 나름대로의 고충이 있었기 때문이다. 정부의 의도는 사실 신도시를 순전한 주택단지로 만들고자 한 것은 물론 아니었지만, 수도권 계획과의 마찰을 피하기 위해서는 어쩔 도리가 없었다. 신도시라 명명할 경우 신도시의 특성이 도시의 웬만한 기능을 골고루 갖추고 고용도 충분히 자체적으로 해결하는 도시로서의 자족성을 갖는 것인 만큼, 신도시 개발을 내세우면 이는 새로운 고용의 창출을 의미하며 수도권 인구 유입이라는 문제에 대해 변명할 길이 없어지게 된다. 또한 이는 정부가 바로 1989년 초에 수도권에 신도시와 신규 공단의 개발을 불허하겠다고 다짐한 것과는 정면으로 위배된다. 한편 고용을 창출하지 않는 신시가지 개념으로 개발할 경우 모도시와의 교통 문제를 해결할 방법이 없어지며, 또 국민들의 관심을 끌 만한 매력도 없어진다. 이러한 문제를 놓고 고민하던 정부는 양자의 개념을 적당히 섞어 '새주택도시'라는 용어를 만들어 발표했다. 한편 정부는 '새주택도시'에는 각종의 서비스 시설이 갖춰지고 금융이나 업무시설단지가 수용되는 자족적이고 편리한 도시가 될 것임을 암시했다. 이 새로운 용어는 한동안 도시의 성격에 관한 정부의 입장을 모호하게 만들었으며, 언론이나 학자들 사이에서 불필요한 오해를 불러일으키게 했다. 즉, '새주택도시'란 용어에서 느낄 수 있는 것처럼 새로운 베드타운을 만들려는 것으로 이해될 수 있는데, 사실상 정부의 의

도는 어느 정도의 자족성은 유지하는 것이었다. 정부의 도시 성격에 대한 모호한 개념 정의는 이후에 도시 건설이 이루어지는 과정에서 도시를 자족화시키려는 계획가들에게 큰 짐이 되었다.

정부가 발표한 도시의 개발 목적을 보면, 신도시에는 중형 이상의 아파트를 대량 건설해 강남의 주택 수요를 만족시키겠다는 것이었다. 이는 주택 가격을 폭등시키고 있는 것이 강남의 중산층 이상이 선호하는 중형 이상의 아파트라는 데서 나온 발상이었다. 정부는 입지적 여건이 불리한 분당에서 강남의 중산층을 유치하기 위해서는 좋은 환경 외에도 교육 시설이 필수적이라는 생각에서, 강남 못지않은 교육 환경을 조성하겠다는 약속을 빼놓지 않았다. 그러나 후일 이러한 약속은 지켜지지 않았으며, 이러한 것을 기억하는 사람도 별로 많지 않은 것 같다.

## 개발 일정

정책 결정자들의 관심은 신도시가 제공하는 생활환경의 질이나 개발이 미치는 장기적 영향보다는 당장의 주택 가격 안정에 있었으므로, 실제적으로 주택 공급 시기를 어떻게 앞당기는가를 두고 더욱 초조해 했다. 정책 발표 당시에 내세운 쾌적한 전원도시나 최고의 학군 등은 희망 사항이었으며, 결과적으로 판단하건대 중산층들의 흥미를 끌기 위한 미사여구에 불과했다. 당장 주택 가격에 영향을 미치기 위해서는 당해 연도에 어떻게 해서든지 분양이 이루어져야만 했다. 정부는 첫 번째 분양의 시기를 11월로 잡고 일정도 이에 따라 맞추었다. 이럴 경우 결국 일정 단축은 물리적인 공사보다는 질적 내용을 다루는 계획 업무에서 이루어지게 마련이다. 따라서 도시의 기본계획에는 불과 2개월이 주어졌다. 그러나 짧은 일정 외에도 더 큰 문제가 되었던 것은 실시설계가 기본계획과 동시에 발주되어 진행되는 바람에 기본계획이 실시설계에 떠밀려 가는 현상이 생길 수밖에 없었다는 점이었다. 이는 기본계획이 일단 확정되면 거의 동시에 실시설계도 완료되므로, 후일 기본계획을 변경할 필요성이 발생해도 거의 고칠 수 없다는 의미다. 이러한 일은 실제로 설계 과정에서 여러 번 나타났다. 1989년 4월 27일 신도시 계획이 발표된 이후, 마치 군사 작전과도 같이 추진된 개발사업은 불과 2개월 만에 기본계획(1989년 6월 30일 완료)이 만들어졌고, 또다시 2개월 후인

1989년 8월 30일에 개발계획이 확정되었으며, 곧이어 본격적인 공사가 착수되었다. 같은 해 11월 25일에는 첫 번째 주택 분양이 서둘러 이루어졌고, 2년이 지난 1991년 9월 30일부터 주민 입주가 시작되었으며, 그로부터 3~4년 만에 대부분의 주민들이 입주를 마치게 되었다. 원래 3년 만에 모든 개발 과정을 마치겠다던 정부의 초기 계획은 다소 늦춰져서, 7년 만인 1996년에 공공사업의 공식적인 준공이 선언되었다.

## 신도시의 입지

분당의 위치는 서울의 중심(시청)으로부터 동남쪽으로 25km 떨어진 곳에 위치하며, 서울의 개발제한구역이 끝나는 곳에서 시작된다. 1971년 개발제한구역이 처음 지정될 당시, 서울의 시가지 외곽 경계로부터 밖으로 약 10km 폭으로 설정되었으나, 안양, 수원, 부천 등과 시가지가 연담화되기 쉬운 곳은 외곽 도시를 포함해 이들의 밖까지 범위를 넓혔다. 그런데 당시 동남쪽으로는 아직 강남, 송파, 강동의 신시가지들이 개발되기 훨씬 이전이고 성남도 광주대단지의 형태로 남아 있어서 개발제한구역의 경계가 상당히 서울 쪽으로 올라와 있었다. 그러다 보니 토지에 관해서 잘 아는 사람들은 오래 전부터 이 지역에 눈독을 들여왔고, 1970년대 중반부터 몇 차례 투기 열풍이 지나가기도 했다. 사회적으로 물의가 생기자 박정희 정부는 이 지역을 1975년 11월 '건축법' 제44조 제2항을 걸어 개발제한구역 수준으로 개발을 억제했다. 이 지역은 그때부터 남단녹지라고 불리기 시작했다. 1988년 초 노태우 정부가 출범하자마자 도시개발에 관

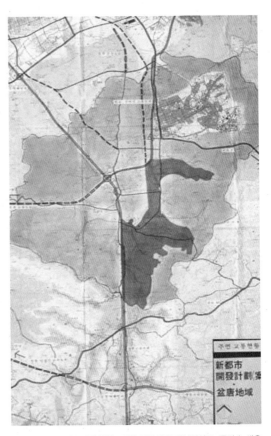

그림 9-1. 분당신도시의 위치_ 짙은 초록색이 대상지이고, 중간 녹색은 성남시 행정구역이며, 남쪽의 노란색은 장래 난개발 우려가 있는 용인의 저지대이다. (저자 제작, 1989).

한 한 서로 라이벌 관계에 있던 토지공사와 주택공사는 암암리에 대규모 개발 가능지를 물색해 왔다. 이미 1988년 중반부터 두 공사는 각기 성남시 남

단녹지를 두고 신도시를 대충 그려서 정부에 들이밀고 있었다. 그러나 20년 이상 철저히 개발을 금지해 온 남단녹지를 개발하는 것은 정부의 최고위층의 승인 없이는 불가능한 일이었다.


## 신도시 경계 설정

분당신도시 계획도를 처음 보는 사람은 누구나 그 형태가 기이하다고 느꼈을 것이다. 공룡 같다느니 말이 앞발을 들고 있다느니 하는 여러 이야기들이 나왔다. 그리고 그 형태가 이상하다 보니까, 이렇게 된 데는 어떤 흑막이 있지 않겠느냐 하는 여론이 등장했다. 언론에서는 분당신도시 개발 예정 구역의 경계 설정시 특권층의 토지가 배제되었다고 주장했다. 이 문제는 국회에서까지 거론되었고, 검찰까지 동원되었으나 아무런 혐의점을 찾아내지 못한 채 흐지부지되고 말았다. 대상지의 적정성이 문제가 되자 어떤 민간인 전문가는 나름대로의 입지 대안을 만들어 정부와 국회 그리고 언론에 제시하기도 했다. 그의 주장은 우량 농지 대신 효용도가 낮은 인접 임간林間 지역을 개발해야 한다는 것이었다. 그것은 일견 옳은 대안일 수도 있으나 현실적으로는 불가능한 아이디어였다.

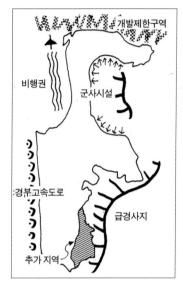

그림 9-2. 경계 설정 요인_ (저자 제작, 1989).

　실제로 개발구역의 경계 설정은 의심할 필요도 없이 매우 단순한 논리에 의해 토개공 실무자들에 의해 이루어졌다. 어쩌면 정부가 경계선 설정에 지나치게 무관심해서 졸속하게 처리한 것이 아닌가 생각할 정도였다. 물론 이 과정에서 도시를 계획할 설계가의 참여는 없었으며, 결과적으로 후에 도시 골격을 작성하는 과정에서 상당한 어려움을 가져다주었다.

　토개공의 실무진들은 과거의 관행대로 개발에 장애가 되는 부분을 제척하는 네거티브negative 방식을 사용했다. 실제로 사용된 장애 요소는 다음과 같다.

- 개발제한구역: 북측의 경계를 이룸
- 군사시설 보호구역: 동측 중앙의 경계를 이룸
- 표고 100m 이상의 고지대: 동측 남쪽 경계를 이룸

- 도시행정구역: 남측 경계를 이룸
- 고속도로: 서측 남쪽 경계를 이룸
- 항공기 통과 루트 중 소음지역: 서측 북쪽 경계를 이룸
- 기타: 공원묘지(동측 북부), 탄천(서측 중앙)

이러한 결정 요인에 의해 약 600만 평의 계획구역이 설정될 수 있었는데, 이를 일산의 개발 면적(460만 평)과 합하면 1000만 평이 넘는 양이었다. 그러나 정부와 토개공은 특별한 근거가 없는 상세한 수치가 오히려 오해를 불러일으키고, 또 대통령에게 보고하는 데도 번거롭다고 생각해 분당과 일산의 면적을 합해서 꼭 1000만 평이 되도록 인위적으로 조정했다. 실무진들은 이에 따라 분당의 남부 행정구역 경계선 근처의 개발 가능지(구미동 일대)를 제척했고, 후에 경계 설정에 대한 말썽이 가라앉은 다음 조용히 개발계획 변경을 통해 이 땅을 개발구역에 편입시켰다.

## 인구와 세대수 조정

정부에서 발표한 수용 인구와 세대수는 42만 명, 10만 5000세대다. 나는 이 인구 규모가 분당을 이상적인 도시를 만들기에는 지나치게 많다고 생각했다. 그러나 이 인구는 정부에서 200만 호를 달성하기 위한 총괄계획에서 배당된 것이기 때문에 쉽게 바꿔줄지가 의문이었다. 나의 입장에서 볼 때는 이러한 고밀도 도시를 개발한다는 것은 도시 환경의 악화를 자초하는 것이며, 결국에 가서는 내 책임으로 귀결되고 말 것이기 때문에 도저히 받아들일 수 없었다. 나는 계획에 대한 용역이 발주되기 훨씬 이전, 어차피 계획 업무를 맡을 수밖에 없을 것이라는 전제 아래, 정부의 계획 발표가 있자마자 곧 이 문제를 건설부에 제기했다. 정부와 함께 일해본 계획가의 경험으로 볼 때 이러한 지표는 더 확고히 되기 이전에 변경시켜야 수정이 가능하리라는 판단에서다.

또 하나의 이유는 용역 계약 체결 이전에 건설부와 직접 협상함으로써, 토지공사와의 계약 후에 일어날 수 있는 발주처와 도급자 관계하에서의 불리한 논쟁을 피하기 위해서였다. 나는 장관과의 면담에서 신도시가 정부의 발표대로 쾌적한 도시가 되기 위해서는 이러한 지표들을 일부 수정해야 한

다고 주장했다. 이와 더불어 상당수의 업무시설을 서울로부터 신도시로 이전시킴으로써 신도시를 경제적 자족도시로 개발해야만 수도권 정책과의 모순을 설명할 명분이 생기며, 동시에 서울과의 교통 문제를 해결할 수 있을 것이라고 역설했다. 이를 위해서는 서울에서 이전하는 입주 기업체에 특혜를 주어야 하며, 이들의 종업원에게 아파트를 분양받을 수 있는 특권을 주어야 한다는 방안도 제시했다.

처음부터 전원도시풍의 쾌적한 도시 건설을 약속한 정부로서는 나의 합리적인 주장을 부정할 수 없었으며, 결국, 인구 규모는 바꾸어도 좋으니 성공적인 도시를 만들어달라는 장관의 허락을 받아내었다. 그러나 기업의 입주와 주택의 입주권의 연결은 양자 모두 특혜에 해당되며, 분양 순위를 기다리고 있는 수십만의 주택청약예금 가입자들을 고려할 때 시행이 불가능한 것이라는 이유로 해서 받아들여지지 않았다.

장관으로부터 지표 변경에 대한 가능성을 타진한 우리는 곧 지표 변경 작업에 들어갔다. 목표 인구 규모를 42만 명에서 30만 명으로 축소하고 주택용지도 전체 면적의 30% 이내로 해 원래 계획에서 3분의 1을 축소했다. 이로 인해 생기는 토지는 녹지를 확대하는 데 사용했다. 또한 주택의 평균 규모를 국민주택 규모의 상한선인 85㎡(25.7평)보다 약간 낮게 잡아 인구 수용에는 별 무리가 없게 했다. 이는 동시에 주택 규모를 크게 함으로써 생길지 모르는 사회적 형평의 문제와 이로 인한 사회적·정치적 압력을 배제하는 효과도 가져올 것으로 기대했다. 그러나 인구 30만 명으로의 축소에 대해서는 신도시기획실과 토개공 실무자들을 설득할 자신이 없었다. 그래서 이들을 설득하기 위해 정부가 발표한 숫자 42만 명이 의미하는 개발 밀도에 대해 다른 사례들과 비교하기로 했다. 이 숫자는 총인구밀도를 과천 수준인 235인/ha로 할 때는 가능한 숫자다. 과천은 내부에 산지가 없는 평탄지라 대부분의 땅이 개발 가능하지만 분당에는 산지와 하천이 포함되어 있어 같은 총인구밀도 적용은 곤란하다. 더구나 분당은 과천보다는 훨씬 큰 도시가 될 예정이므로 필요한 도시 시설도 많다. 그런 것들을 고려할 때 순수한 주택용지 비율은 과천보다는 훨씬 떨어질 수밖에 없었다. 그러므로 총인구밀도보다는 순인구밀도를 비교해서 정하는 것이 과천 수준의 주거지를 만드는 올바른 길이었다. 순인구밀도를 과천 수준인 550인/ha로 적용하니 도시 전체 인구는 35만 명이 적당하다는 결론이 나왔다. 나는 이런 논리를 갖고 신도시기획실과 맞섰다.

한편 주택용지에 건설되는 아파트 단지의 평균 용적률은 150%로 함으로써 저층과 고층이 반반씩 섞인 조화로운 단지가 구성되도록 계획했다. 이러한 구상은 당시에 토개공이 개발한 중산층 주거단지인 서울시 중계지구의 평균 용적률이 230%였음을 감안할 때, 상당한 도전으로 생각되었다. 그리고 역시 처음부터 건설부의 실무진과 토개공의 강력한 반발에 부딪쳤다. 신도시기획실의 기획담당관은 주택국의 정책을 반영시켜야 할 입장에 있었던 만큼, 우리의 이러한 변경 제안을 달갑지 않게 생각했다. 주택국의 계획으로는 주택 건설 목표 200만 호의 상당 부분을 신도시에서 소화해야 했으며, 또한 중산층들을 끌어내어 가격 안정을 이룰 수 있도록 주택 규모도 중대형이 중심이 되어야 했다. 또한 주택 공급을 늘리기 위해 '건축법'까지 무리해서 개정해 아파트 단지의 개발 가능 용적률을 극대화하고 있었던 건설부였던 만큼, 평균 용적률 150%란 이러한 노력과는 상반되는, 어쩌면 실무를 모르는 학자들의 지나친 이상론이라고 생각했다. 현실적으로도 주택 분양 가격을 평당 134만 원(토지 가격 포함)으로 묶어놓은 상태에서 용적률을 낮추는 일은 건설업계의 입장에서는 있을 수 없는 일이였으며, 이들의 고충을 잘 알고 가격 인상의 압력을 받고 있던 건설부에서 이러한 이상론을 받아들일 리가 만무했다.

당시 신도시에 관한 모든 계획은 청와대 내 기획단에서 추진하다가 사업이 확정된 후에는 건설부 신도시기획실에서 주관하고 있었다. 신도시기획실 안에는 실행 부서로 서너 개의 과를 두고 있었고 전체 총괄은 기획담당관이 맡았는데, 그가 바로 나중에 건설교통부 장관까지 지낸 추병직이다. 추 담당관은 자신이 청와대에 파견 근무하면서 직접 수립한 인구계획이기 때문에 이 문제에 대해 전혀 양보하려 하지 않았다. 그래서 이를 두고 수차례 우리는 언성을 높여가며 심하게 다투기도 했다. 쾌적한 도시 환경 조성을 위해서는 저밀도 개발이 불가피하다는 우리의 주장에 맞서, 기획담당관은 고밀도를 유지하되 건물의 초고층화에 의한 지상부 오픈스페이스 확보 방안을 주장했다. 격렬한 논쟁이 거듭되고 결론을 짓지 못하자 회의를 주관했던 김건호(나중에 건설부 차관 역임) 기획심의관이 양자의 의견을 절충하는 선에서 결론을 지었다. 즉, 인구는 주택 200만 호 건설계획을 고려해 원래 계획 지표를 약간 축소하는 선에서 39만 명으로 조정하되, 쾌적성 확보를 위해서는 주택용지 비율을 내가 주장하는 대로 상당 부분 감소시키고, 그 대신 건설업자들의 개발 이익도 고려해 용적률은 중간선인 180%를 유지하자는 것이었다. 나로서는 3만 명이나 축소하고 40만 이하로 만든 것에 어느 정도 만족했다. 그러나 나중에 박병주 교수는 내가 끝까지 30만을 관철시켰어야 했다고 아쉬움을 표했다. 분당의 목표 인구가 39만 명으로 줄면서 세대수도 10만 5000명에서 9만 7500명으로 줄었다. 인구와 세대수의 축소는 나중에 도시설계에서 용적률 등을 정할 때 약간의 숨통을 터주었다.

## 용적률과 지가연동제 등장

신도시의 평균 용적률이 180%로 결정되자 주택건설업계의 불만은 이만저만한 것이 아니었다. 당시만 해도 신규 아파트의 분양가가 토지 가격이나 공사비에 관계없이 평당 134만 원에 묶여 있던 때라서 건설업체들은 어떻게 해서든지 용적률을 높이려고 온갖 수단을 다 동원하고 있었으며, 신도시 개발이 시작될 무렵에는 대개 200~250%까지 용적률을 끌어올릴 수 있었다. 따라서 용적률 180%란 업계로서는 엄청난 손실을 의미했고, 거기에 초고층 건축으로 인한 건축비 상승 요인을 고려하면 업계로서는 이러한 규제를 받아들이기 어려운 상황이었다. 상황이 이렇게 되자 건설업체들은 다시 생각을 바꾸어 이러한 용적률로는 초고층 아파트를 짓지 못하겠다고 버텼다. 한국주택협회에서는 신도시 사업에 참여하지 않겠다고 정부에 위협을 가하는 한편, 다른 한쪽으로는 분양가 인상을 위해 치열한 로비를 벌였다. 업계의 반발로 다급해진 정부는 경제기획원을 설득해 분양가 규제를 풀고, 새로이 지가연동제라는 더 합리적인 제도를 고안해 내었다.

당시 건설부에서는 분양가 134만 원을 유지하기 위해 토지 분양가를 80만 원대 이하로 유지해야만 했는데, 그마저도 용적률 180%로는 업체가 따라오지 않을 것임을 잘 알고 있었다. 반대로 전철이나 고속도로와 같은 도시 외곽 기반시설의 설치 비용 대부분을 토지를 분양해서 생기는 이익금에서 충당해야 했던 토개공과 건설부는 주택용지의 분양가를 오히려 인상시켜야 할 입장이었다. 이러한 이유로 고민하던 정부는 과거 5년간 유지해 오던 가격 동결을 풀 수밖에 없었고, 토지 분양 가격을 좀 더 자유롭게 정할 수 있는 동시에 표준 건설 단가를 지정해 분양가를 규제할 수 있는 지가연동제라는 새로운 규제 방안을 내놓았다. 이 제도는 땅값이 지역마다 다른 점을 감안해 실제 거래된 토지 비용을 산정된 공사비에 합산하도록 했으며,

공사비도 건축물의 유형에 따라 차등해 적용함으로써 이전의 절대가격 규제보다는 한층 합리적인 제도라는 평가를 받았다. 그러나 매년 공사비 인상 요인이 발생함에 따라 표준 단가를 수차례나 새로이 정하게 되어 주택 가격 인상의 큰 요인으로 작용하게 되었다.

새로운 분양가 규제 제도에 따르면, 토지 비용의 경우 건설업체들에는 비용과 수익으로 동시에 산정되므로 그들의 이익과는 아무런 상관이 없게 되고, 따라서 용적률의 변화도 수지에는 별 영향을 주지 않는 것으로 일견된다. 즉, 용적률이 낮으면 분양가 산정 시 건축물 평당 토지 비용이 늘어나고, 그것이 정부가 정한 공사비와 합해져서 그대로 수요자에게 전가되므로 아파트가 분양되는 한 원칙상으로는 이들의 개발 이익과는 상관없게 된다. 그러나 실제로는 공정 기간 동안의 단지 관리 비용과 총량 규모에 따른 시공 원가 측면에서 볼 때 용적률이 높을수록 평당 공사비를 절감할 수 있기 때문에 이후에도 건설업체들의 용적률 인상 노력은 그치지 않았다. 어떻든 결과적으로 새로운 분양가 규제 제도는 이것이 갖고 있는 융통성 때문에 건설업체에 막대한 이익을 가져다주었다. 정부가 신도시 개발의 무리한 일정을 추구함에 따라 업체의 협조를 절대적으로 필요로 하는 상황으로 스스로를 몰아갔고, 업체들은 이러한 정부의 약점과 제도의 빈틈을 최대한 이용해 자신들의 목적을 달성했다. 다양한 높이의 건축물을 짓게 한 정부의 요구는 건물 높이를 차등화함에 따라 추가되는 건축 비용을 인정하게끔 했고, 지상 공간에 최대한 오픈스페이스를 확보하겠다는 그들의 약속은 결국 지하 주차장 건설과 이에 따른 분양가 별도 인정으로 이끌어 지하 용적률을 늘리는 결과를 초래했다. 그뿐 아니라 건물 내부의 마감에 대한 옵션option 방식을 채택하게 해 실질적인 가격 인상을 허용했다. 국토개발연구원의 설계가들이 도시 환경을 향상시키기 위해 고안한 설계상의 새로운 시도들이 업계의 입장에서는 이익을 가져다주는 방향으로 결말이 난 셈이다.

## 원주민과 지장물

분당에 살고 있던 주민들은 3906가구에 1만 2209명이었고, 이 중에 가옥 소유주는 38%인 1484가구였다. 이곳 원주민들은 대규모 비닐하우스 농장을 운영하며 비교적 잘 사는 농민들로서, 개발에 대해 크게 반발하지 않았다. 그들도 언젠가는 자기들의 땅이 개발되리라는 사실을 알고 있었을 것이다. 물론 그간 몇 차례 투기 붐이 지나가면서 공시지가도 많이 올라 보상가가 높게 형성된 것도 한 이유가 되었다. 관례에 따라 이들 원주민에게는 보상비 외에도 조성된 단독주택 필지를 원가에 분양하게 되어 있었다. 처음 정부의 계획은 주택은 모두 아파트로 채운다는 생각이었다. 이를 막기 위해서는 단독주택과 연립주택 등 저밀 주거지 공급을 확대해야 한다. 그래서 이주민 주택지 수보다 많은 3400호를 계획했는데, 나중에 아파트용지가 부족해 2800호로 축소되었다.

개발하기 전 분당은 산과 구릉지 그리고 하천이 어우러진 매우 아기자기한 농촌이었다. 북서쪽의 청계산 지세가 남동으로 흘러 불곡산과 연결되며, 그 사이를 탄천이 가르고 지나가는 형상이다. 전형적인 도시 외곽 농촌으로

그림 9-3. 개발 이전 분당의 모습(1989년 시범단지 현상설계에 제출된 현대건설의 출품도시 자료)_ 가운데 위쪽에 경부고속도로가 내려오고 있고, 중간 위쪽 좌우로 탄천이 흐른다. 가운데 왼쪽 구릉지가 한산 이씨 종중 묘역이다.

그림 9-4. 한산 이씨 종중 묘역과 마을_ (저자 촬영).

그림 9-5. 중앙공원 호수_ (저자 촬영).

서 논은 별로 없고 대부분 구릉지 밭과 평탄지 비닐하우스가 주를 이루었으며, 언덕배기에 농가들이 모여 마을을 이루고 있었다.

분당의 한가운데는 야트막한 야산이 있는데, 북사면斜面에는 군부대가 주둔하고 있었고, 남사면 쪽으로는 한산 이씨 종중묘 약 100여 기가 흩어져 있었다. 이야기를 들은 바로는 이 야산에 토정비결의 저자인 이지함의 조부를 비롯해 많은 한산 이씨 인물들의 묘역이 있는데, 그곳이 명당자리기에 선조의 음덕으로 많은 자손들이 출세를 해왔다는 것이다. 또, 이 야산이 길한 동물인 거북 모양을 하고 있어서 야산의 남쪽을 지나가는 분당천이 중요하고, 사철 물이 마르지 않도록 연못까지 파놓았다고 한다. 야산을 보면서 느낀 것은 그곳이 분당의 한가운데 위치하는 관계로 보나마나 싹 밀어서 여기에 도심을 위치시키는 것이 보편적인 생각이 될 것이란 점이었다. 그런데 밀어버리기는 아까웠다. 이 야산을 밀어버리면 꽤 넓은 평탄지가 생기는데, 거기에 도심을 비롯한 아파트 단지들을 배치시키면 처음 답사 시에 느꼈던 대상지의 아기자기한 모습은 사라질 것 같았다. 그래서 토개공 담당자들과 그곳의 보전 방법을 상의했다.

한산 이씨 종중은 여기 말고도 경기도 도처에 땅을 많이 갖고 있었다. 안산에도 있었고 산본에도 있었으며 일산과 평촌에도 있었다. 그들은 돈이 많기 때문에 수백억 원의 보상액도 별로 달가워하지 않았다. 그들에게는 자손 대대로 출세의 길을 터준 조상들의 묘소를 보존하는 것이 더 중요한 일이었다. 그래서 협의 끝에 땅을 정부에 무상으로 기부하는 대신 묘역을 그대로 보전하는 것으로 합의를 보았다. 우리 입장에서는 마다할 이유가 없었다. 우리는 나중에도 행정 당국이 바꿀 수 없도록 중앙공원으로 지정하기로 했다. 아쉬웠던 것은 공원 주변으로 간선도로를 내다보니 (머리가 남쪽을 향하고 있다고 생각된) 거북 앞뒤의 왼발들이 잘려나갈 수밖에 없었다는 점이다. 그래도 사철 목마르지 않게 공원 안에 큰 연못을 만들어 준 것은 다행이었다.


## 현장 조건

대상지의 지형을 보면 동쪽과 동남쪽이 산지로 높고, 서쪽은 야트막한 구릉지로 되어 있으며, 그 사이로 남쪽에서 북쪽으로 탄천이 굽이치며 흐르고

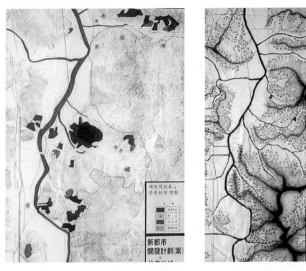
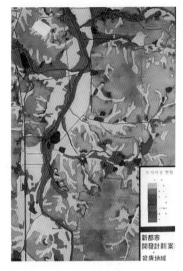

**그림 9-6. 대상지의 현장 조건 (1)_** 왼쪽부터 대토지 소유자, 능선과 수역, 토지 이용 현황. (저자 제작).

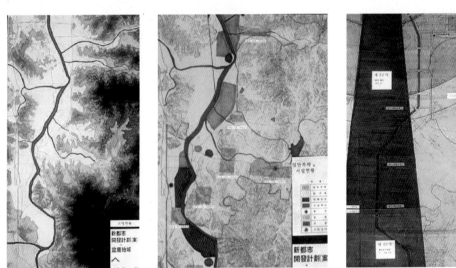

**그림 9-7. 대상지의 현장 조건 (2)_** 표고 분석, 집단 부락과 시설 현황, 소음권과 고도 제한 그림. (저자 제작).

있다. 동쪽 산지로부터는 북에서부터 여수천, 야탑천, 분당천 등이 탄천으로 흘러들고 있으며, 서쪽으로부터는 운중천과 동막천이 탄천으로 향하고 있다. 위에서 썼듯이 대상지 내에서 가장 큰 토지를 소유하고 있는 집단은 한산 이씨 종중과 국방부인데, 대상지 중앙(중앙공원)을 차지하고 있다.

## 건설업체의 대안

신도시 개발의 가장 큰 수혜자 중 하나는 건설업체들이였다. 그중에서 현대산업개발, 한신공영, 한양주택, 우성건설 등의 약진이 두드러졌다. 이들은 4인방이라고도 불리었는데, 한국주택협회에 모여 자기들의 계획안을 마련해 공개적으로 발표하기도 했다. 서울 청담동 리비에라 호텔에서 열린 토론회에는 건설부 장관은 물론 많은 고위 관료들이 참여했고, 국토개발연구원장도 초대되었다. 우리는 아직 계획안을 확정하지 못하고 있었는데, 민간 부문에서 먼저 계획안이 나오자 당황하지 않을 수 없었다. 토론회가 끝난 후 돌아오는 길에 원장이 우려스러운 표정으로 내게 물었다. 저 사람들보다 더 잘할 수 있겠느냐는 것이다. 나는 물론 단호하게 말했다. 그들의 계획안은 많은 문제를 안고 있으며, 우리는 훨씬 좋은 계획안을 만들 것이라고 말이다. 실제로 그들의 안은 몇 가지 문제점들을 갖고 있었다. 첫째는 도시를 고속화도로 몇 개로 분할하고 있다는 점이다. 그들은 도시 전체를 몇 개의 덩어리로 나누어 자기들이 한 슈퍼블록씩 개발하겠다는 듯이 말했다. 그러나 도시란 조각난 덩어리들의 모임이 아니다. 도시 전체가 위계를 갖고 유기적으로 연결되며, 전체로서 또 부분으로서 기능을 해야 한다. 도시란 크리스토퍼 알렉산더Christopher Alexander가 말했듯이 "나무가 아니지만 그렇다고 해서 낙엽을 모아놓은 것이 되어서도 안 된다".

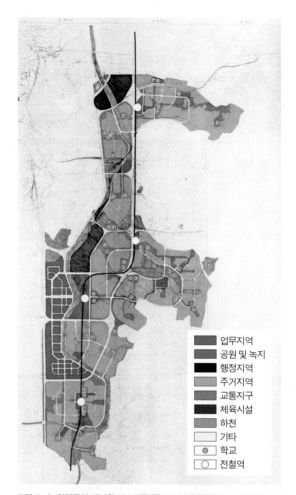

그림 9-8. 업체들이 제시한 마스터플랜(1989년 토론회에 건설업체들이 제시한 사진자료)_ (저자 소장).

범례:
- 업무지역
- 공원 및 녹지
- 행정지역
- 주거지역
- 교통지구
- 체육시설
- 하천
- 기타
- 학교
- 전철역

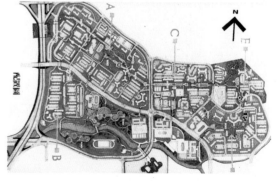

그림 9-9. 업체들이 계획한 슈퍼블록(1989년 토론회에 건설업체들이 제시한 사진자료)_ (저자 소장).

## 도시 골격의 구상

어떤 신도시가 되건 간에 계획을 할 때 가장 먼저 구상을 해야 하는 것이 도시의 골격이다. 도시의 골격은 대상지의 생김새, 지형지물, 모도시와의 연결, 주변으로부터의 주요 진입로 등에 의해 좌우된다.

대상지 인근에는 두 개의 고속도로가 지나가는데, 서쪽으로는 남-북 간 경부고속도로가 지나가고, 수도권외곽순환고속도로가 대상지의 북측 한 귀퉁이를 지나고 있다. 이들 고속도로는 새로운 인터체인지interchange: IC를 설치하지 않고는 주변으로부터 접속이 불가능한데, 도로의 선형과 요금소 등이 있어 인터체인지의 설치도 불가능했다. 접근이 가능한 일반도로로는 잠실로부터 내려오는 국도 3호선의 연장이 있는데(현 지방도 57번), 대상지의 동쪽 경계 부근을 지나 광주시로 연결된다. 대상지 서쪽으로는 경부고속도로와 평행하게 지방도(현 대왕판교로)가 지나가고 있는데, 고속도로 좌우를 넘나들고 있다. 그런데 이 지방도가 고속도로를 관통하는 통로는 폭이 6m도 되지 않아 신도시 진입로로 사용하기에 부족하다. 그래서 이 도로를 직선

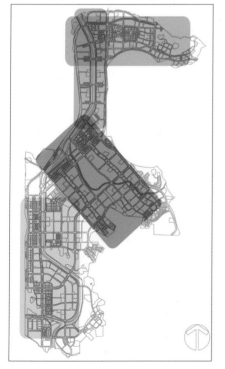

그림 9-10. 도시축_ (저자 제작, 1989).

3단지 축 방향 변화

그림 9-11. 축의 변화_ (저자 제작, 1989).

그림 9-12. 신기철 교수 안_ (한국토지개발공사, 1990a).

그림 9-13. 내가 만든 최초의 도시 골격 스케치_ 왼쪽 빨강색은 경부고속도로이고, 파란색은 지방도이며, 주황색은 도시 내부를 주변과 연결시키는 간선도로다. (저자 제작, 1989).

화하고 한두 군데에만 진입로를 내기로 했다.

　도시의 기본 골격을 구상할 때 제일 먼저 주목한 것은 지형에 따른 대상지의 기본축이 위에서부터 아래로 두 번 바뀌어 세 덩어리로 나뉜다는 점이다. 즉 윗부분은 잠실(또는 성남)로부터 내려오는 지방도 57번의 남북축과 탄천의 남북축(직강화直江化한 후)을 기본으로 남북축과 직교하는 동서축으로 구성되고, 대상지의 중앙 부분은 57번 지방도가 남동쪽으로 꺾이고 탄천은 남서쪽으로 꺾여 직교를 이루는 형태로 남동축과 남서축으로 구성되며, 대상지의 서남쪽은 경부고속도로와 탄천에 의한 남북축으로 구성된다. 가로망은 이러한 축에 따라 격자형으로 구성하기로 했다. 신도시는 역시 서울 및 성남과의 연결이 중요할 것이므로 북쪽에서 내려오는 두 개의 남-북 간 도로를 확장해 사다리의 양쪽 지지대로 삼고, 두 도로(〈그림 9-13〉의 파란색 도로)를 연결하는 발판(〈그림 9-13〉의 주황색 도로)을 신도시의 주요 간선도로로 했다. 다음으로는 보조간선도로로서 대상지의 외곽이나 탄천변 도로를 결정했다.

다음은 도시의 중심을 정해야 한다. 대체로 도시의 중심은 기하학적 중심에 위치시키는 것이 도시 전역에서 접근하는 데 유리하다. 그런데 분당 신도시의 중앙은 남동측이 고지대이고 북서측이 저지대인 북사면의 지형을 갖고 있었다. 이런 경사를 갖고 있는 마을이나 도시에서는 낮은 곳에 시장이 서는 것이 보편적이다. 이는 물이 높은 곳에서 낮은 데로 흐르는 것과 마찬가지로 사람들의 흐름도 높은 곳에서 낮은 곳으로 모여들기 때문이다. 이를 도시에 적용한다면 높은 곳은 주로 주택가로 사용되고, 낮은 곳은 상업지대가 되는 것이다. 옛 서울을 보더라도 높은 지대인 북촌에는 양반들의 주거지가 있었고, 낮은 지대인 종로 및 청계천변에는 상가가 형성되었다. 영어로 말한다면 업타운uptown에는 주택가, 다운타운downtown에는 상업지대가 만들어지는 것이 자연스러운 도시 형성 원리다. 이런 논리에 의해 나는 중심상업지구를 중심부 북서쪽인 탄천 주변으로 정했다. 약간의 치우침이 느껴졌지만, 장래 비행구역으로 인해 제외된 땅(현재의 판교신도시)이 개발 가능하게 될 때는 이곳이 더 큰 도시의 중심이 될 수도 있겠다는 생각도 이런 결정을 가능하게 했다. 몇 년 후 판교가 신도시로 개발되면서 나의 예측이 옳았다는 것을 보여주고 있다. 또 다른 이유가 있다면 그것은 중앙공원 때문이다. 그야말로 힘들여 확보한 중앙공원 부지가 중심부 한가운데에 위치하기 때문에 도심은 이를 피해 탄천변으로 갈 수밖에 없었다. 물론 주변에서는 중앙공원 산지를 밀어내어 일부를 평지 공원으로 만들고 일부를 중심상업지역으로 하는 게 어떠냐는 제안도 있었지만, 나는 단호하게 거절했다.


## 가로망 계획

골격 구상을 바탕으로 본격적인 내부 가로망의 패턴이 만들어졌다. 우리는 외부의 고속도로 및 지방도에 연결되는 간선도로(〈그림 9-13〉) 말고도 남북으로 뻗은 토지 형상에 맞게 남북으로 길게 관통하는 간선도로가 필요하다고 생각했다. 문제가 되는 것은 탄천의 모양이 구불구불해서 도로와의 사이 공간이 부정형으로 나타나고, 토지 효용성이 낮아지며, 간선도로의 직선

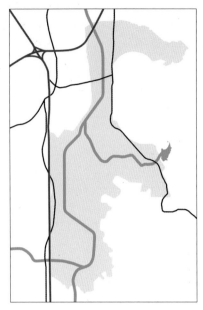

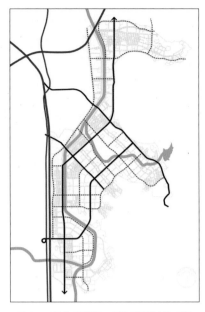

그림 9-14. 주변 도로 상황_ 붉은색 선은 계획 당시 가로망 계획에 영향을 준 고속도로이고, 검정색 선은 지방도이다. (저자 제작, 2020).

그림 9-15. 주요 가로망도 _ 굵은 검정색 선은 간선도로이고, 점선은 보조간선도로다. (저자 제작, 2020).

형태의 당위성이 낮아진다는 것이었다. 그래서 북쪽(이매역 부근)과 중앙부(정자역 부근)의 탄천의 수로를 직강화하기로 했다. 그렇게 하니까 남-북 간 간선도로와 조화를 이루는 것처럼 보였다. 그러나 하천의 직강화는 사실 안 하는 것이 정답이라는 사실을 나중에서야 깨달았다. 홍수 때 하천의 폭과 깊이 못지않게 총연장이 중요하다는 것을 당시에는 잘 몰랐고, 그저 가용지 형태에만 관심을 가졌던 것이다. 직강화로 인해 짧아진 하천 길이를 보완하기 위해 하천의 폭은 원래 폭보다 더 넓어질 수밖에 없었다. 분당 도시설계 경험 이후 다른 신도시 계획에서는 기존 하천에는 손대는 것을 절대로 삼갔다.

가로망에 의해 만들어지는 블록의 크기는 용도에 따라 다르게 정했다. 거의 대부분의 토지가 아파트 단지로 개발될 것이므로 1990년 전후 당시의 평균적인 단지 규모(1000~1500세대)에 맞추어 한 변은 300~400m를 기준으로 했다. 도로의 폭은 최대 40m를 넘지 않도록 했는데, 전체 도로 중 간선도로 2개소만을 40m로 하고, 나머지는 전부 35m 이하로 설계했다. 단독주택지구 내에는 주 도로를 폭 10m로 하고 나머지는 6m 도로와 8m 도로를 섞어 사용했다. 또한 보조간선도로보다 높은 위계의 도로변에는 양쪽에 폭 15m씩 완충녹지를 지정했다. 그러나 이러한 계획은 교통영향평가 심의를 받으면서 변하기 시작했다. 교통영향평가 심의에서 모든 주요 도로가 만나는 교차로에서는 우회전 차선과 좌회전 차선을 별도로 만들라는 것이었다. 그 결과 편도 4차선이 6차선으로 바뀌고, 3차선이 5차선으로 변하고 말았다. 그러지 않아도 도로 폭이 좁다고 생각하던 신도시기획실이 교통영향평가 심의를 근거로 이러한 변경을 지시한 것으로 짐작된다. 거기에 더해 버스와 택시 주차대를 보도 쪽으로 파고들어 설치하다 보니 여러 곳에서 주차대와 좌회전·우회전 차선이 연결되고, 결국 차선을 하나 더 설치하는 결과를 초래했다. 이런 이유로 대부분의 완충녹지 폭이 15m에서 5m까지 줄어들고 말았다. 분당이 자동차를 위한 도시라는 평을 받게 된 것도 이렇듯 차도의 폭이 늘어났기 때문이다. 이런 까닭에 보행자 중심의 도시를 만들고자 한 처음의 계획은 물거품이 되고 말았다.

초기 계획에는 자전거도로 체계를 만들어 넣었었다. 대로변에는 보도 내에 넣었고, 보행자전용도로에도 설치했었다. 그런데 첫 번째 자문위원회에서 지적을 당했다. 어느 자문위원은 말하기를, 서울에 있는 자전거도로는 아무 쓸모가 없어서 지금 모두 철거하는데 왜 신도시에 만들려고 하느냐는 것이었다. 당시 강남대로와 영동대로 등 서울의 신시가지 개발 초기에 만들었던 자전거도로들은 제 기능을 하지 못해서 시에서 자전거도로를 구획하는 분리대를 철거해 차량이 이용할 수 있도록 하고 있었다. 나 자신도 자전거도로를 별도로 설치하는 것에는 소극적이었는데, 이런 일이 있고 나서 적극적으로 추진하지는 않았다. 이미 계획했던 자전거도로도 나중에 보니 시공 과정에서, 준공 후, 그리고 도시 사용 과정에서 상당 부분 사라지고 별로 남아 있지 않았다.


## 토지이용계획

대충의 가로망 계획이 만들어지고 중요 시설들을 배치하니 나머지 주거지역의 윤곽이 나타나기 시작했다. 나는 녹지 면적 확대를 위해 주거용지의 비율을 가능한 한 줄이고자 했다. 그러다 보니 대략 총면적의 35.9% 정도가 되었다. 이 숫자는 처음에 건설부가 계획했던 주거용지 비율 45%보다 10%나 적은 것이다. 주거용지를 주택 유형에 따라 배분하니 단독주택용지가 10%, 연립주택 부지가 18%, 아파트용지가 72% 정도가 되었다. 정부가 처음 우리에게 요구한 내용에는 연립주택이 없었다. 그러니까 모두 아파트로 주택을 짓겠다는 것이었는데, 우리는 그렇게 하면 지나치게 단조로운 모습을 만들어낼 것이라고 우겨서 설계에 연립주택을 넣었다. 문제는 인구가 정해져 있는 상황에서 주거용지가 줄어들면 그와 반대로 건축밀도가 높아진다는 것이다. 자문회의에서 주거용지가 너무 적다는 이야기가 나왔지만, 녹지 확보를 위해서 어쩔 수 없다고 말했다. 분당 이후에 많은 신도시가 주거용지 비율을 정할 때 분당을 따랐다는 점은 분당 도시계획이 만들어낸 파생 효과이기도 하다.

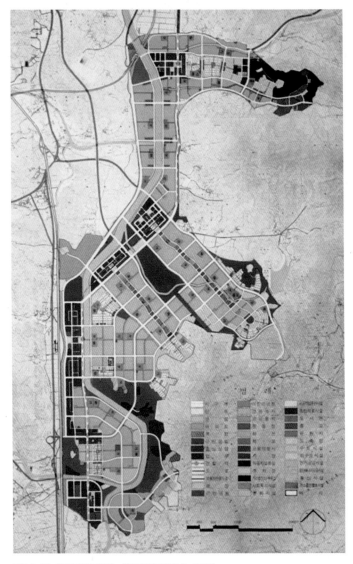

그림 9-16. 최종 개발 구상안_ (한국토지개발공사, 1992).

다음은 상업업무용지인데, 상업용지는 조성원가보다 몇 배나 비싸게 팔 수 있으므로 개발 주체 입장에선 주요한 수입원이다. 그런 까닭에 누가 개발사업자가 되더라도 도시에서 필요로 하는 상업용지보다 많이 공급해 왔다. 분당도 예외는 아니었다. 내 경험으로는 아파트용지 면적의 5% 정도가 상업용지 면적으로 적합하다고 본다. 그렇다면 주거용지가 35.9%니까 적정 상업용지 면적 비율은 신도시 전체의 1.8%밖에 안 된다. 또한 상업시설은 비단 상업용지로 지정된 토지가 아니라도 업무 건물의 1층이나 지하층, 주상복합 아파트 단지의 저층부, 단독주택 필지의 점포주택으로의 전환, 그리고 모든 공동주택에서의 근린생활시설 등을 통해 공급된다. 어쩌면 토지이용계획에서 상업용지를 별도로 지정하지 않아도 필요한 만큼의 상가는 위의 방법으로 공급된다고 보는 것이 옳을 것이다. 다만 대형 신도시의 경우에는 백화점 등 다양한 유형의 상업시설이 필요한 만큼, 어느 정도는 넣어주는 것이 바람직하다. 분당신도시에서는 중심상업용과 근린상업용으로 총면적의 5.9%를 지정하고, 별도의 업무용지로 총면적의 3.7%를 **공급했다**. 일반적으로 과다 지정된 상업용지는 도시개발의 모습을 왜곡시키며, 관리 면에서 여러 가지 모순을 낳는다. 즉, 과다한 상업용지의 분양은 가수요자들의 비율을 늘리므로 도시개발이 더뎌지며, 그러다 보면 빈 땅에 부적합한 임시 용도들이 잠식할 가능성이 높아진다. 설혹 빈 땅이 개발된다 하더라도, 개발 비용과 임대 비용은 일정한 반면 단위점포에 대한 고객 수가 적으므로 자연히 상품과 서비스에 대한 가격이 기존 시가지보다 높아지게 된다. 결국 그 비용은 지역 주민이 부담하게 되며, 이러한 현상은 신도시 거주에 더욱 불리한 조건을 제공하는 셈이 된다.

이토록 상업용지가 늘어나게 된 것은 토개공이 필사적으로 주장했기 때문인데, 당시 토개공은 전국적으로 신시가지 개발 시에 상업용지 면적 비율을 5~10%로 지정해 왔었다.

분당신도시에서 다른 신도시들과는 달리 업무용지를 67만m²나 지정한 것은 분당신도시가 원래 주택 공급을 위해서 시작된 것이지만, 계획하는 전문가 입장에서는 베드타운으로만 내버려 둘 수 없었기 때문이었다. 5개 신도시에 대한 특성화된 기능을 배정할 당시 우리는 일산을 국제 기능과 문화 기능의 중심지로 하고 분당은 정보산업 중심의 첨단업무를 수용할 것을 주장했다. 마침 신도시로 이전하기를 원하는 공공기관이나 민간 업체들이 많았으므로 이들을 수용한다면 자족성을 높일 수 있고 서울로의 출퇴근 교통량도 줄일 수 있을 것이었다. 그래서 초기 구상에서 정해놓은 탄천변 중심상업지역(현재 서현역과 수내역 인근)에는 공공업무 기능을, 고속도로변 업무지역(정자역 인근)에는 민간 기업과 연구 기능을 수용하는 것으로 계획했다. 이렇듯 기다란 중심상업지역과 업무·연구지역이 만나는 중간 지점(〈그림 9-18〉에서 중간쯤 탄천변의 붉은색 대형 토지)에는 대형 쇼핑단지(현재 파크뷰 아파트 단지)를 두어 문화·숙박·위락·판매 서비스를 제공토록 했다.

주거와 상업·업무용지를 뺀 나머지는 공공시설용지인데, 총 54.6%를 차지한다. 공공시설용지가 50%를 넘은 것은 분당신도시가 처음이다. 그것은 과거의 다른 신도시들에 비해 좀 더 나은 도시를 만들고자 많은 공공시설들을 포함시켰기 때문이다. 그중 도로 면적은 총면적의 19.1%로, 비교적 많은 땅을 차지하게 되었다. 아파트 단지가 주된 주거 형태인 도시에서는 도로율이 15%만 되어도 충분하다는 것을 안산시 계획을 하면서 터득했지만, 당시 여론을 이길 수 없을 것 같았다. 사람들은 '백년대계'를 앞세우며 도로율이 20~25% 이상은 되어야 한다고 믿었다. 도로 다음으로는 공원 및 녹지로서 17.7%를 차지하고, 나머지는 하천이 6.7%, 학교가 4.2% 등의 순이다. 비율로 판단하면 공원·녹지 면적이 너무 적다고 생각했지만 하천이 넓은 면적을 차지하고 있기 때문에 모두 합치면 오픈스페이스로 약 25%를 확보하는 셈이 되므로 그나마 다행이었다. 토지이용계획에서 아쉬운 점은 산업용지를 충분히 지정하지 못했다는 것이다. 당시 신도시들은 대규모 주택단지를 공급하기 위해 제정된 '택지개발촉진법'에 의해 개발되었는데, 이 법으로는 산업용지를 공급할 수 없게 되어 있었다. 그러나 분당 크기의 도시 안에 산업용지가 없다는 것은 말이 되지 않는다. 궁여지책으로 마련한 것은 주거단지와 떨어진 외딴 곳을 근린상업지역으로 지정하고 허용 용도로서 아파트형 공장을 지정하는 것이었다. 그렇게 선택된 곳이 야탑동 동쪽 끝이었다.

## 서비스축

온영태가 분당팀에 참여해서 한 일 중 가장 의미 있는 것은 서비스축을 제안한 것이다. 초기 골격 구상을 할 때만 해도 중앙공원에 대한 결정이 이루어지지 않았을 때여서 격자형 가로망만을 그렸었는데, 중앙공원이 들어오자 주거지역이 공원 좌우편으로 나뉘었다. 그렇게 되자 중심상업지역에서 동남쪽으로 길게 뻗은 주거지역이 두 개 생겨났다. 긴 쪽은 2.7km나 되어 이곳을 서비스해 줄 수 있는 상업시설 지역이 필요하다고 생각했지만, 그렇다고 중간을 잘라서 상업지역을 지정하는 것도 북쪽의 중심상업지역과 중복되는 것 같고 해서 고민하고 있던 차였다. 그때 마침 온영태가 주거지역을 종단하는 근린 서비스축을 가운데로 보내는 것은 어떻겠느냐고 제안했다. 그 안에는 근린상업시설과 근린공공시설을 배치하고, 블록 끝에는 쇼핑센터를 두

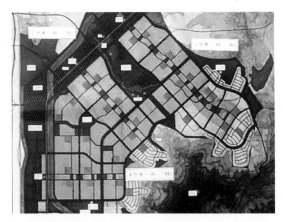

그림 9-17. 세 개의 서비스축이 동남쪽 또는 동쪽으로 추가된 안_ (발표 패널에서 발췌, 저자 제작, 1990).

그림 9-18. 최종안_ 아래쪽 서비스축은 사라졌다. (한국토지개발공사, 1992).

자는 것이었다.

나는 몇 년 전 목동 현상을 할 때에 중앙에 서비스축을 제안했던 것이 생각나서 그 의견에 찬성했다. 나는 거기에 덧붙여 양 옆의 도로를 목동 때와 같이 일방통행으로 만들고 자전거도로를 추가했다. 그리고 축의 한가운데에 보행자전용도로를 두어 사람들이 남쪽 끝에서 전철역까지 걸어서 갈 수 있도록 하자고 했다. 더 나아가 서비스축 두 개만으로는 좀 이상하니 도시 전체에 적용하자고 주장했다. 그래서 정자역 앞에서도 짧지만 동쪽으로 세 번째 축을 만들었다. 세 번째 축은 나중에 삭제되었는데, 그것은 지하철역(정자역)이 위쪽으로 올라가고, 아래쪽 녹지가 위로 좀 더 확장됨에 따라 축 자체를 만들 수가 없었기 때문이다. 그러나 나는 사실 이 아이디어가 성공할 수 있을까에 대해서는 반신반의했다. 이 서비스축 개념은 그대로 실시설계에 반영되었지만, 중앙의 보행자전용도로는 시범단지 현상설계를 거치면서 일부 사라지고 몇 군데에 상가 내부 통로로만 남아 있다.


## 전철 노선

신도시에게 모도시와 연결되는 철도는 개발 초기부터 어느 정도 성숙될 때까지 절대적인 영향력을 갖는다. 모도시에서 신도시로 이주하려는 사람들은 우선 자기들이 어떻게 신도시로 오고갈 수 있는지가 우선적인 관심사가 된다. 현대는 물론 자동차 시대이지만, 그럼에도 철도는 출퇴근에 정시성을 확보해 주고 또 저렴하기까지 하다. 분당 이전에 반월이나 과천, 평촌 등을 개발할 때도 철도 연결을 개발 촉진의 한 수단으로 삼았던 것도 이 때문이다. 그러고 보면 5개 신도시들은 모두 철도로 서울과 연결되어 있다. 분당의 경우 서울에서 가장 가까운 철도는 지하철 3호선 수서역이었다. 그래서 수서에서부터 분당을 남북으로 종단하는 10km가량의 노선을 구상했다. 문제는 어느 지역을 통과하느냐 하는 것과 전철역을 몇 개소 설치하느냐였다. 철도는 도로와 달리 노선 자체가 중요한 것이 아니라 역사의 위치가 중요하다. 노선은 다만 역사를 연결하면 만들어지는 것이다. 토지이용계획상 역사를 주거지역 한가운데에 배치해 많은 주민들이 이용할 수 있게 하려면 노선은 도시의 한가운데를 통과해야 한다. 그렇게 되면 주민들이 서울로 출퇴근하기 용이해지지만 노선 자체는 약간의 우회를 하게 된다. 반면, 역사가 상

업지역과 업무지역을 지
나가게 하면 비즈니스가
활발해질 것이었다. 나
는 신도시가 자족적이어
야 한다고 생각했고, 그
래서 주거지보다는 업
무·상업지역을 통과하
는 대안을 선택했다. 후
에 자문회의에서 전철
노선이 주거지역을 통과
하지 않는다는 점이 지
적되기도 했지만 여러 가
지 주장을 펴가며 이견
을 잠재웠다.

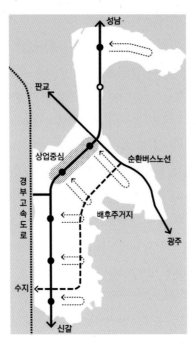

그림 9-19. 지하철 노선과 역사_지하철은 남북 방
향으로 간선도로를 따라 지나가며, 여섯 개(나중에
한 개 추가)의 역으로부터 배후 주거지로 연결(점
선)이 이루어진다. (한국토지개발공사, 1990a).

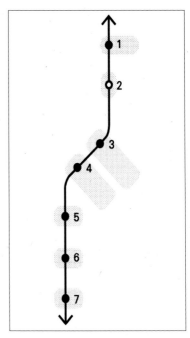

그림 9-20. 지하철역 주변의 소생활권_ 지하철역
에 딸린 배후 주거지의 모습이다. (한국토지개발공
사, 1990a).

　　노선이 결정된 후 지
하철 역사를 몇 개 설치
할 것인가를 정해야 했
다. 역사를 많이 설치하면 많은 주민들이 이용할 수 있겠지만, 반대로 자주
정차하게 되어 장거리 이용 시 시간이 많이 소요된다. 그래서 모도시와 비
교적 멀리 떨어진 유럽이나 일본의 신도시 경우 대개는 2~3개의 역사만 갖
고 있다. 지하철 역사 간의 적정 간격은 고밀도 지역의 경우 0.8~1.0km이
지만 저밀도 지역에서는 2km 이상도 가능하다. 분당이 남북으로 약 10km
더 길게 생겼으므로, 나는 처음에 유럽이나 일본식으로 세 군데, 즉 야탑동
과 서현동 그리고 분당동(지금의 미금역)에 역을 하나씩 만들면 될 것으로 생
각했다. 그런데 철도청에서 운영 수입을 확보하기 위해 역사 수를 더 늘리
겠다고 나왔다. 나는 역사 수가 늘어나면 서울로의 이동 시간이 늘어나고,
또 서울에 대한 의존도가 커진다는 점을 들어 반대했지만 역부족이었다.
결국 철도청은 야탑역-서현역-수내역-정자역-미금역-오리역 등 6개 역에다
나중에 이매역을 추가로 건설했다. 역사 수가 많아지자 불평하는 사람들이
많아지기 시작했고, 결국 광역버스가 등장해서 이용객이 버스 쪽으로 많이
쏠리게 되었다. 후일 이러한 문제는 신분당선의 등장으로 많이 해소되었지
만, 결국 중복 투자가 이루어진 셈이 되었다.

# 자족도시

정부가 5개 신도시를 건설하는 목적은 우선 주택 공급에 있었다. 그러나 계획을 맡은 우리의 목적은 베드타운이 아니라 자족적 도시를 만드는 것이었다. 처음부터 우리는 수용할 도시 기능에 공공행정 기능을 비롯해 기업 본사, 정보산업 기능 등을 선정했다. 철저하게 수요 조사도 했고, 선정과 관련해 직간접적으로 의사 타진을 하는 기관이나 기업체들이 많았기 때문이다. 계획 초기 업무용지에 대한 수요 조사가 있었는데, 공공기관 14개소, 민간 회사 25개소가 가장 먼저 신청을 했다. 그중에는 사업 시행자인 한국토지개발공사도 있었고, 대한주택공사도 있었으며, 대한가스공사, KT 등 굵직굵직한 기관들이 많이 있었다. 수도권 정비계획에 따라 서울을 떠나 지방으로 이전하라는 정부의 압력을 피하기 위해서도 분당으로 이전하는 것이 다소 유리했던 까닭이다. 우리는 이러한 일반적인 공공업무시설만으로는 특성화에 부족하다고 생각해 추가로 첨단연구 기능을 분당으로 유치하려고 했다. 마침 과학기술처에서도 분당에 테크노빌technoville(첨단연구단지)을 만들겠다며 1989년 6월에 분당 남단에 약 50만~100만 평을 요청했다. 우리는 그 제안이 받아들이기에 지나치다고 생각해 거절했다. 그 대신 대상지 서측 고속도로변 지역(현재 정자역 부근)을 연구단지로 계획했다. 이 땅은 고속도로에 접하고 있어서 주거지역으로 활용하기에는 문제가 있으나 연구소 등을 수용하기에는 문제가 없어 보였다. 그리고 지하철도 이곳을 지나가게 할 예정이어서 서울과의 연결을 생각하면 가장 적합한 지역이라고 판단되었다.

그러나 1990년 봄, 업무용지가 분양되기 시작할 즈음 신도시를 중심으로 부동산 투기 붐이 전국을 휩쓸었다. 노태우 정부는 자신들이 신도시 붐을 일으키기 위해 **조장한 투기**가 사회적으로 큰 문제로 확대되자 이를 방지하고자 극약 처방을 들고 나왔다. 소위 '5·8 조치'(부동산 투기 억제와 물가 안정을 위한 특별 보완 대책)라고 불리는 정책이 발표된 것이다. 이 조치는 대기업들이 자신들의 업무에 꼭 필요하다는 것을 입증하지 못하는, 소위 비업무용 토지는 소유할 수 없도록 했다. 당시 민간인들의 주택 투기는 물론이고 기업들까지 나서서 전국적으로 땅을 매입하고 있었기 때문이었다. 5·8 조치는 신도시 업무용지 분양 시장을 얼어붙게 만들었다. 많은 기업들이 토지 매입 의사를 철회했고, 이미 갖고 있던 비업무용 토지도 1500만 평 가까이 시장에 내다 팔았다. 심지어 연구소를 짓겠다고 분당 연구단지에 6000여 평

정부는 신도시 개발이 세간의 큰 관심을 일으키고 있으나 첫 분양에서 혹시라도 미분양이 발생할까 봐 전전긍긍했다. 그래서 겉으로는 투기 방지를 이야기했지만 뒤로는 오히려 건설업체를 통해 투기를 조장했다.

을 매입한 LG조차도 매입을 철회했다. 5·8 조치로 인해 미분양 상태로 10년 가까이 남아 있던 업무용지는 그 용도가 주상복합으로 변경되면서 또다시 많은 주택과 상업시설들을 제공했다.

## 공원·녹지계획

개발 대상지는 대체로 저지대 농경지를 중심으로 구역 경계를 설정했지만, 이 안에는 남북을 종단하는 탄천과 그 지류가 넓은 면적을 차지하고 있었으며, 그 주위로 곳곳에 수림이 좋은 구릉지와 급경사지가 포함되어 있었다. 우리는 먼저 대상지와 주변 지역에서 중요한 녹지 요소들을 찾아내어 평가했다(〈그림 9-21〉).

대상지 밖에서는 주로 자연 산지로서 우리가 신도시 내에서 조망할 대상들이 선정되었다. 북서쪽으로는 멀리 청계산이 조망되었고, 동남쪽으로는 가까이 불곡산이 시각 지표로서의 역할을 할 만했다. 또한 인접해서는 동쪽으로 얕은 구릉들이 접하고 있어서 도시 내 녹지축과 연결이 필요하다고 판단했다. 한편 북쪽으로 흐르는 탄천도 중요한 오픈스페이스 요소로 기능할 수 있으므로 녹지축과 더불어 신도시의 간선 오픈스페이스 네트워크로 정했다. 집단화된 녹지로서는 도심에는 중앙공원을 지정하고, 북쪽에는 야탑동에 탄천종합운동장 부지와 탑골공원, 남쪽에는 탄천변 절경지(현 정자공원)와 머내공원을 정하고 이들을 잇는 녹지축을 계획했다.

그러나 이런 녹지계획은 사업이 진행되는 과정에서 많이 변경되고 후퇴되었다. 가장 큰 원인은 사업자인 토개공이 분양할 수 있는 토지인 가처분 면적을 늘려야 한다는 명분으로 잠

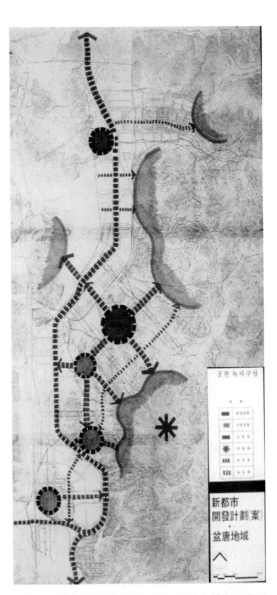

**그림 9-21 공원 녹지 체계도**_ 중앙공원(가운데 짙은 녹색)을 비롯한 다섯 개의 공원과 도시 외부 산지(연두색)와의 연결 모습이 그려져 있다. 붉은 별표는 시각축의 정점이다. (발표 패널에서 발췌, 저자 제작, 1989).

식했기 때문이다. 계획가라면 누구나 그러하겠지만, 우리는 이러한 자연적 요소들을 최대한 보전하고자 했다. 자연적으로 주어진 경사 지형을 고려해 도로를 계획하고, 경사도를 고려해 단지의 높낮이를 책정함으로써 절개지와 성토지를 최소화하는 것이 단지 계획이 추구하는 목표였다. 그러나 실제는 이와 달라서, 하천은 복개하는 것이, 그리고 기존의 지형을 살리는 것보다는 전체 면적을 몇 단계의 레벨로 나누고 각각을 평지화하는 것이 부지 확보 면에서도 유리하고 공사비도 줄일 수 있다.

분당의 경우 불행하게도 이러한 부지 조성의 기본적 개념이 도시 전체를 계획하는 설계가가 간여할 사이도 없이 엔지니어들에 의해 조기에 결정되어 버렸다. 실시설계와 기본설계가 동시에 진행된 까닭에 미처 설계가가 신경 쓸 사이 없이, 도시의 기본 골격이 잡히기가 무섭게 이를 바탕으로 단지의 계획고計劃高가 결정되어 버린 것이다. 급하게 진행된 기본구상이 어느 정도 마무리될 무렵 우리들이 단지 경관과 보행자 동선을 고려해 도로를 입체화하고자 시도했을 때는 그것이 이미 불가능한 것이었다는 사실을 깨달았다. 결국 계획 일정의 단축이 가져온 대표적인 불상사가 되고 말았다. 우리는 탄천의 주변을 녹지화하고 지류들을 복개하지 않은 채 오픈스페이스화하는 데는 어느 정도 성공했지만, 주변의 구릉지를 보전하고 녹지축을 만드는 데는 실패했다. 결과적으로 일부 양호한 수림대가 잠식되었고 몇몇 산봉우리가 사라졌으며 녹지축은 폭이 대폭 축소되어 보행자도로로 바뀌었다.

그러나 실제로 녹지 보전에 결정적인 타격을 준 것은 주택공원의 개발이었다. 한국주택협회를 중심으로 뭉친 사업자들은 비교적 풍부하게 보전된 도시공원 내에 무상으로 자기들의 모델하우스와 협회 건물을 수용할 계획을 갖고 있었다. 모델하우스를 짓기 위해 서울에서 엄청나게 비싼 땅을 확보해야 하는 업체들은 큰 부담을 느끼지 않을 수 없었고, 이 문제를 장기적으로 해결할 방안을 강구한 끝에 만들어 낸 것이 '주택공원'이라는 개념이었다. 모델하우스는 전시 시설이며 공원에 전시 시설이 입지할 수 있다는 점을 이용해, 공원의 토지를 무상으로 모델하우스 전시에 이용할 수 있고, 그와 더불어 자체 건물이 없는 한국주택협회를 부수 시설로도 쓸 수 있도록 수용하자는 기발한 발상이었다.

도시의 기본 골격이 짜인 얼마 후부터 협회는 이 계획안을 건설부와 토개공에 제출했다. 이들은 분당의 가장 중심이 되는 중앙공원에 주택공원 부지를 지정해 주기를 희망했다. 이러한 요구를 접한 설계팀은 이들의 구상

**그림 9-22. 탄천변 주택공원_** 탄천변의 수림대는 모두 사라지고, 유치한 색을 입힌 가설 구조물이 모델하우스 용도로 들어서 있다. (저자 촬영, 2002).

을 처음부터 탐탁하게 생각하지 않았으며, 더구나 중앙공원에 이들을 수용할 생각은 조금도 없었다. 주택공원의 개발 목적은 업체의 상품을 전시하려는 데에 있었기 때문에 받아들일 수 없는 것이었으며, 한편으로는 이러한 용도를 위해 대규모 전시 시설을 별도로 계획하고 있었기 때문이었다. 우리는 공식 문서를 통해 주택공원의 개발 구상이 공공성을 결여한 것이라고 못 박고, 이러한 목적이라면 계획구역 남단(오늘날의 오리역 근처)에 확보해 놓은 전시장 부지를 매입하거나, 대상 구역 밖에 있는 구릉지를 확보해 개발할 것을 권유했다. 우리로부터 냉담한 반응을 들은 한국주택협회는 이후 우리와는 협상이 불가능하리라는 것을 알고 토개공과 건설부에만 압력을 가하기 시작했으며, 결국에 건설부와 토개공의 수뇌부로부터 승낙을 받아 내었다.

입장이 난처해진 토개공 실무자들은 우리가 그처럼 반대하던 중앙공원을 주택공원으로 내어주기는 곤란하다는 점을 들어 한국주택협회와 입지에 관해서 절충을 했다. 즉, 중앙공원 대신에 당시 아직 구체적인 개발 구상이 확정되지 않고 있던 남측 공원을 대안으로 제시했다. 이 지역은 탄천 변에서 가장 양호한 수림대를 갖고 있어 우리가 특별히 보전하려 했던 곳이었지만, 협회 입장에서 볼 때는 경부고속도로에 완전히 노출되어 있어서 전시 시설 건설에는 매우 적합한 곳이었다.

주택공원에 대한 계획과 설계에 대해서는 이것이 민간 시설이 아니고 공원 시설이라는 명분을 내세워, 토개공과의 절충 이후 모든 건축물들의 설계를 조정하고 있던 우리 설계팀과 단 한 번의 상의도 없이 진행되었다. 그 결과로 분당에서 가장 절경인 이 지역, 탄천 상류가 굽이치는 가파른 언덕이 완전히 파괴되어 버렸고 가설물 같은 모습의 추한 건물이 들어서 지금까지 유지되고 있다. 이 주택전시관은 빠른 시일 내에 원상회복시켜 분당 주민들에게 돌려줘야 할 것이다.

## 보행자전용도로와 생태통로

보행자전용도로나 녹지들을 연결해 네트워크를 만드는 데 장애가 되는 것은 도로가 차단하고 지나갈 때다. 중로(폭 12m 초과 25m 미만) 이하에서는 그래도 별 문제가 없지만, 대로가 차단하는 경우에는 연속성이 사라진다. 그래서 때로는 보행자전용도로를 차도와 입체교차로 처리하기도 한다. 우리는 녹지축에서 가장 중요한 중앙공원과 탄천, 형제산과 불곡산을 단절 없이 연결하고자 했다. 중앙공원의 북서쪽으로는 성남대로를 건너 잔디광장과 시청 부지(현 분당구청)를 배치했고, 그 뒤로 황새울공원을 통해 탄천과 연결했다. 동남쪽으로는 형제산으로 연결하기 위해 폭 200m의 녹지대를 설치할 생각이었다. 200m는 생태적으로 의미 있게 하기 위한 최소한의 폭이다. 그런데 토개공과 조정하는 과정에서 이 200m 또한 대폭 줄어들어 80m가 되어버렸다. 더욱 안타까운 것은 생태통로를 만들기 위해 40m 도로 위로 생태교량을 연결했는데 그 폭이 더 줄어 50m가 되었으며, 그나마도 그 위에 잔디를 깔고 양옆에 사람들이 다닐 수 있는 보도를 설치해 동물들이 지나다니기 어렵게 만들어 버렸다. 낮에는 물론 밤에도 양옆에 가로등이 비쳐 여기를 지나다닐 수 있는 동물은 설치류 정도나 될지 모르겠다. 당시는 공사를 벌인 사람들이나 감독하는 사람들이 이 생태통로가 무엇을 위한 것인지 잘 몰랐던 것은 아닌가 싶다.

그림 9-23. 생태 브리지_ 동물들이 뛰어놀아야 할 공간을 잔디밭과 보행로가 차지하고 있다. (저자 촬영, 2002).

## 시범단지

신도시를 개발하면서 정부에서 가장 중요시했던 부분은 첫 번째 주택 분양을 언제 어떻게 하는가였다. 그것은 정부가 신도시를 개발하면서 노렸던 주택 가격 안정이 성공하느냐 실패하느냐 하는 것을 판가름하는 것이었다.

정부는 4월 27일 수도권 5개 신도시 개발을 발표하면서 해가 바뀌기 전에 분양이 가능하도록 하겠다고 약속했다. 이 말은 신도시가 수용할 30만 호 전체를 연말까지 분양하겠다는 것은 물론 아니었다. 다만 일부라도 12월 이전에 분양해 국민과의 약속을 지키고자 했다. 그래서 정부는 우리가 담당하는 도시의 마스터플랜과는 별도로 이를 위한 준비를 한 국토지개발공사와 함께 서둘러 진행했다.

우선 가장 중요했던 것은 분양 시점을 6개월도 남겨놓지 않은 상태에서 어느 곳을 1차

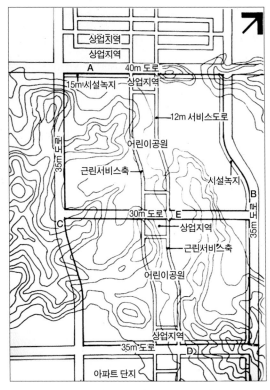

**그림 9-24. 공모 대상지_**(분당신도시 시범단지 건설계획(안) 현상 공모 요강, 저자 제작, 1989).

개발 지역으로 선정하는가 하는 일이었다. 토지의 매수와 보상 문제를 매듭 짓지 않은 상황에서 토지에 대한 민간인 소유권이 복잡하게 얽힌 지역을 선정하는 것은 매우 위험한 일이었다. 대상지는 공사 차량이 쉽게 접근할 수 있는 곳이어야 했으며, 토지 확보가 용이한 국공유지나 매수 협상이 용이한 대토지 소유자의 땅이어야 했다.

이러한 요건들을 만족시키는 지역을 찾던 토개공은 중심부의 탄천변에서 한산 이씨 종중 땅과 이에 인접해 주둔하고 있는 육군 부대의 대규모 토지를 찾아냈다. 이 지역은 국토개발연구원이 구상하고 있던 마스터플랜에서 가장 입지 여건이 좋은 주거지역과 일치했다.

시범단지의 분양 규모는 대략 5000~6000세대로 정해졌다. 물론 기본계획을 확정해 나가는 과정에서 다소간의 면적 조정은 있었지만 이러한 의견 일치는 상당히 다행한 일이었다.

우리는 이곳의 설계를 현상에 부치자고 제안했고, 정부도 그것이 국민들에 대한 홍보 효과가 있다고 판단했다. 우리가 시범단지의 설계를 현상 공

그림 9-25. 1등 당선안 전시 패널(현대산업개발, 이병담)_ (저자 촬영, 1989).

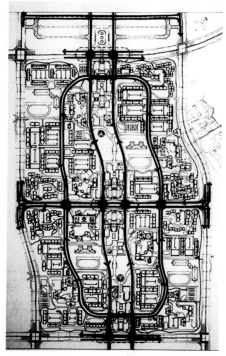

그림 9-26. 1등 당선안 내부 주요 동선 전시 패널_ (저자 촬영, 1989).

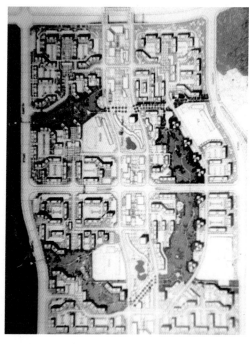

그림 9-27. 2등 당선안 전시 패널(삼성+한신공영, 건원건축) _ (저자 촬영, 1989).

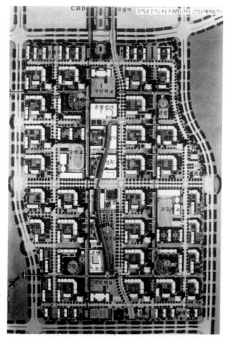

그림 9-28. 3등 당선안 전시 패널(우성건설, 김병현)_ (저자 촬영, 1989).

그림 9-29. 시범단지 초기 모습_ (저자 촬영, 1995).

모에 부치자고 주장한 것은 두 가지 이유에서다. 첫째는 당시 도시 전체의 계획 업무가 지나치게 과중해 국토개발연구원 설계가들이 단지계획까지 관여할 수 없었으며, 바쁜 개발 일정 때문에 참여시키지 못한 건축가들을 이런 기회를 빌려 참여시키고 이들의 다양한 아이디어를 받아보자는 데 있었다. 둘째는 시범단지의 계획이 국토개발연구원을 배제한 채 별도로 이루어질 가능성이 보였고, 다른 설계가가 선정되는 경우에는 국토개발연구원으로서는 바쁜 일정 속에서 그들의 설계를 간여할 명분이 별로 없었기 때문에 차라리 현상을 통해 믿을 만한 건축가를 선정하는 것이 설계의 질을 제고하는 유일한 길이라고 생각했기 때문이다.

그러나 설계 경기의 운영은 예상외로 진행되었다. 업체들의 협조를 절대적으로 필요로 하고 있던 토개공은 앞서 별도의 계획안을 제시했던 건설회사 4인방을 비롯한 주택건설업체들의 사전 준비 노력을 무시할 수 없었고, 또 이들이 시범단지에서부터 주도권을 잡으려는 정치적 압력도 작용하는 바람에 현상 참여 조건을 통해 참여 자격을 제한했다. 즉, 현상설계는 당선 후 곧바로 그 계획안대로 건설을 해야 하기에 시공을 전제로 한 턴키 방식turn-key base의 현상이 될 수밖에 없으며, 따라서 일정량의 주택 건설 실적이 있는 건설업체만이 참여할 수 있다는 것이었다. 우리는 계획안을 만드는 것은 역시 건축가이며, 우수한 건축가들이 참여해 좋은 계획안을 만들어내면 그만이라고 생각했다.

그러나 예상외로 참여자 수는 적었으며, 전체적인 질도 높지 않았다. 물론 주택건설업체 명의로만 참여할 수 있었던 조건이 이러한 무관심의 이유만은 아니었다. 불행한 일이기는 하지만 우리나라에서는 오랫동안 우수한 건축가들이 주택단지 설계에는 별로 관심을 보이지 않아왔으며, 더구나 당시에는 많은 대형 건물의 현상 공모가 동시에 진행된 까닭에 이들은 대부분 다른 건축물의 현상설계에 매달렸다.

그럼에도 불구하고 현상에 참여한 주택건설업체들은 당선되기 위해서 그야말로 필사적이었다. 현상설계에서 내건 조건은 제출된 계획안에 대해 등수를 매긴 후 1등으로 당선된 계획안에 따라 단지를 개발하며, 1등을 포함한 상위 4개의 계획안을 출품한 업체에게 시범단지 면적의 4분의 1씩 택지 조성의 시공권과 더불어 아파트 단지 개발권을 주는 것이었기 때문에 엄청난 이권이 걸려 있었다. 또한 이 특별 분양은 추후에 있을 일반 토지 분양과는 완전히 별개로 하는 것이어서, 수도권 내 택지 확보가 어려웠던 당시 상황에서 물량 확보에 열을 올리고 있던 주택건설업체로서는 사업 확대의 절호의 기회였다. 더구나 시범단지의 위치가 가장 좋은 곳이고, 또 가장 먼저 개발되는 관계로 당선만 되면 신도시에서 그들의 명성은 물론 장래 주택건설업계의 판도를 좌우할 수 있다고 판단했다.

현상에 출품한 16개의 작품 중 한두 개를 빼고는 평범한 수준이었다. 이것은 처음부터 시공을 전제로 했기 때문에 건축가의 자유로운 창의력이 발휘될 여지가 별로 없었으며, 주어진 시간이나 조건이 새로운 아이디어를 개발할 여건을 형성하는 데 적합하지 못했기 때문이었다.

그럼에도 (주)우성건설이 제출한 계획안(창조건축 김병현 작)은 새로운 개념을 보여주었는데, 그때까지의 보편적 대규모 아파트 단지가 아니라 서구에서 흔히 볼 수 있는 도로변 소규모 단지 형태였다. 이는 우리가 현상설계의 목표로 내건 '21세기를 내다보는 새로운 주거 문화의 구현'에 어느 정도 근접한 계획안이다.

그러나 심사가 2단계, 3단계로 접어드는 동안 심사에 참여한 나의 예상과는 달리 이 안은 3등으로 처졌고, 짜임새는 있으나 아이디어 측면에서는 평범한 (주)현대산업개발의 계획안이 당선되었다. 나는 당시 업계의 관행을 잘 이해하지 못하고 있었으며, 공모의 기획과 운영까지 주도했지만 정작 내가 원하는 작품을 선정하는 데는 실패했다. 여하튼 시범단지의 계획안이 결정된 이후 시범단지 계획과 개발은 우리의 관할을 벗어났고, 후에 이것이 우리가 만든 서비스축 계획 개념 유지를 어렵게 만들었다.

## 단계별 개발계획

사업 규모가 큰 경우 모든 사업을 동시에 추진할 수는 없다. 우리는 시범단
지를 포함한 중앙 북측 윙을 1단계로 잡았다. 그곳은 잠실로부터 남쪽으로
내려오는 지방도 57호가 지나가므로 초기 공사가 가능한 곳이었다. 2단계
는 중앙부 전체를 포함시켰는데, 그곳은 잠재력이 가장 큰 곳으로서 서울의
수요자들을 유치하기가 좋았기 때문이다. 3단계는 아무래도 서울에서 가
까운 쪽이 개발에 유리할 것으로 판단되어 야탑동과 이매동을 포함시켰고,
남쪽은 4단계로 미루었다. 그러나 이러한 단계별 개발계획은 현실에서는 별
의미를 갖지 못했다. 왜냐하면 전체 개발 일정이 짧았던 까닭에 전 지역을
거의 동시에 개발할 수밖에 없었기 때문이다.

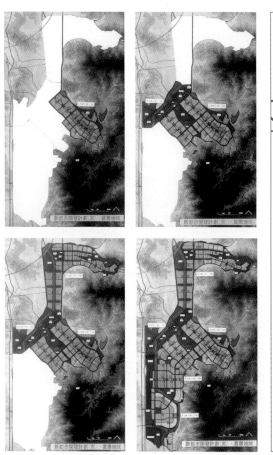

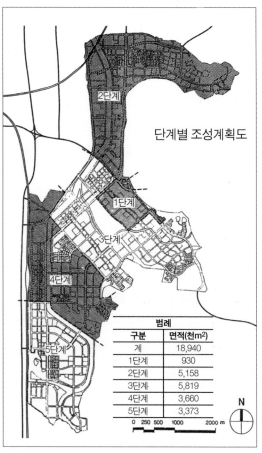

단계별 조성계획도

| 범례 | |
|---|---|
| 구분 | 면적(천m²) |
| 계 | 18,940 |
| 1단계 | 930 |
| 2단계 | 5,158 |
| 3단계 | 5,819 |
| 4단계 | 3,660 |
| 5단계 | 3,373 |

그림 9-30. 단계별 개발계획_ 왼쪽 위부터 1단계, 2단계, 3단계, 4단계. (저자 제작 및 촬영, 1995).

그림 9-31. 단계별 개발계획(실제안)_ (한국토지개발공사, 1989).

## 광역교통망 구성

신도시를 주변 도시들과 어떻게 연결시킬 것인가 하는 일은 전적으로 연구원 내 교통팀에 맡겨졌다. 그러나 외부로부터의 연결이 신도시 내부에서 어느 곳으로 접속할 것인가를 정하는 일은 도시설계팀의 일이기도 했다.

광역교통에서 가장 중요한 것은 서울, 그 안에서도 강남과의 연결이었는데, 지하철을 연결하는 것 외에도 고속화된 도로가 추가적으로 필요했다. 교통팀 이건영 실장은 유발되는 교통량을 고려할 때 새로이 편도 10개 차선 정도의 연결 도로가 필요하다고 산정했다. 이만한 양은 여러 개의 도로로 나누어 수용할 수밖에 없었다. 우선 잠실과 연결되는 지방도를 왕복 8차선으로 확장하고, 경부고속도로 서측을 지나가는 393번 지방도 또한 왕복 8차선 도로로 확장했다. 이들 외에 2개 노선의 고속화도로를 신설했는데, 분당-수서 고속화도로는 분당의 서측 외곽을 따라 북으로 올라가며, 한강의 청담대교와 연결된다. 다른 하나는 분당-내곡 고속화도로로서, 분당-수서 고속화도로가 북진하다가 신도시 경계인 수내사거리에서 갈라져 나와 내곡 IC와 구룡터널을 지나 강남으로 접속된다. 분당-수서 고속화도로는 남쪽으로 연장되어 풍덕천 사거리까지 와서 다른 도로와 연결된다.

나는 분당-수서 고속화도로는 순전히 분당과 서울을 연결하는 도로로만 사용되어야 한다고 생각했다. 그래서 남쪽은 분당에서 끝나는 것으로 하자고 주장했다. 당시만 해도 아직 용인의 죽전이 개발되기 이전이라서 남쪽은 농경지 상태였다. 이 도로가 만약 분당의 남쪽 경계선을 통과하는 날에는 용인 지역의 난개발을 막을 방법이 없을 것이라고 생각했다. 내가 만든 초기 토지이용계획에서는 남단의 분당-용인 경계선에 500m 정도의 녹지대를 설치해 개발 압력이 용인까지 넘어가지 않도록 하자고 주장했지만 아무도 관심조차 주지 않았다. 토개공 입장에서 개발 가능한 토지를 500m 폭의 녹지로 만들어 개발을 금지시킨다는 것은 엄청난 손실이라고 생각했을 것이고, 어쩌면 추후 죽전 지역을 연결해서 개발하려는 구상까지 했는지도 모른다.

내가 고속화도로를 분당에서 끝내자고 우기고 있었을 때, 하루는 삼우기술단의 이태양 사장이 나를 찾아왔다. 이 도로의 실시설계는 삼우기술단에서 진행하고 있었는데, 이 도로를 분당 이남으로 연장해야 하겠다고 나를 설득하러 온 것이다. 그의 주장은 경부고속도로가 거의 포화 상태인 만큼

남-북을 연결하는 고속화도로가 필요한데, 분당-수서 간 도로 건설이 경부고속도로의 부담을 덜어줄 수 있는 가장 좋은 기회라는 것이었다. 그는 도로 전문가였기 때문에 그의 주장에는 설득력이 있었다. 동시에 그는 이 도로 중간에 업다운up-down 램프를 두어 고속화를 시킬 것이라고 했다. 나는 속으로 전문가라면 이태양 사장처럼 소신이 있고 자기주장이 있어야 한다고 생각했다. 나는 못이기는 척하고 내 주장을 거두어들였다. 이 도로는 만들어진 이후 그가 의도했던 대로 경부고속도로의 보조적 역할을 충분히 하고 있지만, 내가 우려한 대로 용인이 난개발되는 원인을 제공했다.

# 분당 도시설계
## (1989년 12월~1992년 3월)

### 택지개발계획 변경과 도시설계 착수

분당 택지개발예정지구가 지정된 것은 건설계획이 발표된 지 불과 일주일 만인 5월 4일의 일이다. 그 후 우리는 5~6월 두 달간 계획안을 만들어 6월 말경에는 대체적인 골격을 완성했다. 그러나 우리는 급조된 이 구상안을 이후 지속적으로 변경할 수밖에 없었다. 1차 변경은 예정지구가 구미동 쪽으로 확장되면서 지구계 변경과 더불어 이루어졌다. 이후 개발계획은 공사가 진행되어 가면서 지속적으로 행해졌는데, 1991년 말까지 다섯 차례나 이루어졌다. 이렇듯 초기 구상에서 변경 요인이 지속적으로 발생하자 우리는 도시설계를 통해 전면적인 수정과 상세한 개발지침을 만들어야겠다고 생각하고, 한국토지개발공사 및 건설부와 논의해 첫 분양의 관문을 통과한 지 얼마 되지 않은 12월 30일에 도시설계 프로젝트에 착수했다. 도시설계를 서둘러 발주한 것은 이듬해 초부터 아파트 부지를 대부분 분양해야 하므로 그 이전에 설계지침을 마련하고자 했기 때문이다.

### 도시설계의 목표

신도시 개발의 목적은 주택의 대량 공급으로 수도권 주택 부족 문제를 해소하고 주택 가격의 안정을 도모하는 것이다. 목적은 이러하나, 이는 어떤 도시가 되던 주택 수량만 확보하면 된다는 말이 아니다. 우리는 어떤 도시를 만들 것인가에 대해 개발계획의 목표를 세 가지로 요약했다. 첫째는 풍요롭고 쾌적한 도시, 둘째는 편리한 도시, 셋째는 안전한 도시다. 물론 그 외에도 경제적인 도시를 생각할 수 있지만 그것은 계획가의 역량이 미치지 않는 분야이라서 제외했다.

이러한 계획 목표를 좀 더 시각적이고 공간적으로 현실화하기 위해 도시설계의 목표는 네 가지로 정의했다. 첫째는 전원적인 분위기의 조성, 둘째는 첨단업무도시로서의 이미지 고양, 셋째는 신도시로서의 정연함 속에 활기가 넘치는 도시경관의 창출, 마지막으로 안전하고 편리한 도시를 위한 세부 설계의 완성 등이다. 이러한 목표를 달성하기 위해 도시설계 과정을 통한 여러 가지 노력을 했지만, 그 결과가 만족할 만한 것은 아니었다. 어떤 사람들은 아주 쉽게 이야기를 꺼내며 내가 가진 신도시 계획의 철학이 무엇인가를 묻곤 한다. 그럴 때마다 나는 철학 대신에 내가 계획을 대하는 나의 자세, 즉 '항상 이 신도시에서는 어떤 새로운 시도를 할 것인가'를 생각한다고 답한다. 그것은 새로운 신도시는 이전의 신도시보다는 더 나아야만 한다는 일종의 강박관념과도 같은 것이다. 분당신도시를 계획하면서 하려던 새로운 시도는 다음과 같다.

주거의 유형은 되도록 다양하게 유도하고 건물 높이를 다양화해 스카이라인의 변화를 시도한다. 대로변에는 고층이나 초고층보다는 저층과 중층을 배치해 가로에 주는 위압감을 감쇄한다. 단독주택 필지에는 다세대 수용을 허용하되 건물 높이와 세대수를 제한한다. 연립주택단지 한 곳을 선택해 미래주택 시범단지로 만든다. 골목길 불법 주차를 최소화할 수 있도록 단독주택단지의 용도규제, 도로 폭 조정, 공용주차장 설치 등을 계획한다. 지하철역은 민자 역사를 추진한다. 쇼핑단지는 레저단지와 연계해 최초의 대규모 단지로 만든다. 최초로 아파트형 공장을 도입해 도시형 공장을 수용한다. 시청과 문화센터를 유치한다. 보행자전용도로 체계를 확립한다. 서현역과 수내역 사이를 보행자몰을 만들고, 아케이드를 설치토록 한다. 이러한 시도들은 실제로 분당 도시설계에서 우리가 반영한 것들이다.


## 필지 규모

개발계획이 확정됨과 동시에 우리는 결정된 블록별로 획지 분할을 시도했다. 따라서 획지 분할은 도시설계 용역 발주보다 훨씬 이전에 시작된 것이나 다름없다. 사실 개발계획에서 가로망을 짜면 블록이 결정되며, 이 블록들은 1~4개의 개별 아파트 단지로 나누어진다. 분당에서는 보조간선도로 이상의 도로 간격을 200~600m 정도로 했는데, 어쩔 수 없는 경우 외에는 이 틀 안에서 벗어나지 않게 했다. 한 변이 400m가 넘으면 단지를 둘로 나누어 개발토록 해, 전체적으로 볼 때 한 단지당 평균적으로 약 5만m² 크기로 나누었다(다만 시범단지는 예외적으로 한 업체가 10만m² 이상 개발하기도 했다).

우리는 이렇게 나누어진 단지에 유형별로 정해진 용적률을 곱한 뒤, 역시 유형에 따라 배분된 세대당 단위면적으로 나누어 수용할 세대수와 인구를 결정했다. 이렇게 산출된 총 세대수가 수용 목표와 차이가 나면 다시 부분적으로 조정해 최종적으로 일치시켰다. 이러한 계산은 당시 286 컴퓨터로 로터스Lotus나 쿼트로Quatro 같은 요즈음의 엑셀과 유사한 프로그램을 사용함으로써 가능해졌다.

단독주택 필지면적은 평균적으로 230m²(70평)로 하되 일률적으로 하지 않고 다양한 크기가 섞이도록 했다. 단독주택을 위한 블록은 개발계획 시 단변을 30m 내외로 해 두 필지가 후면에서 만나도록 했다. 그리고 중로 이상의 도로에 접하는 경우에는 반드시 완충녹지를 두어 도로와 필지를 갈라놓음으로써 진출입을 못하도록 했다. 주택이 큰 도로에 바로 접할 경우 사생활이 침해받거나 점포로 전용될 가능성이 있기 때문이다. 단독주택 블록이 길 경우에는 중간에 보행통로나 보행자전용도로를 두어 멀리 돌아가지 않아도 되게 했고, 이 보행자전용도로는 단독주택지구 중심에 위치한 어린이공원과 연결시켜 보행 네트워크를 형성토록 했다.

상업용지는 용도에 따라 크기를 정했는데, 백화점 등 특별하게 면적을 지정할 필요가 있는 용도 말고는 일반적으로 200~500평 사이에서 분할했다. 일반적으로 중심성이 있는 상업지역 코너 필지는 400평을 기준으로 했고, 일반 근린상업용지는 200평에 가깝게 분할했다. 대형 상업용지를 400평을 기준으로 한 이유는 그 정도가 되어야 지하 주차장을 기계식이 아닌 램프를 이용한 주차장으로 만들 수가 있기 때문이다. 근린상업용지를 작게 한 이유는 지나치게 큰 건물의 경우 상업 가로의 분위기를 해치기 쉽기 때문이다. 그것은 창원시 중심지구 도시설계로부터 얻은 교훈이었다.

그런데 사실 단독주택블록과는 달리 블록의 위치와 크기 그리고 형태가 정해진 다음 거기에 맞추어 필지를 적당하게 나누다 보니 이러한 기준을 적용하기가 어려웠다. 나중에 건물이 지어진 다음에 확인해 보니 우리가 만들어 놓은 필지 분할은 제대로 지켜지지 않았고, 합필이 많이 이루어졌으며, 따라서 대형 건물이 의도하지 않은 곳에 많이 들어서게 되었다. 우리가 도시설계를 하면서도 합필에 대한 분명한 규제지침을 만들지 않은 것이 원인이었다. 빠른 시일 내에 분양을 해야 하는 토개공 입장에서는 큰 필지를 원하는 수요자에 두세 개의 필지를 묶어 파는 것이 분양 실적을 올리면서도 일을 줄일 수 있기 때문이었다.


## 오토캐드의 등장과 컴퓨터의 사용

우리가 처음 기본구상과 개발계획을 작성할 때까지만 해도 컴퓨터 드로잉 작업은 불가능했다. 모든 도면은 손으로, 색연필과 지우개 그리고 마커 등을 사용해 청사진과 트레이싱지에 그렸다.

당시 일부 건축회사에서는 오토캐드Auto-Cad 비슷한 프로그램을 사용하기도 했는데, 이 프로그램을 가동하려면 꽤 큰 워크스테이션work-station이 필요했다. 워크스테이션을 설치하려면 조그마한 컴퓨터실 하나가 필요했으며, 가격은 당시 1억 원 이상 든다고 했다. 국토개발연구원에는 당시 개인 PC가 지급되고는 있었지만 대부분 AT급이나 286급이었다. 이런 PC의 하드디스크 용량은 1~2메가바이트밖에 되지 않아 오토캐드 같은 소프트웨어는 설치할 수가 없었다.

1990년 중반이 되면서 386급 컴퓨터가 등장했는데, 우리 설계팀의 누군가(아마도 민범식?)가 오토캐드를 사용하면 매우 편리한 데다가 똑같은 도면을 만들기 위한 반복 작업을 하지 않아도 된다고 말했다. 또, 일부를 수정하기도 쉬워 매우 유용하다고 주장했다. 나는 그때까지 청사진 위에 반복해서 그리는 일이 하도 지겨워서 한번 그 말을 믿어보기로 했다. 그리고 연구원에 386 컴퓨터를 신청해 받았는데, 기계의 크기가 요즈음 PC의 1.5배 정도 크고, 큰 용량의 파일을 돌릴 때에는 많은 열을 발생시켰다. 그래서 연구실 옆에 독립된 작은 공간을 마련해 386 컴퓨터를 설치하고, 배기통을 주문제작해 컴퓨터 팬과 연결시켰다.

당시 오토캐드를 사용하려면 특수한 도판 위에서 마우스를 찍어가며 도면을 그려야 했기에 항상 한 명만 그곳에서 작업을 할 수 있었다. 지금도 그렇지만 이런 새로운 일에는 가장 젊은 친구들이 쉽게 적응한다. 연구진 중에서는 임시직으로 일하는 직원이 스스로 배워가며 도면을 그리기 시작했다. 그리고 나 또한 한번 컴퓨터에 의존하니까 다시는 예전으로 돌아갈 수 없게 되었다. 컴퓨터가 편해서가 아니라 다시 손으로 그린다는 것은 문명을 거스르는 것 같았다. 초창기에는 오토캐드를 사용하면서 후회도 많이 했다. 아직 조작이 서툴러서 그랬는지 손으로 그리는 것보다 속도가 훨씬 느렸다. 손으로 한 시간이면 할 일을 컴퓨터로 하면 한나절 걸릴 때도 있었다. 다만 좋은 점은 도면의 질이 깨끗하다는 것이었다.

컴퓨터의 속도가 느리니까 화면에 오토캐드 도면을 띄우는 데 열 시간 이상이 걸릴 때도 있었다. 밤 11시쯤까지 일하고 도시 전체 아웃라인outline 도면을 화면에 올리려면 퇴근 전에 작동시키고 퇴근했다가 다음날 아침에 와서야 시작할 수 있었다.

나는 로터스나 쿼트로, 워드프로세서까지는 할 수 있었으나 오토캐드까지는 배울 수가 없었다. 줄 하나 긋기 위해 연구 책임자가 한 시간씩 매달릴 수는 없었기 때문이다. 그런데 이것이 내가 완전한(?) 설계가(초기 구상에서 최종 도면까지 그릴 수 있는)로서의 마지막 기회였다는 것을 당시에는 알지 못했다. 이후부터는 내가 트레이싱지에 색연필로 스케치해서 아래 직원들에게 주면 그들이 컴퓨터로 도면을 그려내는 원치 않은 분업을 할 수밖에 없었다.

## 보행몰과 복합역사

반월(안산시)과 평촌에 이어 분당에서도 보행자몰pedestrian mall을 시도했다. 반월의 경우 아케이드의 형태는 불완전하게 남아 있지만 공간의 질이나 상인들의 이용 행태를 볼 때 거의 실패했다고 볼 수밖에 없다. 평촌의 경우는 반월보다는 약간 나아져서 어느 정도 아케이드의 연속성이 살아나고 보행자전용도로로서의 활용이 활발하게 이루어지고 있지만, 역시 상점주들의 공간 활용을 보면 반월이나 평촌이나 별 차이가 없다. 그렇게 보면 분당의 경우도 평촌과 여건이 비슷해 비슷한 결과를 초래할 것이다. 문제는 평촌과 분당이 거의 같은 시기에 건설되었기에 평촌의 문제를 분당에서 수정할 기회가 없었다는 점이다. 반면에 다른 것이 있다면, 이용자들과 상점주들이

그림 10-1. 서현역 쪽 보행몰_ (저자 촬영).

그림 10-2. 분당구청 방향_ (저자 촬영).

평촌과는 조금 다를 것이라는 점이다. 이용자와 상점주의 수준이 높아질수록 보행몰의 성공 가능성도 높아지게 된다.

분당의 보행몰도 평촌과 마찬가지로 중간에 광장과 분당구청이 자리 잡고 있어서, 서현역과 수내역을 중심으로 두 개로 나누어졌다. 또한 각 구간도 전철역사가 한가운데 위치하고 있어서 다시 좌우로 분리되었다. 역사 부지로는 지상부에 서현역 5784m², 수내역 6000m²가 마련되었으나 이 면적은 역사계획 과정에서 크게 확대되었다. 문제는 역사 부지의 지하 한가운데로 전철역사와 플랫폼이 지나간다는 점이었다. 우리는 이 역사 부지 상부에 분당의 상징적인

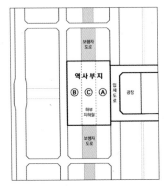

그림 10-3. 서현역사 부지_ (저자 제작).

복합건물을 세우고자 했다. 그렇지만 역사 부지 자체는 공공시설용지로 분류되어 지상부를 다른 용도로 사용할 수가 없었다. 그렇게 되니까 복합건물을 지을 땅이 둘로 나눠질 수밖에 없었다.

이 문제를 해결하기 위해 평촌역의 경험을 살려 보행도로 상부(지하철이 지나가는 곳)를 건물로 연결하는 방안을 생각해 냈다. 결국 역사 부지는 〈그림 10-3〉과 같이 지상부에서 세 토막이 났다. 그중 Ⓐ와 Ⓑ는 일반에 매각하고, Ⓒ는 지하철 역사로 공공이 소유하게 되었다. 각각의 폭은 30m 가까이 되는데, 30m 폭만 갖고서는 백화점이 입점할 수가 없었다. 따라서 입체도로와 접하는 부분(Ⓐ)과 뒤편(Ⓑ)을 묶어서 지하철 상부(Ⓒ)의 공중으로 연결시키면 충분한 매장(Ⓐ+Ⓑ)을 확보할 수 있으리라 판단했다. 이 땅(Ⓐ+Ⓑ)은 삼성물산에서 매입했는데, 입지의 잠재력을 충분히 인식하고 있었던 같았다. 문제는 지하철 부분(Ⓒ)을 얼마만큼 덮을 수 있는가 하는 점이다. 우리는 단순히 Ⓐ와 Ⓑ를 연결하는 브리지bridge만 허용할 수 있다고

했다. 그리고 브리지가 공공의 토지 위로 지나가는 만큼, 삼성은 공중사용권을 지불해야 한다고 했다. 삼성 측에서는 Ⓐ, Ⓑ, Ⓒ 면적 모두를 합쳐야 경제성 있는 매장 면적이 나온다고 집요하게 우리를 압박했다.

나는 그렇게 할 경우 지상에서 보행자도로가 단절될 수밖에 없어 안 된다고 끝까지 그들의 의도를 막아섰다. 그뿐만 아니라 보행자들이 지하철을 이용하기 위해서는 Ⓒ에서 에스컬레이터로 지하 플랫폼까지 내려가야 하는데, 백화점 안으로 들어와야만 이용할 수 있게 되어서는 곤란하다고 했다. 백화점이 문을 잠그는 시간도 문제였다. 삼성 측의 주장은 보행자도로 부분을 완전히 외기外氣에 개방할 경우 매장의 냉난방이 불가능하게 되어 1층뿐만 아니라 전 층이 외기와 범죄에 무방비하게 될 수밖에 없다고 끝까지 고집했다.

하지만 그들의 주장도 일리는 있었기 때문에 결국 우리는 타협점을 찾기로 했다. 우리의 타협점은 다음과 같다. 첫째로 1층은 입구에 출입문을 달되 지하철 이용객에게 24시간 개방토록 하고, 둘째로 2층 이상에서는 필요한 개수 만큼의 브리지를 설치하되 브리지의 폭을 제한해 매장으로 사용할 수 없게 했다. 셋째로 브리지의 총면적을 제한했다.

그렇게 합의를 보았지만 실제로 어떻게 만들어지고 어떻게 운영되는지는 정확히 알 수 없었다. 몇 년 지난 뒤 그곳을 다시 찾아가 보았을 때는 지상부 통로가 개방되어 있는 것 같았고, 브리지는 그 폭이 넓어져 매장으로 쓰이고 있었던 것으로 기억한다.


## 초고층 아파트 등장

주택 200만 호 건설을 계기로 생겨난 우리 주거 문화의 큰 변화 중 하나는 초고층 아파트와 주상복합건물의 등장이다. 사실 아파트라는 형식의 주거 건물이 등장한 것은 아주 오래전 일이고, 보편화되기 시작한 것도 1970년대 초 한강맨션이 세워지면서부터다. 마찬가지로 주상복합건물도 상가아파트란 명칭으로 오래전부터 등장했었지만 주거 환경이 좋지 않아서 보편화되지는 못했다. 1970년대 중반에 강남이 개발되면서부터 저층과 고층이 혼재되어 개발되던 것이 1970년대 말에 와서는 고층이 주류를 이루었다. 그때까지만 해도 기둥과 보beam가 있는 구조를 사용했기 때문에 고층화하는 것이

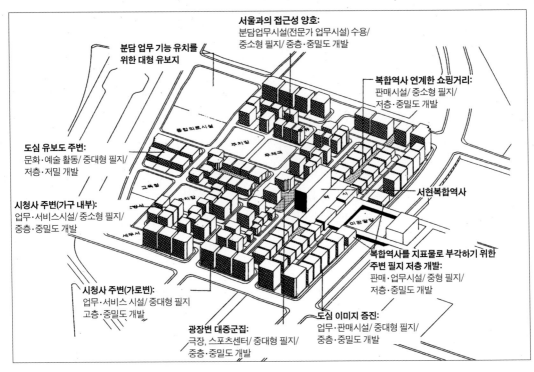

서울과의 접근성 양호:
분담업무시설(전문가 업무시설) 수용/
중소형 필지/ 중층·중밀도 개발

분담 업무 기능 유치를
위한 대형 유보지

복합역사 연계한 쇼핑거리:
판매시설/ 중소형 필지/
저층·중밀도 개발

도심 유보도 주변:
문화·예술 활동/ 중대형 필지/
저층·저밀 개발

서현복합역사

시청사 주변(가구 내부):
업무·서비스시설/ 중소형 필지/
중층·중밀도 개발

복합역사를 지표물로 부각하기 위한
주변 필지 저층 개발:
판매·업무시설/ 중형 필지/
저층·중밀도 개발

시청사 주변(가로변):
업무·서비스 시설/ 중대형 필지
고층·중밀도 개발

도심 이미지 증진:
업무·판매시설/ 중대형 필지/
중층·중밀도 개발

광장변 대중군집:
극장, 스포츠센터/ 중대형 필지/
중층·중밀도 개발

**그림 10-4. 서현역사 개발 모식도_**(성남시, 1992).

꼭 경제성이 높은 것도 아니었고, 또한 거주자들도 얼마 전까지는 저층 단
독주택에 살던 사람들이었기에 문화적 이유로 고층 거주를 꺼리기도 했다.
반월의 사례에서 보았듯이 엘리베이터를 설치하는 것이 공사비도 많이 들
고 유지비도 많이 든다면서 고층을 기피하는 경우도 많았다. 1980년대 중
반까지 고층이란 13~15층이었다. 그것은 그 이상 건물이 높아지게 되면 옥
상 물탱크에 의한 수압이 아래층에 많이 걸리기 때문에 더 높일 수가 없다
는 뜻이었다. 물론 이러한 제약들도 1980년대 말에 와서는 기술 발전으로
대부분 해소되었다. 대한주택공사는 상계동을 개발하면서 조심스럽게 20
층짜리 초고층 개발을 시도했다. 초고층 아파트에 대한 시도는 이후 급속도
로 번져나갔다. 그러나 이러한 초고층화가 도시의 스카이라인을 지나치게
위압할 것으로 우려해, 분당에서는 이를 제한적으로만 허용하기로 했다. 초
고층 아파트가 처음 등장할 때 건설업체들이 초고층 아파트가 단위면적당
공사 비용이 더 든다고 주장해 정부는 분양가를 높여주었고, 업체들은 너
도나도 초고층 아파트 건설에 매달렸다. 어쩌면 정부의 입장에서는 초고층
아파트를 선호한 것이 아닌가 싶다. 초고층 아파트는 고밀화를 의미하는데,
늘 그래왔듯이 정부는 땅 공급은 어렵고 하니 주택을 고밀도로 지어 주택

그림 10-5. 전면부(시범단지에서 본 서현역 복합역사)_ (삼성물산의 건축 승인을 위한 협의 자료).

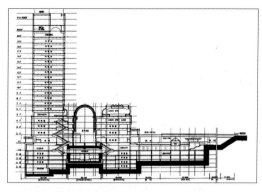

그림 10-6. 복합역사 단면도_ 둥근 돔이 있는 부분이 철도가 지나가는 공공 영역이고, 필지는 좌우로 나뉘어 있다. (삼성물산의 건축 승인을 위한 협의 자료).

가격 문제나 부족 문제를 완화시키려 한 것이다. 주민들은 건물이 올라갈수록 전망도 좋아지고 지상에 녹지 공간도 많아져서 반대하지 않았다. 물론 건설업체들은 고밀도로 지을 수 있어서 수익성이 좋아졌다. 초고층 아파트의 등장은 어쩌면 정부와 건설업체, 그리고 주민들의 이해관계가 맞아떨어져서 생겨난 특이한 현상이라고 할 수 있다.


## 아파트의 높이와 길이 규제

판상형—字型 아파트는 단위주거가 2호 이상 일렬로 연결된다. 1970~1980년대 유행했던 복도식 아파트 경우, 때로는 10호 이상 길게 세워진 경우도 있다. 문제는 길이가 아니라 이런 긴 아파트가 높이 올라갈 경우 어마어마한 장벽 같은 느낌을 가져다준다는 것이다. 대표적인 것이 대치동 은마아파트다. 은마아파트는 가장 긴 경우 15호가 연립되어서 길이만 해도 128m에 달한다. 높이는 14층이라서 요즈음의 일반적인 아파트 기준으로는 낮은 편이지만, 전면이나 후면에서 보았을 때 그 면적이 5000m²를 넘는다. 그러다 보니 지나치게 위압감을 주어, 소위 인간척도를 한참 벗어난 크기라고 볼 수 있다. 그래서 신도시에서는 건물의 높이나 길이 중 하나를 제한해야 했다. 그러나 초고층이 점차 대세로 등장하고 있는 상황이어서 높이를 규제하기는 어려웠고, 대신 건물 길이를 규제하기로 했다. 그래서 만들어낸 것이 높이와 길이의 상관관계식이다. 즉, 아파트 높이가 높을수록 길이는 짧게 해야 한다는 것이다. 특히 16층 이상 초고층의 경우는 2호만 수평 연립이 가능하도록 개발계획에서부터 제한했다. 또한 이것을 도시설계에서는 좀 더 구체적으로 할 필요가 있어서 초고층의 경우 2호까지만 연립하고, 길이도 40m를 넘지 못하도록 했다. 그렇게 하자 시범단지에서 이의가 들어왔다. 시범단지의 경우 전형적인 중류층·상류층을 위한 단지인데, 2호만 연립하더라도 길이가 40m를 넘는다는 것이었다. 그래서 하는 수 없이 2호 연립은 그대로 두고 길이를 10% 이내에서 40m를 넘을 수 있도록 했다. 즉, 44m까지 허용한다는 말이다. 고층 아파트(11~15층)에 대해서는 건물의 길이를 60m까지로 허용했고, 중층이나 저층은 80m까지 허용했다. 분당에서는 이 원칙이 수년간 지속해서 지켜졌다. 이러한 높이-길이 제한 방식은 분당에서 처음 시행한 것인데, 이후 많은 신도시들에서 비슷한 방법들을 채택했다.

## 고속도로변 주상복합건물의 등장

경부고속도로변은 북쪽에 있는 서울비행장 활주로 방향과 일직선상에 놓여 있어서 항공기 운항 시 소음 피해를 볼 수 있으며, 또 항공기 이착륙 때문에 건물의 고도 제한을 받는 지역이다. 따라서 우리는 택지개발계획 수립 시 폭 약 300m, 길이 2.5km인 이 지역을 업무 및 연구소 지역으로 지정하고, 건물의 높이도 10층 이하의 건물이 지어질 것이라고 기대했다. 그렇다고 이 많은 토지에 모두 업무나 연구 기능이 입지할 것으로는 보이지 않았기에 블록 내부 필지 일부에는 근린상업용지와 주상복합건물용지도 함께 지정했다. 그런데 주상복합용지가 1990년 말까지도 분양이 되지 않았다. 그 당시는 주상복합 개발이 별로 인기가 없던 때이기도 하다. 그래서 하는 수 없이 1992년 도시설계를 마칠 무렵에 하단부 주상복합용지를 근린상업용지 및 아파트용지로 변경했다. 여기까지가 내가 계획 변경에 관여한 마지막 시기였다고 할 수 있다. 그때까지만 해도 고속도로에 가까운 부분은 업무용지로 남아 있었다. 그러나 이 업무용지 또한 6~7년이 지나도

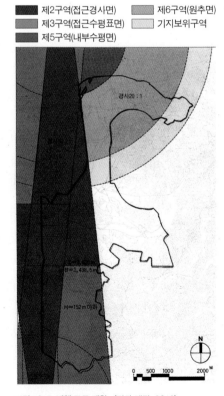

제2구역(접근경사면)  제6구역(원추면)
제3구역(접근수평표면)  기지보위구역
제5구역(내부수평면)

경사20 : 1

H=2,438,6m

H=152m 이하

N

0 500 1000 2000 M

그림 10-7. 비행 고도 제한_ (저자 제작, 2019).

분양되지 않았다. 그 주요 원인은 이 땅을 상가용지와 유사하게 지나치게 비싼 값에 내놓았기 때문이다. 한국토지개발공사는 이미 주거용지를 다 분양하고 영업 수지를 맞춘 뒤라서 값을 내리면서까지 팔 생각이 없었다. 담당자들의 말을 빌리면, 당장 빚을 많이 져서 파산할 지경이 아니라면 땅을 갖고 기다려서 손해 볼 것은 없다는 주장이었다. 땅값은 언젠가는 올라서 이자 비용까지 다 만회하고 남는다는 속셈이었다. 1990년대 말쯤 토개공이 업무용지를 모두 주상복합 용도로 변경해 분양했다는 말이 내게 들려왔다. 그러나 그때는 이미 내가 분당에서 손을 뗀 지 여러 해가 지나서 관여할 상황이 아니었다.

## 쇼핑몰 현상과 파크뷰 아파트 단지

개발계획을 짤 때부터 나는 중심상업지역과 연구단지가 만나는 중간 지점에 면적 3만 5000평 정도의 쇼핑단지를 구상했다. 처음 계획할 때의 생각은 이곳에 우리나라 최초의 서구식 대규모 쇼핑센터를 만드는 것이었다. 이러한 구상은 내가 영국의 밀턴킨스를 갔을 때 본 쇼핑센터에서 아이디어를 얻은 것이다. 우리나라에서 한 번도 개발해 본 일 없는 종합 쇼핑몰을 건설한다면 강남의 고소득층도 구미가 당길 것이라 생각했다. 거기에 쇼핑몰, 백화점, 할인점, 오피스, 문화예술관, 엔터테인먼트 회사 등을 수용하는 것이다. 나는 토개공을 설득해서 이 땅에 대해 건축설계 경기를 개최토록 했다. 설계 경기를 고집한 것은 그래야만 좋은 안을 갖게 될 것이고, 나중에 토개공이 마음대로 바꾸지 못할 것이라는 계산에서였다.

큰 규모의 사업이어서 많은 건축가들이

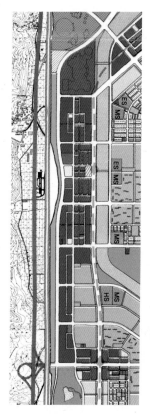

그림 10-8. 초기안(1990)_ (한국토지개발공사, 1992).

그림 10-9. 수정안(1992)_ (한국토지개발공사, 1992).

참여했다. 심사위원회는 그중에서 1등을 가려내지 못하고 삼우+건원건축 안과 한울건축(대표이성관) 안을 공동 당선작으로 선택했다. 건원과 한울은 전에 용산전쟁기념관 설계도 함께한 경험이 있어서 쇼핑몰 계획안 진행도 함께했다. 이 땅에 대한 분양 공고가 나왔을 때 마침 포스코건설에서 이것을 덥석 물었다. 나는 이 땅을 서구식 쇼핑센터로 만들기 위해 용적률을 처음부터 매우 낮춰두었다. 주로 4층 이내의 쇼핑몰을 중심으로 양옆에 6층 정도의 백화점과 할인점, 문화시설, 그리고 25층 정도의 오피스와 주상복합 아파트, 대규모 공연장 등을 수용하는 것으로 하고 최대 용적률은 용도에 따라 200~400%로 제한했다. 그 후 용지 계약을 마친 포스코건설은 이제 사업성을 따지기 시작했다. 그런데 땅값이 가장 비싼 상업용지 가격이어서 용적률 200~400%로는 도저히 경제성이 없다는 것을 그들은 계약 후에야 알았다. 중심상업용지라 하더라도 용적률 제한이 이토록 걸려 있는 경우에는 용적률에 맞추어 분양가를 상정해야 합리적이다. 그러나 토개공의 분양팀은 한 번 정한 분양가는 바꿀 수 없다고 고집했다. 결국 포스코건설은 계약금(내 기억에는 약 250억 원 정도)을 고스란히 떼이고 계약을 취소했다. 들리는 이야기로는 담당 상무가 이 일 때문에 회사를 사직했다고 한다.

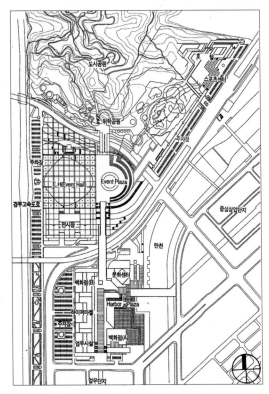

그림 10-10. (주)삼우+건원의 제출안_ (현상안 제출 설명서, 1991).

그림 10-11. 한울건축 제출안_ (현상안 제출 설명서, 1991).

이렇게 개발이 취소된 땅을 가격을 내리지 않는 한 사겠다고 나서는 업체는 없었다. 또한 토개공은 이 땅의 용도를 바꾸기를 원했다. 1990년대 말경 학교 교수실에 있는 내게 토개공 직원이 찾아왔다. 이 쇼핑단지 부지를 용도 변경하고자 하니, 변경 업무를 맡아달라는 것이었다. 그래서 나는 고속도로변 업무용지는 내게 상의도 없이 당신들이 마음대로 변경해서 초고층 주상복합 아파트를 지었는데, 이제 와서 이 땅의 용도 변경은 왜 내게 부탁하느냐고 답했다. 토개공에서 자신들이 이 땅의 용도를 변경하려고 했지만 땅의 설계권이 현상 설계 당선자인 건원과 한울에 있던 관계로 함부로 할 수 없었고, 내가 도시설계를 만든 책임자니까 내가 용도를 바꾼다면 건축가들을 쉽게 설득시킬 수 있겠다고 생각한 것이다.

나는 순간 내게 잘 걸려들었다고 생각했다. 아주 단순한 필지 용도 변경이었지만 토개공은 내게 용역비로 3000만 원(내 기억에는 그렇다)을 제시했다. 아니, 필요하다면 더 줄 용의가 있는 것처럼 보였다. 나는 그들에게 딱 잘라 말했다. 내가 내 손으로 만든 계획을 당신들이 지나치게 욕심을 부려 분양 못한 것을 책임지고 변경할 수는 없다고 했다. 쇼핑몰은 내 계획에서 아주 중요한 부분인데 왜 그것을 바꾸려고 하느냐고 하면서, 나는 오히려 그들을 나무랐다. 그들은 내가 부탁을 전혀 듣지 않으려는 것을 알고서 물러났다. 그리고 서울대학교 환경대학교 최막중 교수(작고)에게로 가서 부탁을 했다. 그러자 설계자한테 부탁하지 않은 것을 이상하게 생각한 최 교수가 내게 전화를 했다. 자기가 이 프로젝트를 맡아도 되느냐는 것이었다. 나는 나의 주장을 그대로 이야기해 주고, 나는 상관없으니 하고 싶으면 하라고 말했다. 결국 최 교수도 꺼림직했는지 용역을 맡지 않겠다고 했다. 그래서 이용역은 같은 대학원의 모 교수에게로 갔고, 그는 용역비를 두 배 이상 주는 조건으로 승낙했다. 이것이 쇼핑몰이 사라지게 된 연유다.

이 땅은 결국 주상복합용지로 변경되어 H1이라는 시행사의 손에 넘어갔고, 파크뷰Park View라는 이름의 단지로 SK가 시공했다. 그런데 그 시행사가 당시 정권과 관련이 있다는 설이 파다하게 돌았다. 아마도 회사 이름이 특정인을 암시하는 것 같아서 그런지 모르겠다. 몇 년 후 월간 ≪신동아≫에 용역을 담당했던 교수에 대한 기사가 났었는데, 그 교수가 이 아파트 한 채를 갖고 있다는 내용이었다.


## 마을 명칭 부여

내가 우리나라 아파트 단지를 대하면서 늘 마음이 편치 않았던 부분은 아파트마다 건설회사 이름을 대문짝만큼 크게 측벽에 새겨놓는 것이었다. 건설회사 입장에서는 자신들의 회사에 대한 광고가 이것만큼 효과적인 것이 없으리라. 그런데 주민들도 마찬가지로 이러한 것을 당연한 것으로 생각하는 것 같다.

다시 말해서, 자기들이 정당한 비용을 지불하고 산 소유물이 왜 건설업체 광고판으로 사용되는지에 대해 불만을 갖지 않는 것 같다. 유명 업체가 지은 건물에 사는 사람들은 마치 자기들이 명품이라도 소유하고 있는 것처럼 생각하고, 중소 업체가 지은 집에 사는 사람들은 돈이 없어 그런 집에서 사니 운명으로 받아들이는 것 같다. 이들도 재건축이나 리모델링의 기회만 오면 유명 업체에 의뢰해 기존의 로고를 바꾸려고 한다. 아파트의 가격이 건물의 질이나 주거 환경에 따라 정해지는 것이 아니라 어느 회사가 지었느냐에 따라 좌우되니 그럴 만도 하다. 이러한 경향이 아파트의 격차와 투기를 조장하는 데 일조할 것이다.

나는 아파트 단지가 건설사 이름보다는 건물의 질과 환경의 질에 의해 평가받아야 한다고 생각한다. 그래서 분당에서만큼은 이러한 관행을 바꾸고 싶었다. 이를 위해 생각해 낸 것이 업체 로고 대신 마을 이름을 붙이는 것이었다. 당시는 분당 전체가 분당동으로 되어 있어서 동명洞名만으로는 차별화가 되지 않고 있었으니 좀 더 작은 단위인 3~4개 아파트 단지의 집단화가 필요했다.

주로 간선도로에 의해 나눠진 3~4개의 큰 블록에 대해 하나의 명칭을 붙이고, 그 블록의 아파트 주동들을 누가 건설했건 관계없이 통틀어 동 번호를 붙인다면 건설회사에 따른 프리미엄은 사라질 것으로 생각했다. 이 아이디어는 토개공이나 건설부가 동의해서 실현되었다. 그렇게 해서 마을 이름을 공모했고, 샛별마을, 효자촌, 파크타운, 푸른마을, 한솔마을, 상록마을, 청솔마을, 까치마을, 하얀마을, 무지개마을 등이 선정되어 사용되었다.

문제는 마을 이름을 만들어내는 데 한계가 있다 보니 몇 개의 이름으로 도시 전체를 수용해야 하는 어려움이 생겼다. 그렇게 각 마을이 수용하는 범위가 너무 커져버렸다. 원래 간선도로에 의해 나뉘는 블록은 다른 이름을 붙여야 한다는 원칙이 무너진 것이다. 또 다른 문제는 아직도 주민들이 건설회사 명칭으로 불리는 것에 대한 미련을 버리지 못하고 있다는 것이었다. 그래서 하는 수 없이 한 건설업체가 지은 단지의 주동 하나에만 건설회사 로고나 명칭을 넣을 수 있게 했다. 다만 건물 높은 곳에는 넣지 못하고, 아래쪽에 넣도록 했다.

마을별로 주동 번호를 통일해서 쓰다 보니, 어떤 아파트 단지는 400~500번 대부터 시작하기도 했다. 그리고 '××마을-(○○아파트)-434동 1234호' 같은 기다란 주소가 생겨났다. 분당에서 처음으로 마을 이름을 붙이기 시작한 이후 만들어지는 대부분의 신도시가 마을 명칭 쓰기를 따라하고 있다.

## 마을별·단지별 색채 조정

마을 이름이 정해지고 나니 마을마다 차별화가 필요했다. 그래서 생각해 낸 것이 건물의 색채로 구별하는 것이었다. 아파트의 외벽 색채는 오랫동안 건설업체에 전적으로 맡겨왔다. 그래서 대림은 갈색 계통, 현대산업은 흰색 계통 등 회사마다 고유의 색깔 조합을 이뤄온 것이다. 그런데 이러한 색깔은 사람들에게 너무 익숙하게 인식되어 건물 외부에 건설회사명을 쓰지 않더라도 사람들이 어느 회사가 시공했는지 짐작할 수 있다.

이 문제를 해결하기 위해 건설회사가 자사의 색깔을 쓰지 못하게 하고, 대신 마을 단위로 정해진 색깔의 범위 안에서 정하도록 했다. 마을별 기본 색조는 밝은 회색조에 노랑, 연두, 파랑, 하양, 초록 등 유채색을 가미해 구별토록 했다. 그러나 이것만으로는 모든 마을을 다르게 할 수는 없어서 인접 마을(대개 3~4개 마을)과 다르게 정해주었다. 또한 색깔을 마을 이름과 연관 지을 수 있게 했는데, 푸른마을은 푸른색, 하얀마을은 하얀색 등이 그 예라고 할 수 있다. 이렇게 정해준 색조 바탕에 각 아파트마다 약간의 변화를 주어 각 단지의 특색을 나타낼 수 있게 했다.

결과적으로 보니 몇몇 단지는 예상과 달리 좀 이상한 느낌이 들기도 했는데, 연둣빛이나 푸른빛은 아파트 외관의 주색으로는 적합하지 않다는 것을 알게 되었다. 역시 차가운 색깔은 주택 외벽에 어울리지 않는 것 같다.

## 하우징 페어

분당신도시 600만 평을 계획하면서 내심 기대했던 것은 신도시를 통해 주거 형식이나 양식에 일대 혁신을 가져오는 것이었다. 즉, 강남 개발로부터 탈피해 주거 문화의 새로운 방향을 제시하고 싶었다. 그런 의미에서 시범단지 현상 설계는 좋은 기회였다. 그러나 그나마 조금이라도 신선한 아이디어라고 생각했던 우성건설(김병현) 안이 3등으로 밀려나고 현대산업개발 안이

1등을 하자 나의 기대는 무너졌다. 물론 시간이 너무나 촉박한 탓도 있었지만, 턴키turn-key라는 공모 방식도 어쩔 수 없는 한계라고 생각된다. 그래서 생각해 낸 것이 하우징 페어housing fair였다. 즉, 우리나라를 대표하는 건축가들을 모아서 그들에게 자유롭게 설계할 수 있는 기회를 주자는 것이었다. 건축가들은 대부분의 경우 건축주의 요구를 전제로 설계를 하므로 자기들의 이상을 맘껏 펼칠 수 없다. 하우징 페어에서는 건축주 없는 주택 설계를 하게 하고, 이 설계대로 집을 지을 업체가 수의계약으로 분양받게 하자는 것이었다. 그리고 이 아이디어를 토개공 관계관들이 찬성해 주었다. 아래의 글은 하우징 페어를 주최하면서 발행한 「1994 한국의 주거 문화」라는 팸플릿에 내가 게시한 글의 일부이다.

…… 분당신도시 개발의 의의와 기념성을 살리고, 후세에 부끄럽지 않은 문화유산으로 물려줄 수 있도록 하기 위하여, 도시 환경의 질을 높이려는 일련의 계획들이 추진되었다. 이들 계획은 신도시의 설계자인 국토개발연구원이 제안하였고, 도시개발사업의 주체인 한국토지개발공사가 적극 수용함으로써 실현하게 되었다. 첫 번째 계획은 시범단지 현상 설계이었는데, 주택전람회는 시범단지 현상 설계에 이어 주거에 관한 두 번째의 큰 행사라 할 수 있다. 사실 시범단지의 경우에는 내건 슬로건이나 세인의 관심에 비해 큰 성과를 거두었다고는 볼 수 없다. 그것은 인구 밀도, 공사비와 분양가, 계획과 건설 기간, 작품의 선정 방법 등에 있어 이미 제약된 여건하에서 어쩌면 예약된 결과였을지도 모른다. '새로운 주거 문화의 창조'라는 계획의 주제는 현실과의 타협으로 초고층 건물만 양산한 채 별 의미 없이 끝나버렸으며, 이제는 주택전람회만이 이 주제를 실현시키는 과제를 떠맡게 된 셈이다. …… 지난 30년간 경제지상주의와 함께 만연된 배금 사조 속 주택이 부 축적의 도구가 되어버린 상태에서, 급격한 도시화, 인구의 대도시 집중의 결과로 도입된 현재의 공동주택의 모습은 어쩌면 시대적 산물로서 치부해 버릴 수도 있을 것이다. 그러나 다가올 시대는 변화를 예고하고 있다. …… 이러한 여건 변화에 대응한 우리의 주택의 모습은 어떻게 바뀌어져 나가야 하는가? 이러한 질문에 대한 해답을 구하기 위해 시작된 주택전람회는 우리 주거 문화의 급격한 변화 속에서, 현시대의 과도기적 양상을 탈피하고 2000년대에 바람직한 주거 문화를 정착시키기 위한 시도로서 타의 모범이 될 수 있는 우리 주택의 이상형을 제시함을 목적으로 하고 있다. 이는 가치관의 변화와 더불어 전통적 주거 문화가 상

실되면서 대체되어 온 획일적이고 몰개성한 공동주택 중심의 주거 환경으로
부터의 탈출과, 새로운 시대에 다양하고 풍족한 삶을 추구할 수 있는 새로운
주거 문화의 비전을 제시함을 의미한다.

주택전람회가 갖는 또 하나의 중요한 의미는 이러한 행사가 공공 부문과
민간 부문, 도시계획가와 건축가, 그리고 도시개발 주체가 함께 만들어내는
첫 번째 작품이라는 점이다. 그간 수많은 신도시와 신시가지가 개발되어 왔으
나 여태껏 한 번도 계획가와 건축가, 개발자 간에 진정한 의미의 커뮤니케이션
이 이루어진 적은 없다. 건축과 도시계획이 분리되고 전문화된 이래, 계획가
는 건축가의 좁은 시야를 탓하고, 건축가는 계획가의 몰이해를 비난해 왔으
며, 개발자는 그들대로 단기적인 이익에만 집착해 온 것이 현실이었다. 그 결
과는 우리의 비개성적이며 무질서한 도시 환경에 참담하게 반영되어 있다. 도
시계획은 건축의 창작 의지와 개성을 존중하며, 건축은 공동의 선을 기본적
가치로 받아들여야 한다. 또한 개발에 의한 경제적 이익은 환경 창조에 발전
적으로 기여할 때만이 정당화 될 수 있다. 더 나은 환경, 새로운 도시 창조는
결국 참여하는 모두의 책임이며, 각기 다른 영역으로부터 어떻게 협조하고 이
해의 상충에 있어 어떻게 조화를 이루는가에 성패가 달려 있기 때문이다.


주택전람회의 추진은 건축가 선정에서부터 시작되었다. 건축가 선정에는
여러 가지 방법이 있겠으나, 이 행사가 공공기관이 주최하는 것인 만큼 선
정의 객관성을 기하기 위해 선정위원을 우선 선임하고 그들에 의해 추천이
진행되도록 했다. 선정위원은 100명 내외로 구성하되 건축 3단체 임원, 건
축잡지사 편집장이 추천하는 건축비평가(각 3~4인), 서울 소재 대학 건축학
과 교수(각 대학 1인), 청년건축인협회 및 여성건축가협회, 일반 건축사(40세 이
상 무작위 추출)들로 구성했다. 이들에게 설문지를 돌려서 현시점의 우리나라
대표 건축가 15인을 선정케 했고, 그밖에 원로 건축가, 청년 건축가, 주택 전
문 건축가, 여성 건축가 몫으로 각각 3~4인씩 선정되도록 한 후에는 중복되
는 사람들을 빼고 5인을 선정해 총 20인의 건축가가 선정되었다. 그리고 원
정수와 지순 부부가 단일안을 작성하겠다는 양보에 따라 한 사람이 추가로
선임되어 총 21인의 참가자가 결정되었다.

건축가가 이념을 같이하는 동인 그룹이거나 같은 연령 계층도 아닌 다양
한 그룹으로부터 인기투표와 같은 형식에 의해 선정된 만큼, 계획상의 이념
이나 공통된 양식과 표현 기법은 처음부터 깊게 논의되지 않았다. 그보다

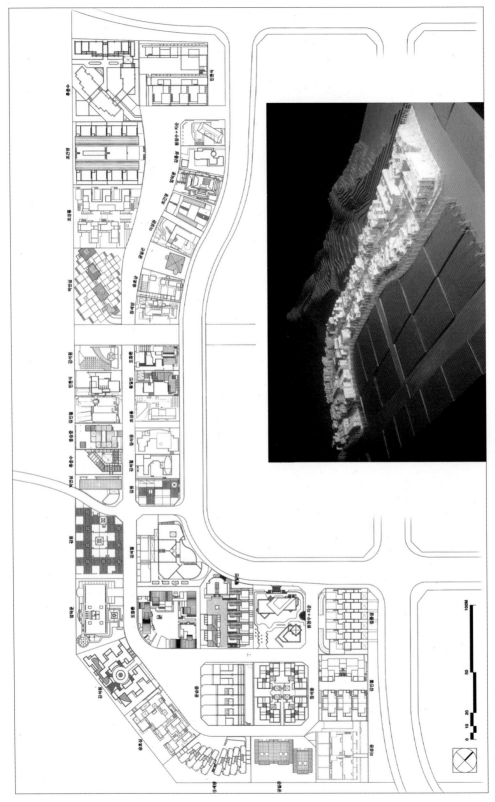

그림 10-12. 분당 하우징 페어 마스터플랜_ (왼쪽) 도면 그림. (오른쪽) 하우징 페어 단지 모형. (분당 하우징 페어 홍보물, 1994).

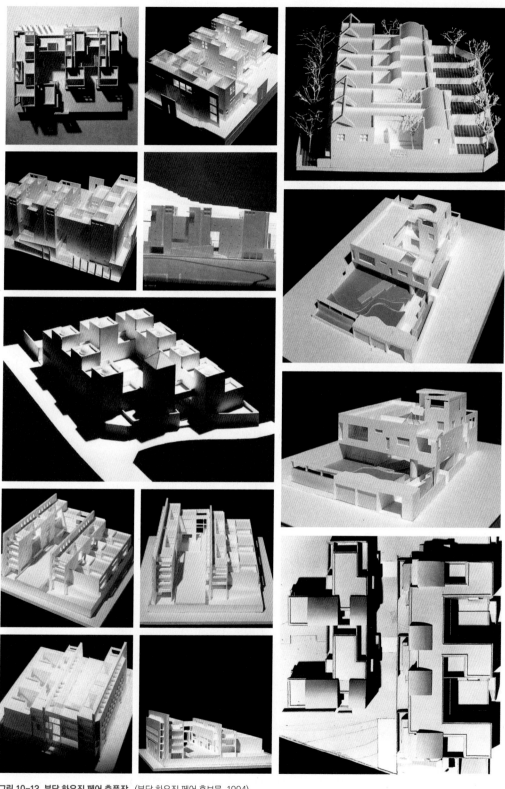

**그림 10-13. 분당 하우징 페어 출품작_** (분당 하우징 페어 홍보물, 1994).

는 각자가 생각하는 가까운 미래를 위한 바람직한 주택의 가능성과 표현의 다양성이 요구되었다. 주택전람회의 성격은 건축가들이 실제 상황에서 항시 부담으로 느껴온 비건축적 제약의 굴레를 최소화하고, 창작 의지에 따라 이상적으로, 또한 자유롭게 설계함으로써 미래의 비전을 제시하는 실험적 의미를 갖고 있으므로 처음부터 특정 건축주에 의한 상황 설정은 배제하는 대신 미래의 보편적인 중산층을 수요 계층으로 가정했다. 물론 미래를 지향한다고 해서 공상적이거나 실사회와 거리가 먼 눈요기용 작품의 전시를 말하는 것은 아니다. 어디까지나 계획대로 지어지는 것을 전제로 했고, 또 주택 시장에서의 공개적인 분양을 조건으로 했다.

주택전람회의 대상 토지는 개발계획상 연립주택 부지로 지정되어 있는 일단의 토지 중 비교적 환경 여건이 양호한 중심부의 동남쪽 끝부분(불곡산 쪽)의 연립주택 블록을 선정해 일반 분양을 유보한 후, 도시설계를 통해 특별사업구역으로 지정함으로서 확보했다. 마스터플랜의 작성에서는 필지의 분할과 배치가 가장 중요한 과제였는데, 단지 내부에 다양한 폭의 보차步車겸용도로를 만들고, 도보 양편으로 20여 개의 단독주택 그리고 같은 개수의 공동주택을 위해 필지를 분할·배치했다. 각 필지로의 접근은 한 단지로서의 동질성 확보를 위해 내부 도로로부터 이루어지도록 했다. 전시에 목적이 있는 만큼 건물의 용적률은 최대 90%로 제한했고, 담장은 가능한 한 설치하지 않도록 권장했으며, 인접하는 대지와의 경계선에서 상당 거리를 이격시키도록 했다. 그밖에는 별다른 조건 없이 일반적인 법규에 따라 건축가가 결정토록 했다.

이들 건축가들을 모아서 첫 회의를 가졌을 때, 이들은 모두 개선장군처럼 기세등등했다. 이들은 우리가 얼마나 어렵게 이 행사를 만들었는지에 대해서는 아랑곳하지 않았다. 어찌나 요구하는 것이 많던지, 건축가들과 토개공 사이에 끼어 있던 나는 이 일을 추진한 것을 얼마나 후회했는지 모른다. 다행히도 정해진 날짜에 비슷하게 맞추어 건축가들의 설계가 끝났다. 우리는 이 작품들을 모아서 전시도 하고, 일반인들에게 대대적으로 홍보를 하고자 했다. 그러나 일정을 잡지 못하고 차일피일하다가 행사를 벌일 시기를 놓치고 말았다.

문제가 된 것은 토개공 분양팀이 나하고의 약속을 어기고 나눠진 필지들을 묶어서 몇몇 건설업자에게 넘겨버렸고, 특히 연립주택 부지 20개를 (주)건영이 몽땅 가져가 버린 것이었다. 나하고의 약속이란 것은 40개의 모든 필지는 건설업체를 달리해야 한다는 조건이었다. 그렇게 해야 건설업체가 건물을 지을 때 자기들 마음대로 변경하거나 건축가에게 변경을 요구하지 못할 것이라 생각했기 때문이다. 게다가 건축가들은 오히려 자기들이 설계한 필지는 자기들이 개발할 수 있게 개발권을 넘겨달라고 나한테 요구했다. 하지만 분양 규정을 따라야 하는 토지개발공사 입장에서는 그러한 요구까지 받아들일 수는 없었을 것이다.

이렇게 되자 ㈜건영은 자신들이 보았을 때 분양성이나 경제성이 낮다고 판단되는 작품에 대해서 변경을 요구하기 시작했다. 여기서 건축가들의 분노가 폭발하고 말았다. 결국 몇몇 건축가들은 설계권을 포기하겠다고 엄포를 놓기도 했고, 몇몇은 변경 요구에 응해 요구를 들어주기도 했다. 결국 대부분의 설계는 공사 과정에서 변경되었다. 이러한 해프닝이 있은 후에 주택전람회 자체가 무산된 것은 어쩌면 당연한 일이다.


## 가로시설물

대부분의 큰일들이 마무리 되어가자 분당에 사인시스템sign system과 가로시설물street furniture 디자인을 해야 할 차례가 되었다. 우리는 분당만큼은 전문가들이 맡아서 제대로 된 것을 만들었으면 했다. 우리는 지난 4년간 그야말로 밤낮없이 일을 해와 지칠 대로 지쳐 있었다. 그래서 이 일 만큼은 조금 더 새로운 에너지를 가진 사람들에게 맡기고 싶었다. 그 당시에는 사인시스템과 가로시설물 디자인을 전문으로 하는 업체가 드물었다. 또, 자신들이 전문이라고 주장하는 업체가 있어도 실적을 보면 그들의 능력을 신뢰할 수가 없었다. 여기저기 업체들을 알아보던 중, 전에 KIST 부설 지역개발연구소에서 함께 일하다가 국토개발연구원과 통폐합 때 강홍빈 박사를 따라 서울대학교 환경계획연구소로 갔던 정양희와 이필수가 생각났다. 두 사람은 서인엔지니어링이라는 사무실을 개소해 일을 하고 있었는데, 이들에게 맡기면 어느 정도 기대하는 수준의 것을 만들 수 있을 것이라 생각되었다. 용역 금액은 약 3000만 원 정도였는데, 토개공이 수의계약을 할 수 없으니 국토개발연구원이 용역 주체가 되고 하도급을 주는 형식으로 하는 것이 어떠냐고 했다. 나는 연구원장께 말씀드리고 허락을 받아 일을 진행시켰다. 금액은 얼마 되지 않았지만 분당신도시에 자신들이 참여한다는 생각에 이들은 정말 열심히 일했다. 그리고 성과가 좋게 나오자 일산신도시 담당자들이 찾아왔다. 일산에서도 그들에게 용역을 주겠다고 했고, 나는 그들을 소개시켜 주었다. 그리고 나는 일산 가로시설물 디자인 일이 끝나기 전에 연구원에 1년간 안식년 신청을 하고 미국으로 떠났다.

내가 미국에 간 지 얼마 되지 않아서 원장이 바뀌었는데, 건설부 차관으로 있던 이건영 박사가 새 원장이 되었다는 것이다. 그런데 일산 가로시설물 디자인 일을 맡았던 정양희한테서 급한 국제 전화가 왔다. 연구원에서 원장 지시를 받고 행정실장과 도시연구실의 강태수 주임연구원이 와서 샅샅이 조사를 하고 갔다는 것이다. 이야기인즉슨 내가 그 일을 수의계약으로 서인엔지니어링에 주었는데, 감사원의 지적이 있자 어떤 흑막이 있었는지 혹은 일감을 주는 과정에서 금전 수수는 없었는지를 캐러 왔다는 것이다. 나는 순간 너무나 황당해서 분노하기까지 했다. 모든 것이 이전 원장의 승인과 내 책임 아래 이루어진 것인데, 당사자 이야기를 들어보지도 않고 뒷조사를 한다는 것이 섭섭하고 억울했다. 내가 해온 것은 도시를 잘되게 하기 위해서 밤낮으로 일한 것밖에 없는데, 어찌 한가한 사람들이 이렇듯 나를 의심하는가? 나는 정양희와 이필수를 잘 알지만, 이 일로 해서 점심 한 번 함께한 적이 없었다. 그러나 나는 미국에 있었고, 내게 와서 조사를 하는 것도 아니고 해서 내가 할 수 있는 일은 아무것도 없었다. 조사를 하러 온 사람들이 아무런 증거도 입수하지 못하고 돌아간 뒤, 그 일은 흐지부지 끝났다고 전해 들었다. 그러나 이 사건은 내게 상처를 안겨주었고, 국토개발연구원에 대한 미련을 버리도록 만들었다.


## 사업의 진행과 문제점

분당신도시의 개발은 처음부터 부드럽게 출발하지는 못했다. 첫째는 신도시와 언론과의 관계인데, 시작 이후 끝날 때까지 별로 좋은 관계를 유지하지 못했다. 주택 가격의 급등으로 예민해진 언론은 신도시 개발을 발표하기 두세 달 전부터 신도시에 대한 감을 잡고 추적해 나가던 중이었는데, 급작스럽게 정부의 전격적인 발표가 이루어지자 당혹스러울 수밖에 없었다. 발표가 있자마자 신도시 개발 결정의 졸속성과 밀실에서 모든 것이 결정되었다는 점이 언론의 표적이 되고 말았다. 그러나 신도시 개발을 미리부터 공개하거나 언론에 흘릴 수 없었던 것은 어쩌면 당연한 처사라고 할 수 있다. 당시에는 부동산 투기가 극성을 부렸고, 그 이전에도 한 번도 이러한 중대 사항이 공개적으로 결정된 적은 없었기에 밀실에서 결정했다 하더라도 조금도 이상할 것이 없었다. 다만 달라진 것은 사회 분위기가 노태우 정권에 이르러서 크게 민주화되었고, 언론도 훨씬 자유로워졌다는 점이다.

그러나 정작 큰 문제는 정부의 신도시 개발사업 추진 과정에서 노출되기 시작했다. 지나치게 짧은 기간 안에 목표를 달성하기 위해 무리하게 개발을 추진하던 정부는 이러한 졸속한 추진이 가져다줄 부정적 측면은 크게 고려하지도 예측하지도 못했다. 설혹 실무 담당자들이 일어날 문제들을 예측했다 하더라도 당시 청와대가 한 국민과의 약속을 바꿀 수는 없었을 것이다. 개발 과정에서 나타난 가장 큰 문제는 우리 건설산업계의 건설 능력으로서, 200만 호를 5년 안에 짓는 것이 무리였다는 사실이다. 그때까지만 해도 국내 건설산업계는 매년 28만 호(1986~1988년, 3년 평균) 정도의 건설 능력을 갖고 있었는데, 갑자기 연간 두 배 가까운 50만 호 이상을 건설해야 하니 무리가 생길 수밖에 없었다. 건설 자재 생산 능력을 불과 몇 달 안에 두 배로 늘리는 것은 매우 힘든 일이었으며, 더구나 숙달된 건설 인력의 확보란 거의 불가능한 일이었다. 그 결과 질 낮은 중국산 시멘트나 동남아시아 제품들이 수입되었고, 톱이나 망치만 들고 나오면 목수로 인정받았다. 이러한 상황에서 바닷모래 사용이 문제가 되었고, 급기야는 부실 공사로 인해 평촌 신도시에서는 발코니 붕괴 사건이 일어나기도 했다. 수차례에 걸쳐 안전 진단이 이루어졌지만 몇몇 건물에 대해서만 보수 내지는 재건축 명령이 내려졌을 뿐, 나머지는 적당히 넘어가 버렸다. 그러나 이러한 부실 공사에 대한 언론의 질타는 전체적인 신도시의 안전성이 의심받는 데까지 확대되었다. 숙련공 부족에 따른 임금 상승, 자재 부족으로 인한 가격 상승은 물가를 크게 자극해 사회적으로도 커다란 문제가 되었으며, 노동 시장과 부동산 시장의 거품을 생산해 냈다. 여기에 더해 정부가 부추긴 부동산 투기가 물가 상승에 한몫했음은 더 말할 나위가 없다.

입주가 시작되면서부터 제기된 문제는 초기 입주자들의 생활상 불편 문제였다. 정부는 주민 입주와 서비스 시설 입주에 대한 어떠한 대책도 제대로 마련하지 않은 채 아파트 입주만 앞당기려 했지, 정작 그 이전에 갖추어져야 했을 고속도로나 전철 같은 기반시설, 초등학교나 중학교, 소방서와 경찰서, 동사무소와 같은 공공시설, 그리고 주민들의 건강을 책임질 병원 등의 시설에 대해서는 확실한 개발 일정을 갖지 못했다. 그 결과 초기 입주자들은 큰 고생을 겪었으며, 신도시 개발에 대한 회의를 갖게 한 계기가 되었다. 물론 이러한 문제들은 외국의 다른 신도시에서도 흔히 볼 수 있는 일인데, 다만 우리의 경우에는 그 정도가 조금 더 심했다. 외국의 경우에는 초기 입주 주민들을 위한 기초적인 서비스 시설들은 미리 갖추어놓고 주민들을 입주시키며, 시설이 완전하지 못해 겪는 불편에 대해서는 주택 가격 인하 등과 같은 보상을 원칙으로 하고 있다.

자족도시 건설이라는 목표가 좌절된 것도 신도시를 불편한 도시가 되도록 한 큰 원인이 되었다. 원래 계획한 바에 의하면 분당신도시는 서울로부터 많은 고용시설을 유치하도록 되어 있었으나, 정부나 개발자인 한국토지개발공사의 전략 부재로 별로 성공하지 못했다. 이주하려는 기업에는 아무런 인센티브가 주어지지 않았으며, 토지 가격도 지나치게 높게 책정되어 기업들이 이주를 포기하게 되었다. 토지 매입 자금 출처 조사라던가 비업무용 토지 매입의 억제 등 당시의 부동산 정책이 기업 이주를 막는 또 다른 원인이었음은 두말할 나위가 없다. 고용 창출이 제대로 이루어지지 못한 상태에다가 초기 입주자의 대부분이 서울에 근거를 두고 주택 마련이나 투기 등의 목적으로 이주해 온 만큼 서울로의 교통이 문제가 된 것은 당연하다 하겠다. 더구나 고속도로와 전철의 건설이 늦어지자 출퇴근 시에는 서울과의 주요 교통로상에 병목 현상이 나타났고, 분당이 불편한 도시로 인식되는 결정적 계기가 되었다. 결과적으로 이러한 문제들은 신도시 개발이 계획 과정에서부터 졸속으로 이루어졌고, 개발 물량 관리가 철저하지 못했으며, 분양과 입주에 대한 전략이 부재한 데서 비롯된 것이라 할 수 있다. 그러나 그렇다고 해서 결코 신도시 자체에 본질적 문제가 있다고 단정해 버리는 오류를 범해서는 안 되겠다.

## 정책 결정자와 시행자

좋은 도시를 만드는 데는 좋은 주인을 만나는 것 이상으로 중요한 것이 없다. 물론 도시야 주민이 주인이지만, 계획을 만들고 개발하는 행위의 주인은 정부와 토개공이다. 5개 신도시 사업은 대통령 선거 공약인 주택 건설 200만 호의 실천 사업인 만큼 처음부터 청와대가 나서서 주도했던 사업이었다. 모든 입지 결정에서부터 주택 배분까지 청와대 기획단에서 결정했다. 노태우 정권 초대 경제수석인 박승 수석(후일 건설부 장관으로 부임)과 문희갑 수석 등이 지휘했고, 그 밑에서 홍철 박사(후일 국토연구원장 부임)와 한현규 사무관이 일했다. 1989년 초반까지는 청와대가 직접 보고를 받고 회의를 주관했는데, 국방부와 교육부 그리고 기획원 등 여러 부처가 협조해야만 하는 일이다 보니 그렇게 할 수밖에 없었다. 1989년 중반에 들어서 사업이 본격적으로 출범하게 되자 청와대는 점차 손을 떼는 모습이었다. 이후 나머지 일은 전부 건설부가 담당했다. 그러나 도시개발은 원래 도시국에서 담당하는 것이 원칙일 터인데, 막상 도시국은 손을 놓고 있었고 담당 부서 역할은 신도시기획실이 만들어지기 전까지는 토지국이 맡게 되었다. 도시국에는 기술관료들이 많았고, 이들은 엔지니어처럼 원칙에는 충실하나 변칙에는 융통성이 별로 없는 사람들이었다. 모든 규제를 만들어왔던 도시국이 모든 규제를 다 풀어야 개발할 수 있는 신도시 개발을 달가워할 리가 없었다. 그래서 건설부 내에서 도시국이 반대하니, 대신 융통성이 좀 더 많은 토지국이 총대를 메게 한 것이다.

그 다음은 사업을 맡은 한국토지개발공사의 역할이 컸다. 분당이 지금의 수준으로 만들어진 데는 사장부터 맨 밑의 담당 직원까지 한마음으로 도왔기 때문이다. 당시 사장은 이상희였는데, 그는 원래는 내무부 쪽에서 출세한 사람이었다. 산림청장을 했었고, 대구시장, 경북도지사, 내무부 차관 및 장관을 지내다 1988년에 토개공 사장으로 부임했다. 내무부 생활을 오래 해서 그런지 매사에 꼼꼼하고 치밀한 것 같았다. 또한 부하 직원들에게 존경받는 조용한 성격의 수장이었다. 그 밑에 이송만 부사장은 앞서 이야기한 대로 타고난 장사꾼 같았다. 대외 관계가 너무나 매끄럽고 누구에게나 공손하기가 지나칠 정도였다. 나보다 나이가 열 살은 더 돼 보였는데도 나를 깍듯하게 존대해 주고 거북할 정도로 내게 을의 자세를 취했다. 실제 신도시를 전담한 것은 특별사업본부의 임종수 본부장이었다. 그는 당시로서는 드물게 서울대학교 상과대학 출신인데, 성격이 온화하고 합리적인 사람이었다. 본부장 밑에 분당을 담당한 특별사업 1부가 분당 담당이었는데, 당시 부장은 오국환이었다. 오 부장은 나의 고등학교 2년 선배이자 고등학교 때 조각반이어서, 미술반인 나와 고등학교 때는 서로 잘 알던 사이였다. 그 밑으로 우리와 가장 밀접한 관계에 있었던 것이 계획과였는데, 과장에는 김명섭, 계장에는 문창엽과 황기현이 있었다. 김 과장과 문 계장은 한양대학교 출신이었고, 황 계장은 서울대학교 출신이었다. 이들은 내가 분당 설계를 시작할 때부터 끝낼 때까지 한결같이 나를 믿고 도와주었으며, 절대로 소위 갑질 같은 것은 하지 않았다. 내가 분당 계획을 맡아 지금의 분당으로 만들 수 있었던 것은 전적으로 주인을 잘 만나서였다.

## 평가와 교훈

분당신도시 개발은 몇 가지 점에서 우리나라 도시개발의 전환점이라 할 수 있다. 도시 기능 및 주거 환경 수준을 높여 서울의 중산층 거주자를 유입하게 만든다는 측면에서 단독주택, 연립주택, 아파트 등 다양한 유형의 주택을 계획했고, 이와 함께 중앙공원과 쇼핑 및 레저단지를 도시 중간 부분에 배치하는 등 충분한 녹지 공간과 레크리에이션 공간을 계획에 포함시켜 도시의 쾌적성을 높이도록 했다. 또한 도시로서의 자족성과 편익 서비스의 확충이라는 차원에서 서울로부터의 인구 유입이 가능하도록 공공기관 및 문화예술시설, 정보산업시설, 연구 기능 등을 이전·유치하고, 대단위 상업·유통시설, 도소매 유통센터, 금융·업무시설 부지를 확보해 서울의 상업·업무 기능의 일부를 분담할 수 있도록 했다. 그밖에도 새로이 건설될 아파트에는 수도권 거주자에 한해 입주토록 함으로써, 수도권 외부로부터의 인구 유입이 차단될 수 있도록 했다.

분당신도시 계획은 짧은 기간 동안 마련된 것이기는 하지만, 계획의 질적 측면에서는 이전의 대규모 택지개발이나 신도시들을 훨씬 능가하는 것이었다고 할 수 있다. 그럼에도 불구하고 개발되어 가는 과정에서 의도하지 않았던 많은 문제점들이 노출되고 그 결과가 곧바로 국가 경제의 큰 짐이 됨에 따라, 언론으로부터도 무수하게 질타당함은 물론 신도시 자체에 대한 부정적 여론 형성의 원인이 되고 말았다. 지금까지 우리는 이러한 문제들에 가려져 신도시가 우리나라 도시계획 또는 설계 분야에 가져다준 역할 및 의의에 대한 심도 있는 논의를 해오지 못하고 있는 실정이며, 따라서 분당신도시 개발이 시작된 지 30여 년이 지난 현 시점까지도 분당신도시 계획의 진정한 의미와 계획 및 설계에 대한 정당한 평가가 이루어지지 않고 있는 것이 사실이다. 도시계획과 설계의 측면에서 의미를 살펴보고, 향후 신도시 개발에 대한 시사점을 도출하는 것은 난개발되어 가는 작금의 수도권 현실을 되돌아볼 때 더욱 의미가 있는 일일 것이다. 이제 분당이 시작된 지 30여 년이 지났고, 현지에서 또 정부에서 재건축이 논의되고 있기 때문이다.


## 판교의 개발

판교신도시는 분당 개발 당시 서울공항의 항공기 이착륙 안전 구역에 근접했던 관계로 배제되었던 땅이다. 그러나 2000년대 들어와 군 당국과의 협의 끝에 별 문제가 없다고 결론이 나자 한국토지개발공사가 개발을 착수했다. 10여 년 전에는 개발할 수 없다던 땅이 왜 개발할 수 있는 땅으로 바뀌었는지는 알 수 없다. 아무튼, 판교신도시의 사업 면적은 892만 4631m²(약 270만 평)이었고, 사업은 2003년 말에 시작되었다. 사업 규모 목표 인구는 입주민 약 3만 세대, 8만 8000명으로 설정되었다. 토개공은 개발할 수 없다던 땅을 개발하는 데 대한 세간의 의혹을 인지하고, 이 땅이 분당보다도 서울에 가깝고 분당보다 인기가 더 높을 것을 우려해 개발에 매우 조심스럽게 접근했다. 그래서 개발의 목표로서 성남시 지역 발전과 도시 중심 공간을 확보하고 친환경적인 도시 환경을 조성하는 것을 명분으로 삼았다.

개발이 결정된 후 우리(한아도시연구소)는 토개공으로부터 **개념계획** concept plan 수립을 위임받았는데, 분당 계획에 참여했던 온영태에게 초안을 잡도록 했다. 우리 계획안에서는 분당의 흐름을 이어받아 계획함으로써 분당과 판교가 하나의 도시가 되도록 하고자 했다. 이는 내가 분당을 계획할 당시에 구상했던 아이디어와 같은 것이다(〈그림 10-14〉). 분당 토지이용계획에서 중심상업지역을 도시의 기하학적 중심이 아니라 현재의 서현역과 수내역 인근으로 설정한 것도 장래에 판교 개발이 이루어질 것을 내다보았기 때문이다. 그것이 지하철을 분당의 서쪽 경계에 가깝게 지나가도록 한 이유이기도 하다.

이 계획에 대한 상부의 승인이 나자, 민감한 사안인 만큼 토개공은 이번에도 국토연구원을 끌어들여 개발계획을 의뢰했고, 우리 한아도시연구소는 손을 떼게 되었다. 다시 말해서, 우리가 만든 계획은 사업 승인을 위해서만 사용된 것이다. 나는 국토개발연구원의 연구책임자인 민범식에게 우리의 구상을 참고해 달라고 말했지만 받아들여지지 않았다. 그 이유는 판교의 중심으로 신분당선이 들어올 예정이고, 판교역이 생기므로 중심상업지역이 별도로 형성될 수밖에 없다는 것이다. 그 이유가 이해는 되지만, 판교가 분

**개념계획**: 사업 시행자가 대규모 개발공사를 착수할 때는 기본계획 이전에 미리 예비사업 타당성 조사를 한 뒤에 기획재정부의 승인을 받아야 한다. 이 예비타당성을 검토하고 승인을 받기위해 함께 제출하는 계획을 개념계획이라고 한다.

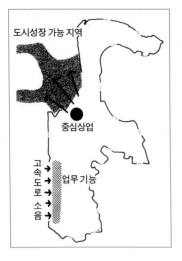

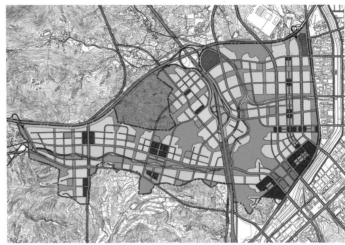

▲그림 10-14. 도시 확장 구상(1989년)_ (저자 소장).

▲▶그림 10-15. 한아도시연구소 안(온영태 계획)_ 업무상업 중심부가 분당의 중심지와 근접해 큰 업무상업 지역을 형성하고, 서비스축도 서현역에서 연장되어 북으로 올라간다. (저자 소장).

▶그림 10-16. 국토연구원 안(민범식 계획)_ 중심상업지역(붉은색)은 판교의 가운데 위치해, 분당과는 별개의 도시로 여겨진다. (저자 소장).

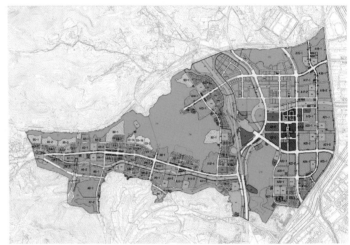

당의 확장이 아니라 별도의 신도시가 되어버린 점은 분당을 계획하면서 판교로의 확장을 예견했던 사람의 입장에서는 매우 아쉬운 일이 아닐 수 없다.

# 일산 택지개발

(1989년 6월~1990년 6월)

## 계획의 배경과 목표

일산신도시 개발의 배경은 수도권의 다른 4개 신도시와 마찬가지로 주택 가격 안정을 위한 정부의 200만 호 주택 건설 정책에 있다. 5개 신도시 중 두 번째로 규모가 크고, 한강 북쪽의 유일한 신도시인 일산은 주된 수용 대상이 강북의 중산층이라는 점에서 분당과 다르다.

그러나 정부는 처음부터 이곳이 수도권정비계획상 이전촉진권역에 속한다는 사실 때문에 상당히 고심했던 것 같다. 그래서 일산의 개발이 수도권 정비계획을 위반하는 것이 아니라는 점을 지속적으로 주장했다. 그래서 공장이나 대학은 허용되지 않는다면서, 또 다른 한편으로는 베드타운이라는 비난을 면하기 위해 여기에 업무, 상업, 교육, 문화 등 다양한 도시 기능을 갖추겠다고 하는 모순된 주장을 펴왔다.

이 지역이 이전촉진권역에 속해 있다는 사실은 개발 주체 입장에서는 토지 보상 가격을 낮출 수 있어 유리했다. 왜냐하면 이곳이 사실상 대규모 개발은 금지된 곳으로서, 정부의 발표 이전에는 신도시 개발의 대상이 되리라고는 아무도 상상하지 못한 곳이었기 때문이다. 그러기에 이곳은 그동안 부동산 투기의 대상이 되지 못했고, 땅값도 분당에 비해 매우 저렴했다.

이곳이 선정된 이유는 강남과의 격차에 불만을 나타내고 있던 강북 주민들의 불만을 달래기 위한 점과 서울 도심에서 가장 가까운 대규모 미개발지라는 점 때문이었다. 여기에는 노태우 정부의 신북방정책과 관련해 낙후된 서울 북부 지역의 개발 활성화를 위한 거점도시로 개발하려는 의지도 담겨 있다.

일산신도시를 발표할 당시 정부가 내세웠던 특징은 쾌적한 전원주택 도시의 개발이었지만, 이곳이 그럴 만큼 쾌적한 요소가 있던 것은 아니었고 단지 조용한 농촌 마을로서 분당보다는 저밀도로 개발하겠다는 의지의 표현이었다고 볼 수 있다. 최초에 발표한 구상을 보면 주거용지 비율을 분당은 45%, 일산은 38%로 잡고, 공원 녹지 비율도 분당은 9%, 일산은 14%로 되어 있는 것이 정부의 의도를 반증한다.


## 연구 인력 구성

대한주택공사가 일산 개발을 포기한 것은 회사 입장에서 보면 대단한 실책이었다. 산본신도시에 매달렸던 인력을 일산에 투입했다면 분당보다도 훨씬 나은 도시로 만들 수 있었을 것이다. 그깟 경영진의 자존심 때문에 좋은 기회를 놓쳐버린 것이다. 새로 부임한 권영각 사장이 일산을 포기하게 된 데는 회사 내 누군가의 조언이 있었으리라 짐작된다. 주택공사가 일산을 포기하는 바람에 한국토지개발공사는 회사를 크게 키울 수 있는 계기를 마련할 수 있었고, 이후 주택공사는 토개공에 분당에 사옥 부지를 요청하는 꼴이 되었다.

일산까지 맡게 된 나는 너무나도 바쁘게 보냈다. 손발이 부족하니까 도시연구실에서 별도의 팀으로 일하던 정석희 박사를 일산 개발계획팀에 편입시켰다. 나는 정 박사한테 내가 분당 계획을 어느 정도 확정짓기 전까지 시간을 줄 테니 그 사이 기본 골격을 만들어보라고 했다. 정 박사는 홍익대학교를 나오고 펜실베이니아 대학에서 박사 학위를 취득했는데, 본인은 도시설계가 전공이라고 했지만 대규모 도시계획이나 도시설계를 본격적으로 해본 적은 없었다.

연구원 내에서 행한 몇몇 연구 실적을 보더라도 과연 이 일을 할 수 있을지 나는 반신반의했지만, 어쩔 수 없이 일단 그에게 맡겨보았다. 본인은 내가 자기한테 일산을 맡겼다는 것을 매우 자랑스럽게 생각하는 것 같았다. 그런데 두 달이 지나도록 쓸 만한 안이 나오지 않았다. 하는 수 없이 나는 그에게서 다시 일산 일을 넘겨받았다. 분당의 나머지 일은 당분간 온영태에게 맡겼는데, 내가 일산에 매달리는 동안에 구미동에 추가로 편입된 토지에 대한 계획과 동남쪽 단독주택단지의 필지 분할이 온영태 손에 의해 마무리되었다.

토개공에서 일산을 담당한 팀은 분당을 담당한 팀과는 달랐다. 계획과장은 김재선이었는데, 매우 깐깐하고 샘이 많았다. 그는 자신들이 맡은 일산이 분당보다 외부의 관심도가 낮다는 점에 대해 불만을 갖고 있었다. 그래서 분당보다 더 좋은 도시를 만들고자 열심히 일을 했다. 그러한 점이 나를 여러 번 괴롭히기도 했지만, 그에 대해 나는 불평할 수 없었다.


## 입지와 구역 경계

일산은 분당처럼 서울 중산층의 주택 수요를 감당하기 위해 선정되었다. 사실 서울의 주택 가격 폭등이 강남을 중심으로 시작되어 서울 전체로, 더 나아가 수도권 전체로 확산되었지만 이에 대처한 신도시 개발은 분당이면 충분했다. 따라서 일산 개발은 강남과 강북이 점차 격차가 커지고 주택 가격이 이원화되어 감을 고려해, 강남과 강북의 균형을 맞추는 차원에서 이루어졌다고 볼 수 있다. 서울 중심부에서 일산까지의 거리는 20km로서, 서울~분당보다도 5km 정도 더 가깝다. 일산신도시의 대상지 경계 설정에 대해서는 분당과는 달리 별로 말썽이 없었다. 언론이 여기에 별 관심이 없었다는 이야기다.

분당이 그러하듯이 일산도 서울의 그린벨트가 끝나는 지점에서부터 시작된다. 북동쪽으로는 경의선 철도가 경계가 되고, 북서쪽과 남서쪽으로는 농업용 수로에 의해 경계가 지어진다. 땅 자체는 한강 하류가 그러하듯이 북서-남동으로 형성되어 있다. 수로는 뭐 대단한 경계 요소는 아니지만, 그

표 11-1 신도시 밀도 비교

| 구분 | 과천 | 목동 | 상계동 | 분당 | 일산 |
|---|---|---|---|---|---|
| 총면적(ha) | 230 | 435 | 334 | 1,835 | 1,572.7 |
| 주택지 면적(ha) | 99.8 | 231 | 153 | 657 | 521 |
| 계획 인구(인) | 54,000 | 114,500 | 146,000 | 390,000 | 276,000 |
| 총인구밀도(인/ha) | 235 | 264 | 437 | 213 | 175 |
| 순인구밀도(인/ha) | 541 | 496 | 954 | 594 | 530 |

자료: 인산신도시 개발사업 기본계획(한국토지개발공사, 1990b).

것 말고는 자연스러운 경계 요소로 삼을 만한 것이
없었다.

분당과 함께 대상지를 1000만 평으로 만들려다
보니 분당 540만 평에 일산 460만 평이 되었다. 그
러나 나는 처음에 대상지 경계를 보고서 의아하게
생각했다. 한강 변이기는 한데, 한강과는 2km 가까
이 떨어져 있어 강변 도시라 말할 수 없는 것이 아
쉬웠던 것이다. 나중에 이런 아쉬움을 달래기 위해
넣은 것이 호수공원이기도 하다.

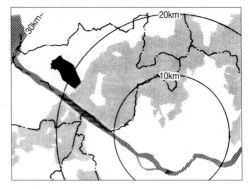

**그림 11-1. 일산 위치도_** 회색 부분은 개발제한구역이고, 검정색
은 신도시 대상지다. (한국토지개발공사, 1990b).

## 인구와 세대수 조정

평촌과 분당에서 한 것과 마찬가지로 일산에서도 인구를 조정해야만 했다.
우리는 정부가 발표한 7만 5000세대, 30만 명 수용은 쾌적한 전원도시를 표
방하는 입장에서 볼 때 지나치게 고밀이라고 판단했다. 그래서 다른 신도시
들과 비교해 가면서 밀도의 하향 조정을 건의했다. 그래서 약 8% 정도 낮
춘 27만 6000명, 6만 9000세대에서 합의를 이끌어냈다. 그래서 당시로서는
신도시 중 가장 낮은 인구 밀도를 갖는 도시가 되었다.

인구수의 조정이 비교적 쉽게 이루어진 데는 분당과 달리 일산이 과연
강북에서 중산층들의 호응을 얻어 분양이 잘 될까 하는 우려 때문이었다.
그렇게 인구수를 줄였음에도 불구하고 주택용지 비율이 낮다 보니 단위주
택용지에 대한 인구, 즉 순인구밀도는 ha당 530인으로, 분당의 594명이나
과천의 541명보다는 낮지만 주택지 면적이 총면적의 50% 이상인 목동의
496명보다는 높은 셈이 되었다.

## 지역 여건

일산-山은 그 명칭에서 보듯이 산이 하나밖에 없는 도시다. 그 산은 아마
고봉산(206m)을 가리키는 것이겠지만, 일산신도시에서 일산은 정발산이다.
정발산의 높이는 불과 86.5m로, 30층짜리 아파트 높이만 하다. 대상지 중

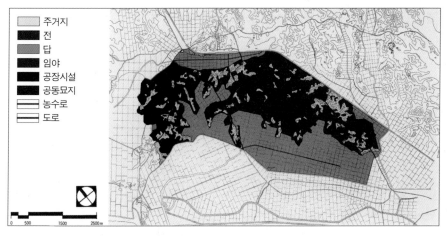

**그림 11-2. 토지 이용 현황도_** (한국토지개발공사, 1990b).

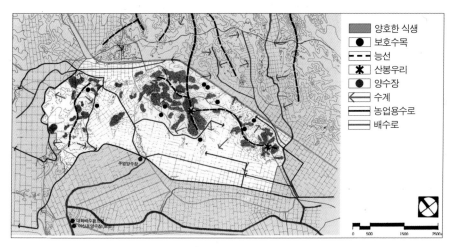

**그림 11-3. 수계 및 식생도_** (한국토지개발공사, 1990b).

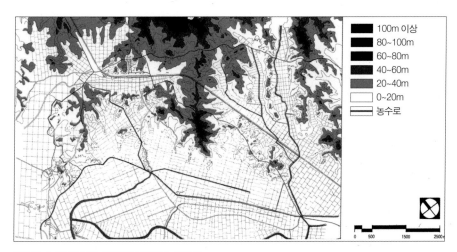

**그림 11-4. 표고 분석도_** (한국토지개발공사, 1990b).

11장 일산 택지개발 **181**

간에 위치하는 정발산은 고봉산과 같은 산맥으로 연결되어 있다. 대상지 내에는 정발산 외에 낮은 구릉지가 남과 북에 존재하는데, 워낙 성토해야 할 토량이 많아 산이든 구릉지든 남아날 것 같지는 않았다. 그래도 일산이라는 이름은 지켜줘야 할 것 같아 정발산은 보존하기로 했다.

대상지는 전체 면적의 80% 이상이 표고 20m 이하의 저지대를 이루는 평탄 지형으로 이루어져 있다. 논이 전체 면적의 49%이고 밭이 17%로 전체의 66%가 농경지인데, 그중 논은 평탄지에, 밭은 얕은 구릉지에 분포되어 있었다. 마을은 얕은 구릉지에 산재되어 있었는데, 특히 일산역과 백마역 근처에 집중되어 있어 주민들은 외지와의 교통을 상당 부분 철도에 의존하고 있었음을 알 수 있다. 이 지역의 논은 관개가 잘 이루어진 우량 농지로, 큰 하천은 없어도 농수로는 잘 만들어져 있어 갈수기에도 별 문제없이 농사가 가능했다. 오히려 지대가 너무 낮고 평평해서 여름철 홍수기에 침수되는 문제가 종종 발생했다.

## 원주민의 반발

계획이 발표되던 당시 일산의 인구는 5256가구, 2만 3126명이었는데 이는 분당보다 약 2배정도 많은 인구이며, 면적이 작으므로 인구 밀도는 분당의 2.5배에 달했다.

정부는 처음부터 일산에 원주민들이 많이 살고 있어서 토지 매수가 쉽지 않으리라 판단하고 개발 일정을 분당보다 1~2개월 늦춰 잡았다. 분당과는 달리 이 지역의 농민들은 대부분 영세농으로서, 조상 때부터 살아온 토착민은 많지 않고 6·25 사변 이후 정착한 외지인과 1960~1970년대 수도권 도시개발사업들로 인해 원치 않게 들어오게 된 이주민들이 많았다. 그런 까닭에 또다시 이주해야 하는 주민들의 입장에서 신도시 개발에 대한 반발은 어쩌면 당연한 일일 것이다.

이런 이유로 해서 분당과 동시에 하려던 물건 조사와 보상심의위원회 개최가 일산의 경우 보름 이상 지연되었다. 토지 보상도 분당에 비해 두 달이나 늦어져 9월에 들어서야 시작되었다. 이런 연유로 기본구상 확정도 6월 말 예정에서 7월 15일로 보름이나 늦췄으며, 개발계획 및 실시계획 완료는 아예 한 달을 늦춰야 했다. 시간이 지남에 따라 원주민들의 불만도 조직화되기 시작했고, 불만의 소리는 각종 루트를 통해 전달되었다.

불만 표현이 최고조에 달한 것은 공청회에서였다. 신도시 개발 반대 투쟁위원들이 방청석 맨 앞줄에 진을 치고 앉아서 발표자와 토론자를 향해 야유와 위협을 가했다. 어떤 젊은이는 목발을 휘두르기도 했고, 한 노인은 우산대로 찌르는 시늉을 했다. 이런 아수라장에서 공청회는 정상적으로 진행되지 못했고, 우리는 결국 공청회를 일찍 마칠 수밖에 없었다.

신도시 개발이 끝난 지 10년이 지난 후 ≪고양신문≫ 주최로 연 '고양시 발전에 관한 세미나'에서의 주제 발표를 위해 고양시를 방문했을 때, 오래전 공청회에서 목발을 휘두르던 젊은이와 재회했다. 그 자리에서 그는 당시와는 전혀 다른 태도로 나를 대했다. 그때 자기들은 정든 땅을 빼앗긴다는 생각에서 과격한 행동을 취했었지만, 각종 보상이 이루어지고 도시가 개발되면서 상당한 부를 얻을 수 있었다고 오히려 고맙다는 말을 남겼다.


## 방어선 변경과 육군 부대 이전

대상지는 당시만 해도 수도 방위의 최전방이었다. 대상지 내에는 제9사단 소속 군부대 4~5개소가 위치하고 있었으며, 북서측 일대에 수도 방위를 위한 최종방어선charlie line이 지정되어 있어서 어떤 종류의 개발도 가능하지 않던 지역이었다. 일산신도시에 대해 군에서는 극렬 반대했지만, 군 시절에 제9사단에 근무한 적이 있어 그 지역을 잘 알고 있던 노태우 대통령이 일산 개발을 허락함으로써 반발을 잠재웠다. 이들이 차지하고 있던 지역은 정발산과 대화리의 땅 약 14만 4000m²였는데, 국방부에서는 부대 이전 조건으로 신도시 내 상당량의 토지를 할애해 줄 것을 요구했고, 협상 과정에서 대상지 북서쪽 끝 대화리에 37만 4000평을 제공하기로 했다. 국방부는 또한 몇 가지 우스꽝스러운 요구를 해왔는데, 북서쪽 끝에 (내 기억에 따르면) 폭 50m 정도의 수로를 파고 물을 채워서 적의 진입을 막아달라는 것 하나와 또 하나는 북서쪽에 건설하는 아파트는 고층으로 해서 북서 방향을 향해 길게 일자 배치를 한 다음 옥상에 고사포대를 설치할 수 있도록 해달라는 것이었다. 당시에는 국방부의 승인을 받아야 하는 처지여서 이 요청에 대해 아무도 반대를 하지 않았다. 그러나 현대전에서 왜 해자가 필요한지, 어떻게 아파트 건물을 전차부대의 방호벽으로 쓰겠다는 건지 이해하긴 어려웠다.

## 광역교통 여건

일산신도시 도시 구조를 짜는 데 주변으로 부터의 연결 도로는 큰 영향을 미치지 않았다. 그것은 일산이 경기도에서도 북서측 끝에 붙어 있는 셈이어서 여기를 통과해 다른 도시로 연결하는 주요 간선도로가 많지 않았기 때문이다. 인근을 지나가는 국도로는 39번이 벽제-원당-행주대교로 연결되었고, 48번이 한강 남쪽에서 한강과 평행으로 지나갔으며, 김포와 강서지구를 연결했다. 대상지와 직접 연결되는 도로로는

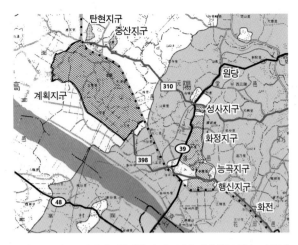

그림 11-5. 접근로 및 주변 지역 개발_ 녹색 구역은 개발제한구역이고, 붉은색 구역은 당시 신시가지 개발구역이며, 회색 부분이 일산신도시다. (한국토지개발공사, 1990b).

지방도 310번이 삼송리-원당-일산읍으로 연결되었으며, 지방도 398번이 수색-능곡-일산으로 연결되었다. 이 도로가 대상지를 종단해 마을들을 지나고, 경의선을 넘어 일산읍으로 가서 310번과 만나고 있었다. 그밖에도 지방도 307번이 이산포-일산-금포를 연결했으나, 당시 한강에 교량이 없었던 관계로 다른 도로에 비해 중요성은 떨어졌다. 고속도로와의 연결은 강북강변도로가 수색까지 와 있어서 이것을 연장하면 한강을 따라 대상지 남쪽을 지나갈 수 있었고, 수도권외곽순환고속도로가 원당과 능곡 동편에 계획되어 있었다(순환고속도로는 후일 노선을 바꿔 일산과 원당-능곡 사이로 지나가게 된다). 철도는 경의선이 수색에서 능곡을 지나 일산읍과 연결되었으며, 북으로 진행해 파주-문산까지 도달했다. 또한 교외선이 능곡 부근에서 분기해 원당을 지나 벽제를 거쳐 의정부까지 연결되어 있었다.


## 도시 구조

일산신도시의 구조를 짜는 데 가장 큰 결정 요소는 정발산의 보전 여부와 도입하고자 하는 지하철의 노선이 어디를 통과하는가 하는 점이었다. 우선 일산에서 정발산은 상징적인 의미도 있고 유일한 산이라는 점에서 중앙공원으로 지정하고자 했다. 그러나 정발산을 보전하더라도 연결된 능선까지 전부 보전할 수는 없고, 정상부를 뺀 주변의 녹지들은 제거할 수밖에 없

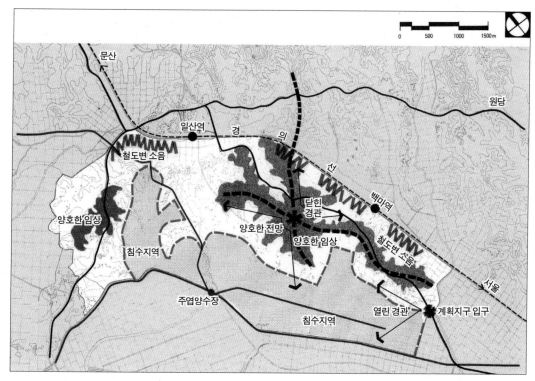

그림 11-6. 종합분석도_ (한국토지개발공사, 1990b).

었다. 정발산의 보전은 개발 대상지를 둘로 나눈다. 즉, 북서측(A지구)과 남동측(B지구)이다. 물론 정발산 아래로(남서측의 C지구) 경계부까지 1km 정도의 개발 가능지가 있지만 큰 생활권을 이루기에는 부족한 면적이었다. 따라서 크게 보아 A지구와 B지구 두 군데로 분리된 도시를 어떻게 연결시킬 것인가 하는 점과, 도시의 중심부가 되는 정발산 바로 아래인 C지구에는 어떤 기능을 둘 수 있는가가 최대 관심사였다.

먼저, A지구가 가장 크므로 도시의 중심을 A지구에 두고 B지구에 부도심을 두는 방법을 생각할 수 있다. 그러나 그렇게 할 경우에는 일산의 도심이 서울에서 너무 떨어지게 되며, B지구와도 멀어져 도심 기능이 약해질 수밖에 없다. 마찬가지로 B지구에 도시 중심을 두어도 서울에서는 가까워지지만, 도시의 큰 부분을 차지하는 A지구로부터는 너무 멀어지게 되어 A지구에 또 하나의 도심이 필요하게 된다.

지하철은 서울지하철 3호선이 연장되어 오는데, 구파발-지축-삼송-원흥-원당-화정-대곡을 거쳐 대상지 남동쪽으로 진입한다. 대상지 내에서 지하철은 부지를 종단하게 되는데, 쟁점이 된 것은 지하철이 A지구 중심을 통과한 후 경의선 일산역과 연결되어 끝나게 할지, 아니면 북서쪽으로 계속 연장될 수 있게 할지를 결정하는 것이었다. 일산역에서 환승이 가능하게 할 경우, 북방의 파주와 문산 주민들이 일산역에서 3호선으로 환승해 서울 도심을 지나 강남까지 갈 수 있고, 일산 주민들은 일산역에서 환승해 경의선으로 수색역과 홍대입구역, 서울역 또는 용산역으로 갈 수 있다. 그러나 지하철 3호선 자체가

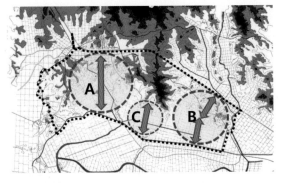

그림 11-7. 개발 가능지와 개발축_ (한국토지개발공사, 1990b).

서울 도심을 지나면서 지나치게 멀리 돌아와서 일산 주민들이 이를 이용하기에 적합하지 않다. 경의선도 마찬가지여서 이 두 철도의 효율성은 연결을 하나 안 하나 큰 차이가 없을 것으로 판단했다.

다음은 개발축에 관한 결정이다. 모든 도시가 개발축을 필요로 하는 것은 아니지만, 신도시를 개발할 때 시각적으로 분명한 축이 있을 경우 방향 감각을 제공하기 때문에 도시를 이해하기 쉽다. 우리가 도시설계를 할 때 사각 격자형을 많이 택하는 이유도 직각으로 만나는 두 축으로 인해 방향성이 높아지고 도시를 읽기 쉬워지기 때문이다.

대상지에는 지형적으로 기준을 삼을 만한 것이 없기 때문에 축 방향의 기준을 정하기 어려웠다. 다행히 경의선 노선과 정리된 논의 이랑과 고랑이 대신 그 역할을 할 수 있을 것 같았다(〈그림 11-7〉). 우리는 이들을 바탕으로 해 도시 골격 대안을 만들었다. A지구에서는 경의선과 농지 패턴이 거의 45도 방향으로 만나서 어느 쪽을 우선할 수 없었다. 반면, B지구에서는 경의선축과 농지 패턴이 약간(15도 정도)의 각을 갖고 만나 양쪽을 다 활용할 수 있을 것 같았다. C지구는 농지 패턴을 그대로 사용하면 되었다.

이러한 요소들을 기준으로 해 골격 대안을 만들었다. 대안 1의 A지구에서는 경의선 철도를 기준 삼아 수직 방향으로 도시축을 잡았고, B지구에서는 위쪽에서는 경의선과 아래쪽에서는 농지 패턴을 기준 삼았으며, C지구에서는 농지 패턴을 기준으로 삼았다. 지하철 노선도 서남쪽 경계선과 평행하게 들어와서 중심부에서 경의선과 평행하게 꺾어 Z자 모양으로 만들었다. 이 지하철 노선의 양옆으로는 각각 폭 약 500m의 주거지를 붙여 기다란 선형 도시 형태를 취하도록 했다. 도시의 중심은 정발산 아래인 C지구에 배치하고, A지구와 B지구를 하나의 서비스축 띠로 연결하도록 했다. 이 띠

에서 일산역과 백마역을 연결하는 새로운 서비스축이 분기해 나오도록 했고, 북쪽 끝부분은 대규모 토지를 필요로 하는 특성화 기능을 배치했다. 중앙부 중 정발산 기슭에는 시청과 공공기관을 배치했다. 여기서 문제가 되었던 부분은 A지구의 서측인데, 땅의 생김새가 들쑥날쑥해서 선형 도시에 붙이기가 마땅치 않았다. 그래서 이곳을 호수공원으로 만들고 일산의 중요 오픈스페이스가 되도록 계획했다.

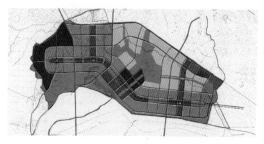

그림 11-8. 대안 1_ (한국토지개발공사, 1990)b.

대안 2의 골격은 대안 1과 비슷한데, 다만 토지 이용을 다르게 한 것이다. 여기서는 선형 도시 형태를 버리고 격자형 중심으로 바꿨는데, A지구 북쪽은 단독주택지구로 만들었고, B지구 남쪽은 산업시설이나 특화 기능을 수용하도록 했다.

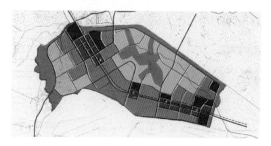

그림 11-9. 대안 2_ (한국토지개발공사, 1990b).

대안 3은 A지구에서 경의선 대신 농지와 수로 패턴을 따라 도시축을 설정한 것이다. 지하철도 이 패턴을 따라 북상해 경의선과 평행으로 지나다가 탄현역에서 연결된다. 도심은 A지구와 B지구 두 군데로 나눠지고, 지하철 노선 양옆으로 상업 기능이 집중 배치되며, 지하철에

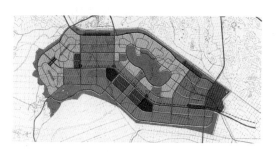

그림 11-10. 대안 3_ (한국토지개발공사, 1990b).

서 멀어질수록 밀도가 낮아지도록 했다. 여기서는 특성화 기능을 A지구와 B지구 끝에 각각 배치했다.

그런데 이 세 대안 어느 것도 마음에 들지 않았다. 나는 격자형 자체가 마음에 들지 않아서 이 틀을 벗어나기 위해 무척이나 많은 시간을 보냈다. 분당처럼 자연 지형이나 주변의 간선도로라도 남아 있을 것이면 이를 핑계로 다른 패턴을 생각해 보겠는데, 구릉지가 전부 사라질 상황이라서 기댈 데가 없었다. 결국은 직교하는 사각 격자형 패턴을 사용하되 A지구와 B지구의 축을 약간 비틀어 변화를 주기로 했다.

## 가로망 패턴

도로는 지하철 노선을 따라 형성되
는 것을 도시의 가장 기본이 되는 도
로로 삼고, 이와 평행하는 종단도로
3개를 적정 간격으로 배치했다(〈그림
11-11〉). 이들 4개 도로 중에서는 가
장 바깥을 지나는 경의선 철도변 도

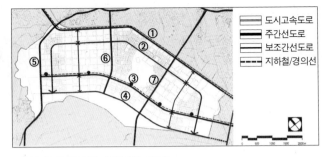

그림 11-11. 가로망 계획_ (저자 제작, 2019).

로(경의로, ①)와 서남쪽 도로(호수로, ④)를 외곽도로로 삼았다. 그리고 나머
지 두 개 도로, 즉 지하철 노선 도로(중앙로, ③)와 경의선 철도 바로 안쪽 도
로(일산로, ②)를 내부 순환도로로 기능하게 만들었다. 신도시를 횡단하는
도로는 외부와 연결할 수 있도록 밖에 있는 기존 도로와 접속 가능한 지점
을 찾아 신도시 내부로 끌어들이고 축 방향으로 횡단시켰다.

이 중에서 중요한 도로는 세 개가 있는데, 가장 북단에 있는 도로(고양대
로, ⑤)는 동쪽으로 일산읍을 통과해 삼송리와 연결되며, 서쪽으로는 이산
포를 지나 한강 너머 금포와 연결되는 지역 간 도로가 된다. 또한 이 도로
의 북측은 저개발지로 지정하고 상당 부분을 국방부에서 요구하는 대토지
로 사용하게 했다. 두 번째 횡단도로(고봉로, ⑥)는 일산읍 남동쪽에서 지방
도 310번에 연결되며 철도를 건너 대상지로 들어오는 도로로서, 정발산 북
측에 인접해서 가장 중요한 간선도로 역할을 한다. 이 도로는 나중에 한강
변 고속화도로(자유로)와 연결되어 강변을 따라 들어오는 교통이 도심으로
진입하는 주도로로 사용되도록 했다(그러나 나중에 호수공원이 들어서면서 한강
변 자유로와의 연결은 불발되었다). 정발산 남쪽에 인접한 또 하나의 간선도로
(무궁화로, ⑦)는 일산을 관통하는 간선도로로서, 동쪽으로는 지방도 310번에
연결되며 서쪽으로는 한강 변 자유로와 연결되어 일산신도시 남부(B지구)의
주 진입로로 사용된다. 이들 두 도로(⑥과 ⑦)는 도심부의 외곽을 형성한다.

네 개의 종단도로(①, ②, ③, ④) 중에서 가운데 위치하는 두 개의 도로[중
앙로(③)와 일산로(②)]는 일산신도시 내부를 순환하는 도로의 성격도 갖게 했
으며, 바깥쪽 두 개의 도로[경의로(①)와 호수로(④)]는 외곽도로의 역할을 하도
록 했다. 이들 간선도로로 구획된 큰 블록들은 다시 보조간선도로나 구획
도로로 나뉘지는데, 고밀 주거지역(아파트 지역)에서는 한 변의 길이가 400m
정도 되고, 다른 변의 길이는 300~600m가 된다. 이 슈퍼블록은 다시 내부

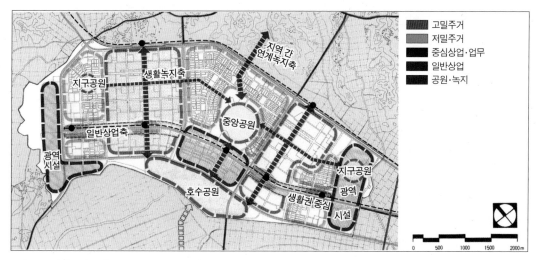

그림 11-12. 종합 구상도_(한국토지개발공사, 1990b).

에서 십+자형의 보행자전용도로나 공원으로 4분할되어 각각 독립된 아파
트 단지로 개발되게 했다.


## 지하철 노선 결정

일산 개발에 대한 수요를 창출하기 위해 신도시를 서울과 철도로 연결하는
것은 당연한 것으로 생각되었다. 그래서 기존의 서울-일산 간 경의선 철도
를 복선전철(28.9km)로 만드는 대안과 서울지하철 3호선의 구파발역에서부
터 노선을 연장해 원당과 일산을 잇는(20km) 대안이 검토되었다. 이 중에서
지하철 3호선을 연장하는 것이 서울 주민들에게는 더욱 친근감을 줄 것이
라는 판단에서 지하철 연장 대안이 선택되었다.

그렇다고 경의선 복선전철화가 포기된 것은 아니다. 경의선 복선전철화
는 통일을 대비한 정부의 정책에 따라 철도청이 원래의 계획대로 추진해 파
주와 문산까지 연장하는 것이다. 다만 경의선 철도가 일산의 북동쪽 경계
를 지나가므로 출퇴근 교통수단으로 이용되기는 힘들기 때문에 신도시 개
발과는 별도로 추진하는 것이다. 그러나 지하철이 되었든 경의선이 되었든
서울 중심부에 직접 연결되는 것이 아니고, 북쪽으로 멀리 돌아서 들어오니
까 출퇴근 교통수단으로는 마땅하지 않다. 분당의 경우 중심이라 할 수 있
는 서현역에서 서울의 새로운 중심부인 강남에 접근하는 데 불과 20km 남

짓한 거리인데 반해, 일산신도시 경우 광화문역에서 정발산역까지 27km에 달해 멀다는 느낌을 갖게 하기 때문이다. 이 때문에 전철이 건설되었어도 일산 주민들은 상당수가 자유로에 의지해 출퇴근하고 있고, 교차로마다 교통 혼잡이 빚어지고 있다.

## 도심부 설정

일산신도시의 도심부는 정발산 밑의 두 개의 동-서 간 간선도로(고봉로와 무궁화로) 사이에 위치시켰다. 그곳이 A지구나 B지구의 중간에 위치하고 정발산과 연계되어 상징적 의미를 갖고 있기 때문에 광장이나 공원 등과 함께 개발한다면 도심으로서의 기능을 충분히 할 수 있으리라 생각했기 때문이다. 우리는 그곳에 시청 같은 행정 기능과 특화 기능을 포함한 업무 기능은 물론, 백화점과 같은 중심상업 기능을 배치하고자 했다.

## 토지이용계획

분당과 함께 인산신도시 개발계획을 처음 시작할 때 최대 쟁점은 계획 인구의 축소였지만, 인구가 정해지고 나서는 이 인구를 수용할 주거용지를 얼마나 확보하는가가 되었다. 내 마음 속에서는 주거용지의 면적으로 총면적의 30%를 기준으로 삼았다. 그런데 정부가 계획(1989년 4월 27일)을 발표하면서 제시한 주거용지는 분당 45%, 일산 38%였다.

우리는 인구 축소와 녹지 확대라는 우리의 주장을 밀어붙였고, 결국 이 주장이 반영되어 분당 31.9%, 일산 33.1%(근린생활시설 제외)로 바뀌었다. 분당과 일산을 비교해 볼 때 크게 다른 부분은 일산의 경우 단독주택용지가 분당에 비해 두 배 이상 많다는 것이다. 그것은 일산을 전원도시 풍의 도시로 만들기 위해 저밀도 주택 유형의 양을 늘렸다는 것을 의미한다. 또 다른 큰 차이는 업무용지가 분당에 비해 거의 두 배 가까이 많다는 것인데, 여기에는 일산을 좀 더 서울에서 독립해서 자족적 도시로 만들려는 의도가 깔려 있다.

즉, 주된 도시 기능으로 통일을 대비한 관련 기능과 국제업무 및 관광 기능, 부수 기능으로 문화 및 예술과 관련된 기능 등을 유치·수용하기 위해 대규모 토지를 업무용도에 할당했다. 업무 기능은 남과 북양 끝에 대규모 블록으로 지정했는데, 특화된 기능이 집단적으로 입주하는 것을 목표로 했다. 예를 들어 남쪽(백석역 근처)에는 출판단지, 집단에너지 공급 시설, 대형 병원 등을 수용하고, 북쪽에는 군사 시설, 유원지(현 한국시설 안전공단 등), 운동장, 도매시장(농수산물 도매시장) 등 넓은 면적을 필요로 하는 시설들을 지정했다. 그 밖의 용도에 대해서는 배분 비율이 대동소이하다.

## 주거지 계획

주거 유형별 배분은 중앙로(지하철 노선)를 통해 신도시로 진입할 경우 지루한 고층 아파트 단지가 계속되는 것을 막기 위해 저층-중층-고층(고밀)-저층-중층-고층-중층-저층-고층 등으로 여러 유형의 켜를 차례로 배열해 경관의 변화를 유도했다. 또한 차량이 많이 다니는 대로변에는 위압감을 줄이기 위해 비교적 낮은 건물을 유도했고, 내부로 들어갈수록 또는 공원이나 녹지에 접하는 경우에 고층과 초고층을 유도했다.

한편 아파트 단지는 유형에 따라서 입지를 다르게 했는데, 소득이 낮은 계층들이 거주할 임대아파트는 지하철역 부근에 배치해 교통 비용을 절약하게 했고, 고소득층이 거주할 규모가 큰 분양아파트는 쾌적성을 중요하게 여기므로 공원 옆에 배치했다. 단독주택단지는 주로 정발산 주변에 많이 배치했고, 남과 북 양쪽 끝에도 배치했다. 정발산 주변 단독주택단지는 주로 중산층

표 11-2 일산과 분당의 토지 이용 비교(보고서 내용을 중심으로)

| 용도 | | 분당(%) | 일산(%) |
|---|---|---|---|
| 주택용지 | 단독주택 | 3.7 | 8.8 |
| | 연립주택 | 4.3 | 3.6 |
| | 아파트 | 22.3 | 19.5 |
| | 주상복합용도 | 1.6 | 1.2 |
| | 소계 | 31.9 | 33.1 |
| 상업·업무용지 | 중심상업 | 2.3 | 1.0 |
| | 일반상업 | 2.0 | 1.3 |
| | 근린상업 | | 1.1 |
| | 업무 | 3.8 | 6.8 |
| | 소계 | 8.1 | 10.2 |
| 도로 | 일반 도로 | 17.8 | — |
| | 보행자전용도로 | 1.7 | |
| | 소계 | 19.5 | 19.4 |
| 오픈스페이스 | 광장 | 0.2 | 0.6 |
| | 공원/녹지* | 21.5 | 25.7 |
| | 하천 | 7.4 | 0 |
| | 운동장 | 0.5 | 1.1 |
| | 유원지 | 2.0 | 0.9 |
| | 소계 | 31.6 | 28.3 |
| 학교·유치원 | | 3.6 | 3.8 |
| 공용의 청사 | | 0.8 | 0.6 |
| 집단에너지 공급 시설 | | 1.4 | 1.2 |
| 기타(시장, 종합병원, 종교시설 등) | | 3.1 | 3.4 |
| 계 | | 100% | 100% |

주: '*'는 공공공지를 포함한 것이다.
자료: 한국토지개발공사(1990).

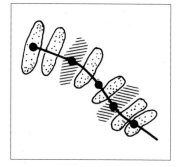

그림 11-13. 지하철역과 밀도_ (한국토지개발공사, 1990b).

이상의 전원주택 선호자들을 위한 단지이고, 나머지는 주로 이주민을 위한 택지로서 지하철과 전철역 인근 또는 근린상업지역 인근에 배치했다. 연립주택 부지는 단독주택단지를 보호하기 위한 차원에서 단독주택단지의 외곽에 배치했는데, 그것은 단독주택용지를 간선도로변에 노출시키지 않기 위해서다. 단독주택단지가 많다 보니 세가로망을 짜는 일과 필지를 나누는 일이 만만치 않았다. 여러 명의 직원이 나누어 획지 분할을 해야 해서 우리는 원칙을 세웠다.

단독주거지에서 가장 중요한 것은 역시 거주 환경 보호였다. 간선도로로부터의 소음 차단, 근린상업 등 상행위로부터의 보호, 골목길 불법 주차 예방,

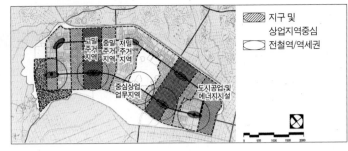

그림 11-14. 밀도별 배분도_ (한국토지개발공사, 1990b).

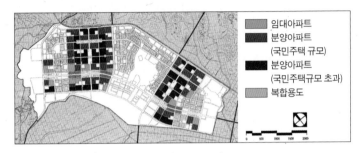

그림 11-15. 아파트 유형 배분_ (한국토지개발공사, 1990b).

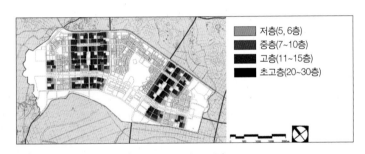

그림 11-16. 아파트 높이 배분_ (한국토지개발공사, 1990b).

가까운 거리에서 보행자전용도로 및 어린이공원과의 연결 등이 논의되었다. 획지 분할은 2켜(두 개의 필지가 등을 대고 붙어 있는 패턴)를 기본으로 하고, 외곽 부분에서는 한 켜로 해 큰 도로에서 직접적으로 차량 진입이 이루어지지 않고 뒷길에서 서비스를 받도록 했다.

간선도로나 보조간선도로로 둘러싸인 한 변이 300m 이상 되는 큰 블록에서는 외곽도로변에 연립주택을 배치해 안쪽의 단독주택지구를 보호했는데, 연립주택단지 없이 단독주택 필지가 중로 이상의 도로에 접합할 경우는 완충녹지를 두어 단독주택 필지를 보호했다.

단독주택단지를 구획할 때 항상 부딪치는 문제는 도로 폭을 얼마로 하는가이다. 도로 폭은 골목길 불법 주차와도 깊은 연관이 있어 매우 조심스

그림 11-17. 단독주택지를 둘러싼 연립주택 부지_ (NAVER 지도).

그림 11-18. 공동주차장이 있는 단독 필지_ (NAVER 지도).

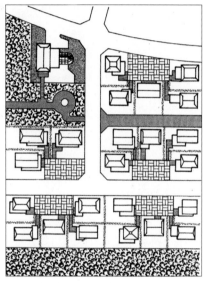

그림 11-19. 단독주택지 공동주차장_ (한국토지개발공사, 1990b).

럽게 접근해야 한다. 도로가 넓으면 개별 필지 안에 주차장을 마련한다고 해도 편의상 집 앞 도로변에 주차하는게 보편적 행태이다. 그런데 이런 식의 불법 주차는 도로가 좁아도 마찬가지로 일어난다. 즉, 이 문제는 주차 편의의 문제이지 도로 폭과는 별 상관이 없다는 결론에 도달한다. 어차피 골목에 주차할 것이라면, 주차해도 소방차량같은 긴급 차량이 통행할 수 있도록 골목길을 넓게 하는것이 좋다는 의견이 맞을지 모른다. 그러나 골목길이 넓어지면 차량이 과속을 하게 되고, 도로 면적이 늘어나 개발의 경제성이 낮아진다. 이 문제를 해결하기 위해 생각해낸 것이 단독주택지 공동주차장이다. 이 아이디어는 원래 일본에서 채택한적이 있는데, 일산 담당 토개공 계획과장이 그것을 적용해 보는 것이 어떻겠냐고 물어서 나도 찬성했다. 5세대가 사용하는 공동주차장에 차를 한 대씩 주차할 권리를 포함시켜 필지를 분양한다면 건물 지을 땅 면적이 조금줄어들어도 소유 면적은 마찬가지가 되며, 굳이 길가에 주차할 필요가 없어질 것이라 생각했기 때문이다. 그리고 정발산 남동쪽 단독 필지에 이 아이디어를 반영했는데, 결과는 나쁘지 않았다.

그림 11-20. 일산신도시 마스터플랜_ (한국토지개발공사, 1990b).

## 공원과 녹지축

일산의 대표적인 공원은 정발산공원과 호수공원이다. 정발산공원은 정발산이 일산의 유일한 산이라는 점 때문에 중앙공원으로 정했다. 이곳은 산의
높이가 높지 않았던 관계로 보행로가 산 정상까지 연결되어 주민들이 산보하기에 매우 적당했다. 호수공원은 인공 호수였지만 한강을 대신해서 도시에 수변을 제공한다는 점에서 의미가 있다.

일산신도시의 형태가 남-북으로 길게 놓여 있기 때문에 우리는 이 기다란 형태를 녹지로 분절할 필요를 느꼈다. 물론 중심은 정발산과 호수공원을 연결함으로써 분절시킬 수 있는데, 이를 위해서 동쪽으로는 경의선까

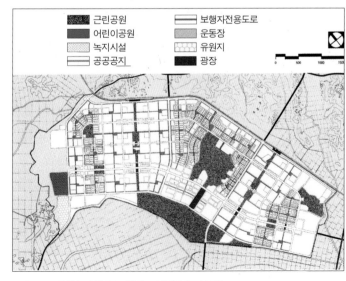

그림 11-21. 공원·녹지 체계도_ (한국토지개발공사, 1990b).

지 넓은 폭의 녹지를 지정했으며, 정발산과 호수공원을 연결하기 위해서 폭 150m짜리 광장을 지정했다. 불행하게도 동쪽의 녹지 띠는 토개공에 의해 그 폭이 대폭 줄어들어 30여m에 불과한 소공원(밤가시공원)이 되고 말았다. 소공원과 정발산공원, 그리고 호수공원은 보행육교에 의해 연결되었다.

다음으로 동-서를 횡단하는 녹지 띠는 일산역과 백마역에서 출발해 호수공원에 이르는 선형공원으로 만들었다. 이 선형공원은 폭을 200m로 하려 했지만, 이 역시 가처분용지가 줄어든다는 이유로 중앙 부분만 150m로 하고 역과 호수공원 근처는 50m로 줄일 수밖에 없었다. 일산역과 백마역으로부터 출발하는 이 축들은 서쪽으로 뻗어 가면서 간선도로와 만나는 곳에서는 육교나 소광장, 지하도로 등으로 보행 연결을 시도했다.

또한 북단에는 군사용 녹지, 유원지, 운동장 등으로 오픈스페이스를 형성했고, 남단에는 자연 구릉지를 보전해 백석공원을 지정했으며, 그 동쪽과 서쪽은 병원과 업무단지로 해 녹지 공간을 마련토록 했다. 그밖에 횡단녹지는 보행녹도로서 폭 10m 정도로 6~7개소를 설치했다. 종방향으로는 지하철이 지나가는 중앙로와 양편의 평행하는 도로와의 사이 80m 공간 중에서 북쪽과 남쪽 한 군데씩 길이 200m의 소공원을 배치했다.

## 호수공원

호수공원은 현재 일산의 대표적인 명소이지만, 처음에는 신도시 대상지의 모양이 불규칙해서 생겨난 자투리땅에 불과했다. 그런데 생각해 보니 이 땅이 후일 일산이 한강 쪽으로 확장될 때면 도시의 중심이 되리라는 생각이 들었다. 나는 처음부터 일산의 위치 선정에 대한 불만이 있었다. 이왕이면 한강에 접하게 해서 강변 도시로 만들면 여러 가지 아이디어가 나올 것 같았기 때문이다. 그래서 일산의 도시 구조를 생각할 때도 일산이 한강까지 확장될 수 있다는 것을 염두에 두고 도

**그림 11-22. 일산의 확장 구상_** (저자 제작, 2019)

시 구조를 그렸다. 그래서 한편으로는 계획안을 완성하면서도, 다른 한편으로는 건설부에 신도시와 한강 사이의 공간(장항동지구)에 대한 난개발 방지책

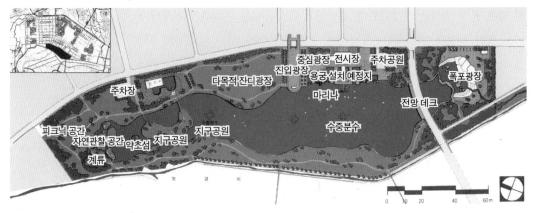

그림 11-23. 호수공원 초기 구상_ (한국토지개발공사, 1990b).

그림 11-24. 호수공원 중앙(김석철의 2002년 세미나 발표자료).

을 요구했다.

　신도시가 개발되고 나면 이 지역이 난개발될 것이 분명한데, 어떤 조치를 해야 함은 당연한 일일 것이다. 그러나 건설부 담당자들은 내 의견을 완전히 묵살하고 말았다. 아마 신도시만으로도 골치 아픈데 무슨 인접지까지 개발을 억제해 새로운 문제를 일으키느냐는 생각이었을 것이다. 결과적으로 장항동은 지반 성토도 이루어지지 않은 채 온갖 잡다한 용도가 꽉 들어차, 이곳을 개발하고자 해도 보상비 문제로 엄두를 내지 못하고 있는 실정이 되었다. 만약 내 구상대로 확장이 되었다면 〈그림 11-22〉와 같이 도심부와 호수공원은 확장된 일산신도시의 중앙에 위치하게 되고, 순환도로도 형태를 갖추게 되어 좀 더 균형 잡힌 도시가 되었을 것이다.

일산의 호수공원은 그 면적이 무척 넓어 총면적 103만 4000m², 호수 면적 30만m²에 이른다. 이 땅의 용도는 처음부터 호수공원을 염두에 둔 것은 아니었다. 설계를 하던 당시에는 도시의 주요 가로망 패턴과 연결해서 무언가 용도를 만들어내려고 애를 썼지만 별 아이디어가 떠오르지 않았다.

그러다가 호수공원을 떠올렸다. 정발산에 만들 공원이 명칭은 중앙공원이지만 작은 산지라서 주민들이 이용하는 데는 한계가 있을 수밖에 없었다. 그러니 도시의 중심부에 평탄한 중앙공원이 필요했고, 이 땅이 적지였다. 처음에 이만 한 땅에 물을 넣어 호수공원을 만들겠다고 했을 때 내심으로는 토개공에서 분명히 반대하리라고 생각했다. 처음에 실무자들은 난감한 표정을 지었지만, 그 땅에 대한 다른 대안도 없었던지라 일단 해보자 하고 사장한테 보고했다고 한다. 그런데 의외로 사장이 좋은 아이디어라고 해서 그 자리에서 개발이 결정되었다. 이상희 당시 사장은 산림청장 출신이어서 자연을 사랑하고 나무와 풀 등 식물에 대해 상당한 지식이 있다고 들었다.

사장의 허락이 떨어지자 우리는 큰 걱정거리를 덜어낸 기분으로 계획을 추진했다. 공원의 설계는 조경학과 출신인 민범식이 맡았다. 우리가 사장한테 기본설계를 가지고 보고하러 갔을 때, 사장은 자기 나름의 여러 가지 아이디어를 우리에게 제시했다. 호수 가운데 섬을 만들고, 거기에 산삼을 비롯한 약초를 심고 음악이 흘러나오게 하며 신비롭게 꾸미자는 것이 그중 하나였다. 다른 하나는 수중에 전망대를 만들어 사람들이 물밑으로 내려가서 물속을 관망할 수 있도록 하자는 것이었다. 첫 번째 아이디어는 못할 것도 없어서 섬(약초섬)을 하나 만들었는데, 사장이 바뀌자 나머지 아이디어들은 없던 일이 되어버렸다.

## 보행자몰

일산신도시는 평촌이나 분당과 달리 지하철이 도로 하부로 지나기 때문에 도심부 보행자몰을 만들기 위해 별도의 보행자전용도로를 지정해야 했다. 그래서 광장의 북측에 길이 약 650m의 보행전용도로를 지정하고 양옆에 소규모 필지를 구획해 저층의 상가가 형성되도록 설계했다. 광장 남쪽으로는 약 130m 길이의 짧은 보행전용도로를 지정했는데, 그 이유는 전용도로 남쪽에 지정된 대형 필지가 방송국 부지로 계획되어서 더 이상 연장될수 없었기 때문이다. 그런데 북측의 보행자도로와 양편 상가는 나중에 라페스타라는 쇼핑몰이 들어섰다. 토개공이 소형 필지들을 한데 묶어서 분양해 버린 것이다. 광장의 남쪽 대블록은 전체를 방송국으로 분양한 것이 아니라 일부만 MBC에 분양하고 나머지는 오피스텔과 상가로 분양했는데, 보행자전용도로는 그냥 일반 도로로 바뀌어버렸고, 방송국 동쪽은 웨스턴돔이라는 쇼핑시설이 들어섰다. 라페스타에는 보행자전용도로가 그대로 남아있어서 라페스타 상가가 상부에서 브리지로 연결되지만, 웨스턴돔은 보행자전용도로 없이 한 건물로 개발되었다. 라페스타와 웨스턴돔은 그런대로 관광객을 끌어모아 처음에는 잘 되는 것 같았지만, 시간이 지나면서 사람들의 관심이 줄어들고 호수공원과 킨텍스 주변으로 더 새롭고 더 큰 쇼핑몰이 생기면서 인기가 시들해졌다. 내가 마무리한 마스터플랜에서는 대상지 안에 킨텍스 부지를 만들어놓기는 했지만 그 서쪽(한강 쪽)의 개발은 그 이후에 이루어진 것들이다. 손학규 경기도지사 시절에 킨텍스가 어느 정도 성공하자 그 서쪽의 개발 가능한 땅에 한류우드(한국의 할리우드)를 만들겠다고 해서 몇 년간 개발계획이 진행되었는데, 아직도 개발이 완전히 끝나지 않았다.

## 일산의 도시 특화를 위한 노력

다섯 개의 신도시를 동시에 추진하는 동안 당면한 문제는 이 도시들을 어떻게 특화시켜 각자 경쟁력을 높이느냐 하는 일이었다. 규모가 작은 세 개의 도시(평촌, 중동, 산본)는 기존 도시에 바로 연결되어 있으므로 시청의 이전과 관련 행정 기능만 옮겨와도 도시를 채우는 데는 별 문제가 없었다. 특화 문제가 중요한 과제가 되는 신도시는 규모가 커서 도시행정 기능 이전만으로는 채워지지 않는 분당과 일산이었다. 더구나 두 도시 모두 시청을 이전하는 것조차 만만치 않았다. 왜냐하면 시청이 위치하고 있는 구시가지 주민들의 반발이 너무 거셌기 때문이다. 그래서 두 도시 모두 도시를 채워나갈 주민들을 유인할 수 있는 어떤 특화된 기능이 필요했다. 분당의 경우에는 아파트가 되었든 업무시설이 되었든 간에 선호도가 높아 굳이 새로운 기능을 유치하기 위한 별다른 노력을 하지 않아도 되었지만, 일산의 경우는 달랐다. 강남과 강북의 균형을 맞추기 위해 신도시 개발을 결정했지만 정부나 토개공이나 모두 성공에 대한 확신을 갖지 못하고 있었다. 그것은 일산 신도시의 배후지가 크지 않을 뿐더러, 서울의 서북쪽 주민들의 주택 수요가 강남보다 매우 낮았고, 소득 수준에도 차이가 있었기 때문이다. 더구나 위치가 북방에 치우쳐 군사 시설과도 인접해 주민들의 이주 선호도가 저하될 것은 물론이고 미분양의 우려도 만만치 않았다. 그래서 일산의 경우 사람들의 관심을 끌 만한 무언가 커다란 특화 기능을 유치해야 했다. 어차피 주민이나 민간 부문의 유치가 분당에 비해 경쟁력이 떨어지는 만큼, 일산에서는 토지나 주택의 분양가도 분당에 비해 낮아야 했고, 민간 부문보다는 공공 부문에서의 기관 유치가 필요했다.

그런 상황에서 유치 대상으로 생각한 것이 외교부 관련 기능, 문화 관련 기능, 방송 관련 기능 등이었다. 그러나 이러한 기능들도 막상 접촉을 해보니 유치가 쉽지 않았다. 그들은 분양가를 낮추어 주면 고려해 보겠다든가 정부가 예산을 배정해 주면 가능하다든가 하는 이유를 달았다. 우리는 우선 토개공에 유치 대상 기관에 대해서는 분양가를 대폭 낮추어 달라는 요청을 했지만, 토개공의 대답은 안 된다는 것뿐이었다. 심지어 이주 기관 종사자들에 대한 아파트 분양 특혜가 가능하도록 해달라고 요청해도 법 규정을 바꿀 수 없어 곤란하다는 대답뿐이었다. 정부에 대해서도 민간 기업들이 자유롭게 토지 구입을 할 수 있게 5·8 조치를 완화해 달라고 했지만, 그것은 모든 도시에 적용되기 때문에 일산만 예외로 해줄 수는 없다는 게 회답이었다. 그러다 보니 우리가 초기에 계획했던 일산의 도시 특화는 물 건너간 셈이 되었다. 그나마 다행이었던 것은 아파트용지와 상가용지가 성공적으로 분양이 되자 MBC가 토지를 매입했고, 외교부에 배당했던 땅은 나중에 법조단지가 들어왔다는 것이다. 대규모 종합병원을 유치하려고 했던 땅에는 원자력병원이 들어왔고, 유원지 부지로 정했던 곳은 건설 관련 공공 기관이 차지했다.


## 출판단지

일산을 문화도시로 만들기 위한 노력 중 첫 번째는 출판단지의 유치였다.

출판단지를 개발하겠다는 구상은 원래 5개 신도시 계획이 발표되면서부터 시작되었다. 열화당의 이기웅 사장(한국출판문화산업단지 건설추진위원회 이사장)을 비롯해서 비봉출판사(대표 박기봉), 민음사(대표 박맹호) 등 몇몇 출판사 대표들이 모여 출판도시를 만들겠다면서 분당에 땅을 지정해 달라고 나를 찾았다. 내가 들은 이야기로는 출판계 사람들이 수년 전에 마포에 출판단지를 만들겠다고 해서 땅을 싸게 분양받은 경험이 있는데, 나중에 땅값이 많이 올라서 재미를 보았다는 것이다. 그런 까닭에서인지 정부가 신도시를 개발한다고 하니까 부랴부랴 추진위원회를 조성해서 사업 계획을 내놓은 것이 아닌가 싶다.

나는 신도시에서 수용할 자족 기능을 찾고 있던 터라 이들을 반겨 맞았는데, 이들이 처음에 요구한 땅은 100만 평 정도였다. 그리고 분양 가격은 무상으로 하거나, 아니면 최대 평당 10만 원정도면 좋겠다고 했다. 나는 내심 이 사람들이 100만 평이 얼마나 큰 땅인 줄 알고 요구하나 싶었다. 그래서 이들한테 그만한 면적은 어렵고 10만 평 정도는 가능할지 모르겠다고 답했다. 한국토지개발공사 담당자한테 이야기하니, 아이디어는 좋은데 땅값을 감당할 수 있겠는가 하고 의구심을 내비쳤다. 나는 어떻게 해서든지 출판단지를 유치하기 위해서 많은 노력을 했다. 이러한 기능을 유치하기 위해서는 땅값을 대폭 낮추어야 한다고 토개공에 대해 강력하게 주장했다. 그러나 토개공에서는 출판단지는 산업용지로 분양해야 분양가를 낮출 수 있는데, '택지개발촉진법'상 산업용지 지정이 어려우니 근린상업용지로 지정해서 분양을 받으라고 했다. 그런데 그렇게 하면 상업용지가 되어서 분양가가 평당 200만~300만 원이 된다. 나는 추진위원회 측과 토개공 사이에서 가격을 조정했지만 합의에 이르지는 못했다. 그 사이에 합의된 면적은 5만 평까지 줄어들었다. 결국 분당이 어려워지자 나는 이들에게 일산을 추천했다. 일산은 분당처럼 땅에 대한 수요가 많지 않을 것이고, 준비해 둔 땅도 많으니까 서로 좋을 것이라 생각했기 때문이다. 그래서 일산신도시의 가장 남쪽(개발제한구역과 접한 지역)에 블록 두 개(면적 약 10.9만 평)를 지정했다. 이때부터 출판단지가 일산으로 간다고 언론에서도 크게 다루기 시작했다. 문제는 가격 흥정이었는데, 토개공 측에서는 업무용지로 지정해서 평당 200만 원까지 낮춰주겠다고 했고, 추진위원회 측에서는 그 절반 가격인 100만 원에 분양해 주기를 원했다. 가격을 두고 지루한 줄다리기가 몇 달이나 지속됐다. 결국 흥정은 깨어졌고, 일산출판단지 구상은 허무하게 수포로 돌아갔다. 아쉽지만 나는 그 땅에 수용할 다른 용도를 생각해야만 했다. 몇 달 후에 토개공이 파주에 자유로를 건설하면서 육지 쪽에 공유수면이 생겨나게 되었는데, 수면을 메워 써야하는 등의 문제로 분양이 어려워지자 출판단지가 생각이 났는지 추진위원회 사람들과 접촉했고, 문발리 폐천 부지 26

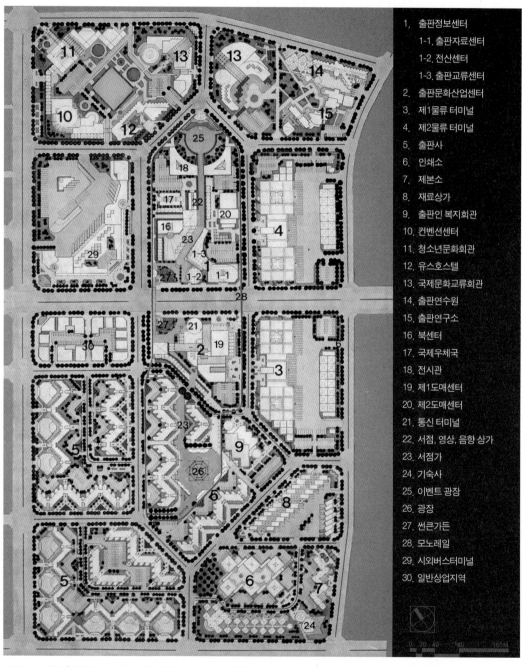

1. 출판정보센터
   1-1. 출판자료센터
   1-2. 전산센터
   1-3. 출판교류센터
2. 출판문화산업센터
3. 제1물류 터미널
4. 제2물류 터미널
5. 출판사
6. 인쇄소
7. 제본소
8. 재료상가
9. 출판인 복지회관
10. 컨벤션센터
11. 청소년문화회관
12. 유스호스텔
13. 국제문화교류회관
14. 출판연수원
15. 출판연구소
16. 북센터
17. 국제우체국
18. 전시관
19. 제1도매센터
20. 제2도매센터
21. 통신 터미널
22. 서점, 영상, 음향 상가
23. 서점가
24. 기숙사
25. 이벤트 광장
26. 광장
27. 썬큰가든
28. 모노레일
29. 시외버스터미널
30. 일반상업지역

그림 11-25. 일산출판단지 마스터플랜_ (일산출판문화산업단지 사업협동조합, 1991).

만 평을 평당 40여 만 원에 분양하기로 합의했다. 그것이 지금의 파주출판
단지다.

　이기웅 이사장은 그 후에도 나와는 가끔 접촉해서 자문을 받고는 했는
데, 파주 땅이 확보된 뒤에는 연락을 끊었다. 알고 보니 파주출판단지의 마
스터플랜을 서울대학교 환경대학원의 황기원 교수에게 맡겼다는 것이다. 나
는 몇 달 동안 토지 확보를 위해 노력하고 자문도 해주었는데 내게는 일언
반구 상의도 없이 다른 사람에게 일을 맡긴 것이 섭섭했지만, 나도 바빴던
지라 그냥 잊고 지냈다. 얼마 후 다시 연락이 왔는데, 마스터플랜은 완성되
었고 이제는 도시설계를 해야 한다는 것이었다. 건축가들을 불러 모아 어떻
게 진행할지를 토론하니 와달라고 했다. 그곳에 가보니 민현식, 승효상, 김영
준, 정기용 등 내로라하는 건축가들이 모두 모였다. 역시 출판사를 경영하
는 사람들은 문화 쪽으로 발이 넓었다. 토론은 건축가들이 서로 나서서 자
기가 일을 맡아야 한다는 듯 떠드는 바람에 매우 소란스럽고 어수선했다.
나는 간단히 도시설계에 대해서만 설명하고 돌아왔다. 역시 말 잘하는 승
효상과 몇몇 건축가가 도시설계 일을 맡게 되었고, 건축주와 건축가들은 사
옥 건축은 회사별로 추진하지만 전체의 조형미 등을 위해 공동으로 노력해
야 한다는 '위대한 계약서'를 만들어 서명했다. 그것은 다양함을 추구하되
건물의 재질, 형태, 높이, 색깔 등에 관한 엄격한 공통의 기준을 따르고, 다
리와 가로등, 가로수 등 각종 부대시설들도 생태 환경 도시라는 건축 철학
에 부합돼야 한다는 것을 말한다.


## 일산 도시설계

일산신도시 개발계획이 확정되어 갈 즈음 분당은 이미 도시설계가 진행되
고 있었고, 일부 아파트 분양도 이루어지고 있었다. 우리는 큰일을 치르고
난 후 기진맥진한 상태여서 일산의 도시설계까지 할 여력이 없었다. 토개공
일산계획팀에서는 다른 업체를 선정해 도시설계를 맡겼는데, 경쟁을 통해
업체를 선정하다 보니 잘 알려지지 않은 건축설계업체가 수주하게 되었다.
보고서가 나온 뒤 그 내용을 보니 전혀 새로운 아이디어가 없이 우리가 만
든 개발계획 보고서 내용을 그저 답습하고 법적 내용만 추가한 것처럼 보
였다. 내가 해야 할 일을 안 한 것 같아 씁쓸한 느낌이 들었다.

## 평가와 교훈

일산신도시에 대해서는 도시계획가로서 지금까지도 약간 미안한 감이 있다. 주어진 밀도 아래서 별다른 방법이 없었지만, 우리가 의도했던 여러 자족 기능 유치가 불발로 끝난 것이 결과적으로 도시를 베드타운처럼 만들어버렸다. 그중에서도 출판단지를 끝내 유치하지 못한 것은 큰 아쉬움으로 남는다. 비록 그들이 파주에서 성공적으로 단지를 만들었다고는 하나, 내가 보기에는 도시성urbanity이 부족해 밤에는 유령도시가 되며 낮에도 쓸쓸한 거리 모습만을 보여주고 있어 정이 가지 않는다. 역시 도시란 사람들이 북적이며 시끄럽고 움직임이 느껴져야 도시답다. 우리가 일산에 출판단지를 유치했더라면 일산 주민들에게나 출판단지에서 일하는 사람들 모두에게 득이 될 수 있었지 않았을까 생각한다.

일산의 도시 형태도 너무나 똑같은 사각형 블록들로 채워져 있어서 다양성이 부족하다. 아파트라도 다양한 패턴이 만들어졌으면 그렇게 지루하지는 않았을 테지만, 단지 계획에 대한 도시설계를 상세하게 하지 않고 건설업체 손에 맡겨놓은 것이 그런 결과를 초래했다. 역시 도시를 제대로 만들기 위해서는 건축 전문가와 도시 전문가가 함께 일해야 함을 뼈저리게 느꼈다.

# 부천 중동신도시
# 택지개발 현상
(1991년)

## 현상 참여

부천 중동신도시는 수도권 5개 신도시 중 하나다. 이 신도시는 원래 평촌이나 산본처럼 분당이나 일산보다도 먼저 개발이 결정되었지만, 개발 착공은 그중에서 가장 늦었다. 개발사업자 결정에서 부천시와 대한주택공사, 한국토지개발공사 등이 서로 개발을 맡겠다고 나선 탓에 좀처럼 결론이 나지 않았기 때문이다. 건설부에서도 분당과 일산의 첫 분양을 기점으로 어느 정도 급한 불은 껐다 싶어서 그런지 그렇게 속도를 내지 않고 있다가 1990년에 와서 부천시, 주택공사, 토개공 세 기관이 나눠서 공동 개발하기로 결정했다. 시행자가 셋이다 보니 설계 착수부터 의견 통일이 어려웠을 것임은 분명하다. 그래서 신도시 계획을 현상 공모를 통해서 정하기로 했다.

나는 분당과 일산의 급한 일을 마친 후 중동신도시 현상에 뛰어들었다. 이왕에 하는 김에 모두 다 하겠다는 욕심에서다. 사실 나는 현상에 대해 자신이 있었다. 목동 현상도 경험했고, 분당, 일산, 평촌을 모두 설계해 보았으니 나보다 더 경험 있는 사람이 누가 있겠는가? 문제는 내가 국토개발연구원에 소속되어 있다 보니 작품을 만들어 제출하더라도 출품 기관을 어디라고 해야 할지 애매했다. 다행히도 출품자에 대한 자격 요건이 까다롭지 않아 제출하는 데는 어려움이 없었다. 만약에 당선되면 국토개발연구원을 그만두고 회사를 차릴 생각도 했다. 문제는 일을 같이 할 사람이 필요했는데, 국토개발연구원 직원을 이 일에 연루시킬 수는 없었다. 목동 때는 내가 국토개발연구원에 온지 얼마 되지 않았었고, 큰 프로젝트를 막 끝낸 터라 시간적 여유가 있었던 데다가, 마침 박병호가 유학을 준비하고 있어서 쉽게 내게 포섭되었다. 이번에는 밖에서 도와줄 사람을 찾던 중에, 내가 1981년 미국에서 귀국한 지 얼마 안 되서 맡은 환경대학원 스튜디오 강의 때 학생이었던 이인성(현 서울시립대학교 교수)이 생각나서 연락을 했고, 그는 나의 제안을 흔쾌히 수락했다. 이인성은 민범식과 같은 스튜디오에 있던 학생이었는데, 성격이 매우 꼼꼼해서 일을 잘 할 수 있을 것 같았다. 우리 둘이 중심이 되어서 2~3주간 저녁때 만나 작업을 진행했다.

## 대상지 여건

계획 대상지는 경인고속도로와 경인선 철도 사이에 위치하며, 면적은 545ha(약 160만 평)인데, 여기에 4만 2500세대, 인구 17만 명을 수용하도록 주어졌다. 인구가 17만 명으로 결정된 것은 5개 신도시 중 평촌과 산본이 17만 명인 것과 동일하게 하기 위한 것이다. 그것은 인구 문제로 도시 간, 개발자 간에 서로 불평불만이 안 생기도록 획일화시킨 것이다.

북쪽은 경인고속도로와 닿아 있고, 남쪽은 경인선 철도에 닿아 있으며, 철도 남쪽에는 경인로가 지나고 있다. 대상지의 동쪽과 남쪽은 이미 시가지가 들어차 있고, 대상지를 향해 격자형 가로망이 뻗어 오는 상황이었다. 철도역은 대상지에서 동남쪽으로 약간 비껴서 부천역이 위치해 있고, 중동 개발을 위해 서남쪽 경계부에 송내역이 예정되어 있었다. 대상지는 대부분이 평탄지로서 농경지로 남아 있었고, 주민들이 주로 논농사를 지어왔다.

## 가로망 골격

중동신도시는 평촌신도시와 마찬가지로 기존 도시에 둘러싸여 있어 오래전부터 개발 압력을 받아오던 곳이다. 부천의 기존 시가지 자체는 계획된 도시가 아니고 서울-인천 연결 도로상에 자생적으로 태어난 도시라서 도시의 구조가 기형적이었다. 즉, 경인고속도로와 경인국도를 잇는 자연 발생적인 도로를 따라 여기저기 소규모 개발사업들이 짜 맞춰진 도시라고 할 수 있다. 평촌에서와 같이 기존의 도시 구조와 어떻게 결합해 하나의 정상적인 도시 형태로 만들 수 있는가가 우리에게는 가장 중요한 과제였다. 먼저 우리가 할 일은 기존 도시에서 간선도로로 판단되는 도로들을 판별해 이들을 신도시에 연결하는 것이었다. 대체적으로 동쪽과 남쪽에서 다가오는 간선 가로망을 서로 이어주면 되기 때문에 크게 어려울 것 같지는 않았다.

문제는 동쪽 경계부에 옛 도로를 따라 시가지가 형성되고 있었는데, 이 부정형의 도로를 신도시 내에서 어떻게 처리하느냐였다. 나는 다소 희생이 따르더라도 부천시의 장래를 위해서는 이를 간선도로로 삼지는 말아야 한다고 생각했다. 이 도로는 신도시에서 수용하더라도 블록 내에서만 존치시키기로 했다. 그렇게 하면 가로망은 아주 단순하게 격자형으로 짜이게 된다. 이러한 격자망(〈그림 12-2〉 참조) 중에서 남-북으로 연결되는 다섯 개 도로들의 성격을 구별해 보면, 서쪽 끝의 도로(송내대로, ①)는 외곽 경계를 형성하고 남쪽으로 송내역에 도달하므로 일단 도로 위계가 높다고 판단했다. 당시에는 수도권외곽순환고속도로의 위치가 정해지지 않았지만 이 도로 가까이 지나갈 것으로 예상된 점도 중요성을 높이게 된 원인이 되었다. 다음으로 중요한 도로는 경인고속도로 부천 IC에서 내려오는 네 번째 도로(신흥

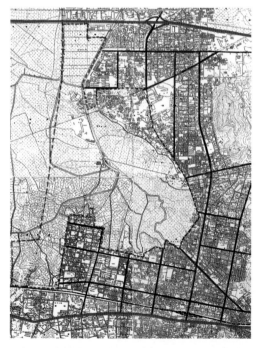

**그림 12-1. 대상지와 도로 여건_** 북쪽(위)의 굵은 붉은 선은 경인고속도로이고, 남쪽(아래)의 붉은 선은 경인국도이다. 붉은 점선은 대상지의 경계이다. (저자 제작, 2019).

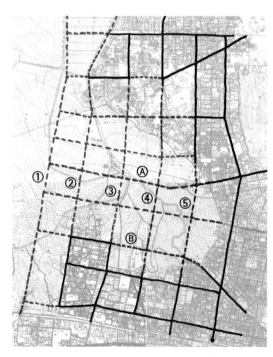

**그림 12-2. 가로망 틀 구상_** 검은 선은 기존 도로이고, 붉은 점선은 계획도로망이다. (저자 제작, 2019).

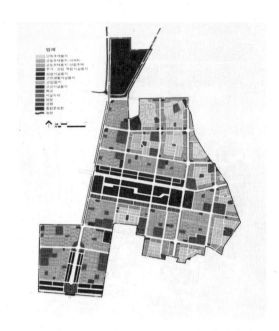

그림 12-3. 토지이용계획도(부천 중동신도시 공모전 제출 작품)_ (저자 제작, 1991).

그림 12-4. 가로망 계획도(부천 중동신도시 공모전 제출 작품)_ (저자 제작, 1991).

로, ④다. 나머지 두 번째(②), 세 번째(③), 다섯 번째 도로⑤는 비슷한 위계를 갖는 도로로 간주했다. 동-서 간 도로들도 비슷한 방법으로 동쪽으로부터 오는 도로망을 서쪽으로 연장하되, 적정한 간격과 평행을 유지하도록 했다. 이들 중에서 중요한 도로로는 중심부를 가로지르는 길주로(Ⓐ)와 부흥로Ⓑ다. 두 도로는 사각 격자 틀을 비스듬하게 지르고 들어오는 도로들인데, 기존 시가지에서의 기능이 다른 도로들보다는 더 강했다.

## 토지 이용

도시의 중심부는 한가운데, 즉 길주로와 부흥로 사이에서 정해졌다. 여기에는 시청이 이전하는 것으로 계획했고, 중심상업지역도 동-서 방향으로 정해졌다. 이보다 위계가 낮은 상업지역은 송내역 부근에 동-서 간, 남-북 간에 'ㄴ'자 형태로 배치했는데, 이는 송내역의 잠재력을 활용하고자 한 것이다. 그리고 북쪽에 뿔처럼 돌출된 지역은 부천시의 종합운동경기장으로 활용토록 했다. 중심상업지역에는 동-서 간 보행자도로를 지나게 해 쇼핑거리를 조성토록 했고, 양단에는 시청과 업무시설을 배치해 앵커anchor 시설이

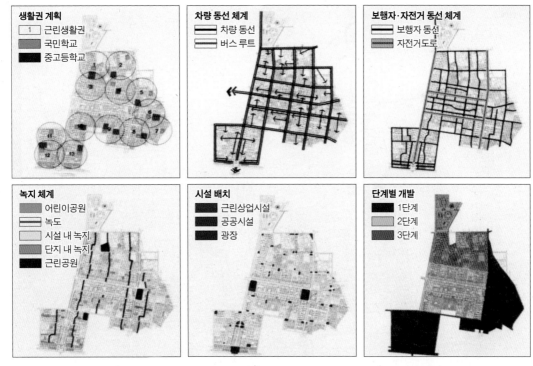

그림 12-5. 도시계획 다이어그램(부천 중동신도시 공모전 제출 작품) _ (저자 제작, 1991).

되게 했다. 나머지 대부분의 블록은 주거지역으로서 아파트용지가 지정되
었고, 북쪽과 동쪽, 그리고 남쪽 일부 블록들은 단독주택용지로 지정했다.
단독주택용 블록은 일산에서처럼 외곽 큰 도로변을 연립주택으로 둘러싸
게 해 저밀 주거 환경을 보호토록 했다. 각 블록 중심에는 소공원 또는 어
린이 공원을 배치했는데, 이와 연결되는 보행자전용도로를 남-북 방향으로
이어나가게 했다.

소생활권은 보행 거리를 고려해 13개로 나누고 근린공공시설들을 배치했
다. 단계별 개발은 3단계로 나누었는데, 1단계는 개발이 용이한 기존 시가
지 인접 지역 두 곳을 선택했고, 2단계는 중심부, 마지막 단계는 접근이 어
렵고 기존의 난개발이 있는 북쪽을 선택했다.


## 현상 당선안과의 비교

우리가 작품을 제출했을 때 우리는 어느 정도 당선에 대해 자신을 갖고 있
었다. 목동 현상 때는 도면 표현presentation이 부실했기에 1등을 못 했지만,

**범례**

1. 단독주택
2. 공동주택(아파트)
3. 공동주택(연립주택)
4. 도심부 상업시설
5. 근린생활시설
6. 시청·시의회
7. 문화예술회관
8. 업무시설
9. 행정서비스시설
10. 공공시설
11. 종합운동장
12. 국민학교
13. 중학교
14. 고등학교
15. 중고등학교
16. 미관광장
17. 역전광장
18. 보행자전용도로
19. 녹도
20. 하천
21. 근린공원
22. 어린이공원
23. 공영주차장

**그림 12-6. 마스터플랜_** (저자 제작, 1991).

중동의 경우에는 잘 정리해 제출했기에 더욱 기대했다. 그러나 발표를 보니 우리 안은 떨어지고 또다시 삼우기술단 안이 당선된 것이었다. 우리는 매우 실망했다(물론 우리는 당선을 위해 심사위원들을 찾아다니거나 하는 일은 하지 않았다). 당선안과 우리 안을 비교해 보았다. 당선안도 우리와 비슷하게 가로망 틀을 잡았는데, 다만 동쪽 부분에서 큰 차이가 났다. 우리는 단순하게 격자 처리를 한 것에 반해 당선안은 도심을 'ㄱ'자로 굽혀서 아래로 끌어내렸다. 왜 그래야 했는지는 아무리 들여다보아도 답이 나오지 않았다. 아마도 상업 지역을 늘리기 위한 것이 아닌가 싶다. 이 때문에 사다리꼴 블록이 여러 군데 생겨났다. 설계자는 이러한 불규칙한 패턴을 변화로 본 것이 아닌가 싶다. 아니면 도시의 중심상업지역이 너무 기존 시가지와 떨어져 있어서 기존 시가지에 가깝도록 끌어내린 것인지도 모르겠다.

주거지 밀도 배분도 이해가 되지 않았다. 중심지 부근에 저밀도 공동주

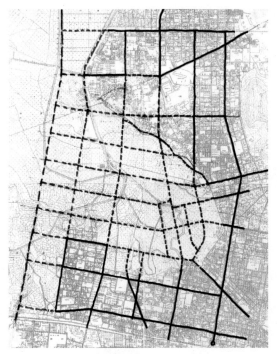

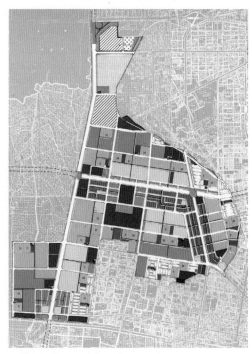

그림 12-7. 당선안의 가로망 계획_ (저자 제작, 2019).  그림 12-8. 당선안의 토지이용계획_ (The Korea Research Insti-tute for Human Settlements, 1991).

택이 들어가고, 외곽에 고밀도 아파트 단지가 들어가는 것도 어떤 목적을 위해서였는지 불분명했다. 우리는 당선작을 이해해 보려고 아무리 들여다보아도 시간만 낭비하는 것 같아서 포기했다. 비교 결과 우리가 갖게 된 확신은 우리 계획안이 당선안보다 훨씬 낫다는 것이다.

## 실패와 교훈

이 현상을 계기로 지나친 과욕은 좋지 않은 결과를 가져다준다는 것을 깨달았다. 분당, 일산, 평촌에 이어 또 무얼 더 하겠다고 도전을 했는지 모르겠다. 목동에서도 올림픽선수촌에서도 느꼈지만 작품의 질만 갖고는 당선되기가 어렵다는 통설을 이 현상을 통해서 다시 한번 확인한 셈이다. 그렇다고 내 성격에 누구를 찾아다니면서 내 작품을 잘 봐달라고 할 생각은 이후에도 갖지 않았다. 거꾸로 내가 심사위원을 할 때에도 누가 작품을 들고 찾아오더라도 내 평가에 영향을 주지는 못했다.

중동신도시 개발의 연장선상으로 1990년대 말에 상동지구가 조성되었다.

그림 12-9. 우리 계획안의 도시 모형(부천 중동신도시 공모전 제출 작품, 북쪽에서 본 모습)_ (저자 촬영, 1991).

얼마 지나지 않아 상동을 추가 개발할 것이면서 당시에는 왜 중동만 계획
하도록 했는지 이해가 되지 않는다. 동백도 동탄도 추가 개발을 했으니 우
리나라 도시계획은 한 치의 앞도 내다보지 못해서 그런 것이 아닌가 생각한
다. 위키백과에서는 중동신도시를 설명하면서 "도시개발의 경제성이 높다는
판단에 따라 3개 기관(부천시, 주택공사, 토개공)이 경쟁적으로 참여해 개발한
관계로 서로 개발 이익을 늘리려고 상업용지를 과다하게 지정했기 때문에
상당 기간 70%에 가까운 상업용지가 미분양되었다"라고 지적한다. 현재는
대부분의 상업지가 개발되어 있지만 바람직한 도시 기능들을 수용하고 있
는지는 의심이 간다. 더 나아가, "도로율도 26%가 넘는 등 지나치게 광로 위
주로 도로를 계획한데 반해서, 공원·녹지 등 도시공간시설은 5개 신도시 중
가장 적어 쾌적성이 떨어지는 것으로 평가되고 있다"라고 평가한다.

"중동신도시", 위키백과, 2019년, https//ko.wikipedia.org/wiki/%EC%A4%91%EB%8F%99%EC%8B%A0%EB%8F%84%EC%8B%9C(검색일: 2019.12.27).

# 용인 동백지구
# 신도시 개발 구상
(1997년 12월)

## 배경

1996년에 한아도시연구소를 설립한 후 수주한 첫 번째 신도시가 용인 동백지구였다. 연구소의 규모가 작고 실적이 없기 때문에 토개공으로부터 직접 프로젝트를 수주할 수는 없었고, 대형 엔지니어링 회사로부터 하도급 형식으로 일을 가져왔다. 물론 우리가 개발계획을 맡게 된 것은 분당과 일산을 계획했던 나와 온영태에 대한 토개공의 신뢰가 있었고, 건설부와 국토개발연구원의 지원이 있었기 때문이다. 엔지니어링 회사 입장에서는 개발계획 비용이 전체 용역비에서 차지하는 비중이 높지 않았기 때문에 우리에게 하도급을 주는 것이 자기들에게는 나쁠 것이 없으니 크게 불만을 갖지는 않았다.

동백지구는 그 규모가 100만 평을 넘지 않도록 정했기 때문에 미니 신도시 급에 속한다. 그렇게 된 데는 김영삼 정부 들어 5개 신도시의 여러 가지 문제점이 터져 나오면서 정부에서 다시는 신도시를 건설하지 않겠다고 발표를 한 이후 대규모 신도시 개발이 억제되었기 때문이다. 건설교통부는 그 대신 필요하다면 작은 규모의 미니 신도시를 건설할 수는 있다고 했다. 신도시와 미니 신도시는 면적 규모로 구분되는데, 규모가 100만 평 미만일 경우 미니신도시라 부르고, 이는 사업 시행자가 광역자치단체장의 승인만 받으면 사업을 할 수 있다. 다시 말해서 작은 규모의 도시개발사업인 경우 정부는 손을 떼고 지방자치단체들에 책임을 지게 하겠다는 것이다. 그래서 동백지구의 면적이 98만 평이 되었다. 동백지구로 진입하는 길은 내가 명지대학교를 자동차

로 출퇴근할 때 서울 방향으로 42번 국도가 막
히면 돌아가던 오솔길(폭 약 6m)이었기에 잘 알
고 있었다. 이 길로 접어들면 버즘나무(플라타너
스) 가로수길이 이어지며, 왼쪽으로는 제약회사
연구소나 공장들이 간혹 보이곤 했다.

처음 동백지구 프로젝트를 계획할 때는 건
설교통부 쪽으로부터도 과거 신도시와는 다르
게 저층·저밀로 하자는 말이 나왔다. 국토개
발연구원의 이건영 당시 원장은 모든 아파트
의 5층 이하 건설을 주장하기도 했다. 나도 저
층·저밀에 대해서는 동의했다. 왜냐하면 그곳
의 지형이 산지로 둘러싸인 계곡이었기 때문
에 고층은 어울리지 않았다. 그러나 사업 시행
자인 토개공의 생각은 달랐다. 정부는 처음에
여론을 의식해서 저층·저밀을 이야기했지만
나중에는 아무런 간섭도 하지 않았다. 그러다
보니 인구를 줄이고 건물을 낮추는 등의 일은
온전히 내 몫이 되고 말았다. 그래도 내가 계
획을 좌지우지할 때까지는 그런대로 일산 정

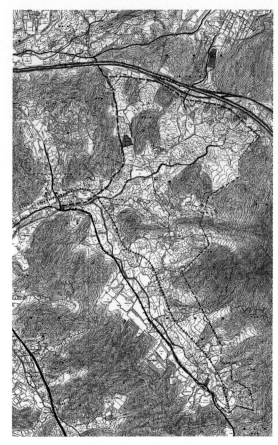

그림 13-1. 개발 이전의 동백지구_ (저자 제작, 2019).

도의 밀도를 유지시켰다. 우리는 경사지를 활용하기 위해서는 단독주택과
연립주택을 많이 넣는 것이 유리하다고 토개공을 설득했다. 수용 인구를 4
만 명으로 낮춘 것은 다행이었다. 처음에는 용적률을 90%정도로 하자고
주장했지만, 토개공 측에서는 말도 꺼내지 못하게 했다. 우리는 그래서 그
저 고층(15층 이하) 정도로 만족해야만 했는데, 나중에 계산을 해보니 주거
용지가 많은 것이 아니었다. 그것은 단독주택용지가 많이 잡혀 있어서였고,
저층으로만 채우려 했다면 계획 인구를 다 수용하지 못할 뻔했다.


## 현장 조사

현장에 나가보니 부지 경계선 밖은 대부분 개발이 어려운 산지로 되어 있
고, 북쪽 경계선 위로는 영동고속도로가 지나가고 있었다. 동쪽은 매우 가

파른 산지가 해발 471m의 석성산 정상으로 이어지고 있으며, 서쪽으로는 그리 높지 않은 먹조산 줄기가 도로를 따라 형성되어 있었다. 중앙부에는 석성산에서 뻗어온 산줄기가 야트막한 구릉이 되어 동에서 서로 가로지르고 있고, 서쪽 끝나는 부분에서 도로(현 어정로)가 서쪽으로 분기해 42번 국도(현 중부대로)에 연결된다. 북으로는 영동고속도로가 가로막고 있고, 그 밑으로 터널 박스가 있어 향린동산으로 연결된다. 중앙을 동서로 지나는 구

그림 13-2. 동백호수공원_ (저자 촬영, 2010).

릉은 대상지를 비교적 넓은 북쪽 지구와 기다랗고 좁은 남쪽 지구로 나눈다. 동쪽의 산지는 매우 섬세하게 서쪽으로 뻗어 나오고 있어, 우리는 이 산자락들을 가능한 한 보존하려고 마음먹었다. 북쪽의 넓은 경사지에는 제법 큰 봉우리 두 개가 있지만 땅은 매우 넓어 많은 인구 수용이 가능했다. 남쪽은 좁고 긴 경사지가 형성되어 있어 아파트보다는 경사지 주택을 짓는 것이 적합해 보였다.

남쪽에는 협궤철도가(수려선) 지나간 흔적이 남아 있고 남쪽 끝에 터널이 버려져 있다. 하천은 북쪽 너른 들 가운데로 석성산 쪽으로부터 내려온 실개천이 남서쪽으로 가로질러 흐르고, 남쪽은 남쪽 끝에서부터 북서향으로 실개천이 흐르며 석성산 계곡에서 내려오는 물길을 잡아주고 있어, 두 개의 물길이 서쪽 끝에서 만나(현 동백호수공원 삼거리) 신갈천이 되어 서쪽 방향으로 나간다.


## 도시 골격 구상

나는 현장에서의 느낌을 바탕으로 도시 구조를 생각했는데, 우선 분당의 중앙공원과 일산의 정발산 때와 마찬가지로 석성산에서 중앙을 향해 서쪽으로 뻗어 나온 구릉지 줄기는 보전해야 한다고 생각했다. 비록 대상지를 북쪽과 남쪽으로 양분하더라도 이 산줄기가 신갈쪽에서 동백으로 들어오는 관문의 이미지를 형성하리라 생각했다. 두 번째로 생각한 것은 기존의 실개천 줄기는 보전해, 동백의 주요한 수공간水空間을 형성하는 것이었다. 두

줄기 실개천이 만나는 곳에 작은 인공 호수를 만듦으로써 앞에서의 산줄기와 더불어 중요한 오픈스페이스를 형성토록 하는 것이다. 다음으로는 서쪽 경계부를 따라 이미 만들어져 있는 도로를 확장해 주된 외곽간선도로로 삼고, 여기서부터 동쪽으로 진입도로를 내는 것을 골격으로 삼았다.

　문제는 북쪽과 남쪽을 어떻게 이을 것인가 하는 점이었는데, 이는 우리가 해결해야 할 과제가 되었다. 그래서 생각해 낸 것이 세 도로 (북에서 내려오는 도로와 남에서 올라가는 도로, 그리고 서쪽에서 들어오는 도로)가 호수공원에서 만나므로 이 만나는 점을 중심으로 동심원의 연결로를 만드는 것이었다. 첫 번째 동심원은 구릉지 중간에 잘록한 부분이 있어서 그곳을 통과하면 되었고, 두 번째 동심원은 터널을 뚫어서 (아니면 절개하고 그 위를 생태 통로를 통해) 연

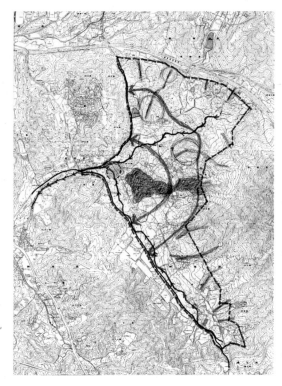

그림 13-3. 도시골격 개념도_ (저자 제작, 2019).

결하면 되리라 생각했다. 북쪽은 두 동심원 도로와 직교하는 격자형 패턴으로 만들고, 남쪽은 기존 도로에 직교하는 패턴을 만들기로 했다. 남쪽에는 석성산에서 내려오는 산줄기를 대부분 살려주고, 북쪽에서는 큰 봉우리 두 개를 보전하며, 나머지는 대부분 제거하는 것으로 틀을 잡았다. 그러나 이 구상은 시간이 지나면서 많이 달라지기 시작했다. 특히 북쪽 지구에서 변화가 많이 생겨났는데, 영동고속도로변 소음 차단을 위해 남겨두었던 녹지들이 모두 사라졌고, 두 개의 큰 봉우리들이 존치되었다가 사라졌다가를 반복하다가 하나만(한들공원) 남게 되었다.


## 토지이용계획

토지이용계획에서 가장 중요한 것은 도심부를 어디에 위치시키느냐 하는 것이다. 나는 이 정도로 소규모인 미니 신도시의 경우 큰 도심은 그다지 필요 없다고 생각했다. 그래서 호수공원 주변의 첫 번째 동심원 도로 안쪽으로 상

업지역을 지정했다. 다만 도시가 남북
으로 긴 만큼, 북쪽 지구의 중심에 지
구 중심을 하나 배치하고, 남측도 중간
쯤에 지구 중심을 배치하는 것으로 했
다. 중심상업지역은 집중식보다는 도
로를 따라 길게 형성되도록 했다. 그리
고 물길을 따라 길게 형성되는 상업용
지는 대형 건물보다는 3~4층의 저층
상가가 형성되도록 해 호수나 구릉지
의 스케일에 적합하도록 했다. 그래서
처음의 계획안을 조금 수정해서 호수
와 면하는 상업지구를 대형 빌딩이 들
어올 수 없도록 두 켜로 나누었다. 필
지는 200평 정도로 분할하고, 주차 문
제를 해결하기 위해 공동주차장을 적
정한 간격으로 지정했다. 호수와 접하
는 상가 중앙에는 광장을 두어 주민들
이 호수 변에서 행사를 할 수 있도록
했다. 주거지역은 대체로 낮은 곳에
는 고층 아파트 단지를 지정하고 동쪽
의 산지에는 저층 연립주택과 단독주
택지를 지정했다. 다만 이주민들이 경

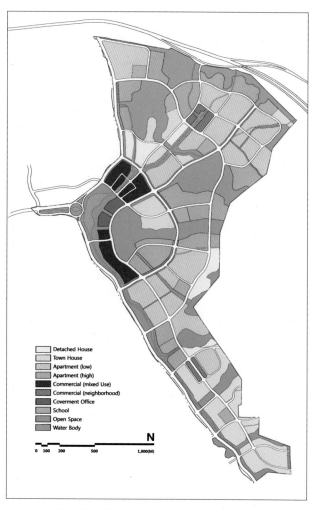

**그림 13-4. 초기안_** (저자 제작, 1997).

사지보다 서쪽 도로변을 선호해, 할 수 없이 이주민들을 위해 북쪽 지구 서
측에 이주민단지를 정했다. 동쪽 산기슭에 들어서는 단독주택지구에는 처
음으로 필지를 분할하지 않고 한 블록 전체를 원형지 상태로 민간 사업자
에게 공급해 단지 형태로 개발할 수 있게 했다. 그러나 이들 블록형 단독주
택용지에는 실제로 홀로 서 있는 단독주택이 별로 없다. 각 세대는 2~3층
의 단독주택이지만 대부분 각 유닛unit이 측면으로 연결된 연속주택row house
형식으로 만들어졌기 때문이다. 이러한 원형지 개발, 또는 블록형 단독주
택 개발 방식은 토개공이 부지 조성을 하지 않아도 되므로 공사비를 절약
할 수 있고, 각 부지 조성 시 경사면으로 낭비되는 공간 없이 전체 면적으
로 분양할 수 있어 분양 수입 면에서 유리하다. 민간 사업자에게는 연속주

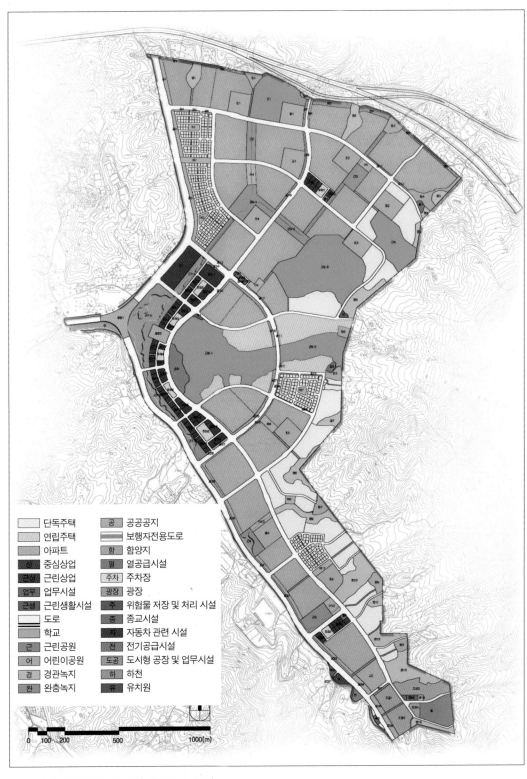

**그림 13-5. 최종안(동탄지구 발표 자료)_** (저자 제작, 1998).

택을 지음으로써 단독주택에 필요한 토지 면적이 줄어들고, 단위 공사비를 줄일 수 있어 유리하다. 소비자는 비교적 싼 값에 집을 살 수 있으며, 통합 단지 관리를 할 수 있어 주택 관리 비용을 줄일 수 있다. 이러한 방식은 미국에서 유행하는 PUDplanned unit development 방식과 비슷하다고 볼 수 있다.

그림 13-6. 원형지 공급 단독주택단지_ (저자 촬영, 2010).

## 실개천과 함양지

동백신도시에서 처음 시도한 아이디어는 함양지를 이용한 실개천 시스템 구축이다. 신도시의 동쪽은 가파른 산지이기 때문에 비가 오면 물이 서쪽으로 흐르게 되어 있다. 그래서 서쪽 경계부의 남북 간 도로 옆 실개천에는 물이 흐르는 날이 많았다. 문제는 비가 규칙적으로 내리지 않아 갈수기에는 종종 물이 마르는 경우가 있다는 것이다. 그래서 동쪽 경계선에 실개천이 시작되는 지점에 물을 가두어 둘 수 있도록 함양

그림 13-7. 함양지_ (저자 촬영, 2010).

지를 조성했다. 함양지로 선정된 곳에는 땅을 깊이 파서 자갈로 채우고, 비가 올 때 물을 채워놓고 조금씩 아래로 내려 보내도록 했다. 계산상으로는 1년 중 250일 이상 물이 흐를 것으로 예측되었다.

## 계획의 변화

개발계획이 완료된 후, 우리는 이 프로젝트에서 손을 떼었다. 토개공 입장에서도 개발계획 승인이 난 후에는 우리가 필요 없어졌다. 어쩌면 우리가 계속 관여하는 것이 불편했을 것이다. 나머지 일들, 즉 실시설계와 도시설계 등을 할 때 자기들이 원안을 마음대로 바꾸는 데 우리가 장애가 될 수

있기 때문이다.

우리가 만든 계획과 달라진 것 중 가장 중요한 것은 호수변 상가용지의 개발이었다. 토개공에서 잘게 나뉜 필지들을 각각 특성 있는 상가로 개발하고 가운데에 보행 거리를 만들자는 우리의 계획대신 전체 필지를 한 업체에 분양해 버린 것이다. 마치 일산의 라페스타와 같이, 그곳을 매입한 업체는 보행도로 양쪽을 모두 연결해 한 건물처럼 만들고 그곳에 쥬네브라는 이름의 3~10층의 복합상가 건물을 몇 동에 나누어 지었다. 그것은 원 계획의 개념을 완전히 바꿔놓은 것이었지만 토개공은 분

그림 13-8. 실개천을 메우고 들어선 경전철_ 앞쪽의 깨진 연석은 보도가 시작되는 곳이고, 아파트 단지 경계부의 그림자 진 부분은 실개천과 녹지가 조성되어 있던 곳인데, 지금은 흉물스러운 경전철 구조물이 들어섰다. (저자 촬영, 2010).

양의 용이성 때문에 한 것이었다. 그렇게 개발함으로써 개발업체는 과다한 상업용지를 공급하게 되었으며, 상가 분양이 10년이 넘도록 잘 안되어 거의 파산했다는 이야기가 들린다.

또 다른 큰 변화는 도로와 철도에서 발생했다. 남-북 간 외곽도로 또한 기존의 6m 도로를 확장해 4차선 20m 도로로 계획했었는데, 나중에 이를 고속화시키기 위해 6차선 도로로 확장하고 교차로마다 입체화하면서 더 이상 보행자가 편하게 다닐 수 없게 만들어버렸다. 거기에 더해 용인경전철이 이 도로와 평행해 지나감으로써 도로 옆 실개천과 그 주변 녹지는 모두 깨지고 말았다. 용인경전철은 정치적인 이유에서 민간 사업자를 끌어들여 건설했지만 처음부터 무리였다. 경전철에 대한 수요 조사는 엉터리였고, 구조체 자체도 지나치게 무겁게 만들어 흉물스럽기 그지없으며, 도시경관을 완전히 망쳐놓고 있다. 또 하나의 놀라운 변화는 남-북 도로 서측에서 일어났다. 계획 당시만 하더라도 남-북 도로의 서측은 가파른 산지로 구성되어 있었고 수림은 잘 보존되어 있었는데, 동백이 개발된 지 얼마 안 되어 서측이 개발되기 시작한 것이다. '신동백'이라는 이름의 개발이 무질서하게 들어섰는데, 이렇게 확장될 바에는 처음부터 이 토지들을 포함해 계획했더라면 더 좋은 도시를 만들 수 있지 않았을까 하는 아쉬움이 남는다. 동백신도시는 더 이상 좁은 계곡에 들어선 아기자기한 미니 신도시가 아니라 초고층 아파트가 가득 들어선 특색 없는 서울의 한 부분처럼 느껴진다.

# 아산신도시와 탕정산업단지

## (2004년 4월)

**14**

## 고속철도 역사 설계

우리나라에 고속철도를 도입하겠다는 정부의 방침이 결정되자, 그 다음은 어느 나라 시스템을 선정해야 하는가를 두고 국내·국외에서 치열한 경쟁을 벌였다. 프랑스의 TGV, 독일의 ICE, 일본의 신칸센 중에서 선택을 해야 했는데, 정부는 국민정서상 일본 것을 도입하기는 어려웠고 독일은 기술 개발이 끝났으나 실적이 많지 않았기 때문에 프랑스의 TGV 쪽으로 기울었다. 나는 도시계획가지만 고속철도가 전 국토에 미치는 영향을 검토하기 위한 연구과제를 맡게 되어 기술평가팀과 함께 현지답사를 다녀왔다. 파리에서 우리는 TGV에 승차해 짧은 거리를 달렸는데, 특실이라 그런지 객실 내부는 비행기보다도 더 고급스러워 보였다. 기관사가 우리를 위해 시속 300km 이상으로 달렸는데, 평소에는 200km 정도로 운행한다고 했다. 예상대로 시스템이 결정된 후 경부고속철도 노선이 확정되었고, 정차할 도시들이 결정되자 새 철도역사를 지어야 했다.

철도청이 주관 부서가 되어 처음 자문회의를 개최하고 나도 그 자리에 참석했는데, 회의 주제는 역사 설계를 어떻게 발주할 것인가에 관한 것이었다. 철도청에서 건축을 담당하는 민 국장이라는 사람이 주장하기를, 각 역사마다 현상 설계를 하되 철도역사를 설계해 본 경험이 있는 건축사만이 현상에 참여할 수 있게 해야 한다고 했다. 나는 이런 주장에 너무나 어이가 없었다. 도대체 어느 이름난 건축가가 철도역사 설계 경험이 있다는 말인가? 당시 철도역사 설계는 주로 철도청 건축과에서 일하다가 나와 조그만 사무실을 차린 뒤 철도청 일들을 독점하다시피 하는 사람들에 의해 이루어졌다. 그러니 말하자면 이들 중에서 골라서 맡기자는 것이다. 이 얼마나 놀라운 발상인가? 이게 말이나 되는 소리냐고 나는 버럭 소리를 질렀다. 민국장은 멋쩍었는지 자기가 한 말에 대해 변명을 늘어놓았지만, 결국엔 자신의 주장을 철회하고 설계 공모 참여 자격 제한은 완전히 없애기로 했다.

## 천안과 아산의 경쟁

경부고속철도가 수도권을 떠나 첫 번째로 도착하는 역이 천안아산역(최초 명칭은 천안역)이다. 이곳에 역사를 만들기로 한 것은 천안이라는 도시가 제법 크고 역사성도 있어 정차역을 만들기 적당했기 때문이다. 반면 아산시는 당시 인구가 얼마 되지 않은 온양을 중심으로 해 아산군과 통합된 도농 통합 도시였고, 온양은 철도 노선과도 많이 떨어져 있었다. 그런데 묘하게도 역사를 지으려고 정한 위치가 천안시가 아니라 아산시의 행정 구역에 속하게 되었다. 그러자 아산시에서는 역사 이름을 아산역으로 해야 한다고 주장하기 시작했다. 특히 강희복 시장이 지방선거에 나오면서 역사 명칭 변경을 공약으로 내걸었고, 시장으로 당선되었다. 그는 중소도시 시장이긴 하지만 서울대학교 환경대학원에서 도시계획으로 석사학위를 받아 도시계획 분야에서 전문가라고 자처하고 있었다. 그는 시장이 되자마자 과천에 있는 건설교통부에 와서 살다시피 했다. 때로는 아산 시민들을 대동하고서 농성까지 벌였다. 지역 민심을 거스를 수 없는 정부는 고심 끝에 역사명을 천안아산역으로 변경하기에 이르렀다.

아산과 천안의 경쟁 관계는 이때부터 시작된 것 같다. 고속철도 문제가 있기 이전만 하더라도 아무런 탈 없이 잘 지내던 두 도시 사이가 나빠진 것은 모두 정치인들이 도시개발 이슈를 자기들의 선거에 정치적으로 이용하려 했기 때문이라고 생각한다.

두 번째 해프닝은 아산시의 도시기본계획 수립 과정에서 생겨났다. 고속철도 통과로 잠에서 깨어난 아산시는 기본계획을 통해 확실하게 천안시에 대한 우위를 점하고자 했다. 당시에는 개발 압력이 수도권으로부터 충남 북부 지역까지 밀려오고 있었다. 한화그룹이 아산시 서북쪽에 한화테크노밸리 개발을 진척시키고 있었고, 주택공사에 의해 아산신도시도 개발이 진행되고 있었다.

강희복 시장은 스스로 아산시의 2010년 목표 인구를 100만으로 설정해 놓고 도시기본계획에 반영해 달라고 강력하게 요구했다. 내가 아무리 시장을 설득하려 해도 막무가내였다. 당시 아산시의 인구는 15만 명이었고, 아산신도시의 수용 예정 인구는 15만 명 정도였다. 주변에 여러 공업단지나 공장들이 들어선다 해도 신규 유입 인구는 5만 명을 넘을 것 같지 않았다. 이러한 숫자들을 다 더한다 해도 35만 명을 넘지 못한다. 그런데, 신도시 수용 예정 인구 15만이나 공단 건설로 인한 고용 인구 5만 명은 도대체 어디서 오는 사람들인가? 나는 이중 절반가량은 기존의 아산시 인구가 이동할 것으로 보았다. 나머지 10만 명은 아산시 밖(아마도 천안시나 수도권, 또는 충남 남부)에서 유입될 것이다. 그렇다면 아산신도시가 완성되는 때에도 아산신도시 인구는 25만 명 정도가 될 수밖에 없다. 물론 주변에 개발 압력이 거세어져서 공장들이 더욱 늘어난다면 30만 명은 가능하리라 판단되었다. 나는 목표 인구란 어차피 희망 인구이기 때문에 넉넉잡고 40만 명으로 하자고 시장을 설득하려 했지만 강 시장은 듣지 않고 고집을 피웠다. 나는 할 수 없이 강 시장을 설득할 수 있을 것이라고 생각되는 국토연구원 선배 박수영 박사(당시 선문대학교 교수)와 최병선 박사(당시 경원대학교 교수)를 동원했다. 그러나 이들도 결국 강 시장을 굴복시키지 못했다. 나와 엔지니어링 회사에서는 하는 수없이 목표 인구를 80만 정도로 해서 용역을 마무리 짓고, 나는 손을 떼었다. 그런데 나중에 들은 바로는 강 시장이 기어이 목표 인구를 100만 명으로 고쳐서 건설교통부에 제출했다고 한다. 그러나 건설교통부에서 그런 계획을 받아줄 리가 만무했다. 아무리 시장이 와서 드러눕는다 해도 중앙도시계획위원회를 통과하지는 못했다. 아산시의 인구는 목표 연도가 훨씬 지난 2019년에 30만 명을 겨우 넘었다. 나는 이 일을 겪고 나서 도시기본계획에서 각 도시들이 설정하는 목표 인구가 지나치게 도를 넘는 것을 막아야 하겠다고 생각했다. 모든 시군의 목표 인구를 합치면 아마 1억 명도 넘을 것이라는 우스갯소리가 있을 정도였기 때문이다. 그래서 '기본계획상 목표 인구 설정의 한계'를 정하자고 건설교통부에 건의했다. 내가 요구한 내용은, 증가하는 인구가 사회적 인구라면 그 인구를 산출하게 된 구체적인 근거를 대고, 이들이 어디로부터 유입되는가를 밝히도록 하는 것이었다. 그리고 이들이 속했던 주변 시·군과 인구 이동 문제에 대한 협의를 하도록 했다. 나의 이러한 제안은 건설교통부도 공감하면서 도시기본계획

심의 기준으로 삼았다고 한다.

## 아산신도시 계획

천안아산역이 위치한 곳은 천안의 서
쪽 끝이었는데, 당시에는 개발이 안 된
곳이 많이 남아 있었고, 아산 쪽도 개
발된 곳이 거의 없었다. 그러자 대한주
택공사는 역 주변에 신도시를 개발하
겠다고 나섰다. 처음에는 이름을 천안
신도시로 명명했지만, 신도시 개발의
대상지가 거의 아산시에 속하기 때문
에 나중에 아산신도시로 이름을 바꾸
었다. 이에 대해 역사 명칭으로 한동안
고통을 겪었던 천안시에서는 별 대응
도 하지 않았다. 주택공사는 이 신도시
의 계획을 내게 부탁했다. 그것이 1993
년의 '천안 역세권 신도시 개발계획'이
다. 위치는 천안시 서북구 불당동과 백

그림 14-1. 계획 대상지(초록색 부분)_ 보라색 부분은 삼성전자의 탕정단지다. (저자
제작, 2019).

석동, 아산시 배방읍과 탕정면에 걸쳐 있었다. 약 800만 평에 달하는 대규
모 신도시이지만 충청권인 만큼 인구 유입이 어렵다고 판단해, 목표 인구는
25만 명으로 낮추어 저밀도 신도시로 구상했다. 특이하게도 아산신도시를
구상할 때는 정확한 경계선이 정해지지 않은 상태에서 시작했다. 다만 북쪽
으로는 백석산업단지가 이미 구성되고 있어서 백석로(천안시 동쪽에서는 동서대
로가 됨)와 음봉로(아산시에서는 명칭이 백석로에서 음봉로로 바뀜)를 경계로 했다.
다만 그렇게 할 경우 북서쪽으로 도시 면적이 너무 넓어지므로 중간 지점에
서 삼성전자단지 쪽으로 경계를 내렸다. 동쪽은 천안시 도시계획에 따른 개
발계획이 미치는 곳, 즉 현재의 번영로를 경계로 했다. 남쪽으로는 곡교천의
북측 지천, 즉 21번 국도 아래를 지나는 하천을 경계로 해 서쪽으로 진행하
다가 곡교천 본류를 만나는 곳부터 곡교천을 경계로 했다. 문제는 서쪽의
경계였는데, 서쪽에는 삼성전자와 선문대학교가 있어서 경계를 설정하기가

매우 어려웠다. 처음에는 선문대학교의 토지를 수용하느냐 마느냐가 검토되었지만, 현지답사 결과 학교의 이전은 어렵다고 판단해 존치시키기로 했다.

그러나 삼성전자 문제는 그리 간단하지 않았다. 대한주택공사가 아산에 신도시를 건설하겠다고 한 직후, 삼성전자는 바로 대상지 옆에 붙어 있는 땅에 100만 평 가까운 자사 공장단지를 건설하겠다고 별도의 사업 계획을 제출한 것이었다. 기반시설이 아무것도 없는 곳에 산업단지를 건설하려면 상수, 하수, 도로, 전력 등 기반시설 공사에 엄청난 비용이 초래되는데, 주택공사가 신도시를 한다니까 거기에 얹어서 개발하겠다는 것이었다. 생각해보니 재벌 기업이 무임승차하겠다는 행동이 너무 얄밉기도 해, 신도시 영역을 그곳까지 넓혀 개발하고 산업용지를 삼성에 분양하는 방향으로 건의했지만 우리 의견은 반영되지 않았다. 우리는 삼성전자가 순수한 공장 부지를 확보하자는 것만이 아니라 일부 도시개발사업을 해 개발 이익을 취하고자 한다는 것을 알고서 그들이 내세운 계획의 문제점을 계속 제기했다. 그러자 삼성전자는 자신들의 계획지구 안에 있는 상당 부분의 주거용지를 선진국 수준의 모범적 주거단지로 개발하겠다는 약속을 했다. 단지의 계획과 설계도 일본의 계획가를 동원해 저층의 전원주택단지를 개발하겠다고 했다. 그러나 이러한 약속은 법적 구속력이 있는 것이 아니다. 삼성전자의 말만 믿고 주택공사는 민간 개발계획을 공공 계획으로 수용해 주었으나, 10년이 지난 후의 개발 양상을 보면 이와는 딴판으로 저질의 사원용 고층 아파트가 개발되어 있을 뿐이다.

이렇게 대상지가 결정되긴 했는데, 대한주택공사 입장에서는 이렇게 큰 도시를 개발해 본 경험이 없어서인지, 아니면 주택 수요에 대한 확신이 없어서인지, 도시 전체를 한 번에 개발할 자신이 없는 것 같았다. 주택공사는 1단계로서 면적 8km²를 지정하고 주택 34만 5000호, 인구 8만 9000명을 수용하겠다는 계획을 우선 마련했다. 얼마 후에는 그것조차 자신이 없었던지 그

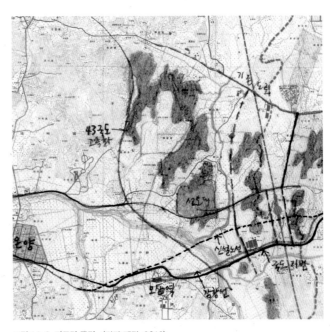

그림 14-2. 가로망 골격_ (저자 제작, 2019).

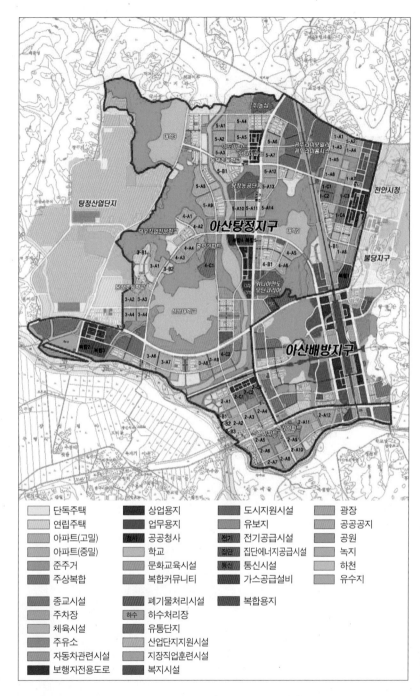

| | | | |
|---|---|---|---|
| 단독주택 | 상업용지 | 도시지원시설 | 광장 |
| 연립주택 | 업무용지 | 유보지 | 공공공지 |
| 아파트(고밀) | 청사 공공청사 | 전기 전기공급시설 | 공원 |
| 아파트(중밀) | 학교 | 집단 집단에너지공급시설 | 녹지 |
| 준주거 | 문화교육시설 | 통신 통신시설 | 하천 |
| 주상복합 | 복합커뮤니티 | 가스공급설비 | 유수지 |
| 종교시설 | 폐기물처리시설 | 복합용지 | |
| 주차장 | 하수 하수처리장 | | |
| 체육시설 | 유통단지 | | |
| 주유소 | 산업단지지원시설 | | |
| 자동차관련시설 | 지장직업훈련시설 | | |
| 보행자전용도로 | 복지시설 | | |

그림 14-3. 최종 개발계획_
(NAVER).

중에서 우선적으로 역사 주변 약 100만 평을 1-1차 사업지로 결정했다. 그
후 아산신도시 계획 구상은 개발 주체나 계획 구상이 수차례 수정되어 온
바 있다.

　전체 마스터플랜을 계획하는 데 가장 먼저 생각한 것이 지장물支障物이었

그림 14-. 축소된 개발계획_
(NAVER).

다. 땅이 넓은데도 불구하고 중앙부에 하천이 남-북으로 지나가고 있으며, 가운데 선문대학교가 자리 잡고 있고, 동-서로는 장항선 철도와 국도 21호선이 지나가고 있다. 또한 두 군데에서 남-북으로 산지가 지나가고 있어서 도로의 통과를 제약하고 있다. 지상과 고가로 지나가는 고속철도 또한 손댈 수 없는 절대적인 전제 조건이 되고 있었다.

가로망 틀을 짜는 데 이러한 제약 요소들은 결정적인 역할을 할 수밖에 없다. 우선 도시의 중심은 역시 고속철도 역사가 될 수밖에 없으므로 역을 중심으로 중심상업·업무 기능을 위치시켰다. 이것이 1-1단계 사업지다. 중심 구조는 고속철도의 선형이 주도하게 된다. 동쪽(천안시 쪽)과 서쪽(아산시 쪽)으로는 고속철도와 평행하는 도로를 두어 그 사이 공간을 상업중심지로 지정했다. 이 중심지 띠의 북쪽은 천안시에서 들어오는 도로를 끌어들여 한계로 하고, 이를 선문대학교 남쪽을 지나 곡교천변의 기존 도로와 연결시켰다. 남쪽의 한계는 자연히 국도 21호선이 될 수밖에 없다. 다음으로는 동-서 간의 연결인데, 우선 결정해야만 했던 것은 장항선의 이설이었다.

당시 장항선은 단선이었는데, 고속철도 역사 남쪽 끝에서 국도 21호선과 인접해 평행으로 지나간다. 이 장항선은 서쪽으로 모산역을 거쳐 온양역으로 향하는데, 모산역 주변이 난개발되어 교통이 혼잡하므로 21번 국도 북쪽으로 이설하고, 모산역 주변은 재개발하는 것이 바람직했다. 또한 장항선은 전철 복선화를 할 예정이어서 어차피 새로운 노선을 설정해야만 했다. 그래서 이 장항선 노선을 북쪽으로 옮긴 뒤 아산역을 고속철도 천안아산역과 연계시키면 환승이 가능할 것으로 생각되었다. 새로운 장항선 노선은 1-1단계 사업 구간에서는 고가로 지나가게 해, 하부로는 도로가 통과할 수 있게 했다. 그리고 나머지 도로들은 지형에 따라 적정 간격으로 배치했다. 그러나 이 신도시 개발은 수요가 여의치 않아 축소되었고, 20년도 더 지난 현재까지도 언제 다 채워질지 알 수 없게 되었다.

# 평택 고덕신도시

(2004년~2018년)

15

## 개발의 배경

노태우 정권 말기에 남북 교류 및 화해의 분위기가 조성되자, 정부는 북한과의 좀 더 나은 교류를 위해 DMZ 부근과 평택에 자유시와 평화시를 건설하겠다고 발표했다. 자유시는 그 입지를 물색하다가 파주 지역으로 정하고, 그곳에 운정신도시와 통일동산을 만들었다. 평화시는 미군 2사단이 남으로 철수해 평택으로 가게 됨에 따라 평택 지역에 만들기로 했는데, 나중에 이름을 고덕신도시로 명명했다. 두 지역 모두 한국토지개발공사가 사업자가 되어 개발을 진행했고, 고덕신도시의 경우는 제안서 경쟁을 거쳐 한아도시연구소와 제휴한 엔지니어링 업체가 당선되었다.

　고덕신도시의 개발 목표는 여러 가지가 있으나, 대부분 현실적이라기보다는 선언적인 것들이었다. 다른 신도시들과 다른 점이 있다면 미군 기지를 염두에 둔 것으로 이해되는 내용이 있는데, 외국인과 공존 및 발전할 수 있는 새로운 도시 모델을 정립하겠다는 것이다. 그래서 정부는 이곳을 국제교류 증진과 외국인 투자 유치 등을 통한 국제화 중심도시로 건설하겠다고 했다. 이를 위해 '평택지원특별법'상 국제화계획지구 건설계획을 법제화하고, 국가균형발전위에서도 수도권 발전 전략의 일환으로 평택국제화계획지구 개발 방안을 수용했다.

## 입지 여건

평택시는 경기도의 최남단에 있는데, 도농통합시가 되다 보니까 면적이 넓고, 그 안에 시가지가 여러 군데로 나뉘어 있었다. 가장 인구가 많은 곳은 평택시청이 위치한 과거 평택읍이고, 다음으로는 송탄읍, 그리고 안중읍과 평택항의 포승지구가 있다. 대상지는 서울과는 55km, 대전과는 94km 거리에 위치하는데, 경부고속철도, 수원-천안 간 복복선 전철, 평택-음성 간 고속도로, 경부선 철도 등과 연계가 용이하다. 대상지 안에 높은 산지는 없으며 완만한 구릉지와 농경지가 대부분이다. 중앙에 함박산이 있는데, 높이가 56.6m밖에 되지 않아 20층짜리 아파트 높이만도 못하다.

신도시 대상지는 경부선 철도가 확실하게 동쪽 경계를 이루었고, 나머지는 현황도로 경계와 농업진흥지역 경계, 동서고속도로 경계 등으로 결정되었다. 경부선 철도의 역사는 대상지 북쪽과 인접한 서정리역이 있고, 대상지 남쪽에는 지제역이 있다. 그리고 한편으로는 KTX가 대상지 남서쪽 모서리를 치고 지나며, 2016년에 개통된 SRT가 동쪽을 조금 떨어져서 지나고 있다. 남쪽 경계에는 평택-제천 고속도로가 지나가고 있는데 계획 당시에는 착공되지 않은 상태였다. '국토법'상으로 지정된 용도지역은 53.5%가 관리지역으로 되어 있고, 도시 지역은 23.6%, 그리고 농림 지역이 22.9%이다. 실제 용도는 전답이 39.6%이고 대지가 4%에 이르며, 임야가 32.8%, 기타 공장이나 도로, 하천, 군사 시설 등이 23%에 달한다. 대상지의 북쪽으로 오산 비행장이 있어 소음 영향권에 일부가 포함되어 있었다.

## 개발 방향

고덕신도시의 면적은 528만 평으로, 그 크기가 분당에는 조금 못 미치지만 일산보다도 큰 대형 신도시다. 이곳에 주택 6만 3000세대, 인구 15만 7000명(인구 밀도 90인/ha)을 수용하는 것으로 계획했다. 서울과의 거리가 멀기 때문에 서울로의 출퇴근은 생각할 수 없고, 신도시 스스로 고용을 창출하는 자족도시가 되어야만 했다. 그래서 자족 기능 확보를 위한 첨단지식 산업 및 국제 교류 특구를 신도시 안에 확보하기로 했다. 처음에 첨단지식 산업을 말했을 때는 사실 이에 대한 별 수용 대책이 없는 상태였다. 그곳이 첨

그림 15-1. 녹색사슬 설정(평택 고덕지구 발표자료)_ (한아도시연구소
제작, 2004).

그림 15-2. 철도 연장과 도시 골격 구상_ (한아도시연구소 제작, 2004).

단지식 산업의 적지인지도 판단하기 어려웠다. 다행히 경기도에서 산업용지
로 쓰겠다고 100만 평 이상을 먼저 요구했고, 얼마 안 있어 삼성전자가 입
주 의사를 밝혔다. 아산신도시에서도 충청남도가 나서서 산업용지를 챙겨
가더니 그곳에 곧 삼성전자가 입주하는 것을 보았기 때문에 나는 여기서도
삼성이 먼저 경기도에 매입 요구를 청탁한 것이 아닐까 추측했다. 그렇게
함으로써 일단 중앙정부가 삼성을 봐주려 한다는 여론을 피해갈 수 있기
때문이다.

우리는 나름대로 초기 수요 분석 및 타 신도시 사례 등을 검토해 도시지
원시설용지로 약 80ha를 지정했다. 그런데 경기도에서는 주변의 공장 신설
수요 등을 고려해 약 496ha 면적의 산업단지를 요구해 왔다. 국토교통부에
서는 수도권정비계획상 평택시에 할당 가능한 산업용지의 물량이 제한받으
며, 지구 지정 시 수용 인구인 6만 3000세대를 유지해야 하므로 이를 고려
해서 330~463ha에서 결정할 것을 제안했다. 그리고 면적은 결국 건설교통
부 의견대로 약 380ha로 결정되었다.

두 번째 자족 기능은 국제 교류인데, 이는 미군 평택기지가 바로 남쪽에
인접해 있고 북쪽에는 오산기지가 있기 때문에 미군을 중심으로 하는 서비
스 기능이 형성되지 않을까 하는 판단에서 선정되었다. 말하자면 이태원이
나 동두천, 송탄 등과 같은 미군기지 부근의 상권을 말한다. 그러나 이러한
생각은 처음부터 빗나갔다. 미군 쪽에서는 수년 전에 의정부서 발생한 여

중생(미선, 효순) 교통사고 이후 미군이 한국 사람들과 접촉하는 것을 철저하게 제한해 왔다. 그리고 평택기지 안에서 모든 숙소와 서비스 기능을 제공함으로써 미군이 굳이 영외로 나올 필요를 못 느끼도록 하겠다는 것이 미군 당국의 계획이었다. 물론 부사관급이나 장교들은 영외에서 출퇴근이 가능하니까 개인적인 이유로 신도시에 거주하며 출퇴근할 수는 있다. 그래서 일부 주택 수요는 민간 주택사업자들의 임대주택을 이용하는 것도 고려하고 있었다. 그러나 그 양도 많지 않았다. 미군들이 밖으로 나오지 않는다면 어떤 국제 교류가 가능할 것인가? 신도시 개발의 명분이 국제적 경쟁력을 갖춘 경제 교류 거점도시, 외국인과 공존하는 개방적 교육·문화 협력 도시였고, 그렇게 만들자고 시작한 평화 도시인데 외국인 없이 어떻게 할지 막막했다. 그러나 어찌되었던 간에 국제도시는 만들어야만 했고, 우리는 계획을 통해 그것이 가능하도록 해야만 했다. 그래서 우리는 이 도시를 수도권에서 가장 쾌적하고 편리한 도시로 만들고, 국제학교를 유치하며, 외국인들이 좋아할 만한 쇼핑과 위락 기능을 수용해서 미군을 비롯해 중국의 관광객(평택항을 이용한 관광객)들이 신도시에서 즐길 수 있고 자주 찾을 수 있는 공간들을 제공하기로 했다.


## 계획의 아이디어


현장 답사를 통해 얻은 아이디어는 첫째로 중앙에 위치한 함박산을 보전해 중앙공원으로 하고 이로부터 대상지 내의 모든 녹지를 연결해 녹색사슬green chain을 만들자는 것이었고, 둘째로 이미 개발되어 있는 평택 시가지와 송탄 그리고 개발 중인 평택항 주변 지구들을 어떻게 해서든지 연결해 장래 하나의 도시로 기능할 수 있도록 하자는 것이었다. 그래서 초기 계획안에서는 녹색사슬을 최대한 살리기 위해 가로망 계획과 토지이용계획을 수립했다.

어차피 계획 목표에서 설정한 대로 고덕신도시를 쾌적한 도시로 만들기 위해서는 먼저 풍부하고 쾌적한 친환경적 공원녹지공간의 조성이 필요했다. 그래서 초기 계획에서는 공원녹지로 158만 평이라는 상당히 큰 면적을 지정했다. 이는 전체 면적의 30%가 넘는 것으로서, 산지가 거의 없는 평탄지의 공원녹지라는 점에서 어느 신도시보다도 활용성이 높다.

두 번째 아이디어인 세 지역을 연결하는 문제는 철도로 가능할 것 같았다. 서정리역에서 철도 노선을 분기해 남서쪽으로 방향을 틀어 내려가면 평택항과 포승지구를 만날 수 있다. 평택항도 중국과의 교역을 바탕으로 성장하고 있으므로 장래에는 인천항 못지않은 거점 항구가 될 잠재력을 갖고 있다. 평택항 지역은 서해안고속도로가 있어서 서울과 도로로 연결되지만 철도가 없어 연계수송이 완전치는 않다. 이 경부선 철도 연장과 경부고속철도가 만나는 곳에 KTX 간이역을 만들어 환승이 가능하도록 하면 도시발전에 큰 보탬이 될 것으로도 생각했다.

## 토지이용계획

산업용지 면적이 130만 평으로 결정되기 이전에 우리는 80ha만큼을 토지이용계획에 반영했는데, 위치는 주로 소음 영향권인 북측에 배치시켰다. 그러나 경기도 측에서는 동남부로 위치를 옮겨주기를 희망했고, 심지어는 땅도 나눠지지 않은 한 덩어리의 대규모 토지를 원했다. 경부선 철도 분기 또한 토개공에서 불가하다는 답이 왔다. 사실 토개공 입장에서는 철도를 놓

그림 15-3. 산업단지 입지 대안(초기)(평택 고덕지구 발표자료)_ (한아도시연구소 제작 및 저자 소장, 2004).

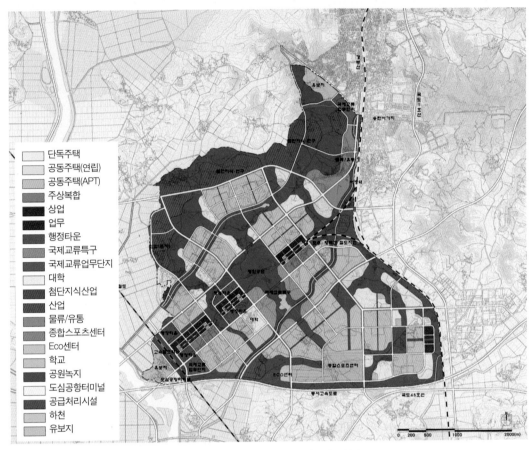

범례:
- 단독주택
- 공동주택(연립)
- 공동주택(APT)
- 주상복합
- 상업
- 업무
- 행정타운
- 국제교류특구
- 국제교류업무단지
- 대학
- 첨단지식산업
- 산업
- 물류/유통
- 종합스포츠센터
- Eco센터
- 학교
- 공원녹지
- 도심공항터미널
- 공급처리시설
- 하천
- 유보지

그림 15-4. 초기의 토지 이용 구상과 녹색사슬(2005년)_ (한아도시연구소 제작 및 저자 소장, 2005).

게 되면 그 비용을 전액 부담해야 하므로 적극적이지 않았다. 도시의 장래
나 국가 전체의 이익에 대해서는 별 관심을 갖지 않은 것 같았다. KTX 측
에서도 간이역이 위치하는 지역의 지반이 약하고 선로가 고가로 지나간다
는 이유를 들어 철도 분기에 대해 난색을 표명했다. 녹색사슬 역시 여러 군
데서 복병을 만나 끊어지고 가늘어지고 이전되었다. 나는 이러한 상황 변화
에 대처해 여러 가지 대안들을 생각했다. 우선 산업단지를 한 곳에 집중시
키되 거주 환경이 나쁜 북측에 몰아서 배치하는 대안을 제시했는데, 삼성
의 대변자 역할을 하던 경기도 측에서 그마저도 반대했다. 여기까지가 내가
주도해 온 고덕신도시의 계획이다. 그 이후 나는 계획에서 손을 뗐고, 나
대신 고세범 박사(현 한아도시연구소 본부장)가 담당하게 되었다.

설계자가 바뀌니 계획안도 달라지기 시작했다. 가장 큰 변화는 도시의 패
턴이 동심원 패턴으로 바뀌었다는 점이다. 도시 중앙에 함박산을 보전하고

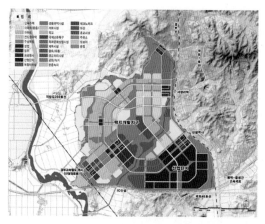

그림 15-5. 토지 이용 구상(2006년 변경안)_ (한아도시연구소 제작 및 저자 소장, 2006).

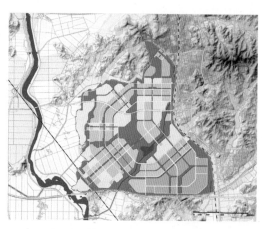

그림 15-6. 공원 및 녹지축 구상_ (한아도시연구소 제작 및 저자 소장, 2006).

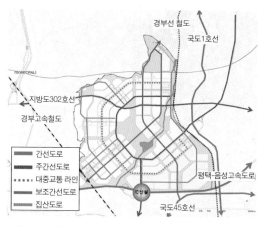

그림 15-7. 대안 2: 교통 체계 구상_ (한아도시연구소 제작 및 저자 소장, 2006).

그림 15-8. 2007년 안_ (한아도시연구소 제작 및 저자 소장, 2007).

그림 15-9. 2016년 안_ (한아도시연구소 제작 및 저자 소장, 2016).

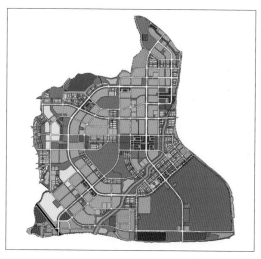

그림 15-10. 2018년 안_ (한아도시연구소 제작 및 저자 소장, 2018).

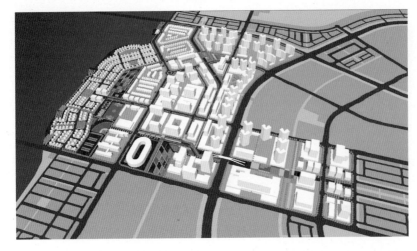

그림 15-11. 특화지구 모형_ (한아도시연구소 제작 및 저자 소장, 2018).

그림 15-12. 특화지구 토지이용계획_ (한아도시연구소 제작 및 저자 소장, 2018).

나니 이를 중심으로 도시 패턴이 도넛 형태로 만들어질 수 있게 되었다. 따라서 나머지는 함박산을 중심으로 한 방사형의 도로망과 토지 이용이 만들어졌다. 고덕신도시 계획은 2005년에 시작한 이래 2018년 말 현재까지 변경 작업이 진행되고 있으며, 언제 종료될지 아무도 장담할 수 없는 실정이다.

# 송산그린시티

(2005년)

## 배경

송산그린시티는 시화호 남쪽에 수면 위로 드러난 개펄을 도시로 개발하기 위해 붙인 이름이다. 시화호 방조제가 완성되어 물을 가둔 후에는 호수 물이 오염되어 한동안 시끄러웠던 적이 있었다. 물고기들이 떼죽음당해 수면 위로 떠오르고 녹조가 호수를 뒤덮어 악취가 진동하던 시화호는 환경 파괴의 대명사처럼 간주되었다. 그 후 방조제에 조력발전소가 들어서고 하루에 두 번씩 물이 순환되면서 시화호는 살아나기 시작했다. 아직도 약간의 냄새가 나고 물도 탁하기는 하지만 이전과 같은 정도는 아니다.

　발전소 건설이 구체화될 무렵, 반월특수지역 개발을 담당해 온 한국수자원공사(전 산업기지개발공사)는 시화호 주변의 개발 가능성을 저울질하기 시작했다. 사실 수자원공사는 도시개발이 주 업무인 기관이 아니다. 전두환 정권 초기에 국가의 여러 유사 기관들을 통폐합하고 문어발식 업무 영역을 잘라내라는 명령이 떨어지자, 산업기지 개발을 명분으로 창원과 안산 등을 개발해 왔던 산업기지개발공사는 명칭을 수자원공사로 바꾸면서 도시개발 사업을 포기할 수밖에 없었다. 그러나 도시개발에 미련을 갖고 있던 수자원공사는 반월특수지역이라 불리는 시화호를 중심으로 한 안산, 시화공단, 남측 개펄 등지의 개발권을 포기하지 않았다. 수자원공사는 1990년대 들어와 안산시에 남아 있던 고잔지구 2단계 개발사업을 성공적으로 마치고, 2000년대 들어와 반월공단 남쪽으로는 300만 평이 넘는 땅(시화MTV)을 추가로 매립해 산업용지와 상업용지로 분양함으로써 막대한 이익을 올렸다. 그러

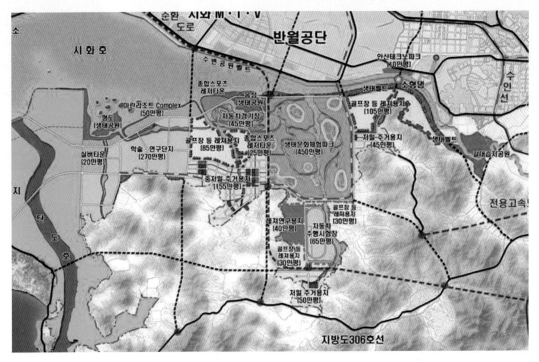

그림 16-1. **국토연구원 초기안_** (한국수자원공사 브리핑 자료, 2005).

고 나니 남은 것은 시화호 남쪽 개펄이었다. 방조제로 인해 수면이 낮아지면서 남쪽에 드러난 개펄은 그 면적이 55.82km²나 되어서 신도시로 개발될 경우 우리나라에서 가장 큰 신도시가 될 수 있다. 이 지역은 길이만도 15km가 넘어, 한때는 수도권 신공항의 후보지로 영종도와 경합을 벌인 적도 있었다. 그러나 당시 오염된 시화호라는 좋지 않은 이미지와 해무가 자주 긴다는 점 때문에 후보지에서 탈락했다.

수자원공사는 이곳을 도시로 개발하기 위해 개발 구상을 국토연구원에 의뢰했다. 국토연구원을 선택한 것은 환경단체들이 이곳의 개발을 반대하는 상황에서 정부출연기관이라는 공신력을 확보하기 위함이었다. 그러나 국토연구원이 만든 안은 그들을 만족시키지 못한 것 같다. 〈그림 16-1〉에서 보는 바와 같이, 계획에는 여러 용도들이 산발적으로 흩어져 있어 하나의 도시라고 보기 어렵게 만들어졌다. 수자원공사는 개발계획을 용역업체에 발주하면서, 기본구상을 의뢰하기 위해 학교에 있던 나를 찾아왔다. 내가 반월신도시 재정비계획 때 함께 일한 유원재(당시 계장)를 통해 나를 소개받고 찾아온 것이다.

## 환경단체들의 반발

내가 일을 맡고 나서 가장 먼저 시작한 것은 목표 인구의 설정이었다. 도시 개발이 결정된 지 한참 되었지만 그때까지도 목표 인구가 오락가락하고 있었다. 그 까닭은 환경단체들이 이 지역을 도시로 개발하는 것을 반대하고 나섰기 때문이다. 그래서 인구가 5만 명에서 10만 명으로, 10만 명에서 12만 명으로, 12만 명에서 15만 명으로 최종 결정될 때까지 1년 이상 많은 시간이 소요되었다. 그사이 우리는 인구 규모를 결정하기 위해 환경단체들과 수많은 회의를 거쳤다. 시화호와 관련된 환경단체의 수는 30여 개나 되었다. 시화호가 오염되자 환경 분야 사람들은 모두 다 시화호로 몰려들었다. 어떤 단체는 한 명이 단체라고 등록을 했고, 대개는 2~3명이 하나의 단체를 만들었다. 2019년 현재 서울연구원 원장으로 있는 서왕진도 이들 중 한 명이었던 것으로 기억한다. 이렇게 많은 단체들을 상대로 인구 규모를 결정한다는 것은 그야말로 불가능에 가까운 일이었지만 수자원공사는 참을성 있게 이들을 설득했다. 공룡알 화석지 때문에 문화재보호구역으로 지정된 400만 평을 빼고서도 1200만 평이나 되는 땅에 인구 15만 명을 수용한다는 것은 개발을 거의 하지 말라는 것이나 다름이 없었다. 환경단체들은 인구보다는 고용 창출 기능을 원했다. 그러면서도 공장들은 원천 배제했다. 그렇다면 무엇이 가능한가? 우리는 관광으로 특화할 수밖에 없다고 생각했다. 그래서 우리는 골프장을 10개쯤 만들겠다고 했지만, 땅을 오염시킨다고 반대해 그것도 서너 개로 줄였다.


## 개발 구상

우리는 도시 면적을 최소한으로 줄였고, 생각해 낼 수 있는 모든 용도들을 검토해 배치했다. 도시 지역은 최저 밀도로 해야 하겠지만, 그렇게 할 경우 건설업체들이 관심을 가질지 확신이 없었다. 그래서 여러 종류의 주택을 섞되 저층 주거, 즉 단독주택이나 연립주택을 많이 넣고 아파트의 경우도 중층을 기준으로 하기로 했다. 우선 도시가 되기 위해서는 주변 지역들과 연결이 필요했다. 대상지가 서해안 쪽에 치우쳐 있는 관계로 경부축의 인프라(고속도로, 철도 등)와는 너무나 멀리 떨어져 있었다. 가장 가까운 고속도로는

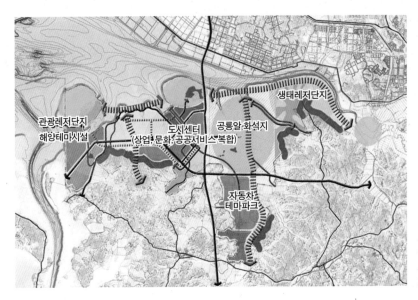

그림 16-2. 초기 공간 배분 개념도_(한아도시연구소 제작 및 저자 소장, 2006).

서해안고속도로로서 대상지 중심부와는 16km 거리였다. 지금은 평택-시흥 고속도로가 건설되어 있지만, 당시만 해도 고속도로 건설에 대해 거론은 되었어도 구체적인 계획은 없었다. 그렇다면 동쪽으로 나아가는 도로가 필요한데, 공룡알 화석지를 관통할 수는 없으므로 남쪽으로 한참 내려와야만 했다. 즉, 수도권 인구 밀집 지역으로부터는 접근이 상당히 나빴다. 따라서 당시에는 현장을 가기 위해 시화방조제를 거쳐서 돌아와야만 했다. 북쪽에는 안산시 반월공단과 고잔지구가 근접해 있어 교량을 건설하면 접근이 되었지만, 안산시를 벗어나기 위해서는 시내에서 수많은 교차로와 교통 체증 구간을 통과해야만 했다.

토지 이용 측면에서는 공룡알 화석지는 그대로 보존하고, 그 동쪽은 생태·레저단지로 두는 것이 적합하다고 생각했다. 그 이유는 안산시 주민들이 쉽게 접근할 수 있기 때문이다. 게다가 이미 수자원공사가 동쪽 끝에 있는 개펄을 이용해 오염된 하천수를 정화시키는 과정을 보여주는 생태공원을 만들어 놓았기 때문에, 이와 연계해 환경단지를 개발하면 시화호 오염의 주범으로 비난받던 수자원공사의 입장이 조금 나아질 것 같았다. 한편 공룡알 화석지 남측에는 이미 한국교통안전공단의 자동차안전연구원이 자리잡고 있었으므로 그 인접지에 자동차 테마파크나 자동차 관련 산업시설을 유치하면 될 것으로 판단했다. 그리고 나면 도시로 개발할 수 있는 땅은 공룡알 화석지 서측이 되며, 여기서도 음섬과 형도를 빼면 남는 것은 약 500만 평 정도이다. 그래도 평촌, 산본, 중동의 신도시들이 불과 130만~150만 평의 면적에 17만 명을 수용한 것과 비교하면, 이 지역에 15만 명을 수용하기에는 면적이 너무 컸다. 그래서 그중의 절반 정도, 즉 250만 평을 주거지를 비롯한 시가지로 하고 나머지는 관광을 위한 레저산업, 교육 연구 등의 기능으로 채우기로 했다.

## 도시의 구조

전체 대상지는 공룡알 화석지 400만 평을 빼면 세 부분으로 나누어진다. 공룡알 화석지 동측(B 지역), 남측(C 지역), 그리고 서측(A 지역)이다. 주된 진입 도로는 공룡알 화석지의 세 면에 만들어질 수 있다. 즉, 동측과 서측에 형성되는 남-북 간 도로가 반월공단과 연결될 수 있고, 남측을 따라서는 서해안고속도로로부터 진입하는 도로를 신설할 수 있다. 도시(A 지역)의 서쪽 끝은 경계가 남-북 간 직선으로 형성되는데, 그 경계의 서편은 농어촌공사의 관할 구역이다. 북쪽은 수면 위로 드러난 경계가 자연스러운 곡선으로 되어 있는데, 동쪽의 음섬과 서쪽의 형도 남쪽으로 물길이 파고 들어와 실제 시가지로 개발할 땅은 활 모양으로 휘어 있었다. 그래서 나는 도시

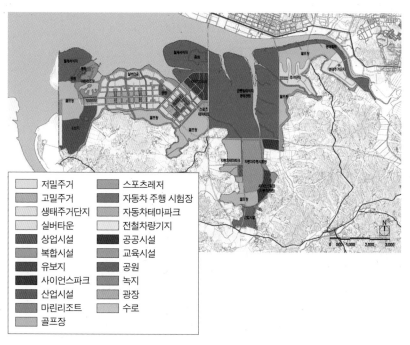

그림 16-3. 초기 구상안_ (한아도시연구소 제작 및 저자 소장, 2006).

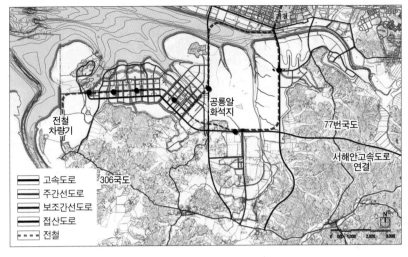

그림 16-4. 철도 구상과 가로망
구상_ (한아도시연구소 제작 및
저자 소장, 2006).

(A 지역)의 형태도 일직선이 아닌 꺾인 형태가 적합하다고 생각했다. 도시(A
지역)의 중심부는 남-북, 동-서 방향으로 직교하는 격자형 패턴을 기본으로
하고, 동쪽 부분에서는 격자형 패턴을 45도만큼 꺾어 남쪽에서 들어오는
진입로에 근접시켰다. 도시(A 지역)의 중심은 타 지역으로부터 진입하기 쉬
운 곳에 입지시키고, 양끝 부분은 골프장과 연구단지, 그리고 유보지로 남
겨두었다. 동쪽 도시(B 지역)는 주로 골프장으로 지정하고, 골프장과 연계된
골프빌리지를 배치했다. 남쪽 도시(C 지역)는 사실 별로 채울 것이 없어 고민
하던 중에 자동차 관련 판매시설이나, 오락시설, 자동차 관련 사이언스 파크
등과 더불어 골프장과 소규모 산업단지를 수용하기로 했다.

다음은 철도망의 인입이 필요했다. 이렇게 멀리 서쪽 구석에 위치한 도시
에 사람들을 유치하려면 철도 연결이 필수적이다. 그래서 일단 철도를 안산
쪽으로부터 끌어오는 것으로 생각하고 노선을 검토했다. 당시에는 이미 소
사-원시 전철계획이 구체화되고는 있었지만 정확한 역사 위치는 결정되지
않은 상태였다. 우리는 원시역으로부터 철도를 연장해 공룡알 화석지 동편
이나 서편으로 내려와 서측 도시(A 지역) 시가지의 중심으로 관통하게 하는
방식을 제안했다.


## 운하도시 아이디어

송산은 도시 전체가 개펄인 평탄지이므로 우기에 배수 문제가 생길 것 같았

다. 또한 땅은 너른데 지하 하수도만으로는 집
중 강우를 처리하기에 어려울 같아 오픈된 수로
를 내야겠다는 생각이 들었다. 그런 생각을 하
다가 문득 운하를 만들면 어떨까 하는 생각이
떠올랐다. 이곳은 입지가 외진 곳이고 접근성도
좋지 않으니까 무언가 특별한 것이 필요하다는
생각을 하고 있던 와중에 운하라는 아이디어는
제격이었다. 우리나라에 아직까지는 운하도시가
없으니까, 여기에 운하도시를 만들면 관광도시

그림 16-5 산안토니오의 운하_ (저자 촬영, 2009).

로서 손색이 없을 것 같다는 생각에 흥분이 되었다. 나는 남쪽의 천등산에
서 북쪽으로 내려가는 것과 도시를 순환하는 것, 중간마다 도로와 도로 사
이로 수로를 넣어 운하로 사용하도록 계획했다.

운하도시에 대해 수자원공사 담당자들은 대체로 찬성했다. 그러나 운하
도시를 만드는 일은 한 번도 해보지 않은 터라 실시설계를 맡은 엔지니어링
회사(도화, 삼안 등)들은 난색을 표시했고, 부정적인 반응을 보였다. 나는 그
럼에도 불구하고 강력하게 밀어붙였다. 나와 수자원공사 담당자, 그리고 프
로젝트 담당 엔지니어들이 미국 샌안토니오의 운하를 답사한 것도 이들에
게 확신을 주기 위한 것이었다.


## 계획의 변경

그런데 내가 제시한 도시 형태 구상안
에 대해 수자원공사 측에서 불만족스
럽다는 의사를 표시했다. 내 추측으로
는 함께 일하던 엔지니어링 회사의 누
군가가 운하에 불만을 품고 문제를 제
기한 것 같았다. 나는 기분이 언짢았지
만 어쩔 수 없었다. 내가 그린 도시 형
태가 반드시 그래야만 하는 것은 아니
니까, 다른 형태를 만들어보았다. 도시
축을 45도 꺾는 것보다는 아예 활 모양

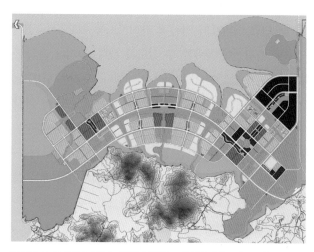

그림 16-6. 도시 형태 수정안_ (한아도시연구소 제작 및 저자 소장, 2007).

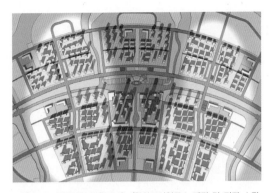

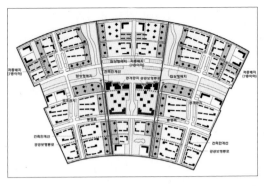

그림 16-7. 중심부의 건축 구상_ (한아도시연구소 제작 및 저자 소장, 2008).

그림 16-8. 중심부의 도시설계 구상_ (한아도시연구소 제작 및 저자 소장, 2008).

으로 휘어지게 하는 것은 어떨까 생각했다(《그림 16-6》). 그러나 운하는 끝내 고집했다. 예상외로 수자원공사 측에서는 새로운 도시 형태에 대해 별 문제 제기를 하지 않았다.

새로운 계획의 경우 토지 이용은 크게 바꾸지 않았다. 북쪽 수변에는 저층 단독주택을 위한 필지들을 배치하고, 서쪽 끝 형도 남쪽에는 수심이 깊은 점을 이용해 요트장과 호텔 등 레저시설을 배치했다. 동쪽은 도심으로 구성하되 위쪽으로는 첨단산업단지를 유치하고, 동남쪽은 교육연구단지로 대학 등을 유치하기로 했다. 교통 측면에서는 세 개의 동심원 간선가로를 돌리고, 가운데 동심원 도로 바로 아래에 대운하를 배치했다. 또한 남-북 간에는 적정 간격으로 소운하를 배치해 남쪽 산지에서 내려오는 우수를 호수로 내려보내도록 했다. 대운하의 길이는 관광 유람선이 한 시간 정도 운행할 수 있도록 5km 구간으로 했다. 운하의 주변은 넓은 녹지를 두고 식재를 해 인근 아파트가 시야에 가려지도록 했고, 시작점과 종착점 그리고 중심부에 유람선이 정박할 수 있도록 했다. 그러나 운하를 만든다는 것은 수문학水文學적으로 간단한 일이 아니었다. 우리는 단면도를 수없이 그려보았고, 수위에 대한 연구도 많이 했다. 수문을 어디에 어떻게 만들 것이며, 물은 얼마나 자주 교환해 주어야 하는지, 유람선의 흘수는 얼마로 잡아야 하는지, 수로 위로 지나가는 교량은 어떤 모양이어야 하는지에 대해 연구하고 토론하며 어느 정도의 결과를 냈다. 도시의 중심에는 운하 남측에 이 도시의 랜드마크가 되도록 초고층 건물을 배치하고, 그 주변으로 주상복합용 건물을 짓도록 했다. 운하의 북쪽에는 옥외공연시설과 판매시설을 두어 이용객이 머물면서 즐길 수 있도록 했다.

이러한 노력에도 불구하고 이 계획은 10여 년이 지난 지금까지도 표류하고 있다. 수자원공사가 주택 수요에 대한 확신을 갖지 못해 망설이면서 개발을 유보해 왔기 때문이다. 그동안 수차례 다른 팀들을 동원해 수정하고 또 수정하고, 심지어 다시 한아도시연구소에까지 수정 요청이 들어올 정도였다. 그러나 당분간은 개발을 착수할 것 같지 않다. 운하도시를 처음으로 시도하기 위해 그처럼 노력했건만, 현실은 따라주지 않는 것 같아 아쉽다.

## 동부 지역 계획

공룡알 화석지 동쪽 시가지는 서쪽 시가지와는 별도로 계획을 추진했다. 수자원공사에서는 동쪽은 안산시와 근접해 접근성이 좋아 쉽게 분양할 수 있을 것이라 판단했다. 그래서 환경단체와 합의한 총인구 15만 명 중에서 동쪽 신도시에 3만 명을 수용하는 것으로 계획했다. 송산그린시티 계획을 시작하자 공룡알 화석지 동쪽을 관광단지로 만들겠다는 민간 사업자가 등장했다. 그들은 처음에 자기들이 미국의 유니버설스튜디오Universal Studio를 유치해 그곳을 대규모 관광단지로 개발할 터이니 땅을 100만 평 정도를 무상으로 달라고 요청했다. 그들은 이런 종류의 사업자들이 늘 그러하듯이 자기들 자금은 거의 없이 사업권을 획득한 후 개발 자금을 모으는 방식으로 접근했다. 유니버설스튜디오의 사업 참여 의향서MOU도 만들어 오고, 개발 구상과 조감도도 만들어 사업 계획을 구체적으로 제시했다. 수자원공사 입장에서는 이들이 정말 들어온다면 무상으로 땅을 내줄 생각이었다. 그러나 MOU만으로는 투자가 이루어지지 않는다. 당시 유니버설스튜디오 측은 테마파크 건설 지역에 대해 중국과 한국을 놓고 저울질 하고 있었다. 한국 내에서도 여러 지방 도시들이 유치전을 벌이기도 했다. 유니버설스튜디오 입장에서는 자기들은 돈 한 푼 들이지 않고 이름만 빌려주고 로열티를 받거나, 자기들이 운영하던 시설의 사용 기간이 만료된 것들을 실어와 비싸게 팔면 되니까 그야말로 횡재를 얻을

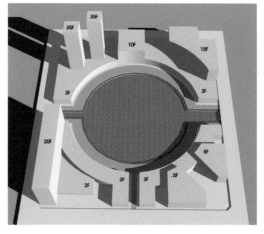

그림 16-9. 동측 도심부 원형 호수_ (한아도시연구소 제작 및 저자 소장, 2008).

수 있었다. 그래서 나는 수자원공사에 이러한 사업의 위험성에 대해 알려주고 주의를 환기시켰다. 토지를 싸게 매각하는 수는 있지만 절대로 무상으로 임대하거나 분양하면 안 된다고 수차 경고했다. 민간 사업자는 끈질기게 토지 무상매각을 요구하다가 잘 안되니까 나중에는 임대로 방향을 바꾸었다. 그러나 이들은 자금 조달project financing이 전혀 안 된 상태였기 때문에 임대할 비용조차 마련하지 못하고 있었다. 이들의 시도는 내가 계획에 관여하는 동안 내내 지속되었고, 내가 송산그린시티 설계를 그만둔 다음에도 상당 기간 계속되었다.

그림 16-10. 동측 유니버설스튜디오 계획부지 개발 대안_ (한아도시연구소 제작 및 저자 소장, 2008).

유니버설스튜디오 관광지 개발이 확정되지 않은 상태에서 우리는 동쪽 시가지의 자투리땅에 대한 설계를 했다. 자투리라고는 했지만 그 넓이가 3km²나 되는, 웬만한 신도시 못지않게 큰 면적이었다. 땅은 모두 평지이고 수용 인구는 3만 명밖에 되지 않아 매우 저밀한 도시를 만들 수밖에 없었다. 나는 수자원공사와 협의해 이곳을 친환경도시로 만들기로 했다. 시화호 오염으로 기업 이미지가 나빠진 수자원공사 입장에서는 부정적 이미지를 만회할 좋은 기회라는 이야기도 덧붙였다. 처음에는 이곳을 모두 단독주택지로 하려 했으나, 주택 건설 추세로 보았을 때 단독주택만으로 100만 평을 채우기는 어렵다고 판단해, 절반은 공동주택을 넣기로 했다. 그리고 유니버설스튜디오 계획이 취소될 것에 대비해 그곳을 포함한 대안도 마련했다(〈그림 16-10〉). 즉, 북쪽 40만 평에는 시화호와 연접하므로 저밀 주거지를 배치하고 남쪽 60만 평에는 철도역사로 인해 접근성이 좋으므로 관광시설과 상업시설을 배치했다

# 화성 동탄1신도시

(2001년)

**17**

## 개발 배경

한국토지개발공사는 1997년 동탄신도시 개발을 추진함으로써 서울 중심 40km권을 뛰어넘는 모험을 감행했다. 분당의 남쪽으로 죽전지구를 성공적으로 분양한 이후 더 남쪽으로 향하던 중 접근성이 그런대로 좋고 주택 수요가 있을 것이라 판단되는 지역을 찾은 것이 화성시의 동탄 지역이다.

## 입지 여건

동백신도시 이후 우리(한아도시연구소)가 맡은 대규모 신도시는 화성 동탄신도시였다. 화성은 이전에 이미 여러 번에 걸쳐 크고 작은 프로젝트를 수행해 온 지역이라서 많이 익숙해진 지역이다. 우리에게 주어진 대상지는 그 규모(9.03km²)가 그리 크지 않은 반면 목표 인구는 12만 명이라 고밀도로 개발할 수밖에 없었다.

　땅은 구릉지가 많고 평탄한 곳이 적어 계획에 어려움이 예상되었다. 더구나 구역 경계가 매우 들쑥날쑥해 도저히 어떤 규칙적인 패턴의 도시를 만들 수 있을 것 같지 않았다. 더욱이 서측과 북

**그림 17-1. 서울로부터의 거리_** (저자 제작, 2019).

측 경계 밖은 이미 시가화가 상당히 진
행되어 있었고, 그로부터 가로들이 대
상지 내로 접근하고 있어 이들의 정리
도 쉬워 보이지 않았다. 그나마 남쪽은
아직 개발의 압력이 미치지 못하고 있
었고, 동쪽은 안성천이 경계를 이루고
있었으며, 그 너머에는 경부고속도로가
지나가고 있어 개발의 한계가 분명했다.

자연 지형은 평탄치 않고 구릉지를
형성하고 있는데, 동쪽 경계부에 약간
높은 봉우리가 하나 위치하고 있어서
그나마 시각적 초점을 이루고 있었다.
북쪽 가운데로는 제척지가 크게 파여

그림 17-2. 대상지의 구역 경계(개발 이전)_ (저자 제작, 2019)

있어서 대상지의 형태를 더욱 이상하게 만들고 있었다. 그것은 삼성반도체
화성공장으로서, 당시 이미 공장 일부가 만들어져 가동되고 있었기 때문이
었다. 불규칙하게 사방으로 뻗어 나간 땅을 빼면 중앙부의 한 덩어리로 볼
수 있는 땅은 전체의 절반이 채 되지 않았다.


## 도시 구조

우리는 분당과 일산 그리고 동백에서처
럼 가장 높은 봉우리를 보전하기로 결
정했다. 그렇게 생각하니 봉우리를 중
심으로 하는 원형 패턴이 나올 수 있었
다. 이 아이디어는 온영태 교수가 처음
제안한 것인데, 나는 그 의견에 전적으
로 동의했다.

그러나 이러한 동심원 구조가 갖는
문제를 나는 안산(반월에서는 육각형)에서
이미 경험했기 때문에 다소 망설여졌
다. 도로가 돌아가면 운전자가 방향성

그림 17-3. 동심원 도로의 곡선_ 동탄 반석로의 곡선 부분 도로변 건물이 측면이 아
닌 정면으로 인식된다. (저자 촬영, 2012).

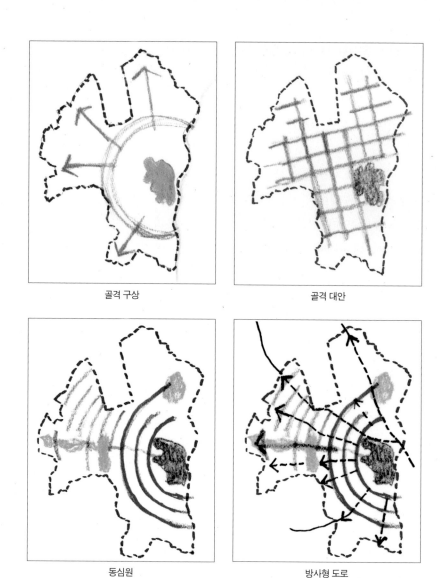

| | |
|---|---|
| 골격 구상 | 골격 대안 |
| 동심원 | 방사형 도로 |

그림 17-4. 도시 구조 스케치_ (저자 제작, 2019).

을 상실하게 되고, 도로에 접한 필지들도 접도 부분이 사각형이 아닌 원호로 구성되기 때문에 토지 이용 효율이 떨어지거나 옆 건물과 건축선이 어긋날 수 있기 때문이다. 물론 보도블록을 깔 때에도 원호를 그리며 깔아야 한다.

그래서 원형 도시의 형태를 마음속에 그리면서도 거꾸로 격자형으로 해서는 안 되는 이유도 찾으려고 했다. 격자 패턴을 그려보니 만들 수는 있지만 어쩐지 도시의 전체 형태와는 맞지 않는 것 같았다. 그래서 격자형과 원형을 절충하는 대안도 만들어보았다.

여러 실험을 거쳐 결국 우리는 동심원형으로 가기로 결정했다. 다행히 동심원의 반경이 충분히 커서 운전하는 데 큰 문제가 없을 것 같았고, 오히려 시야가 곡선을 따라 변화함으로서 흥미를 더해주리라 생각했다. 또한 건물을 짓거나 보도블록을 까는 일도 큰 문제가 생기지 않을 정도의 곡률반경이라고 자위했다.

동심원형으로 가기로 정하니 자연히 제일 높은 산봉우리가 그 중심에 놓이게 되었다. 그런데 그 봉우리는 너무 낮아서 지도에도 이름이 없었다. 그래서 봉우리의 이름을 우리가 붙여주었다. 인근의 지명인 반송리와 석우리의 이름을 따서 반석산이라고 했는데, 이것이 굳어져서 나중에 지도에도 반석산(122m)이라고 표기되었다.

동심원은 제일 안쪽은 반석산 끝자락을 기준으로 만들고 바깥쪽으로는 300~500m 사이에서 그렸는데, 동심원이 경계선에 닿거나 지나치게 가까우면 토지 이용이 어려워질 것을 감안해 경계선과는 200m 정도를 남겨놓고 그리니 첫 번째 동심원과의 거리가 570~580m 정도 되었다. 그래서 이것은 너무 넓다고 판단되어 그 사이에 동심원 도로를 하나 넣기로 하고, 똑같은 간격으로 나누기보다는 약간 차이를 두어 안쪽 블록의 폭은 250m로, 바깥쪽 블록은 320m로 했다. 중간에 끊어져 별 의미가 없었지만, 전체적인 조

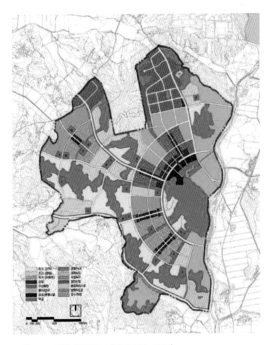

그림 17-5. 나의 초기 구상_ (저자 제작, 1998).

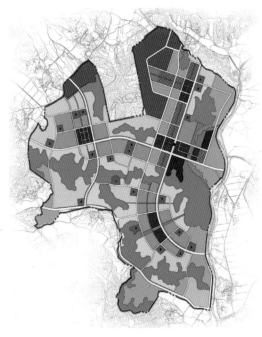

그림 17-6. 동심원-격자 혼합 대안_ (저자 제작, 1998).

화를 위해서 맨 바깥쪽 동심원의 서쪽으로도 동심원을 계속 시도는 했다.

　다음은 방사형 도로망이 들어와야 했다. 외곽의 땅 모양이 파편처럼 바깥쪽으로 튀어나갔기 때문에 도로도 이들 방향으로 적정한 간격을 두고 뻗어 나가야 했다. 이들 방사형 도로들은 일부 외부의 기존 도로와 연결되기 위해 굽어지기도 하고 서로 간의 간격이 달라지기도 했다.

　다음에 내가 한 것은 이들 방사형 도로가 반석산을 향해 나아갈 때 도로들의 아이덴티티를 마련해 주는 일이었다. 그래서 이들 도로가 중심부에 다가갈 때는 간격을 되도록 비슷하게 해 균형을 맞추고, 도로의 양옆에 근린상업지역을 배치해 각 도로의 특성을 만들어내고자 했다(〈그림 17-5〉).

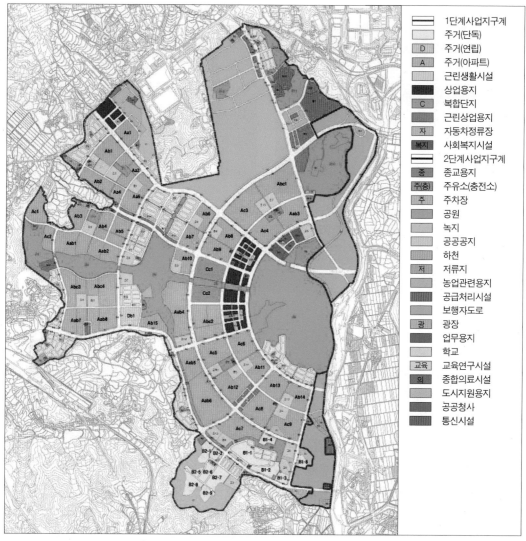

그림 17-7. 최종안_ (한아도시연구소 제작, 1998).

그림 17-8. 교차 공간에서 본 중심축_ 위로는 간선도로가 지나가고 있다. 그림에 보이는 광장은 지하 성큰 축이다. (저자 촬영).

그림 17-9. 중심축의 지하 입체교차_ 위로는 간선도로가 지나가고 있고, 그 밑으로는 보행공간 축이 지나가고 있다. (저자 촬영).

그림 17-10. 중심축의 지하화(hard한 포장면)_ 사진 아랫부분의 계단은 반석산에서 내려오는 계단이고, 교량 하부는 인라인 스케이트장이다. (저자 촬영).

그림 17-11. 중심축에서 본 랜드마크 타워(메타폴리스)_ (저자 촬영).

## 상업지역 배치

가로망으로 도시의 골격을 만든 다음 할 일은 도시의 중심을 결정하는 일이다. 도시 형태가 갖는 특징상 중심은 아무래도 방사형 도로가 모이는 곳일 수밖에 없다. 그러나 도로가 모이는 중심부는 반석산이므로, 반석산을 둘러싼 첫 번째 동심원 주변을 도심부로 했다.

도시의 규모상 중심상업지역이 첫 번째 동심원을 따라 전 구간이 상업지역으로 될 수는 없으므로, 일부 구간만을 중심상업지역으로 지정할 수밖에 없었다. 그래서 방사형 도로가 뻗어 나가면서 가장 서비스하는 (비록 북쪽에 치우쳐 있지만) 면적이 큰 두 개의 도로 사이에 중심상업지역을 지정했다. 물론 중심상업지역이 성공하기 위해서는 첫 번째 동심원의 안쪽(반석산 쪽)에도 사람들의 활동이 필요하므로 반석산과의 사이에 공공문화시설을 끼워 넣었다.

다음은 근린상업지역의 배치인데, 나는 중심으로 향하는 방사형 도로들을 좀 더 극적으로 만들고 싶었다. 그래서 방사형 도로들의 양편으로 각각 약 40m 폭의 근린상업지역을 지정하되, 첫 번째 동심원과 세 번째 동심원 사이, 즉 약 570m 구간에만 정해 두었다. 그리고 근린상업지역의 양쪽 끝, 즉 첫 번째 동심원과 세 번째 동심원 끝에는 소공원을 두어 기념비, 동상, 수목 등을 배치해 각 근린상업지역의 특징을 분명히 차별화하도록 했다. 그 밖에 근린상업지역이 필요한 곳은 중심에서 멀리 떨어져 있는 곳(북서쪽)에 한 군데 더 배치했다.


## 주거지역 배치

고밀 주거용지는 주로 첫 번째 동심원과 세 번째 동심원 사이에 배치했다. 특히 중심상업용지 근처는 주상복합용지를 지정해 밀도를 강화하고 주변으로 벤처나 업무시설용지도 마련했다. 다만 이 동심원 공간이 지나치게 고층화되는 것을 막기 위해 중간에 녹지 띠와 중층 아파트 띠를 번갈아 배치함으로써 시각적 안도감relief을 갖도록 했다. 고층 아파트 단지는 서북쪽 끝에도 배치해 전체적인 인구 수용 목표를 달성하게 했다. 그밖에 산지나 녹지 띠 주변은 저층 아파트나 단독주택을 배치해 녹지 띠가 가려지지 않도록 배려했다.


## 녹지 체계

한편으로 녹지 체계를 만들어야 하겠기에 반석산으로부터 방사형의 녹지축을 뻗어 나오게 해 동심원의 아파트 단지 사이를 부챗살 모양으로 나누어 놓았다. 또한 반석산으로부터 녹지축 하나를 서쪽 끝까지 연결해 구봉산과 연결시켰으며, 세 번째 동심원 바깥쪽으로는 녹지 띠로 동심원을 만들어 녹지 체계를 완성했다.

## 계획의 변화

하지만 우리가 보낸 초안에 대한 토개공의 생각은 달랐다. 처음에는 우리 안을 다들 좋다고 했지만 조금씩 변경 요구가 들어왔다. 가장 큰 요구는 녹지 면적이 너무 넓어 수익성이 없으니 면적을 줄여달라는 것이었다. 그래서 녹지축들이 모두 희생되었다. 구봉산과 연결되는 동-서 간 녹지축은 가늘어져 보행도로 수준으로 바뀌었고, 동심원 녹지축은 도로변 완충녹지 수준으로 축소되었다.

더 큰 변화는 중심상업지역이 아래로 내려왔다는 것이다. 그들 생각에는 도시의 기하학적 중심이 아래에 있으니 중심상업지역의 위치를 내려야 한다는 것이었다. 또한 방사형 근린상업지역도 모두 사라졌다. 내가 그렇게 강하게 안 된다고 주장했지만, 나도 모르는 사이에 우리 회사 직원이 없애는 것으로 토개공과 타협해 버렸다.

이러한 일련의 변경에 대해 온영태가 동조해 주었는지는 알 수 없다. 짐작컨대 그는 동심원 아이디어는 자기가 냈는데, 이후 모든 계획을 내가 주도해서 만들어낸 것에 대해 탐탁하게 생각하지 않았던 것 같다. 서로의 입장도 곤란하고 계획도 많이 변질되자 나는 더 이상의 흥미를 잃었고, 이후 대부분의 수정 사항에 대해서는 온영태에게 일임했다.

## 시범단지 현상

동탄1신도시에서도 중심 지역에 대해 설계 공모를 시행했다. 현상에는 단지 분양권과 건물 설계권 등이 걸려 있어서 많은 건축가들이 참여했다. 당선작은 한울건축의 이성관 팀이었다. 우리가 보는 현상의 주요 관점은 폭 50~80m의 중심축 공원을 어떻게 처리하는가였다.

우리는 중심축 공원을 한 층 아래로 낮추어 지상의 도로들과 입체적으로 교차하게 하고, 이 중심축 공원을 구봉산까지 단절 없이 연결되기를 바랐다. 그리고 줄어든 녹지축을 만회하기 위해서라도 이 중심축은 풍부한 수목으로 채워주기를 바랐다.

그러나 당선작 설계에서는 물론 실제 시공에서도 이러한 우리의 요구는 받아들여지지 않았다. 바닥은 대부분이 타일로 포장되었고, 조경가의 전형

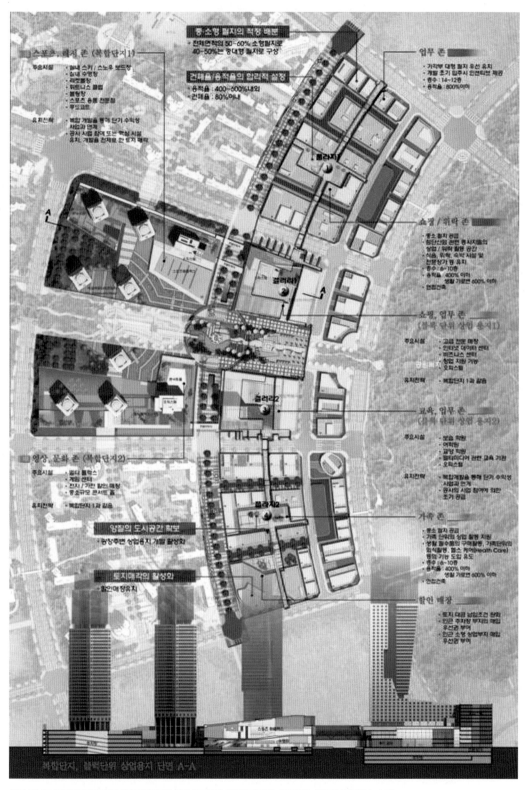

그림 17-12. 중심축 변의 건축구상(한울건축의 현상 공모 마스터플랜 당선안, 1998년)_ (한아도시연구소 소장).

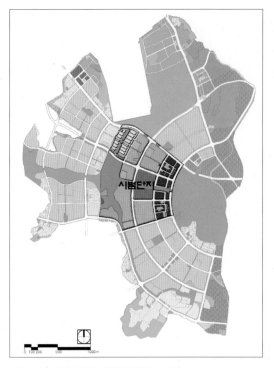

그림 17-13. 현상 대상지_ (한아도시연구소 소장).　　　　그림 17-14. 당선안 마스터플랜(한울건축)_ (한아도시연구소 소장).

적이고도 별 쓸모없는 장식만이 설치되었다. 단단한 재질의 바닥 마감 때문
에 여름에는 태양열이 반사되어 걸을 수가 없을 정도로 뜨거워졌고, 겨울에
는 바람 통로로만 이용되어 사람의 모습을 찾아보기 어려워졌다.

# 화성 동탄2신도시
(2008년)

## 배경

동탄1신도시(이하 동탄1)의 토지 분양 및 아파트 분양은 우려와는 달리 순조롭게 진행되었다. 토개공은 여기에 힘입어 더 큰 꿈을 꾸게 되었다. 즉, 동탄1의 동쪽, 안성천 건너편, 경부고속도로가 지나가고 있는 곳을 포함해 넓은 토지(24.1km²)를 목표 인구 25만 명의 신도시로 개발하겠다는 과감한 계획을 세웠다. 이 면적은 730만 평으로, 분당보다도 150만 평 가까이 더 큰데, 이 땅을 동탄1과 합하면 1000만 평이 된다.

이렇듯 대규모 신도시를 계획하게 된 것은 수도권 내에 점차 고갈되어 가는 토지 자원의 선점 차원에서 이루어졌을 가능성이 크다. 이미 서울의 시역은 SH공사가 신규 개발사업에서 우선권을 쥐고 있었고, 인천에서는 인천개발공사가, 경기도에서는 경기도시공사가 점차 활동 영역을 넓혀가고 있었기 때문이다.

## 고속철도, 철도, BRT 등 모든 교통수단을 동원하다

신도시 입지에서 가장 문제가 되는 것은 서울과의 거리다. 지도상에서 서울 도심과 후보지 중심과의 직선거리는 43km다. 분당 이후 개발된 신도시들은 서울로부터 조금씩 남쪽으로 내려왔다. 죽전과 동백이 그랬고, 광교와 동탄1도 서울의 남쪽에 만들어졌다. 그런데 이러한 신도시의 남하가 어디까지나 계속될 수는 없는 것이다.

언제나 그렇듯 신도시의 수요자들은 서울 또는 서울 근교에 사는 사람들이다. 이들이 신도시로 이주하기 위해서는 직장이나 학교에 쉽게 통근·통학이 가능해야 한다. 그래서 신도시 개발 때마다 전철 연결은 필수적이었다. 동백의 경우는 전철이 연결되지 않았지만 도시 규모가 작고 거리상으로 그리 멀지 않아 전철을 두지 않고도 분양이 가능했다.

그리고 동탄1은 전철 없이 성공한 특이한 케이스다. 동탄1은 수원에 직장을 둔 사람들에게 적합한 베드타운이 될 수 있기 때문이었다. 그러나 동탄2 신도시(이하 동탄2)의 경우는 다르다. 규모가 너무 크기 때문에 철도 연결 없이는 성공을 장담할 수 없었던 것이다. 그래서 처음부터 LH는 모든 교통수단을 동원하는 것을 검토했다. 2016년에는 이미 SRT와 GTX의 동탄역이 건설되어 서울의 수서역까지 15분 만에 도착이 가능해졌다.


## 동탄1과의 관계

동탄1과 동탄2는 같은 화성시 안에 있지만 개발사업 자체는 서로 연관성이 없다. 계획이 착수된 시기도 거의 10년이나 차이가 난다. 그러나 서로가 안성천을 사이에 두고 접하고 있기 때문에 전혀 무관하게 계획할 수는 없었다.

2007년 7월경 국토교통부 신도시담당관(서종대)이 나를 보자고 해 찾아갔더니, 그는 내게 자신의 생각을 스케치해 가며 내게 동탄2 계획 구상을 보여주었다. 그는 동탄1의 형태가 반원형의 동심원을 그리고 있으니 이러한 특성을 동탄2에도 연장했으면 좋겠다는 것이었다. 나는 그의 제안에 원칙적으로는 동의했다. 그는 동그라미를 하나 그리면서 이것이 동탄1이고, 또 오른쪽 남북에 동탄2에 해당하는 동그라미를 각각 하나씩 그리면서 이 세 개의 동그라미를 이어 삼각형의 도로망이 좋겠다고 했다. 일견 일리 있는 이야기였다.

그러나 문제는 이러한 생각을 도면에 실현한다는 것은 또 다른 이야기가 될 수 있으므로, 나는 그 자리에서는 굳이 반대하지 않고 돌아왔다. 그리고 동탄1과 어떻게 연결시켜야 전체가 하나의 도시로 보이게 할 수 있을 것인가를 고민했다.

## 입지 특성

동탄2의 대상지는 너무 넓어 그 형태의 특징을 한마디로 표현하기가 어렵다. 남-북으로 7.4km에 걸쳐 있고, 그 중간에 리베라CC가 위치하고 있어, 이 골프장을 수용해서 도시로 개발할 것인가 아니면 존치시켜서 도시의 허파로 활용할 것인가부터 고민해야 했다. 우리는 토개공 측과의 논의 끝에 존치시키는 것으로 했다. 그 이유는 골프장의 경우 토지 매입 외에 골프장 회원권까지 사들여야 하는데, 이렇게 할 경우 주변 농경지에 비해 보상비가 훨씬 커지기 때문이다.

서쪽으로는 안성천이 경계인데, 천 너머의 동탄1과 닿아 있다. 북측으로는 기흥 IC에서 뻗어 나오는 원고매로와 주변의 공장들이 산재해 있고 남쪽으로는 대부분이 산지로 되어 있다. 동쪽에는 골프장 두 개가 개발되어 있고, 산지들을 사이로 깊숙이 파고들었다. 문제는 가장 중심이라고 할 수 있는 곳에 남-북으로 경부고속도로가 통과하고 있다는 점이다. 그리고 이와 평행하게 고속철도가 계획되고 있었다. 도시 내 하천은 주로 동쪽에서 서쪽으로 흘러와 안성천에 합류하는데, 주요한 하천으로 지동천과 신리천, 고매천 등이 있다.

## 도시 골격

도시의 골격은 내부의 간선도로망보다는 광역도로망에 의해 결정되었다. 그것은 이 대상지를 지나는 경부고속도로, 제2외곽순환고속도로, 고속화를 추진하는 국가지원지방도 23호선, 국가지원지방도 84호선, 국가지원지방도 82호선, 지방도 317호선 등이 대상지를 관통하기 때문이다. 그런데 이들 도로는 아직 노선이 확정되지 않은 것들이 많아서 우리가 노선을 결정할 수 있는 것들을 찾아 대안으로 만들어야 했다. 또한 동탄1과 연결되는 도로를 어떤 형태로 만들어야 할지, 또한 이 도로들을 광역도로들과 어디서 어떻게 연결시켜야 할지 대안을 구상해야 했다.

대안 1에서는 제2외곽순환고속도로를 북동쪽으로 끌어올리는 방식을 택했고, 대안 2에서는 도로를 좀 더 동쪽으로 끌어내서 크게 순환시키는 방식을 선택한 것이었다. 두 대안의 크게 다른 점은 동탄의 제1동심원 도로

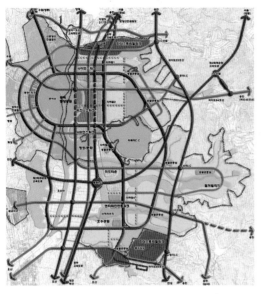

그림 18-1. 광역교통망 대안 1_ (한아도시연구소 제작, 2008).

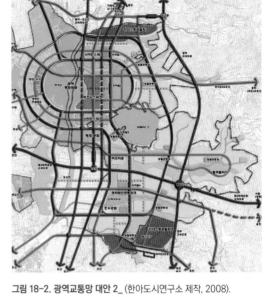

그림 18-2. 광역교통망 대안 2_ (한아도시연구소 제작, 2008).

의 원호를 대칭되게 만들어 종합경기장 트랙처럼 만드는 방법(대안 2)이나 대칭은 피하고 커다란 루프를 아래까지 끌어내리는 방법(대안 1)이었는데, 우리는 이 두 대안을 가지고 비교했다. 둘 중에서 우리는 대안 1을 선택해 발전시켰다. 광역도로망 대안과 이에 따른 내부 도시 간선가로망은 한아도시연구소의 조용진(당시 부사장)이 주로 담당했고, 나는 나중에 중요한 사항만 결정해 주었다.

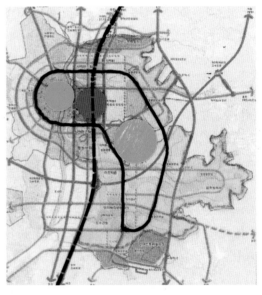

그림 18-3. 내부 루프_ (한아도시연구소 제작, 2008).

## 광역 비즈니스 콤플렉스의 창출

도시의 큰 골격이 결정되자, 다음은 도심부를 형성하는 일을 진행했다. 700만 평이 넘는 큰 도시를 만드는 데는 반드시 도심이 필요하다. 우리는 동탄 2가 성공하기 위해서는 이를 수도권 남부의 거점도시로 만들어야 한다고 주장했다. 서울에 근거를 두고 40km 이상 떨어진 곳에 와서 출퇴근하는 것은 일부는 가능하겠지만 전체적으로는 불가능하기 때문이다. 그러나 서울이 아닌 곳에서 기업 중심의 거점을 만든다는 생각은 다른 곳에서는 한 번

도 성공한 적이 없었다. 모든 신
도시 개발에서 업무 기능을 유
치한다고 했지만 거의 다 실패했
다. 심지어 여러 가지 조건이 갖
추어진 송도신도시 같은 곳도 기
업 유치에 애를 먹고 있다. 분당
에만 약간의 업무 기능이 이전
했을 뿐이다. 물론 노무현 정부
가 실현시킨 세종시와 지방혁신
도시들에는 공공기관들을 강제
로 이주시켜 업무지역이 형성되

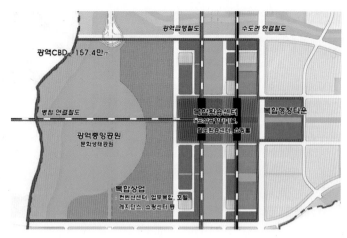

**그림 18-4. 광역 비즈니스 콤플렉스 구상_** (저자 소장).

고 있지만, 그로 인해 민간 기업들까지 따라갈지는 아직 알 수 없다. 따라
서 동탄2를 수도권 남부의 거점도시로 만들겠다고 하는 것은 어쩌면 헛된
꿈에 불과할 수도 있었다. 그럼에도 불구하고 우리는 끝까지 밀고 나갔다.
우리는 동탄2의 중심지를 광역 비즈니스 콤플렉스(약칭 광비콤)라 이름 붙이
고, 고속철도 등을 연결시킴으로써 접근성을 향상시켜 성공 가능성을 높이
고자 했다.


## 복합환승센터

우리는 광비콤의 성공이 서울로 접근하는 교통 시스템에 달려 있다고 생각
했다. 토개공도 이를 위해 도로공사 및 철도공사와 긴밀한 논의를 해나갔
다. 우선 경부고속도로는 광비콤 구간에서는 지하화를 해야만 했다. 지하화
를 하지 않고 현 상태 그대로 두었다가는 도시가 동-서로 나뉘고, 소음 문
제, 방음벽 문제, 동-서 간 도로 연결 문제, 경관 문제 등 많은 문제가 발생
하게 될 것이기 때문이었다. 도로공사는 처음에는 극구 반대했지만, 그들을
설득해 도로를 지하화하도록 했다. 그리고 이 구간에서 고속도로가 약간
굽어지는 것도 바로잡기로 했다. 또한 이곳으로 세 개의 철도망이 연결되도
록 했는데, 하나는 광역급행철도(GTX, SRT)였고, 다른 두 개는 일반 철도로
서 수도권연결철도와 병점연결철도였다. 나는 이렇게 많은 철도가 필요한지
는 납득이 되지 않았지만 당시 토개공 담당자(허정문)는 어떻게 해서든지 가

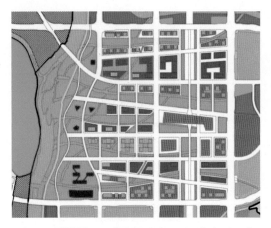

그림 18-5. 원안(희림+SWA 중간보고서 자료, 2009년)_ (저자 소장).　　　그림 18-6. 수정안(희림+SWA의 제안, 2009년)_ (저자 소장).

능한 모든 조치를 취하겠다는 입장이었다. 이렇게 되다 보니 지하에 경부고속도로와 평행하는 두 개의 철도, 그리고 동-서 방향으로 직교하는 철도, 지상의 BRT, 일반 버스, 택시, 승용차, 자전거 등 모든 종류의 교통수단이 한 곳으로 모이게 되었다.

　　그런데 이러한 교통수단들을 어떻게 정리할 것인가? 이를 위해서 토개공은 건축설계회사를 동원했다. 그동안 비슷한 일들을 우리와 같이 해온 희림건축이 선정되었고, 조건은 해외 건축팀을 참여시켜 복잡한 지하 구조물을 계획하라는 것이었다. 희림건축은 이것을 미국의 종합설계회사인 SWA에 의뢰했고, 초안이 만들어졌다. 그러나 제출된 안은 몇 가지 문제들이 발견되어 여러 차례 수정되었고, 결국 개발계획을 맡은 엔지니어링팀이 마무리해야 했다.

## 공장들의 존치와 이전

동탄2가 개발되기 이전에 현장 답사를 해보니 사방에 공장들이 널려 있었다. 산지, 평탄지 논밭을 제외한 구릉지에는 모두 공장들이 들어차 있었다. 서울 근교에 공장들이 이렇게 많은 줄은 나도 이때 처음 알았다. 이 공장들을 이전시키지 않고는 도저히 도시를 개발할 수 있는 상황이 아니었다. 토개공 입장에서는 이 공장들을 모두 이전시키자니 보상 비용이 만만치 않았고, 공장을 이전시켜 땅을 다 비워놔도 다시 땅을 채울 토지 수요를 확보할 자신도 없었다.

그래서 공장들 중에서 보상비가 많이 들 것으로 판단되는 공장은 존치부담금을 받고 존치시키기로 했다. 내가 토개공의 기업존치심의위원회 위원장을 맡아서 다른 위원들과 더불어 어떤 기업을 이전시키고 어떤 기업을 존치시킬지에 대한 판정을 내리기도 했다. 이러한 판정에는 반드시 기준이 있어야 했다. 우선시되는 기준은 토지 분양가 대비 보상비의

그림 18-7. 투시도(SWA 작)_ (희림+SWA, 2009).

크기였는데, 공장이나 사무실 건물 보상비가 토지 분양가보다 높은 경우에는 존치를 원칙으로 했다. 또한 해외 투자기업의 경우는 국가 간의 신뢰 문제 때문에 강제 매수에서 배제했다. 대표적인 경우가 볼보Volvo 공장이었다. 볼보는 경부고속도로변에 있어서 고속도로를 지나는 운전자들 눈에 잘 띄며, 건물도 지은 지 얼마 되지 않아 당사자들도 존치를 원했으므로 존치시켰다. 그밖에도 상당수의 공장들과 사무실 건물들을 존치시켰다.

이전시키는 공장들은 남쪽에 추가로 조성한 동탄일반산업단지에 수용했다. 그러나 막상 도시가 본격적으로 개발되기 시작하자, 존치를 강력하게 주장해 관철시킨 공장들이 자기들 의사를 번복해 이전하는 경우가 많이 발생했다.

## 시범단지 현상

동탄2에서도 시범단지 지정과 현상 공모를 시행했다. 시범단지 현상 공모는 물론 좋은 작품을 뽑아 도시의 품격을 높이는 목적도 있지만, 이를 통해 대외적으로 도시를 홍보하는 효과도 매우 컸다. 입지는 광비콤 동쪽으로 접해 있어 매우 좋은 교통 여건을 가지고 있었다.

공모 결과 삼우건축이 1등으로 당선되었고, 시범단지 전체의 마스터플랜 설계권을 획득했다. 당선안은 보행 네트워크에 주안점을 둔 것이 특징인데, 단지 내는 물론이고 주변 시설 간에 보행브리지를 두어 차량의 간섭을 받지 않고 쉽게 이동할 수 있도록 한 것이 큰 점수를 얻게 했다. 그리고 고층 아

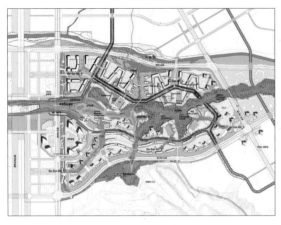

그림 18-8. 시범단지 현상 당선작(삼우설계 출품작, 2010년)_ (저자 소장).

그림 18-9. 시범단지의 실제 모습_ (NAVER 지도).

그림 18-10. 동탄1과 동탄2 마스터플랜_ (한아도시연구소 제작, 2010).

파트와 저층 테라스하우스를 적절히 배치해 단지 전체의 스카이라인을 구성했고, 중앙 능선 남쪽의 건물들은 리베라CC로의 조망이 가능하도록 배치했다. 나는 심사위원 중 한 사람으로서 이 안의 특징이라 할 수 있는 보행브리지는 현실성이 없고 절대로 설치하지 않을 것이라고 주장했지만, 다른 심사위원들에게는 그림이 좋아 보였던 모양이다.

그러나 실제 만들어진 모습을 보면 내가 우려했던 대로 보행브리지는 온데간데없고, 테라스하우스도 없으며, 거의 모든 아파트가 초고층 아파트로만 채워져 있다. 역시 현상 공모 제출 작품은 작품으로만 끝나지 실현되는 법은 없다는 것을 새삼 느꼈다.

# 기타 프로젝트

## 새만금 계획(2007년 9월~2008년 8월)

새만금 간척사업은 1980년대 말 국토 확장(농지 확대)을 위한 대규모 간척사업의 일환으로 시작되었다. 처음에는 농업용지를 확보한다는 명분으로 시작했는데, 추진계획이 발표된 지 4년 반이 지난 1991년 11월에 방조제 공사를 착공해 2010년 4월에 준공했다. 방조제는 총 길이 33.9km로, 세계에서 가장 긴 방조제로 알려져 있다. 방조제 공사가 진행되는 와중에 방조제로 인해 생겨나는 내부 토지(전체 규모 409km²: 토지 조성 291km², 담수호 118km²)를 어떻게 활용할 것인가에 대해서 정부와 전라북도가 서로 다른 목소리를 내기 시작했다.

한편 새만금 개발에 대한 환경단체들의 문제 제기도 만만치 않았다. 이는 2000년대 환경운동의 첫 번째 이슈로 대두된 것으로, 시화지구(1987년 착수) 담수호 수질 악화 문제와 더불어 국민의 환경에 대한 인식이 높아짐에 따라 환경단체들의 목소리도 커지기 시작했다. 새만금 또한 시화호의 전철을 밟으리라는 것이 그들의 주장이었다. 더 나아가 토지 활용에 대한 전문가들의 의견도 제각각이었고, 때로는 연구자들이 서로 대립하기도 했다.

오랜 기간에 걸쳐 많은 연구가 진행되었지만 불충분한 연구 비용과 연구 기간, 선택된 전문가들의 전문성 결여 등으로 인해 전문가들이 전문 지식에 근거를 두기보다는 자기가 속한 집단의 이해관계에 따라 판단하는 데서 문제가 발생했다. 그러나 분명한 것은 농업 개방과 더불어 농지 수요가 축소되고 있어 과연 많은 돈을 들여 농지를 확대해야 하는가와, 전북 지역 도시

토지 수요 또한 별로 늘어나지 않고 오히려 인구가 감소하고 있는 실정을 감안한다면, 정부의 구상과 대처 방안은 너무나 안이한 것이 아니었나 생각된다. 거기에 더해 정부는 정부대로, 전라북도는 전라북도대로 새로운 대안 및 절충안을 제시함으로써 혼란만 가중되었다.

이런 가운데 최초의 토지 이용 방침은 2007년 4월에 정부가 만들었는데, 조성되는 토지의 72%를 농업용으로, 28%를 복합용도로 정했다. 여기서 복합이란 도시나 산업용도를 의미했다. 그러나 이러한 토지 이용 비율로는 경제성을 확보할 수 없다는 문제 제기가 지속적으로 있었고, 특히 전라북도는 도민들에 대한 공약을 내세워 도시개발용도를 확대하기를 강력히 주장했다. 그래서 용도 배분에 대한 논의가 지속되었고, 기본구상 변경 작업이 시작되었다. 내가 새만금에 관여하게 된 것도 이때쯤이었다. 내가 도시설계학회를 통해 맡은 일은 전라북도가 의뢰한 것인데, 새만금 종합개발 구상에 대한 국제 공모를 개최해 달라는 내용이었다. 내게 종합계획을 만들어 달라고 하면 적극적으로 참여했을 텐데, 선수가 아니고 심판을 맡아 달라고 해서 실망했다. 왜 아직도 많은 사람들은 해외 전문가들을 국내 전문가들보다 더 선호할까? 아마도 그렇게 해야 결과물의 공신력이 높아지고, 이것으로 중앙정부를 설득할 수 있을 것으로 생각하는지도 모른다.

공모 방법은 콘셉트 디자인concept design에 한해 아이디어를 공모하는 것인데, 국내외를 합해 다섯 명 이내의 후보를 선정한 뒤 지명 경쟁을 시키자는 것이었다. 나는 해외 건축가들이나 추세를 잘 모르기 때문에 건축가 김영준을 전문 공모 진행자professional adviser로 선정하고, 그를 통해 지명 건축가(집단)를 선발토록 했다. 그는 건축가 대신 다섯 곳의 대학을 선정하고 대학원생과 교수를 묶어서 경쟁시키자고 했다. 그렇게 할 경우 비용도 덜 들일 수 있다고 해서, 우리는 다음과 같은 대학과 지도교수들을 선정했다.

① 연세대학교(지도교수 최문규)
② 미국 MIT(지도교수 네이더 테라니Nader Tehrani)
③ 영국 메트로폴리탄대학교(지도교수 플로리안 베이글Florian Beigel)
④ 네덜란드 베를라헤대학교(지도교수 브라니미르 메디치Branimir Medic)
⑤ 미국 컬럼비아대학교(지도교수 제프리 이나바Jeffrey Inaba)
⑥ 스페인 마드리드유럽대학교(지도교수 호세 페넬라스Jose Penelas)
⑦ 일본 도쿄공업대학교(지도교수 쓰카모토 요시하루塚本由晴)S

그림 19-1. 새만금 종합개발 구상에 대한 국제 공모_ 왼쪽 위부터 ① 연세대학교 안, ② MIT 안, ③ 메트로폴리탄대학교 안. (전라북도, 2008.9).

그림 19-2. 새만금 종합개발 구상에 대한 국제 공모_ 왼쪽 위부터 ① 베를라헤대학교 안, ② 컬럼비아대학교 안, ③ 마드리드유럽대학교 안, ④ 도쿄공업대학교 안. (전라북도, 2008.9).

내가 처음부터 예상했던 대로 현상 결과는 어느 하나 현실적인 것이 없어서 당선작은 없는 것으로 하고 끝을 냈다. 결국 전라북도는 막대한 예산만 낭비한 셈이 되었다. 이렇게 된 데는 나의 책임이 없다고는 할 수 없다. 해외 건축가들을 동원한 현상 공모는 결국 건축가들의 이상(또는 공상?)의 잔치로 끝날 수밖에 없다는 것을 처음부터 알고 있었지만, 내게 계획을 의뢰하지 않은 것에 대한 반감 때문에 당국자들을 적극 설득하지 않고 그저 해달라는 대로 했기 때문이다.

그런데 사실 전라북도는 당선안을 선정했다 해도 결정할 권한이 없으므로 외부적으로 홍보하는 용도로밖에는 쓸 수 없었다. 중앙정부가 받아줄 리 만무하기 때문이다. 이후 정부는 국토연구원에 개발계획을 의뢰해 마스터플랜이 2011년에 다시 만들어졌고, 2014년에 한 차례 수정되었다. 그러나 국토연구원이 만든 안도 더 나을 것이 없었다. 마스터플랜을 만들 때 이명박 정부 당시 실세였던 사람이 계획에 관여했다는 소문이 있었지만 누가 그렸는지는 분명치 않다. 2014년도의 수정안을 보면 매립 토지는 상당히 줄어 수면이 늘어났으며, 도시는 산발적으로 흩어져 어느 하나 제대로 된 도시가 형성될 것 같지 않아 보인다(〈그림 19-3〉). 특히 국제협력용지는 그 내용이 무엇인지는 모르지만 외국 자본을 유치하기는 어려울 것으로 판단된다.

나는 새만금에 처음 관여할 때부터 새만금이 일반적인 도시로 개발될 만한 수요가 없어 사업이 어려울 것이라고 경고했다. 전라북도(당시 도지사 김완주)에 대해서도 이곳이 농지가 아닌 도시용지로 개발되기 위한 유일한 방법은, 이곳을 경제자유지역으로 지정하고 주변 지역과는 담장이나 철조망 등으로 완전히 격리시킨 뒤 이곳에 외국인 노동자들을 끌어들여 수출자유지역으로 개발하는 것이라고 말했다.

동남아나 아프리카는 물론 북한 노동자들도 일할 수 있게 하면 저임금으로 공산품을 생산할 수 있어 우리 산업을 발전시킬 수 있을 것이라고도 말했다. 굳이 우리 기업들이 볼모로 잡힐 수도 있는 개성공단을 확장할 필요가 어디 있겠는가? 이곳은 과거에 마산 수출자유지역과 같은 것으로 생각하면 될 것이었다. 그리고 외국인 노동자 중심의 산업단지가 나중에는 수출

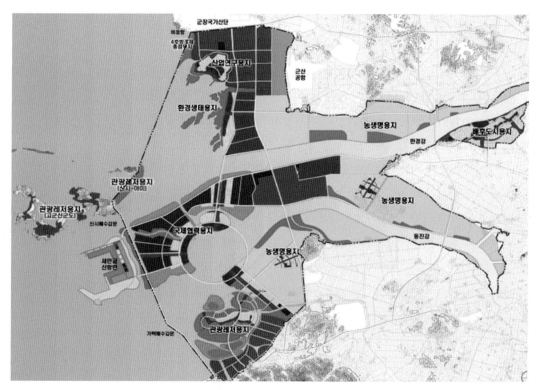

그림 19-3. 마스터플랜 수정안(2014년)_ (국토연구원, 2014).

항으로 확대될 것이고, 국제 업무도 생겨날 테니 긴 안목으로 보면 전라북도 측에서 원하던 국제업무도시가 될 수도 있다고 했다. 그러나 김완주 도지사는 정색을 하며 펄쩍 뛰었다. 전라북도 도민들은 이곳이 전라북도를 발전시킬 희망의 땅이라고 생각하는데, 어디 외국인 노동자들의 산업단지를 말하느냐는 것이었다.

그 후 10여 년이 지난 2017년에 전주에서 새만금건설청이 발족되었고, 기념 세미나를 하면서 내게 기조 발표를 의뢰한 적이 있었다. 나는 그 자리에서 똑같은 주장을 되풀이했다. 도시나 산업단지가 개발되기 위해서는 인구가 기본인데, 이 지역에는 인구가 줄어들고 있으니 어디선가 인구를 끌어와야 한다고 이야기하며, 전라북도가 꿈꾸는 국제업무도시라든가 황해중심도시는 한 번에 갑자기 이루어지기 어려울 것이라고 했다. 그러나 주최 측의 반응은 10년 전과 다를 바가 없었다. 내 생각에는 전라북도의 생각이 바뀌지 않는 한, 앞으로 또 10년이 지나도 지금보다 나아질 것 같지 않아 안타깝다.


## 김포 매립지와 청라신도시(2003년)

청라지구(청라신도시)가 위치하는 지역은 1980년대 동아건설이 농업용지를 확보한다고 공유수면 매립 허가를 받아 매립한 간척지였다. 그래서 이 땅은 오랫동안 동아 매립지라고 불리었다. 그러나 동아건설은 농사를 지을 생각은 조금도 없었다. 매립이 끝나가도록 농사지을 생각은 하지 않았고, 그렇게 세월만 보내다가 결국에는 정부에 용도 변경을 요청했다. 용도 변경 사유는 농업을 해서는 매립 비용도 감당할 수 없다는 것과, 농업용수로 쓰려고 했던 굴포천, 심곡천, 공촌천 등이 오염되어 농사가 불가능하다는 것이었다.

두 가지 이유 모두 맞는 말이었지만 이를 처음에는 몰랐다는 것은 말이 되지 않는다. 당시만 해도 기업들이 일단 농토 확장이란 명분을 앞세워 매립을 하고, 공사가 끝나면 몇 년 정도 미적거리다가 용도 변경을 하곤 했다. 대표적인 것이 현대건설의 서산간척지 사업이고, 농어촌공사의 새만금 사업이다.

정부라고 이러한 사정을 모를 리 없었다. 서산이나 새만금과는 달리 이곳은 서울의 코앞이어서 만약에 용도 변경을 허용해 준다면 전국이 들끓을 것이며, 특혜 의혹에 대해 정부가 감당하기 어려웠을 것이다.

당시 동아건설은 파산 직전이어서 어떻게 해서든지 이 땅의 가치를 높여 부채를 탕감하고 회생하려 했지만, 결국 실패하고 농어촌공사에 매각을 강요당했다. 그러나 농어촌공사도 이곳을 정부의 강요로 매입했을 뿐, 매입 비용을 고려할 때 영농은 불가능하다고 생각했다(당시에는 땅값이 평당 5만 원이 넘으면 농사를 짓는 것으로는 수익이 나올 수가 없었다). 이 땅이 공공의 소유가 되자 정부는 이곳의 용도를 변경해 줄 명분이 필요했다. 그래서 1999년 국토연구원에 주요 기능 도입 방안을 의뢰했고, 그 일을 대한국토·도시계획학회를 통해 내가 맡게 되었다. 프로젝트 발주의 목적이 이 땅의 용도를 바꾸자는 데 있던 만큼, 우리가 검토한 것은 국제업무, 관광, 산업, 그리고 농업 분야였다. 농업을 제외하지 못한 것은 아마도 사회 여론을 의식해서 그런 것 같다. 우리는 이 연구가 바로 개발계획으로 이어질 것이라고는 생각하지 않았다. 그래서 개발 구상은 그냥 대충 용도 배치 개념도 수준에서 작성했다. 이후 이 땅은 다시 한국토지공사로 팔렸다.

토지공사 입장에서는 이 거대한 토지를 헐값에 매입한 셈이다.

토지공사는 이 땅을 청라신도시라 명명하고 국제업무도시로 개발하겠다고 대대적으로 홍보했다. 그리고 도시개발을 위해 개발계획 공모를 시행했다. 나와 한아도시연구소 팀은 이 일을 수주하기 위해 ㈜소도(대표 정경상)와 함께 컨소시엄에 참여했다. 기본계획은 내가 만들었다. 그러나 입지 조건들을 검토해 보니 제약 조건이 너무나 많았다. 먼저, 개펄을 매립했지만 바다에 접하는 구간은 별로 없었다. 그나마도 바다 근처에는 화력발전소 2개소가 자리하고 있어서 시각적·환경적 공해를 유발하고 있었다. 또한 북쪽에는 경인운하 위로 수도권 매립지가 위치하고 있어서 북서풍이 불면 쓰레기 냄새가 느껴졌다. 바닷가라서 그런지 안개가 늘 뿌옇게 끼어 있어서 시야도

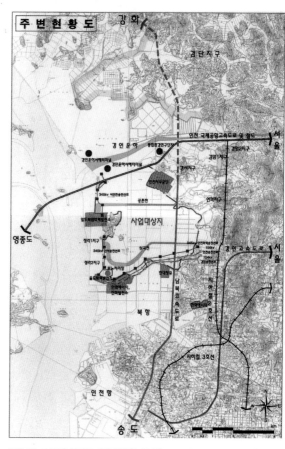

그림 19-4. 주변 여건도_ (저자 제작, 2003).

맑지 못했다. 이 지역으로의 접근도 매우 불량했다. 해당 지역에서 서울로 접근하기가 특히 어려웠는데, 동쪽은 계양산(395m)과 천마산(226m)으로 가로막혀 있고, 산을 터널로 뚫는다 해도 기존 시가지인 계산동이나 효성동을 관통해야 하므로 별 도움이 되지 않았다. 남쪽으로는 인천 시가지와 연결이 되지만 거리가 만만치 않았고, 중간에 공업단지들이 즐비하게 놓여 있었다.

어차피 청라지구의 수요 계층은 인천 시민들이 아니라고 생각했기에, 우리는 서울로 접근할 수 있는 별도의 고속도로가 필요하다고 판단했다. 다행하게도 북쪽으로 공항고속도로가 예정되어 있어서 이를 이용해 공항과 서울로의 교통 수요를 해결하려 했다. 그러나 청라지구에서는 공항고속도로로의 접근이 제한되어 있어서 당시 공항고속도로를 계획했던 교통 전문가 박창호 교수(서울대학교, 작고)에게 고속도로로부터 청라지구로의 진출입이 가능하도록 만들어달라고 요청했다. 그러나 고속도로의 구조상 서울로 가는 방향으로는 접속이 불가능하다는 답이 돌아왔다. 그래서 하는 수 없이 청라지구의 수용 인구를 대폭 줄여 교통 수요를 감소시킬 수밖에 없었다.

우리는 주변의 열악한 환경으로부터 시가지를 보호하기 위해 완충녹지 역할을 할 수 있도록 오픈스페이스를 사방에 배치하고, 개발할 시가지 면적을 최소한으로 줄였다. 서쪽으로는 국제업무 기능을 배치하기로 하고, 동쪽의 주거지역과는 분리시켰다. 가로망 패턴에 대해서는 토지공사가 사전에 만들어 기획재정부에 제출했다는 안의 틀을 깰 필요가 있었다. 동-서 축을 중심으로 완전 대칭으로 만들어진 원래의 안에서 대칭을 없애고, 서쪽의 활 모양으로 휜 남-북 간 도로를 펴서 직선화했다. 또한 바다에 접하면서도 바다를 느낄 수 없는 점을 보완하기 위해 일산에서처럼 물을 끌어들이기로 했다. 중심상업지역은 서쪽의 업무지구와 동쪽의 주거지역이 만나는 가운데에 지정했고, 지구 중심은 북쪽 철도역사 앞에 배치해 역세권을 형성하게 했으며, 나머지 지역에는 적정 간격으로 근린상권을 형성시켰다. 북쪽의 완충녹지는 폭을 충분하게 하고 골프장으로 사용하도록 했다.

다행히도 우리가 제안한 계획안이 선택되어 개발계획을 수립하게 되었다. 우리는 우리가 낸 안을 기본으로 해 상세한 계획을 만들려 했지만 토지공사로부터 거부당했다. 즉, 자기들이 기획재정부에 이미 제출한 기본구상이 있기 때문에 그것과 달라지면 다시 승인을 받아야 하므로 큰 틀을 바꾸면 안 된다는 것이었다. 그렇다면 애초에 계획안 공모는 왜 시행했는가? 어

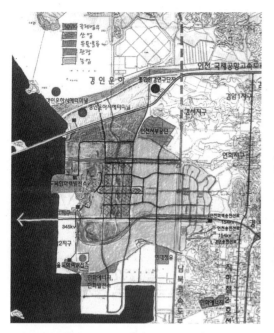

그림 19-5. A안(청라 1·2지구 제척)_ (저자 제작, 2003).

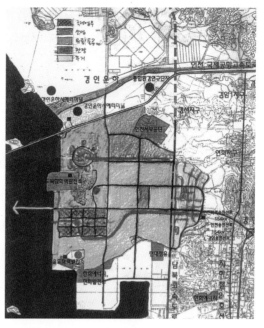

그림 19-6. B안(청라 1·2지구 포함)_ (저자 제작, 2003).

그림 19-8. 현재의 도로망도_ (NAVER 지도).

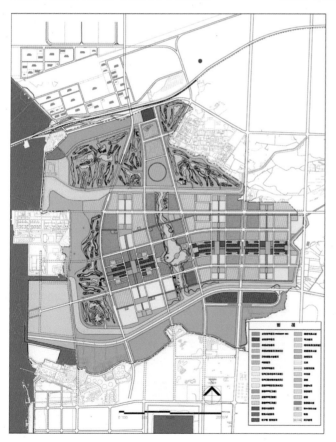

그림 19-7. 최종 계획도_ (저자 제작, 2003).

이가 없었지만 용역을 하는 입장에서 어찌할 수가 없었다. 그래서 토지공사의 기본구상을 약간 수정하는 선에서 계획안을 확정했다. 즉 동-서 방향축을 중심으로 북쪽과 남쪽을 대칭되게 만든 안(〈그림 19-6〉)에서 중심축을 꺾어 대칭성을 없애고, 중심축의 서쪽 끝을 바다로 열리게 했다(〈그림 19-7〉). 그리고 나머지 일은 엔지니어링 회사로 넘겨버렸다.

그러나 이후 새롭게 변경되고 실천에 옮겨진 안을 보면 우리가 제출했던 공모안이나 용역의 결과로 조정된 안도 사라지고, 토지공사가 주장했던 예비타당성 검토 시 기획재정부에 제출된 계획안으로 상당 부분 되돌아간 것을 알 수 있다.


## 송도신도시

내가 대우건설과 인연을 맺게 된 것은 1992년 대우의 김우중 회장이 베트남 하노이 시장으로부터 한국의 도시계획 전문가를 파견해 달라는 요청을 받고, 김 회장이 국토연구원 원장에 부탁한 것이 계기가 되었다. 당시의 하노이는 아직도 전쟁의 상흔이 여기저기 남아 있어 길거리에도 팔이나 다리가 없는 사람들이 많이 눈에 띄었다. 또한 현대식 건물이라고는 거의 없던 시절이었다. 반면 시장 경제를 받아들인 지 얼마 안 되서 그런지 도시의 모든 사람들이 돈을 벌기 위해 혈안이 되어 있는 것 같았다. 여기저기 땅바닥에 조그만 좌판을 깔고 담배 개비 하나라도 팔기 위해 애쓰는 모습을 볼 수 있었다.

몇 년이 지난 후 대우가 인천 송도유원지 부근에 대우타운을 계획하면서 내게 자문을 해달라는 요청을 해왔다. 그곳에는 낡은 유원지 시설과 대우가 자동차를 수출하기 위해 사용하고 있는 야적장이 있었다. 김우중 회장은 이곳에 대우 본사와 관련 회사들을 모두 모아 하나의 기업 도시를 만들겠다는 큰 꿈을 갖고 있었다. 김 회장은 대우그룹은 단지 한국만을 위한 기업이 아니라 다국적기업이므로 굳이 사무실을 땅값 비싼 서울 중심에 둘 필

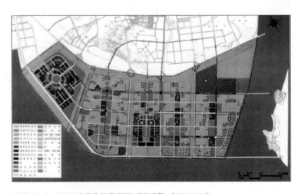

그림 19-9. 1980년대에 만들어진 개발계획_ (작자 미상).

요가 없다고 내게 말했다. 오히려 인천공항이 가까운 송도가 적지라는 것이 그의 주장이었다. 그래서 대우그룹은 100층이 넘는 본사 건물을 미국의 개발사업가 겸 건축가인 존 포트먼John Portman을 시켜서 건축기본계획까지 만들어 놓았다. 그런데 이러한 계획이 채 가시화되기 전에 대우가 무너졌다. 혹자는 이 계획 추진이 대우가 연명 수단으로서 정부에 대해 허세를 부린 것이라고 말하기도 했다.

대우그룹이 해체된 이후에도 상당 기간 동안 대우건설은 하던 일들을 지속해서 추진했다. 그 중 하나가 1997년 송도신도시 기본계획 및 사업화계획 수립 용역이었다. 이보다 훨씬 이전에 인천시는 송도유원지 앞바다를 매립해 해상 도시를 만들겠다는 구상을 갖고 있었다. 그래서 1979년에는 송도지역 공유수면 매립 기본계획을 수립했고 1985년과 1988년에는 각각 송도해상신도시 개발계획을 만들었다. 1990년에는 송도 신시가지 조성 기본계획안을 확정하고 송도지역 공유수면 매립 승인(17.7km²)을 정부로부터 받아 냈다. 그렇게 방조제 공사를 시작했지만 워낙 개발 규모가 크고 예산이 많이 들어 대규모 도시 개발 경험이 거의 없는 인천시가 하기에는 벅찼다. 1993년에 임명된 최기선 시장은 김영삼 정부에 도움을 요청했지만 중앙정부가 나서기에는 수요가 너무 불투명했다. 1990년대 후반에 들어와 대우가 송도유원지에 대우타운 계획을 추진하면서 인천시의 송도신도시 계획을 지원하기로

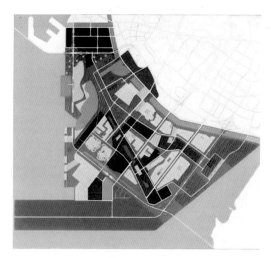

그림 19-10. OMA 안(렘 콜하스 작)(지명현상 발표자료)_ (저자 소장).

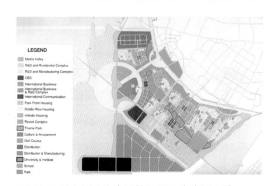

그림 19-11. 닛켄셋케이 안_ (지명현상 발표자료)_ (저자 소장).

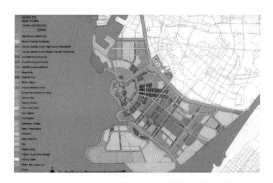

그림 19-12. 빅터 그루엔 안(박기서 작)_ (지명현상 발표자료)_ (저자 소장).

했다. 제일 먼저 할 일은 개발계획을 국제도시 수준으로 만드는 일이었다. 그래서 인천시와 대우는 해외 유명 건축회사를 선정해 마스터플랜 지명 경쟁을 부쳤다. 여기서도 나를 비롯한 국내 전문가들은 제외되었다. 공모전에 초청된 회사는 일본의 닛켄셋케이日建設計, 네덜란드의 OMA, 미국의 빅터그

루엔Victor Gruen이었다. 이전부터 개발계획에 참여했던 (주)유신이 닛켄셋케이를 추천한 것 같았고, 빅터그루엔은 인천시 쪽에서 한국인 건축가인 박기서 부사장과 연결되어 선정한 것 같았다. OMA의 렘 콜하스Rem Koolhaas는 우연하게도 몇 년 전에 수도권 신공항 주변 지역 개발 프로젝트에 내가 참여시켰던 것이 인연이 된 것 같다. 이들이 제안한 계획이 모이자 심사위원이 구성되었고, 나 또한 심사에 참여하게 되었다. 다른 심사위원 중에는 한양대학교의 강병기 교수와 여홍구 교수가 있었던 것으로 기억한다.

나는 내심 내가 설계 경쟁자 대상에 선정되지 못한 것에 대해 약간의 섭섭한 마음을 갖고 있었다. 그동안 내가 설계한 신도시가 얼마인데, 왜 외국 건축가에게 맡겨야만 하는지에 대해 이해할 수 없었기 때문이다. 세 안 중에서 닛켄셋케이 안은 우리가 늘 해오던 방식과 다름이 없었다. 박기서 안도 조금 특색은 있었지만, 중국의 푸둥신구 현상설계 때 리처드 로저스Richard Rogers가 제안한 원형 도시 느낌이 나는 것을 제외하면 다른 특징은 없었다. 이 계획들 중에서 나는 렘 콜하스의 OMA 안을 선호했다. 그 이유는 설계 논리가 정연했고, 그동안 우리가 설계해 온 방식과는 전혀 다른 방식으로 계획을 만들었다는 것이었다. 어차피 국내 설계가들을 배제하고 외국 건축가들 중 선택을 해야 한다면 우리가 평상시 하던 방식과 다른 제안을 선택하는 것이 옳을 듯싶었다. 그러나 (주)유신코퍼레이션 쪽의 심사위원이 펄쩍 뛰었다. 이런 안으로는 도시를 만들 수 없다는 것이다. 자기들이 실시설계를 해야 하는데 만약 OMA 안이 당선되면 곤란하다는 것이었다. 그가 선호한 것은 역시 우리 눈에 익숙한 닛켄셋케이 안이었다. 한편 인천시의 심사위원은 망설이는 것 같았다. 심사 도중 휴식 시간에 나는 OMA 안을 밀자고 강 교수와 여 교수를 부추겼다. 두 교수도 내 의견에 동의했고, 결국 (주)유신의 반대에도 불구하고 렘 콜하스의 안이 당선되었다. OMA의 접근 방식은 도시 기능을 네트워크network와 파티오patio로 나누고 이들을 결합시키고 있다. 네트워크는 활동activity이 일어나고 주변과 연결되는 동적인 공간을 뜻하며, 파티오는 네트워크를 지원하는 정적인 공간을 의미한다. 네트워크는 도시 형태에 따라 또한 필요 기능에 따라 연구축, 산업축, 비즈니스축 등으로 형성되며, 이들 축이 교차하는 곳은 두 축이 공유할 수 있는 기능들이 입주하게 된다. 그러나 OMA와 (주)유신이 함께 개발계획을 만들어 가는 과정은 정말 힘들게 이루어졌다. 처음부터 OMA가 한국 실정을 잘 모르고 자기들 아이디어를 고집하는 바람에 (주)유신도 애를 먹었고,

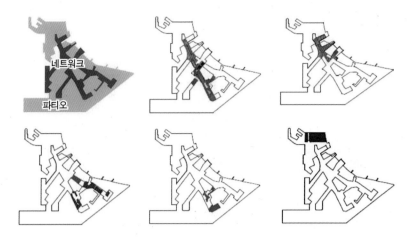

네트워크

파티오

그림 19-13. OMA가 제안한 송도신도시의 다양한 기능 간의 네트워크와 파티오 _(지명현상 발표자료)_ (저자 소장).

㈜유신이 자기들의 아이디어를 모두 없애버린다면서 OMA도 불만이었다. 결국 최종안이 만들어졌지만 원래 OMA의 구상은 많은 상처를 입고 말았다.

우여곡절 끝에 2000년에는 송도신도시 도시계획이 결정되었고, 이를 바탕으로 송도신도시 및 주변 지역개발 기본구상과 송도신도시 개발계획이 수립되었다. 계획은 확정되었지만 인천시의 문제는 자금 조달이었다. 인천시는 해외 자본의 유입이 필요하다고 판단해 미국의 게일인터내셔널Gale International이라는 부동산 투자자를 끌어들였다. 2001년 인천시 초청으로 송도를 방문한 게일사는 송도신도시의 잠재력을 간파하고, 2002년 포스코건설과 조인트벤처joint venture를 설립한 후 1단계 개발에 착수했다. 게일사는 송도신도시를 국제적 비즈니스 도시로 만들겠다고 널리 홍보했고, 업무 중심지에 포스코가 무역센터를 건설함으로써 많은 국내 건설사들과 아파트 수요자들을 끌어들였다.

그러나 약속했던 국제 비즈니스 업체는 거의 입주하지 않았고, 국내 아파트 잔치로만 끝나고 말았다. 결과만 놓고 보면 게일사는 국제업무도시를 개발하겠다고 애드벌룬까지 띄워가며 아파트 건설업체에 토지를 분양하고 분양 이익을 챙긴 뒤 '먹튀'했다는 비난을 면하기 어렵다.

그렇지만 그렇게라도 했기에 지금 송도신도시의 상당 부분이 개발되었고, 업무 기능을 제외하고는 대부분의 토지가 분양되고 있다. 다행히 정부가 송도신도시를 인천경제자유구역으로 지정해 주었고, 연세대학교 송도캠퍼스와 인천대학교, 한국뉴욕주립대학교, 채드윅송도국제학교 등 몇몇 대학교 및 중고등학교가 입주했거나 입주를 예정하고 있어 개발의 활력을 제공하고 있다.

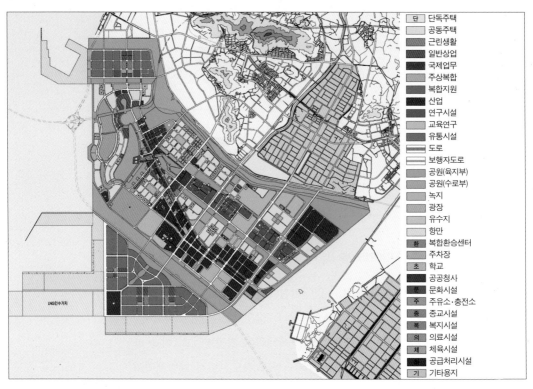

그림 19-14. 변경안_ ((주)유신코퍼레이션).

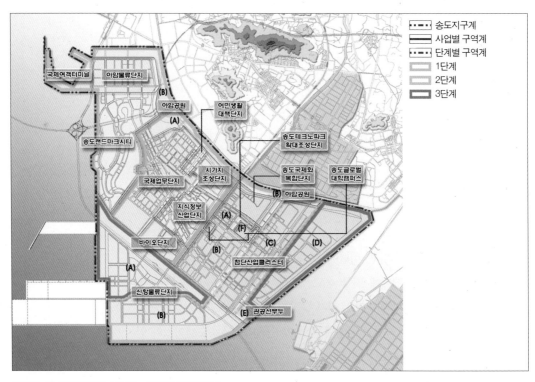

그림 19-15. 단계별 개발과 수용 기능_ ((주)유신코퍼레이션).

그림 19-16. 송도신도시 개발 모습_ (저자 촬영, 2012).

## 송파신도시(현 위례신도시)

위례신도시가 내 작품이라는 것을 아는 사람은 많지 않다. 사실 나는 내가 계획한 이 도시를 대외적으로 별로 내세우고 싶지 않았다. 그만큼 계획에 대해 자신이 없었다고나 할까, 혹은 부끄럽다고나 할까. 아무튼 위례신도시는 평촌신도시와 더불어 숨기고 싶은 작품 중 하나다. 그렇게 된 데는 내 실력도 문제지만 계획 여건에도 원인이 있었다. 위례신도시 계획은 내가 한아도시연구소나 학교에서 한 것이 아니라 다른 곳에 자문을 나가는 한두 시간 동안마다 뜨문뜨문 작업했기 때문이다. 건축이 되었든 도시설계가 되었든 한 곳에서 집중해서 작업하지 않으면 좋은 작품이 나오기는 힘들다.

위례신도시는 남한산성 밑의 미군 시설 이전 후 남은 자리와 남성대 골프장 자리, 개발제한구역이 해제된 지역과 주변에 아직 개발되지 않은 농경지를 대상으로 하고 있다. 위례신도시가 특이한 것은 행정구역상 서울시와 하남시 그리고 성남시, 이렇게 세 도시에 걸쳐 인구 약 10만 명, 4만 9000가구(후일 축소됨)를 위해 677만 4628.7m²의 부지에 지어지고 있다는 점이다. 도시 지정은 2기 신도시인 판교 신도시와 비슷한 2005년에 시작되었으나, 이런 저런 사정으로 개발이 늦어져 이 글을 쓰는 2019년까지도 진행 중이다. 개발사업은 한국토지주택공사(LH)와 서울주택도시공사(SH공사)가 나누어 하고 있다.

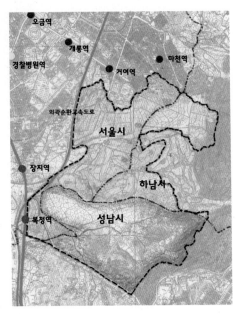

그림 19-17. 행정구역과 주변 여건_ (저자 제작).

원래 이곳은 남성대라고 불렸으며, 여기에는 육군특수전사령부, 육군종합행정학교, 국군체육부대, 육군학생군사학교가 있었다. 신도시를 개발하면서 국방부와 상당한 줄다리기를 했을 것이라 추측된다. 그래서 대부분의 군 시설이 이전했음에도 한국토지주택공사에서 군인 가족의 편의를 위해 신도시 내에 군인 가족을 위한 주거 시설 및 교육 시설, 복지 시설 등을 지어 기부했다. 한편 주한미군 대상 골프장인 성남골프장은 아직 남아 있다.

하나의 신도시이지만 행정구역이 세 개나 된다는 것은 계획하는 사람이나 개발하는 기관이나 골치 아픈 일이다. 세 도시가 각기 자기 땅에 수익성 높은(세수가 많이 걷히는) 시설을 배치해 달라고 요구하기 때문에 이들을 모두 만족시킨다는 것은 정말 힘들다. 계획이 만들어졌을 때 한 번만 설명하면 될 것을 세 번씩 하는 것도 쉬운 일이 아니다. 또한 세 도시가 적용하는 용적률이나 건폐율, 기타 여러 개발 규제들이 다르기 때문에 우리들뿐 아니라 나중에 입주할 주민들도 혼란을 겪을지 모른다.

도시 구조를 짜는 데 가장 어려웠던 점은 주변으로부터 접근로를 내는 것이었다. 서울의 한 부분이면서도 동남쪽 끝에 위치하는 관계로 기존 시가지와 연결될 수 있는 방법은 동쪽을 제외한 세 방향이 있다. 그러나 남쪽 경계인 약진로(현 헌릉로)의 경우 성남 깊숙이 연결되어 있고, 세곡동을 거쳐야 강남으로 진입할 수 있지만 거리가 멀다. 북쪽은 산지로 막혀 있고, 산지를 헐어낸다 해도 거여동과 마천동의 단독주택 지역으로 연결되어서 접근로로서는 마땅치 않다. 마지막 서쪽은 송파대로와 연결되어 송파구 중심이나 강남 쪽으로의 접근이 가능하지만 그 사이에 외곽순환고속도로가 지나가고 있어서 접근을 가로막고 있다. 지하철은 송파대로에 있는 복정역이 가장 가까운 역이며, 거기서 8호선과 분당선이 만나고 있다. 북쪽에는 조금 떨

그림 19-18. 행정구역과 주변 여건_ (송파구청, 2020).

그림 19-19. 서쪽 진입로 변경 계획_ (NAVER 지도).

어진 곳에 5호선이 지나고 있는데, 마천역과 거여역이 북쪽 경계부에서 보행권 내에 위치하고 있다. 따라서 도로와 철도 접근 모두 이 신도시가 풀어야 할 과제들이었다.

우선 주된 진입로는 남쪽의 약진로가 될 수밖에 없었다. 서쪽은 대부분 구간이 고속도로로 막혀 있어서 지하차도나 고가차도로 지나가야 하는데, 지하차도 또는 고가차도가 지나가게 하기 위해서는 기존 시가지를 건드릴 수밖에 없다. 토지공사 측은 그것만큼은 피해달라고 요구했다. 서남쪽 코너에는 송파대로가 있지만 그곳에는 고속도로 출입 램프가 있어 도저히 연결이 어려웠다. 어쩔 수 없이 약진로에서 도시 내로 진입하는 두 개의 간선 가로망을 낼 수밖에 없었다. 그리고 이 두 진입로 사이에 중심상업지역을 지정했다. 또한 이를 위해 지하철 8호선에 새로운 역사를 지정했다. 문제는 지하철 8호선이 약진로 하부를 지나는 것이 아니라 남쪽으로 100m쯤 떨어져서 지나고 있다는 것이었다. 따라서 역사와 약진로 사이의 공간을 어떻게 개발할 것인가에 따라 계획은 큰 영향을 받을 터였다. 나는 이 두 개의 진입로 중에서 동쪽에 위치한 도로를 위상이 더 높은 도로로 계획했고, 이 도로를 남쪽으로는 성남시 수정구청 쪽으로, 북쪽으로는 마천동 동쪽 끝까지 연결시켰다. 다음은 동-서 간 도로망을 짜야 했는데, 대상지의 동-서 간 폭이 일정하지 않아 블록을 나누는 데 어려움을 겪었다. 결국 블록 크기를 아파트 단지의 규모에 적합하도록 300m 내외로 나누었다.

그림 19-20. 개발 현황(2019년)_ (NAVER 지도).

대상지 내에는 소하천이 두 개가 있는데, 북쪽과 남쪽에 각각 하나씩 있다. 이들은 동쪽 산지에서 내려오는 실개천 수준이지만, 이를 도시 내 조경 요소로 삼기로 하고 도시 중심으로 끌어와 조그만 호수를 만들었다. 실개천 주변은 녹지 공간을 두어 주민들의 휴식 공간으로 만들고자 했다.

그러나 아파트 단지를 위한 블록 나누기만으로는 도무지 신도시로서의 매력을 가질 수 없을 것이라 생각했다. 또한 어차피 내부로 지하철을 끌어들이지 못할 바에야 주변에 있는 지하철(5호선과 8호선)과 연결하는 것이 필요할 것 같았다. 그 방법으로는 모노레일, 트램, 경전철 등을 생각했는데, 경전철은 지상이나 고가로 지나갈 경우 너무나 구조가 육중하고 비용도 많이 들어 탈락시키고, 모노레일도 공중에 달아매야 하는데, 수용 가능 용량이 크지 않아 경제성이 없을 것 같았다. 그래서 트램으로 결정했는데, 트램은 차량만 있으면 되므로 비용도 많이 들지 않을 것 같았기 때문에 현실적인 대안으로 선택한 것이었다. 그리고 이 트램이 지나가는 루트에 트랜싯몰transit mall을 만들면 신도시가 살아날 것 같아서 양쪽에 80~90m 폭으로 준주거지역과 근린상업지역을 두었다. 이는 분당에서 서현역으로, 그리고 수내역에서 동남쪽으로 뻗어 나온 생활가로축을 모방한 것이라고 할 수 있다.

트램을 계획하면서 북쪽으로는 마천역과 연결시키도록 했고, 남쪽으로는 8호선 신설역에 연결시키거나, 신설역이 생기지 않을 경우에는 복정역에 연결시키는 방향으로 정했다. 그러나 10여 년이 지난 지금까지 이에 대한 결정이 이루어지지 않아 민원이 고조되고 있다. 한편 2014년 들어 위례 중심부와 강남구 신사동을 연결하는 경전철 위례신사선도 논의되고 있어 귀추가 주목된다. 내가 이 계획에 참여한 것이 2005년경이니 이미 10년도 더 흐른 상태고, 그 사이 계획도 많이 바뀌었다.

## 시흥시 장현지구

대한주택공사는 2007년경 시흥시 장현지구와 목감지구를 택지개발지구로 지정하고 개발계획을 추진했다. 그들은 개발계획이 수립되기 이전에 미리 마스터플래너MP를 지정하고 자문회의부터 시작했다. 전문가는 세 사람이 초빙되었는데, 위원장과 도시계획 및 설계 전문가로 내가 지명되었고, 건축 담당으로 인하대학교의 동정근 교수, 조경 담당으로 서울시립대학교의 김한배 교수까지 세 사람이 팀을 이루었다. 이 프로젝트는 주택공사의 전창환 차장이 주로 실무 책임자로서 회의를 이끌어나갔다. 전 차장은 첫 회의 때부터 계획에 대한 대강의 추진 일정을 설명하고 나더니 다짜고짜 내게 계획을 짜달라고 했다. 개발 면적이 293만m²(88만 6325평)나 되는 동백만 한 신도시인데, 일정이 급하니 자문위원들이 기본구상을 만들어주었으면 한다는 것이었다. 어이가 없었지만 그렇다고 설계 비용을 따로 달라고 할 수 없어, 처음에는 그냥 도와주기만 하겠다고 말하고서 설계를 시작했다. 결국에 가서는 우리

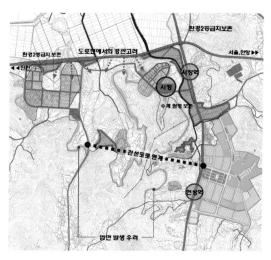

그림 19-21. 종합 여건 분석_ (저자 제작 및 소장, 2007).

그림 19-22. 항공사진에 나타난 대상지_ (NAVER 지도).

가 개발계획 수준의 설계를 만들어주었는데, 대부분이 내가 주도한 일이 되고 말았다. 자문비만 받고 100만 평 가까운 도시의 기본설계를 해준 것은 장현지구가 처음이었다.

대상지는 시흥시의 시청 주변으로서 장현동과 장곡동 그리고 연성동 일대에 걸쳐 있는데, 용도지역은 자연녹지지역으로서 전부가 개발제한구역에 속한 땅이었다. 이곳에 1만 5000호를 지어 4만 5000명을 수용하겠다는 것

이 당초 주택공사의 계획이었다. 대상지는 한 덩어리의 땅이지만 중간에 있는 산지는 다 제척시켰고, 이미 여기저기 주택단지(장곡동 부근과 연성동 시흥시청 부근)들이 들어서 있었다.

대상지와 접한 도로 중에서 가장 중요한 간선도로는 동쪽의 남-북을 지나는 국도 39호선(현 시흥대로)와 북쪽 경계를 동-서로 지나는 동서로(월곶교 차로에서 시작해 장현과 목감을 지나 목감 IC 근처인 박달로에서 끝남)가 있다. 간선도로급은 아니지만 서쪽의 장곡동 주택단지 동편에는 동서로에서 출발해 남쪽으로 내려가는 폭 10~15m의 황고개길이 있다. 국도 39호선 남쪽 인근에는 토지공사가 개발하는 능곡지구가 계획되어 있었다. 철도로는 소사원시선(서해선)이 국도 39호선을 따라 북쪽에서 남쪽으로 내려오는데, 우리가 계획할 당시에는 노선이나 역사 위치가 확정되지 않았었다. 흥미로운 점은 철도 노선이 국도의 밑으로 지나가는 것이 아니라 도로와 20m 정도 서쪽으로 떨어져 지나간다는 점이다. 현재는 시흥시청 근처에 시흥시청역이 있고, 능곡지구에는 시흥능곡역이 있다. 대상지를 지정할 때 산지는 대부분 제척했으므로 별 문제는 없었으나, 국도 39호선 자체가 성토되어 조성된 관계로 도로 서측이 매우 낮고, 환경 2등급지여서 개발이 제한되어 있었다.

개발 여건을 파악한 후 우리가 처음 해야 했던 일은 조각난 땅들을 어떻게든 짜 맞추어 하나의 도시가 되게 하는 것이었다. 그래서 우리가 중요시한 것은 이미 개발되어 있는 주택단지들의 구조, 그리고 토지공사가 계획한 능곡지구의 도시 구조와 자연스럽게 연결되도록 구조를 짜는 일이었다. 따라서 황고개길과 평행하는 국도 39호선을 간선도로로 연결하는 것이 첫 번째 작업이 되었다. 이 도로는 능곡지구의 중심에 연결토록 해, 두 신도시 간의 연계성을 좋게 했다. 사실 능곡지구와 장현지구는 사업자가 달라서 나눠진 것이지, 처음부터 하나의 도시로 개발되었어야 했다. 두 지역을 연결했을 때 생기는 문제는 시청 남쪽

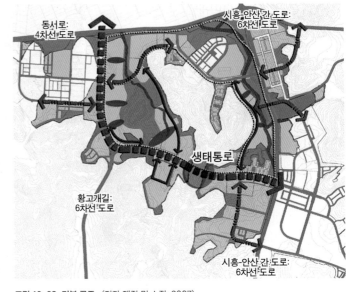

그림 19-23. 기본 구조_ (저자 제작 및 소장, 2007).

그림 19-24. 국도39호선에서 시흥시청을 바라본 모습
(위)_ (저자 스케치, 2007).
그림 19-25. 황고개길에서 북쪽으로 진입하는 풍경(왼
쪽)_ (저자 스케치, 2007).
그림 19-26. 국도39호선 길에서의 진입로 풍경(오른
쪽)_ (저자 스케치, 2007).
그림 19-27. 황고개 길이 연결 도로와 만나는 삼거리(아
래)_ (저자 스케치, 2007).

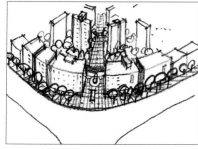

에 제척되어 있는 산지가 시가지로 둘러싸여 완전히 고립된다는 점이다. 그
래서 이 산지를 장현지구 남쪽에 있는 좀 더 큰 산지인 군자봉(198.4m)과 연
결시키기 위해 생태통로eco-bridge를 만들기로 했다. 그리고 동서로와 국도
39호를 잇는 이 새로운 도로를 장현지구의 생활가로로 만들기로 했다. 이
를 위해 도로 폭은 30m로 하되 차도는 4~5차선으로 하고, 보도를 넓히며,
자전거도로도 포함하도록 했다. 도로변에는 근린상가와 근린공공시설들이
양쪽으로 도열해, 주민들이 이 길을 따라 시흥능곡 지하철역까지 총 거리
2.8km를 보행할 수 있도록 했다.

사실 이 도로변 근린상가만으로도 장현지구에 필요한 상업용지는 충분
하지만, 역시 주택공사도 상가 부지를 공급해 수익을 올려야 하니까 중심상
업지역을 지정할 수밖에 없었다. 우리는 그에 적합한 위치로 시청 부근 국
도 39호선 동쪽 부지를 선택했다. 이곳은 동서로와도 가까워 주변 지역에서
도 접근이 용이하며 광역권 중심이 될 수 있는 곳이다. 시청이 건설된 지 얼
마 되지 않은 상태라 상당 기간 이전하지 않는다면 시흥시 전체의 중심이

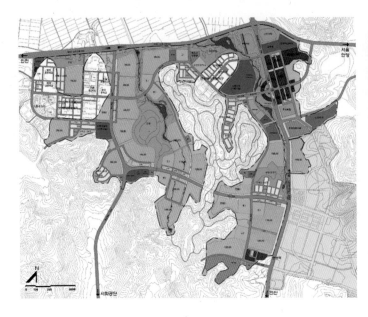

그림 19-29. 마스터플랜 모형도_ (NAVER 지도).

그림 19-28. 토지이용계획도_ (저자 제작, 2007).

될 수 있는 곳이기 때문이다. 더구나 이곳에 지하철역도 생길 예정이어서 성공할 가능성이 더욱 높다. 우리는 시청이 장기간 이전하지 않아도 되도록 인접 토지 상당량을 시청부지로 추가 지정해 주었다. 또한 이곳에는 시흥시 전체가 필요로 하는 시설들, 즉, 교육청, 종합병원, 노인복지시설, 종합터미널 등이 배치되었다.

동서로와 국도 39호 변의 환경 보존 2등급지는 대부분 생태공원으로 지정해 보전하기로 했다. 이들 공원은 주택단지들을 도로변의 소음이 클 것으로 판단되는 도로에서 이격시키는 효과를 가져다주었다. 또, 교통량이 급격히 늘어날 것으로 예상되는 국도 39호선의 교통 체증에 대비해서 시흥시청역 근처부터 일부 차선을 지하화해 교차로로 인한 교통 혼잡을 완화하도록 했다. 그리고 국도에서 시청으로 진입하는 도로를 상징도로로 계획하기 위해 국도와 교차되는 곳에 반원형 광장을 두었고, 광장 주위로 역시 반원형의 아케이드를 두도록 했다.


## 시흥시 목감지구

목감지구도 장현지구와 마찬가지로 주택공사가 같은 자문위원들에게 도시계획을 의뢰했다. 기본구상 비용을 아끼려는 속셈은 알겠는데, 내심 괘씸했다. 그렇다고 자존심 있는 교수들이 돈 때문에 해줄 수 없다라고 할 수는 없었다. 결국 일은 모두 나한테 떨어졌지만 워낙 일을 좋아했기 때문에 아무 불평 없이 일을 했다.

목감지구 대상지의 면적은 1.7km²에 주택 약 1만 2000호, 인구 3만 1000명을 수용하는 도시개발사업이다. 장현지구의 동쪽으로 약 4km 떨어진 곳에 위치하며, 장현과 마찬가지로 동서로에 접해 있다. 또한 서울외곽순환고속도로가 지구 중간을 남북으로 지나고 있어 도시가 분할된 상태이다. 동서로는 외곽순환고속도로 하부를 관통하면서 두 개의 길로 갈라져, 원래의 동서로는 기존 마을을 지나가고 다른 하나의 도로는 확장되어 목감우회로로 불린다. 두 도로는 평택파주고속도로 근처에서 다시 합쳐진다. 목감지구의 동쪽 끝은 국도 42호선(수인로)과 서해안고속도로에 접하고 있다. 한편 대상지 서쪽은 물왕저수지의 상류 쪽에 접하고 있다.

이 땅을 대하면서 당면하게 된 과제는 순환고속도로로 나누어진 땅을 어떻게 연결해 하나의 도시로 만드느냐 하는 점이었다. 당시 동과 서를 연결하는 도로는 북쪽에서 동서로가 고속도로의 조남3교 하부를 지나고, 남쪽에서도 시골길이 고속도로의 조남3교(동일한 명칭) 밑을 지나고 있었다. 그 사이에는 고속도로가 높이 성토되어 있어서 관통하기 위해서는 터널을 만들어야 했다. 그러나 주택공사는 공사비를 줄이기 위해 터널 같은 것은 생각조차 하지 않았다. 따라서 우리는 이 두 곳의 도로를 확장해 동-서 양쪽의 도시를 연결시킬 수밖에 없었다. 다음으로는 도심부를 위치시켜야 하는데, 동쪽과 서쪽이 나누어진 데다 규모가 얼마 되지 않아 중심 형성이 어렵다고 판단했다. 그래서 도시의 주 진입로인 동서로 변의 대상지로 진입하는 세 개의 도로 사이에 위계가 높은 상업중심지를 위치시켰다. 이곳은 전철(신안산선)이 지나갈 가능성이 있는 지역이기도 하므로 활성화도 가능할 것이라고 판단했다. 동쪽 지구에도 조금 작은 중심상업지역을 배치해 그 일대의 허브herb로 삼았다. 그리고 서쪽의 물왕저수지와 만나는 부분은 공원을 조성해 주민들이 물놀이를 즐길 수 있게 했으며, 그 일대의 아파트는 저층으로 해 저수지 경관을 보존했다. 서쪽 지구의 한가운데에는 산봉우리가 하나 있어 목감의 중심공원으로 삼고 주변의 수로와 연결했다. 나중에 안 일이지만, 〈그림 19-30〉의 위성사진에서 보는 바와 같이 이 공원의 맨 위가 평지로 만들어져 수도 시설이 들어가고 농구장과 잔디 광장이 들어섰다. 숲을 보전하고자 했던 나의 의도와는 전혀 다른 결과를 초래한 것이다.

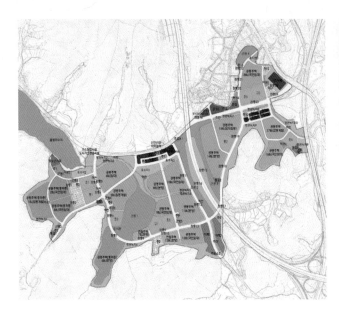

그림 19-30. 목감 위성사진_ (NAVER 지도).

그림 19-31. 목감 토지이용계획_ (저자 제작, 2007).

## 마곡에서의 다양한 실험

마곡지구는 2000년대 초까지 서울에서 개발되지 않고 남아 있었던 가장 큰
땅이라고 할 수 있다. 강홍빈 박사가 서울시 기획관으로 있을 당시 서울시
에서 용산재개발, 상암신도시, 마곡지구 개발 등 서너 가지 사업 구상을 시
도한 적이 있었다. 강 박사는 이 지역들의 계획 구상을 자기와 친분이 있는
사람들을 선정해 의뢰했다. 물론 용역 형태로 발주된 것은 아니고 그냥 도
와달라는 것이었기에 우리는 큰 부담을 갖지 않고 돕기로 했다. 그중에서
온영태는 용산 프로젝트에 참여했고, 나는 마곡지구 프로젝트에 참여했다.
마곡은 인접한 김포공항 때문에 개발이 안 되고 있었지만, 주변 지역이 야
금야금 개발되면서 더 이상 개발을 미룰 수 없는 처지가 되었다. 마곡의 북
쪽은 한강과 일부 접하는데, 서쪽으로는 서울시 서남물재생센터가 있고 동
쪽으로는 궁산과 주택들이 있어서 실제로 한강에 접한 길이는 200m를 조
금 넘는다. 반면 대상지 내에는 지하철 5호선과 9호선, 공항철도 등이 통과
해 역사가 주변에 많이 분포하고 있었다. 가장 중요한 도로는 대상지 한가
운데를 가로지르는 공항대로다. 공항대로에는 마곡역과 발산역이 있는데,
발산역 주변은 동쪽으로는 개발이 되어 있었지만 마곡역은 개발이 안 이루

어져 한산한 모습이었다. 북쪽의 9호선과 공항철도는 공사 중이거나 예정되어 있었다. 남쪽은 수명산과 김포공항으로 막혀 있으며, 동쪽과 서쪽은 경계선까지 시가화되어 있어 뻗어나갈 수는 없다. 내가 제일 먼저 주의를 기울인 것은 지하철망이었다. 그리 넓지 않은 시가지에서 이렇게 많은 철도 노선이 지나가고 있고, 여기에 우장산역과 송정역까지 포함하면 지하철역사가 일곱 개나 되기 때문이다. 지하철역사가 위치하는 한, 그 주변 지역은 최소한 지구 중심이 될 수 있고, 역세권 또한 형성될 수 있다. 다만 면적에 비해 역사가 많다 보니 모두가 지역 중심이 될 수는 없을 것으로 판단했다. 그래서 역사들의 입지에 따라 잠재력을 평가해 크게 키워야 할 역사와 작게 두어도 될 역사를 나누고, 이들 역사를 연결하는 루트

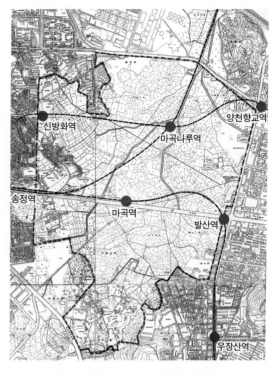

그림 19-32. 마곡지구 대상지와 전철역_ (저자 제작, 2019).

를 만들어 보행 루트와 생활도로로 사용할 것인지 아니면 선형의 상업 가로로 만들 것인지를 결정했다. 수용하는 기능에 따라서도 많은 대안이 생겨날 수 있는데, 서울시가 원하는 것은 주로 R&D연구시설, 벤처기업, 대학, 업무시설 등과 컨벤션센터 및 호텔, 녹지공원 등이었다. 그러니 주거 기능은 상대적으로 줄어들 수밖에 없다. 이 계획은 서울시에 담당 부서도 없었고 개발자도 없었으므로 내 생각에 강 박사가 실제로 이곳을 개발하려고 일을 시킨 것은 아니라고 판단했다. 그래서 나는 자유롭게 여러 가지 실험을 해보았다. 여기서도 주변 상황이 신도시에 호의적이지 않으므로 경계부는 완충녹지를 둘러칠 수밖에 없었다. 다만 동쪽 발산역 부근은 기존의 상업 기능과 연속성을 유지하기 위해 녹지를 두르지 않았다.

대안 A(〈그림 19-33〉)는 네 개의 역사 주변을 지구 중심지로 키우고, 그중 마곡역을 대표적인 도심부로 만드는 안이다. 도심부에는 상업 기능 외에도 업무 기능이나 연구 기능이 들어오도록 했고, 대규모 도심공원도 블록 안에 포함시켰다. 가로망은 기본적으로 사각 격자 형태로 만들었고, 지하철역사를 직선으로 잇는 보행자 루트를 만들어 딱딱한 격자형 가로의 분위기를 깨뜨리려고 했다. 다만 격자형 가로망 위에 대각선으로 보행자 루트를 넣

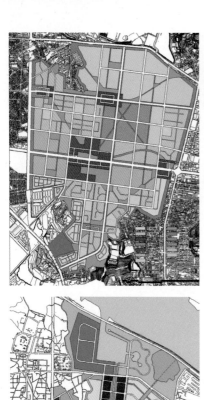

그림 19-33. 대안 A(왼쪽).
그림 19-34. 대안 B(오른쪽).

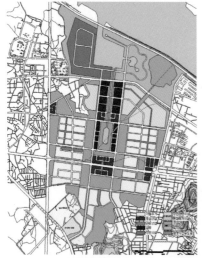

그림 19-35. 대안 C(왼쪽).
그림 19-36. 대안 D(오른쪽).

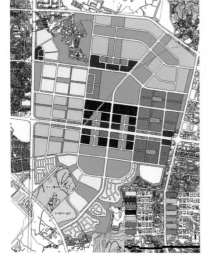
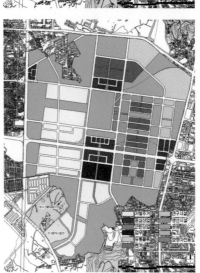

그림 19-37. 대안 E(왼쪽).
그림 19-38. 대안 F(오른쪽).

으면 도로와 교차하는 곳에 삼각형 필지가 많이 생기므로 토지이용이 어려워진다. 그래서 대각선의 위치를 잘 조정해 삼각형 필지의 면적을 최소화하고, 이 공간을 소공원으로 사용하게 했다. 서울시가 원하는 연구 기능은 출퇴근을 고려해 공항대로를 통과하는 지하철을 이용하기 편리하도록 역세권에 배치했다.

대안 B(〈그림 19-34〉)는 처음부터 도시 골격의 격자형 패턴을 깨뜨리기 위해 세 개의 지하철 역사를 연결하는 보조간선도로로 삼각형의 중심을 만든 안이다. 그 중심에는 컨벤션과 문화시설을 두었는데, 말하자면 소규모의 문화 트라이앵글culture triangle을 만들자는 것이었다. 여기서도 도시 중심은 마곡역으로 했다. 이러한 패턴 아래, Y자형 녹지축을 보조간선가로와 직교하게 보냄으로서 녹지 체계를 더욱 강력하게 만들었다. 한편 도시의 중심이 파격적인 형태가 됨으로써 도시 자체가 파편적으로 흩어지는 것을 막기 위해 외곽부에는 신도시 전체를 엮어주는 곡선형 순환도로를 넣었다. 보조간선도로와 순환도로에 의해 생겨난 대형 블록 내부에는 격자형 접근도로를 두어 이동의 편의성을 높이려 했다. R&D 기능은 조용한 환경을 찾아 북쪽 끝에 배치해 한강 쪽으로 연결되게 했다.

대안 C(〈그림 19-35〉)는 아예 물재생센터를 이전하고 그 지역을 열어 한강과 접한 곳에 부두를 만들고, 주변에 항만시설과 공원을 두어 한강을 주운으로 활용하자는 대안이다. 도시의 중심축을 항만으로부터 북에서 남으로 뻗어 내려오게 하고 양편으로 도시 중심 기능을 배치했다.

대안 D(〈그림 19-36〉)는 대학과 연구시설을 주된 기능으로 해 북동쪽에 배치하는 대안이다. 여기서 대학은 특수대학으로서, 연구시설과 연계한 첨단 공과대학을 의미하며, R&D 시설에도 벤처기업들을 수용함으로서 서울시의 요구 조건에 맞도록 했다.

대안 E(〈그림 19-37〉)는 항공지식산업과 정보통신산업을 주된 수용 기능으로 삼고 이 두 기능을 엮는 중심을 마곡역 주변에 구성하는 대안이다. 북쪽에는 항구가 열릴 것에 대비해 유통·물류 기능을 배치했다.

대안 F(〈그림 19-38〉)는 유통·물류 기능을 확대하고, 나머지 비주거 기능을 동편에 집중 배치하며, 주거 기능은 서쪽에 분리 배치하는 대안이다.

이 대안들은 서울시에 제시는 되었으나 아무런 후속 조치가 없었다. 몇 년 후 이 지역을 서울시가 개발하겠다고 하면서 대안 C에서와 같이 한강물을 끌어들여 마리나marina 부두와 수변 주거를 구상하고 이를 위해 항만도

**그림 19-39. 마곡 토지이용계획도(왼쪽)_** (서울주택도시공사, 2019).

**그림 19-40. 마곡의 2019년 모습(오른쪽)_** 아파트 단지는 대부분 개발되었으나 산업단지와 업무지역은 미개발 상태다. (NAVER 지도).

시 국제 현상 공모를 개최한 적도 있다. 나는 이 공모전에 심사위원으로 참여했다. 이 현상설계는 삼우건축이 당선된 것으로 기억하는데, 당선작이 실제로 만들어지지는 못했다. 이와 동시에 나머지 남쪽 부분에 대한 도시개발 용역을 발주했고, 2019년 현재는 개발이 거의 마무리 단계에 접어들었다.

# 세종시 개발계획 1부
## 행정수도 건설의 진행 과정

## 배경

2002년 대통령 선거에서 쟁점은 단연코 노무현 후보의 충청권으로의 수도 이전 공약이었다. 그 이전까지만 해도 이회창 후보에 비해 열세였던 노무현 후보가 역전의 계기를 마련한 한판의 승부수였다. 결국 노 후보는 충청권의 지원을 업고 대통령에 당선되었다. 도시 하나를 건설하는 일, 그것도 행정수도를 옮기는 일이 정치적 흥정거리가 된 대표적인 사례였다. 그간 선거 때마다 어디에 다리를 놓겠다느니 비행장을 건설하겠다느니 하는 선거 공약에 우리 강토는 한마디로 난도질당해 왔다. 국토개발이 정치 논리로 결정되는 우리나라는 밖에서 볼 때 후진국임에 틀림없다.

사실 수도 이전은 동서고금을 통틀어 처음 일은 아니다. 과거에도 나라나 왕조가 바뀔 때마다 천도를 해왔다. 우리나라도 박정희 대통령 당시 임시행정수도를 계획했었다. 그때는 북한의 테러 공작이 있었고, 서울이 DMZ에 너무 가까워 유사시 서울을 방어하기가 어렵다는 판단 때문이었다. 그러나 2002년처럼 선거 전략으로서 천도를 결정한 사례는 유사 이래 없었다. 어떻든 노무현 대통령으로서는 이 전략이 적중해 대통령이 된 만큼, 이듬해 집권하자마자 곧바로 계획을 착수하게 되었다.

정부가 천도 계획을 발표하자 여론은 찬반 양론으로 갈렸다. 영악한 사람들은 그저 자기의 이해관계를 따져보고 득이 되는 편에 섰지만, 많은 사람들은 호기심에 찬성 쪽으로 가담하기도 했다. 나는 솔직히 이러한 정책이 결정되는 과정에 대해 불만이 많았지만, 국토 균형 발전 차원에서 찬성

쪽에 섰다. 정부는 지난 30년 동안 지역 균형 발전을 외쳤지만 한 번도 제대로 된 정책을 만들거나 효과를 본 적이 없었다. 수도권 집중은 너무나 자연스러운 현상이어서 인위적으로 만든 수도권 정책으로는 막을 수 없었기 때문이다. 우리나라의 모든 주요 결정은 서울에서 이루어지고, 모든 경제 성장의 원천이 서울에 있기 때문에 그 근본을 바꾸지 않고서는 어찌할 도리가 없다. 수도권에서 신규 공장 허가를 내어주지 않는다거나 대학의 신설을 막거나 하는 정도의 '수도권 정비 계획법'으로 아무런 효과를 보지 못하는 것은 당연하다.

나는 전부터 수도권 집중을 인위적으로 막을 수 있는 방법은 단 하나가 있다고 생각을 했고, 그 방법이 바로 수도 이전이었다. 수도 이전은 권한의 이전이요, 경제 원천의 이전을 의미한다. 사람들은 내가 신도시 전문가니까 행정수도 이전을 선호한다고 생각할지도 모르겠다. 그러나 나는 그런 작은 이해관계를 따진 것은 아니다. 국가의 장래를 생각할 때 그리하는 것이 옳다는 것이다. 다만 해결되지 않은 문제라면, 남북통일이 이루어졌을 때는 수도 지정을 어떻게 하느냐 하는 점이다. 이에 대해서는 아무도 명확한 답을 내놓지 못했다. 그때 가서 판단하자는 것이었다.

## 인구 규모

내가 주장하는 천도는 현재와 같은 반쪽짜리 천도는 아니었고, 수도권 인구 200만~300만 명 정도를 빼낼 수 있는 본격적인 천도를 말하는 것이었다. 즉, 중앙의 권력을 모두 이전하고 경제 중심이 되는 대기업 본사들을 모두 이전하자는 것이었다. 예를 들어 10대 재벌그룹들에 땅을 각각 20만 평씩 나눠준 다음, 기업 본사와 자회사들을 옮기고 주택단지도 스스로 지어 이전하도록 한다면 그것만으로도 100만 명 이전 효과를 볼 수 있을 것으로 내다보았다. 이들로 인한 유발 효과까지 생각하면 또 다시 100만 명이 추가되어 200만 명이 될 것이다. 그러나 천도에 대해 야당에서 반대가 심했고, 서울시(당시 시장은 이명박)에서도 극렬하게 반대를 해서 그런지 언론에서는 매우 조심스럽고 소심한 반응들을 보였다. 서울시에서는 천도를 하면 서울의 경제가 망할 것처럼 떠들어댔다. 그러자 정부도 겁을 먹었는지 신행정수도 인구를 20만~30만 명 정도로 하면 서울이 경제적으로 타격을 받는 일은 없을 것이라는 등 수세적으로 나왔다. 나는 서울과 수도권이 천도로 인해 상당한 타격을 입어야 소기의 목적이 달성된다고 생각했다. 서울의 경제가 무너져 내려야 유입 인구가 줄어들 것이다. 사람들은 서울의 경제가 나라의 경제라서 서울 경제가 무너지면 나라 경제가 무너진다고 말하고 있지만, 이전하는 기업이 다 망하는 것도 아닌데 왜 한국 경제가 무너진다는 것인지 이해가 되지 않았다. 혹시나 자기들이 살고 있는 집값이 떨어질까 두려웠던 것은 아닐까? 서울의 경제는 사실 큰 틀에서 보면 지방 경제다. 한 곳의 경제가 타격을 받아도 다른 한 곳에서 경제가 부흥한다면 국가 전체적으로 보아 큰 손해를 볼 것이 없다. 다만 이전이 완성될 때까지 수년간 혼란이 빚어질 테지만 시간이 지나면서 회복될 것이고, 그러면서 인구의 수도권 집중은 점차 멈출 것이다.

나는 당시 정부가 일을 추진하는 과정을 보면서 이 사람들이 천도에 진정성이 있는지 의문을 갖기 시작했다. 정부가 주장하는 대로 천도가 수도권 인구 집중 예방과 지역 균형 발전을 위한 것이었다면 수도권의 피해는 당연히 감내해야 한다. 지역 균형 발전은 겉에 내세운 명분일 뿐이고, 실제로는 대선에 이기기 위한 정치적 목적 때문인 것처럼 보였다. 대통령에 당선되고 나니 숨겨진 목적이 이루어졌고, 그러니 명분상의 목적은 그 의미가 퇴색되었는데, 다만 가장 중요한 공약 사항으로서 어쩔 수 없이 추진한 것이 아닌지 의심이 간다. 그렇기 때문에 괜히 도시 기능이나 인구 문제로 논쟁을 격화시킬 필요는 없어졌던 것이다.

인구 문제가 이슈로 떠오르자, 내가 신도시 전문가로 사람들에게 알려졌기 때문인지 KBS에서 토론회 참여 요청이 들어왔다. 토론회에 나가 보니 김진애 박사가 패널로 나와 있었고, 몇몇 언론인 패널들도 참여하고 있었다. 나는 내가 평소에 생각해 왔던 대로 내 주장을 펼쳤다. 천도는 찬성하지만 하려거든 대대적으로 하자는 것이다.

이에 대해 정치계에 한 발을 담고 있었던 김진애 박사는 천도를 찬성하지만 인구 규모에 대해서는 소극적으로 나왔다. 처음에는 규모를 20만~30만 명으로 시작하는 것이 좋다고 한 것이다. 내가 너무 과격했던 것일까? 아니면 김 박사가 너무 정치적인 고려를 했던 것일까? 어쨌든 아무도 내 의견에는 귀 기울여 주지 않았다.

그러나 나는 내 생각이 옳았다고 지금도 생각한다. 그 엄청난 비용을 들여가면서 새로운 도시를 건설하는데 예상되는 효과는 미미하다? 20년 가까이 지난 지금까지도 수도권의 인구는 줄어들지 않고 있으며, 정부 기능은 두 군데로 나뉘어 중복 비용과 비효율만 초래하고 있다. TV 토론이 영향을 주었는지는 모르지만, 결국 신행정수도의 인구는 궁극적으로는 50만 명을 목표로 하되, 초기 목표로는 20만~30만 명으로 하는 이상한 절충안이 채택되었다.

## 행정중심복합도시를 위한 조직 구성

대통령 당선자는 취임 전인 2002년 11월 21일 대통령직인수위원회 중심으로 신행정수도건설추진위원회를 설치하고, 대전 한밭대학교 전 총장 강용식 교수를 위원장으로 임명했다. 그러나 당시 그들이 할 수 있는 것은 아무 것도 없었다. 새 정부는 청와대 및 내각 구성이 이루어지자마자 신속하게 조직부터 챙겼다.

권오규 청와대 정책수석을 단장으로 해 정책실 소속 비서관과 행정관 등 16명으로 '신행정수도건설추진기획단'이 구성되었다(2003년 4월 14일). 권 수석은 내가 김영삼 정부 때 몇 번 만난 적이 있어 서로 안면을 익힌 사이였다. 그는 나의 경기고등학교 4년 후배인데, 이전에는 경제기획원 소속이었다가 새 정부가 들어서면서 청와대에 비서관으로 와 있었다. 당시 그의 인상은 추진력이 매우 뛰어난 사람이라는 것이었다. 역시 높은 분들은 추진력 있는 사람을 선호하는구나 하고 생각했다. 동시에 정부는 신행정수도건설추진기획단의 업무를 뒷받침하기 위해 건설교통부 1급을 단장(이춘희)으로 하는 '신행정수도건설추진지원단'을 결성했다. 이춘희 단장 또한 권오규 수석 못지않게 고속으로 출세한 엘리트 관료였다.

5월 13일에는 국민 여론을 수렴하기 위해 각 분야 전문가와 충청권 지역 인사들로 100명 내외의 자문위원회를 구성했는데, 위원장은 김안제 서울대학교 환경대학원 교수가 맡기로 했다. 김 교수는 어느 정부가 들어서더라도 없어서는 안 될 보물 같은 분이다. 대개의 경우 국가가 중요한 사업을 추진하려 할 때마다 위원회 같은 것을 조직하고, 위원장은 명목상 대통령이나 국무총리가 하되 민간인을 공동위원장으로 지명해 실제 위원회를 이끌어나간다. 김 교수는 이러한 위원장을 가장 많이 역임하신 분이다. 그는 정부가 어려운 일을 해결해야만 할 때 항상 정부 편을 들어 어려움을 극복할 수 있

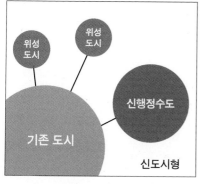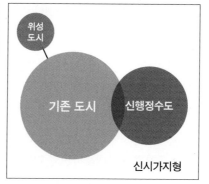

그림 20-1. 신행정수도의 개발 유형_ (저자 제작, 2003).

게 해주기 때문이다. 그래서 그는 자신이 총리급이라고 늘 이야기한다. 정부가 5개 신도시를 개발하고자 했을 때도 대부분의 환경대학원 교수들은 반대를 했지만 김 교수는 그들과 함께하지 않았고, 신행정수도 위헌소송 제기 때도 김 교수만이 이름을 올리지 않았다.

## 도시 기본구상 연구 수행

지원단(또는 추진단)은 조직이 다 갖추어지자 건설기본계획에 착수하기로 했다. 가장 먼저 착수한 것은 도시 기본구상, 입지 선정 등 세 가지 연구용역이었는데, 국토연구원을 중심으로 많은 국책연구기관과 관련 학회들을 모아 14개 기관이 참여하는 신행정수도연구단을 구성했다. 연구단의 단장은 이규방 국토연구원장과 최병선 가천대학교 교수가 공동으로 맡기로 했고, 연구단은 도시 기본구상을 2003년 5월 15일 착수해 같은 해 말까지 완료하기로 했다.

내가 처음으로 신행정수도 계획에 참여하게 된 시점이 바로 이때였다. 나는 대한국토도시계획학회 멤버로서 참여했는데, 내가 맡은 부분은 주로 도시계획과 공간 구조에 대한 것이었다. 그것은 내가 1기 신도시의 주역이었고, 당시만 해도 내 나이가 만 54세로 내 커리어의 정점에 서 있었기 때문이 아니었나 생각한다. 발주처에서는 신도시에 관한 개념부터 다루어달라고 했으므로 나는 문외한들을 대상으로 하듯 신도시의 개념부터 설명을 해나갔다. 그래서 도시개발 유형으로는 기존 도시와 일정 거리를 유지해 독립된 형태로 개발하는 '신도시형'과 기존 도시와 인접해 시가지를 확장하는

'신시가지형'으로 개발이 가능하다는 것을 먼저 설명했다.

다음으로 도시 기능을 정의했는데, 신행정수도에 정치나 행정 등 국가 중추 관리 기능을 중심으로 이전하고 나머지 공공기관은 지방으로 분산 이전해 국민 통합과 균형 발전을 촉진한다는 원칙을 따랐다. 또한 행정수도 기능을 뒷받침하기 위해 국제 교류, 문화, 교육 기능을 유치하는 것으로 정했다. 다음은 개발 면적을 산출하는 일이었는데, 나는 도시 전체의 용도별 면적 배분을 먼저 하고, 산출된 주거용지에 대해서는 순밀도를 기준으로 적정 면적을 역으로 산정해 제시했다. 그것은 입지가 선정되지 않은 상황에서 산이나 하천 등을 포함하는 총밀도보다는 주거지만을 대상으로 하는 순밀도가 비교 기준으로 바람직하기 때문이다.

선진국의 경우 대부분의 신도시를 저밀도로 개발하고 있으나, 가용 토지가 부족한 우리의 실정을 감안해서 주거용지 평균 밀도를 300인/ha로 잡았다. 연구를 착수하던 시점에 우리나라 주요 도시의 경우 순밀도(인구/주거용지)는 평균 368인/ha로서, 그 범위는 145인/ha(포항)에서 615인/ha(분당)까지 다양했다. 다른 국내 도시들의 밀도와도 비교했는데, 참고로 한 것은 동탄 404인/ha, 일산 525인/ha, 과천 575인/ha, 광명 602, 안양 431인/ha, 안산 328인/ha, 청주 289인/ha 등으로, 신도시는 밀도가 비교적 높고 일반 지방 도시는 비교적 낮은 편이었다. 유럽 신도시의 경우 대부분 100인/ha미만이지만 일본은 350~400인/ha 정도이고, 싱가포르는 400~600인/ha로 계산되는 등 각국의 토지 상황에 따라 다른 것을 알 수 있었다.

인구 50만 명과 인구 밀도 300인/ha을 적용하면 주거용지는 약 500만 평이 필요한 것으로 산정되었다. 다음은 주거용지가 전체 개발 면적의 몇 퍼센트를 차지하는 것이 바람직한가를 정해야 했다. 입지가 선정되기 전이기 때문에 나는 어떠한 입지 조건이 주어지더라도 적용할 수 있도록 융통성을 주어야만 했다. 그래서 인구 밀도도 300인/ha으로 못 박지 않고 최대 350인/ha까지도 될 수 있다고 융통성을 부여했다. 그리고 주거지가 전체 면적에서 차지하는 비중도 1기 신도시의 기준이 되었던 30%보다는 낮게 잡았다. 그것은 행정수도라는 특수한 도시 기능상 많은 관공서, 외국 공관을 비롯한 외국인 시설, 문화시설들이 수용되어야 하므로 상대적으로 주거용지 비율은 줄어들 수밖에 없기 때문이다.

당시에 추진단에서는 벌써 필요 면적이 2000만 평 정도가 될 것이라는 가이드라인을 갖고 있었다. 그 숫자는 다른 도시들과 비교한 뒤 총밀도를

표 20-1. 용도별 토지 이용 면적 및 비율

| 토지용도 | 면적(만 평) | 비율(%) |
|---|---|---|
| 주거용지 | 505 | 22.1 |
| 상업·업무용지 | 66 | 2.9 |
| 산업·유통용지 | 17 | 0.7 |
| 교육시설용지 | 51 | 2.2 |
| 문화·복지용지 | 68 | 2.9 |
| 도로·교통시설용지 | 352 | 15.4 |
| 공원·녹지·광장, 성장관리 녹지벨트 | 1,108 | 48.4 |
| 공급 처리 및 기타 | 34 | 1.5 |
| 국가중추관리시설용지(외교단지 포함) | 90 | 4.0 |
| **합 계** | **2,291** | **100.0** |

자료: 행정중심복합도시건설청(2004).

적용해 만든 것이다. 그러나 혹시라도 대상지 내에 산지가 많고 하천이 많으면 내가 원하는 밀도로 개발할 수가 없었다. 그래서 최대한 주거용지의 비율을 낮추어야 했다.

이 문제를 해결하기 위해 먼저 나는 공원녹지의 비율이 50%는 되어야 국제 수준의 행정수도가 될 수 있다고 주장했다(분당 28.4%, 일산 23.1%, 판교 34.9%). 이 정도는 되어야 쾌적한 도시가 될 수 있다고 말하니, 반대하는 사람은 별로 없었다.

그 다음에 주거용지 비율은 20% 내외로 잡았다. 그렇게 하고 나니 남은 비율이 30% 정도가 되었는데, 이것을 가지고 나머지 용도에 배분했다. 다른 신도시와 구별되는 기능으로는 이전을 계획하고 있는 정부청사와 문화시설이 있는데, 정부가 요구하는 면적을 반영해 각각 전체 면적의 4%와 3% 내외로 했고, 나머지 용도는 일반 신도시와 비슷하게 정했다. 이것들을 합산해 면적을 내보니 2500만 평 정도가 나왔다. 이는 추진단에서 정한 2000만 평보다 상당히 컸기 때문에 나는 약간 조정을 거쳐 〈표 20-1〉과 같은 면적 배분표를 작성했다.

표에서 성장관리 녹지벨트는 일종의 그린벨트로, 도시가 밖으로 무질서하게 확장되는 것을 막기 위한 녹지 띠를 말한다. 분당과 일산을 설계할 때 내가 아무리 주장해도 건설부와 토지공사가 못들은 척 하다가 신도시 인접지가 난개발된 것을 경험한지라 이번에는 처음부터 포함시킨 것이다. 결과

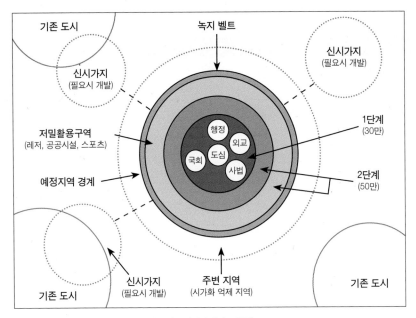

기존 도시　　　　　　　녹지 벨트

신시가지
(필요시 개발)

신시가지
(필요시 개발)

저밀활용구역
(레저, 공공시설, 스포츠)

행정

외교

국회　도심

사법

1단계
(30만)

2단계
(50만)

예정지역 경계

기존 도시

신시가지
(필요시 개발)

주변 지역
(시가화 억제 지역)

기존 도시

그림 20-2. 신행정수도 및 주변 지역 개발 모식도_ (저자 제작, 2003).

적으로는 신행정수도 시가지의 총밀도는 84인/ha, 성장관리 녹지벨트를 포함할 경우 도시 전체 밀도는 66인/ha가 된다.

다음은 도시 공간 구조를 만들어야 했다. 그러나 입지가 선정되지 않은 상태에서 공간 구조를 만든다는 것은 한마디로 난센스라고 생각했다. 이 계획이 학교 숙제도 아니고, 땅이 어떻게 생겼는지 산이 어디에 있는지 강이 어디에 있는지도 모르는데 어떻게 공간 구조를 짤 수 있다는 말인가? 그래서 나는 먼저 개발도가 아니라 다이어그램을 통해 도시개발 개념에 대해 보여주고자 했다(〈그림 20-2〉 참조).

이 모형도에는 단계별 개발 개념이 포함되어 있는데, 도시의 성숙에는 장기간이 소요되므로 신행정수도에 인구가 유입되는 시기를 감안해 단계적인 개발을 추진하고자 하는 내용이었다. 즉, 초기에는 이전 기관 및 지원 기능 종사자 중심으로 인구가 유입되므로 2020년까지는 30만 명 규모로 개발(1단계)하고, 인구가 추가로 유입되고 자족성이 증대되는 2030년까지는 50만 명 규모의 도시로 건설(2단계)하자는 것이다. 또한 여기에는 신행정수도의 계획적인 개발이 완료된 이후에는 도시의 외연적 확장을 억제하고, 추가적인 인구 유입이 예상되는 경우 인근 도시 및 읍·면을 정비해 개발 수요를 흡수하는 등 신행정수도와 주변 지역의 동반 발전을 도모하자는 개념이 담겨 있다.

그러나 용역이 끝난 후에도 추진단은 지속적으로 다이어그램이 아닌 구

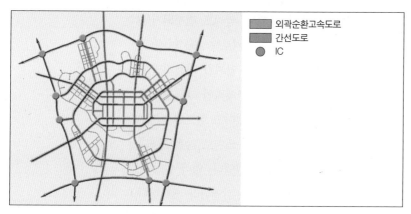

그림 20-3. 교통망 구상도_ (저자 제작, 2003).

외곽순환고속도로
간선도로
IC

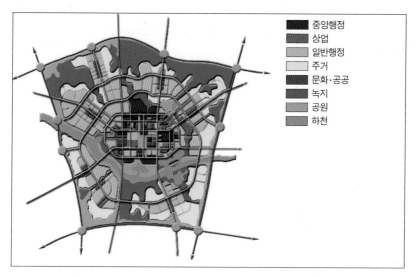

그림 20-4. 토지 이용 구상도_ (저자 제작, 2003).

중앙행정
상업
일반행정
주거
문화·공공
녹지
공원
하천

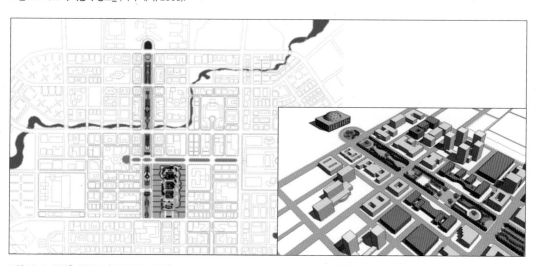

그림 20-5. 중심축 구상도_ (저자 제작, 2003).     그림 20-6. 중심축 모식도_ (저자 제작, 2003).

체적인 도시 그림이 없다는 이유로 우리들을 괴롭혔다. 입지도 결정되지 않았는데 구체적인 그림부터 내놓으라는 것이다. 내가 알기로는 2004년 중 국제 현상설계지침을 마련하는 등 공모 준비를 완료하고 입지가 정해지면 바로 국제 현상설계를 실시한다고 했으면서 왜 나보고 구체적인 그림을 내놓으라는지 이해하기 어려웠다. 나한테 도시계획을 맡기겠다고 했으면 어떻게 하든 만들어 냈겠지만 국제공모를 한다면서 왜 나더러 쓰지도 않을 계획을 만들어내라고 했는지, 나로서는 기분이 나쁠 수밖에 없었다. 얼마 안 되는 학회 용역비로 제대로 된 계획안을 받겠다는 것은 심한 갑질이라 생각했다. 몇 년 뒤에 안 일이지만, 그 이유는 당시 대통령에게 기본구상을 보고하기 위해서는 어떤 형태든 도시같이 생긴 그림이 있어야 했던 것이다.

하여튼 나는 내키지는 않았지만 도식적인 구상도를 대충 만들었다. 그러나 이 그림들이 나중에 각종 공청회와 심의회에서 비판의 빌미를 제공했으며, 국제공모를 하지 않으면 안 된다는 당위성에 일조했다. 추진단은 그밖에도 다양한 주제들을 다루기 위해 전문가들과 관련 연구기관들을 모아 2003년 9월부터 이듬해 상반기까지 37개 연구과제를 추진토록 했다.

그러나 2003년 연말까지 도시 기본구상과 더불어 입지 선정 평가 기준까지 마련하기로 한 일정은 계획대로 이루어지지 않았다. 도시 기본구상 연구 결과와 37개 소연구과제 성과물을 바탕으로 추진단 실무진이 건설기본계획 시안을 마련하려 했으나, 그것이 잘 되지 않자 전문 태스크포스를 구성하고 국토연구원장이던 이규방이 팀장을 맡게 되었다. 물론 이규방은 계획 전문가가 아니었으므로, 국토연구원 연구진에서 초안을 만들어 추진단에서 만든 건설기본계획 초안과 비교한 뒤 국토연구원 연구진과 추진단을 중심으로 집중검토반을 구성해 2004년 6월 초순까지 최종 시안을 마련했다. 여기서는 신행정수도의 건설 이념을 '상생과 도약'으로 설정하고, 이를 바탕으로 신행정수도를 '대한민국을 상징하는 미래 지향적이며 지속 가능한 도시'로 건설하는 것을 목표로 정했다.


## 입지 선정

신행정수도 후보지 선정 기준은 2003년 5월부터 12월까지 국토연구원 등 8개 전문기관으로 구성된 연구단의 연구 결과에 따라 정하기로 했다. 나는 이 연구에는 참여하지 않았기 때문에 그 과정에 대해서는 잘 알지 못한다. 나중에 백서를 통해 알게 된 내용은 다음과 같다. 첫 번째로 한 일은 대통령 선거 당시 공약으로 이미 결정해 놓은 충청권 지역이 신행정수도의 후보 지역으로 타당한가 하는 점이다. 이를 검증하기 위해서 연구팀이 통합성, 상징성, 중심성, 기능성, 환경성, 안전성, 건설 목표 부합성 등을 평가 기준으로 삼아 평가하니, 충청권이 가장 우수한 것으로 나왔다고 한다. 그런데 이런 거꾸로 짜 맞춘 연구가 과연 필요했는지는 의문이 간다. 충청도에 신행정수도를 건설하겠다고 공약을 해서

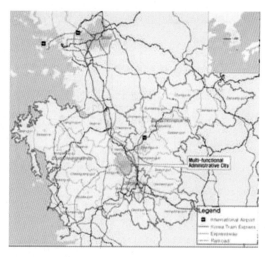

그림 20-7. 신행정수도의 위치도_ (행정중심복합도시건설청, 2006).

시작한 일인데, 충청권이 타 지역보다 좋지 않다면 어떻게 할 생각이었는가? 그리고 평가 기준이 대부분 정성적定性的인 분석을 요하는 것이어서 사람에 따라 다르게 평가할 수 있고, 가중치 또한 의도적으로 조작할 수 있어서 객관성이 높다고 할 수는 없다. 2003년 9월에서 11월 사이에 전문분과 자문위원회, 소위원장 회의, 일반 국민 설문조사, 공개토론회, 국정과제회의 등을 통해 다각도로 검토해 5개 기본 평가 항목, 20개 세부 평가 항목을 확정했다. 기본 평가 항목으로는 국가 균형 발전 효과, 국내외에서의 접

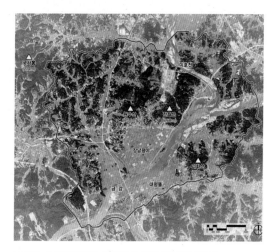

그림 20-8. 계획 대상지_ (행정중심복합도시건설청, 2006).

근성, 주변 환경에 미치는 영향, 삶의 터전으로서 자연 조건, 도시개발 비용 및 경제성 등이 검토되었다. 평가 기준이 마련된 후에는 구체적으로 입지를 선정하는 작업이 추진되었다. 추진단 내에서도 입지 선정 TF가 조직되었다. 이들은 평가 관리 연구용역을 발주했는데, 국토연구원이 업무 총괄을 맡게 되었다(2004년 4월 13일~11월 12일). 또한 추진단에서는 후보지 평가지원단을 구성해 입지 선정에 참여시켰다. 드디어 6월 15일에는 입지 후보지 4개가 선정되었고, 6월 21~26일에 이루어진 합숙 평가 검토 결과, 연기군-공주시 후보지가 최종적으로 선정되었다. 그런데 이 결과 또한 정치적 입김이 크게 작용한 것으로 느껴진다. 대선 때 신행정수도의 입지를 충청권이라 한 만큼

대전시와 충북 그리고 충남이 서로 입지 유치를 위해 물밑에서 치열한 경쟁을 하고 있었는데, 결과적으로 세 개의 광역행정단위가 만나는 곳이 선택된 것은 우연이라고 보기 어렵다. 이 결과를 갖고 지방마다 공청회가 진행되었고, 최종적으로는 신행정수도건설추진위원회에서 이 입지를 확정지었다(8월 11일). 입지의 결정에 대한 공식적인 발표는 대통령 보고가 있은 후 2004년 10월에야 이루어졌다.

나는 입지가 선정되기 이전 백지 구상만 했을 뿐 입지 선정 작업에는 참여하지 못했는데, 입지 선정 결과를 보고는 깜짝 놀랐다. 계획 대상지로 선정된 곳은 경험 많은 계획가라면 절대 고르지 않는 최악의 입지였다. 우선 전통적 의미에서의 상징성이 없었다. 좋은 장소site라면 잘생긴 산이 배경을 이루고, 이어서 구릉지 등이 장소의 중심을 감아 돌아야 안정감을 느낄 수 있는데, 대상지는 그렇지 못했다. 중앙에서 가까운 원수산은 그 형태가 불안정하게 생겼고, 그나마 안정감을 주는 전월산은 동쪽으로 치우쳐 있다. 중심부에는 금강과 인접해서 대규모의 논이 북-남으로 펼쳐져 있으나, 절반 이상이 상습 침수 지역이기도 하다.

그러면 왜 이런 땅이 선택되었을까? 한마디로 입지를 결정하는 팀 안에 도시계획을 해본 사람이 없었기 때문이다. 입지 결정 TF는 입지 선정 평가 항목에 '삶의 터전으로서 자연 조건'이라는 항목을 넣었지만, 이것이 구체적으로 무얼 의미하는지는 불분명하다.

이런 항목보다는 구체적으로 '도시 중심 기능을 배치하기에 적합한가', 또는 '좋은 도시 구조를 수용할 수 있는가' 같은 항목이 있어야 하고, 이에 대한 평가는 도시설계 전문가가 해야 한다. 나중에 들리는 이야기로는 이곳을 대상지로 정한 뒤 이해찬 국무총리가 헬기를 타고 방문하면서 하늘에서 "바로 이곳이야!" 하고 감탄했다고 한다. 평평한 농지가 강변에 있고 주변에 산지가 둘러싸고 있으니 명당이라고 생각한 것 같다.

## '신행정수도의 건설을 위한 특별 조치법' 제정과 조직의 편성

국회는 신행정수도 건설을 위해 2003년 12월 29일 '신행정수도의 건설을 위한 특별 조치법'을 제정했다. 법에 의거하여 2004년 5월 21일 신행정수도 건설 업무를 효율적으로 추진하기 위해 대통령 소속하에 신행정수도건설추진위원회를 두고, 위원장 2인을 포함해 30인 이내로 구성했다. 이로써 대통령 취임 이전 만들어졌던 추진위원회는 자동으로 해체되었다. 새로운 추진위원회의 위원장은 김안제 교수가 맡았으나, 천도론과 국민투표 등을 언급하다 여론의 뭇매를 맞고 5개월을 못 채운 뒤 최병선 교수로 대체되었다(2004년 9월 14일).

위원회 산하에는 신행정수도건설추진단을 두어 위원회 실무 업무를 처리하도록 했다. 법 제정 이후 청와대의 기획단과 그 아래 건설교통부 중심의 지원단은 해체되었는데, 최고 결정 기관으로 신행정수도건설추진위원회가 기획단 역할을 맡게 되었고, 신행정수도건설추진단이 지원단을 계승했다. 이렇게 함으로써 청와대는 일에서 빠져 본연의 임무로 돌아갔고, 위원회와 추진단이 모든 역할을 수행했다. 추진단은 지원단이 이름만 바뀌었을 뿐이어서, 단장은 그대로 이춘희 전 단장이 맡았다.


## 국제 현상 공모를 위한 연구용역

2003년 9월 26일에 정부는 서울대학교 공학연구소와 현상 공모 설계지침 작성을 위한 연구용역을 체결하고, 내가 용역연구의 책임자가 되었다. 기간은 1년으로, 설계 경기의 운영 방안, 현상 공모 목적에 맞는 결과물의 양식과 내용, 이에 맞는 제공 자료, 프로그램, 설계지침을 규정하는 연구였다. 국제 현상 공모 관리는 국토연구원이 용역으로 맡았는데, 작품 수집과 정리, 심사장 확보 등의 준비를 하게 되었다(2004년 4월 16일~2005년 4월 15일).


## 국제 현상 공모 TF와 국제 현상 공모 소위원회

한편 국제 현상 공모 TF는 입지가 결정되기도 전에 전문가들로 구성되었는데(팀장은 양병이 교수), 2004년 3월부터 2004년 5월까지 11차례 개최되었다. 또한 2차례의 전문가 자문회의(2004년 3월 8일~4월 9일)에서는 국제 현상 공모를 관리하는 전문위원professional adviser: PA 선정에 많은 사람들의 이름이 거론되었으나 결정하지는 못했다. 그때까지도 내 이름은 나오지 않았다.

한편 추진위원회는 2004년 4월 26일에 도시·건축 관련 학회 및 협회장들과 간담회를 갖고 국제 현상 공모 진행 방식 및 공모 참가 방식에 관한 의견을 들었는데, 여기서 비로소 내 이름이 처음 거론되었다. 추진위원회는 2004년 5월 21일 첫 회의에서 국제 현상 공모 소위원회를 구성하고 양병이 서울대학교 환경대학원 교수를 소위원회의 위원장으로 정했다. 소위원회는 1차 회의에서 TF가 추천한 후보자 3인 중 김종성 서울건축 대표를 PA로 위촉하기로 했는데, 본인의 고사로 2004년 6월 3일 2차 회의에서 연세대학교 이상준 교수로 교체되었다.

## 헌법소원과 위헌 판결

신행정수도건설계획이 발표되었을 때부터 이를 반대하는 사람들이 세력을 모아가기 시작했는데, 특별 조치법이 국회를 통과하자 서울대학교 환경대학원 최상철 교수 등이 '신행정수도의 건설을 위한 특별 조치법'의 폐지를 촉구하는 청원서를 2004년 4월 30일 국회에 제출했다. 헌법재판소는 이 사안을 6개월가량 심의한 후, 2004년 10월 21일 위헌 판결을 내렸다. 위헌 판결의 사유로는 "수도가 서울인 점은 관습헌법에 해당하고, 관습헌법 역시 헌법의 일부이므로 헌법 개정 절차에 의해서만 변경될 수 있는데, '신행정수도의 건설을 위한 특별 조치법'은 헌법 개정 절차 없이 수도를 이전하는 것을 내용으로 하고 있으므로 헌법 개정안에 대한 국민투표권을 규정한 헌법 제130조에 위반한다"라고 했다. 따라서 특별 조치법은 10월 21일부터 그 효력이 정지되었고, 이 법률에 의한 신행정수도건설추진위원회와 신행정수도건설추진단은 조직 설치 근거를 상실했다. 정부는 이 문제를 해결하기 위해 신행정수도후속대책위원회를 설치하고(공동위원장 최병선), 동시에 신행정수도후속대책기획단을 설치했다(2004년 11월 18일).

신행정수도건설이 불발됨에 따라 정부는 행정수도라는 명칭을 포기하고 이에 대한 후속 대안들을 검토하기 시작했다. 위원회에서는 세 가지 대안이 논의되었는데, 첫째는 행정특별시로 하는 안(대통령, 국회만 제외), 둘째는 행정중심도시로 하는 안(대통령, 국회, 사법부 및 통일부·외교부·국방부 제외), 셋째는 국가혁신도시로 하는 안(대통령, 국회, 사법부 및 대통령 직속기관, 통일부·외교부·국방부 제외)이 그들이다. 국회 특위에서는 '행정특별시' 안, '행정중심도시' 안, '교육과학연구도시' 안 등 3개 안을 검토했는데, 결국 '행정중심복합도시'라는 비교적 긴 이름이 선택되었다.

　명칭이 이렇게 된 것은 도시의 성격을 행정이 중심이 되는 도시이지만 교육이나 과학연구 등을 포함할 수 있도록 함으로써 행정수도 반대자들이 가질지 모르는 의구심을 조금이라도 감소시킬 수 있으리라는 생각에서 비롯되었다. 정부는 이어서 그간 사용해 오던 모든 조직의 명칭에서 '신행정수도' 대신 '행정중심복합도시'를 사용하게 되었다.

## 행정수도의 위헌 판결과 행정중심복합도시로의 변경 추진: 행정중심복합도시건설추진위원회 발족과 참여

헌법재판소의 위헌 판결로 이때까지 신행정수도건설을 주도해 온 추진위원회와 추진단 등 모든 조직이 명목상 해산되었다. 국회는 이듬해 초 위헌 판정으로 폐기된 '신행정수도의 건설을 위한 특별 조치법'을 대체할 '신행정수도 후속 대책을 위한 연기·공주 지역 행정중심복합도시 건설을 위한 특별법'(이하 '행정중심복합도시 건설을 위한 특별법')을 제정했다(2005년 2월). 그리고 새로운 법에 따라 2005년 4월 7일 '행정중심복합도시건설추진위원회'가 설치되었다. 내가 새로운 추진위원회의 위원이 된 것은 바로 이때다. 나는 추진위원회에 참가하자마자 많은 발언을 쏟아내었다. 신도시 계획이야말로 내가 가장 자신 있게 이야기할 수 있는 주제였기 때문이다.

　지난간 2년 동안 나는 신행정수도 계획에서 완전히 배제되었었다. 기본구상 용역을 내가 주도했고 현상 공모 설계지침 작성을 위한 연구용역도 내가 맡았음에도 불구하고 수차례의 공모전 PA 후보 선정 작업에서 내 이름은 언급조차 되지 않았다. 그러나 모든 주제에 대해 내가 명확한 방향을 제시해 주면서부터 추진위원회의 논의 사항들이 쉽게 풀려나갔다. 추진위원회 2차 회의에서는 사안들을 심도 있게 검토하기 위해 소위원회 4개(이전 대책, 입지환경, 개발계획, 도시설계, 국제 현상 공모)를 두기로 했는데, 어느 누구도 둘 이상 겸직하지는 못하게 했다. 나만 예외적으로 도시설계 소위원회와 국제 현상 공모 소위원회를 동시에 맡도록 했다. 동 회의에서 도시건설 사업자로 한국토지공사를 지정했고, 그동안 오락가락하던 국제공모 PA로 나를 선임했다.

　추진위원회는 또한 계획 단계부터 기존의 도시개발에서는 없었던 많은 혁신을 시도할 필요가 있다고 판단해 위원회 위원, 자문위원, 민간 전문가,

추진단, 건설교통부, 사업 시행자 등이 참여하는 별도의 전담 TF를 구성했는데, 환경 TF, 문화재 TF 등 8개를 두었고, 나는 첫마을 TF의 팀장을 맡는 동시에 청사 건립 TF에도 참여했다.

　추진위원회 출범과 동시에 위원회 산하에는 추진단을 두어 사무 처리를 하게 했는데, 이 기구는 2005년 12월 말까지 존속시키고, 2006년 1월 1일부터는 추진단을 대신해서 행정중심복합도시건설청(이하 건설청, 청장 이춘희)이 신설되어 본격적인 건설행정 업무에 돌입했다. 정부는 위헌 심판 과정을 거치면서 계획이 늦어진 점을 만회하기 위해서 계획 수립을 서둘렀다. 기본계획은 건설교통부장관이 수립권자며, 개발계획은 건설청장이 수립권자로 되어 있었고, 실시계획은 사업 시행자가 수립해 건설청장이 승인하도록 되어 있어, 결국은 모두 건설청장 손에 달려 있는 것이나 마찬가지가 되었다.

# 세종시 개발계획 2부
## 아이디어 공모전부터 개발계획까지

## 개발계획의 준비: 용역 발주

행정중심복합도시건설추진위원회 업무가 시작됨과 거의 동시에 추진위원회는 전문 지식과 경험이 풍부한 외부 전문가를 용역 시행 총괄 관리자로 선임토록 결정했다(2005년 5월 4일). 곧이어 기본계획 연구에 참여하는 국토연구원을 포함해 총 9개의 국책연구기관 및 개발계획 용역 수행업체 등으로 공동연구단이 구성되었다(2005년 5월 26일). 연구단장으로는 수많은 신도시들을 설계해 왔던 내가 지명되었고, 국토연구원 진영환 부원장이 공동연구단장을 맡게 되었다. 공동연구단 내에서는 국토연구원이 기본계획을 맡고 엔지니어링 회사(동호, 삼안, 동명기술공단, 경동기술공사가 컨소시엄 구성)가 개발계획과 실시계획을 맡게 되어 있었는데, 나중에는 국토연구원이 개발계획까지 총괄하기로 했다.

기본계획 용역 발주에 이어 6월에는 개발계획 용역이 발주되었다. 개발계획은 기준 연도를 2005년으로 하고 2030년을 목표 연도로 삼았다. 어차피 내가 기본계획과 개발계획 학술 부분을 책임져야 하므로 우리는 기본계획과 개발계획을 동시에 추진하기로 했다. 공동연구단은 양재동에 임대 사무실을 얻어 합동사무실을 오픈했다. 연구는 2006년 7월까지 마치도록 되어 있어서 현상 공모 결과가 나오는 2005년 11월 15일까지는 고작 8개월밖에 남지 않았었다.

입지 결정과 함께 계획 대상지로 정해진 면적은 73.14km²(2212만 평)인데, 대상지 외곽 경계로부터 4~5km 지역에 해당하는 땅인 약 223.77km²(6769

만 평)을 주변 지역으로 지정해 개발을 관리하기로 했다. 대상지는 대전과 청주에서 각각 10km 떨어진 지점이다.

공동연구단이 오픈했지만 문제는 국제 현상 공모가 11월 중순에나 끝날 예정이어서, 그때까지 6개월 동안은 개점휴업을 할 수밖에 없었다. 양재동에 합동사무실을 열어놓고 우리는 워밍업만 하면서 시간을 보냈다. 나는 학교 강의도 있고 논문 지도도 있으니 학교에서 대부분의 시간을 보냈지만, 엔지니어링 회사에서 파견 나온 인력들은 정말로 아까운 시간을 허비했다. 이러한 해프닝이 벌어진 것은 추진위원회 1차 회의에서 일정이 촉박하다는 이유로 기본계획과 개발계획, 실시계획을 동시에 진행하기로 결정했기 때문이다. 이러한 시행착오는 계획을 몸소 해보지 않은 사람들이 계획의 프로세스를 이해하지 못하고 탁상에서 결정했기에 일어난 일이다. 그들은 모든 계획이 아이디어에서부터 출발한다는 사실을 모르고 있었다. 우리가 먼저 기본계획을 진행하다가 공모 결과가 나오면 그 안에 집어넣으면 된다는 생각을 갖고 있었던 것 같다.


## 현상 공모 방식 결정

현상 공모 설계지침 작성을 위한 연구에서 현상 공모를 어떤 성격으로 할 것인가에 대해서 나는 세 가지 대안을 제시했다. 대안 1은 설계의 기본 개념 및 중요 부분 개념 스케치 정도를 제안하도록 하는 것이다(사례: 브라질리아, 캔버라 등). 대안 2는 대안 1에다가 기본구상 수준까지 요구하는 것인데(사례: 남악신도시) 여기서는 시설별 프로그램은 물론 공간구조계획, 토지이용계획, 교통계획, 공원녹지계획 등과, 더 나아가 개략적인 사업 추진 계획 및 단지계획site plan까지 하는 것이다. 대안 3은 대안 2에서 더 나아가 법적 절차를 포함한 기본계획을 수립토록 하는 것인데, 당선자가 사실상 마스터플래너가 되는 것이다.

이에 대해 우리는 대안 2 수준으로 시행할 것을 건의했다. 그 이유는 대안 1은 구체적인 결과물을 확보할 수 없어 일반 국민의 관심을 유도하고 설득하기에 약하고, 대안 3은 사업 시행자가 추진할 법적 절차까지도 포함하고 있으므로 부적절하다고 판단했기 때문이다.

그러나 나는 내심 이 신행정수도 계획을 외국인에게 맡기고 싶지 않았다. 건축 현상설계라면 당연히 공모 당선자가 실시설계까지 하는 것이 맞지만, 도시는 한두 사람을 위한 것이 아닌데다가 한 국가와 국민을 위한 것이기 때문에 아주 특별하다고 해서 좋은 것도 아니다. 도시는 과거와 현재 그리고 미래를 책임져야 하는 곳이기에 한국에 대해 잘 모르는 외국인이 나설 수 있는 자리가 아니다. 물론 외국인이 창의적인 아이디어를 제시할 수는 있을 것이다. 그렇게 되면 그 아이디어를 가지고 한국을 잘 아는 계획가가 한국의 실정에 맞도록 발전시키면 되는 것이다. 그렇기에 신행정수도 설계 역사를 보더라도 많은 나라들이 설계 공모 당선자가 외국인인 경우에는 당선자가 실제 계획을 주도하는 것이 아니라 자국의 위원회 등을 구성해 실시계획을 진행했다(사례: 워싱턴, 캔버라, 브라질리아 등).

나는 그간 20여 년 동안 도시계획을 해오면서 설계자의 초기 아이디어가 실제로 얼마나 많은 장애물을 만나며, 어떻게 왜곡되기도 하고 타협하기도 하면서 도시가 만들어지는가를 몸으로 체험한 사람이었기에 이 점을 특히 강조했다. 이에 대해서는 추진위원회나 전문가들 대개가 동의했다. 그래서 이 공모전은 '아이디어 공모전'이라는 타이틀이 붙게 되었다.


## 아이디어 공모 현상


국제 현상 공모지침 작성에 관한 연구 결과를 검토한 뒤 몇 가지 결정을 위해 2005년 4월 25일 국제 현상 공모 소위원회 1차 회의가 열렸는데, 이때부터 본격적으로 국제공모 사업의 시행과 관리에 대해 논의했다. 2차 회의에서는 국제공모를 1단계 아이디어 공모로 정하고 심사위원 선정을 위한 토론을 진행했다. 소위원회는 공모가 끝날 때까지 계속되었는데, 총 아홉 차례나 모여야 했다.

공모의 심사위원은 우리가 설계지침 작성을 위한 연구용역에서 제시한 대로 7명(외국인 4명, 내국인 3명)으로 구성하기로 하고, 예비심사위원으로 국내외 각 1명을 두어 유사시에 대처하기로 했다. 소위원회 위원들은 자기들이 아는 전문가들을 하나둘씩 거명하기 시작했는데, 외국인에 대해서는 김진애 위원을 빼고는 별로 제안하는 사람이 없었다. 나도 건축을 한 지 너무 오래되어서 해외 건축계 인사들에 대해 별 아이디어가 없었다.

추진단 쪽에서는 건축가 외에 인문 계열 학자가 반드시 포함되어야 한다고 주장했다. 그것은 행정중심복합도시가 단순히 계획가들만의 잔치가 아니라 사회 전 분야에 걸친 전문가가 참여했다는 것을 홍보하겠다는 의도에서다. 그래서 사회학자나 지리학자를 검토하던 중, 김진애 박사가 데이비드 하비David Harvey를 추천했다. 데이비드 하비는 영국 출신의 뉴욕시립대학교 교수로, 세계적으로 이름 있는 좌파 학자로 알려져 있다. 너무 유명한 분이라서 우리는 그가 심사를 거절할 것으로 생각했는데, 의외로 쉽게 수락해 오히려 놀랐다. 김진애는 건축가로 하버드대학교의 라파엘 모네오Raphael Moneo와 MIT의 개리 핵Gary Hack 교수를 추천했는데, 개리 핵은 김진애 박사의 MIT 지도교수다.

그러나 라파엘 모네오와 개리 핵 두 사람 모두 불참을 통보해 승효상이 추천한 위니 마스Winy Maas와 도미니크 페로Dominique Perrault(이화여대 ECC 설계)로 교체했다. 그들은 승효상과 더불어 파주출판문화단지 설계에도 참여했고, 그밖에 국내 여러 곳의 설계를 한 경험이 있던 터였다. 더불어 세계적으로 이름난 일본의 이소자키 아라타磯崎新가 추가되었다. 이렇게 해서 외국인 네 명이 심사위원으로 확정되었다.

내국인 전문가로는 윤승중, 조성룡, 온영태 등이 토론 끝에 선정되었는데, 조성룡은 공모 참여로 고사했고 윤승중도 고사해, 민현식과 유걸로 대체되었다. 국내 예비위원으로는 조경 분야가 빠졌다고 해서 김유일과 고주석이 거론되기도 했다. 그러나 이들도 여러 가지 이유로 지리학자인 박삼옥으로 대체되었다. 해외 예비위원으로는 권영상 박사가 하버드대학교의 네이더 테라니를 제안했는데, 그는 예비위원 자리임에도 불구하고 쉽게 승낙했다.

2003년 9월 26일 현상설계를 위한 도시설계지침 용역이 발주된 이래, 우여곡절을 거쳐 2005년 5월 26일 드디어 국제공모 준비가 완료되었다. 추진위원회에서 결정한 행정중심복합도시의 기본 이념인 '상생과 도약'을 그대로 수용하고, 미래상도 첫째로 국민 통합과 균형 발전을 선도하는 정치·행정 도시, 둘째로 자연과 인간이 어우러지는 쾌적한 친환경 도시, 셋째로 편리성과 안전성을 함께 갖춘 살고 싶은 인간 존중 도시, 넷째로 문화와 첨단 기술이 조화되는 문화·정보 도시라는 점을 공모 요강에 포함시켰다. 실제로 진행된 공모 일정은 다음과 같다.

- 공고: 2005년 5월 27일
- 참가자 등록: 2005년 6월 1일~7월 11일/ 등록 351팀(국내 169팀, 국외 182팀)

- 자료 배포: 2005년 7월 12일
- 질의 접수 및 응답: 2005년 7월 12~29일
- 작품 접수: 2005년 10월 18~25일/ 접수 121팀(국내 57팀, 국외 64팀)
- 심사: 2005년 11월 11~14일
- 입상작 발표일: 2005년 11월 15일

## 심사의 진행

정작 심사 날에는 도미니크 페로가 오지 못함에 따라 예비위원이었던 네이더 테라니가 심사를 담당하게 되었다. 심사가 시작되자 데이비드 하비가 가장 연장자로서 심사위원장으로 선임되었고, 위원장을 도와 심사평 정리 등을 처리하기 위해 비교적 젊은 네이더 테라니를 공동위원장으로 선임했다. 심사위원들이 모여 사전에 심사 관점에 대해 토의하고, 인간과 자연과의 관계, 인간과 인간 간의 관계, 삶의 질, 세계관, 활용 가능한 기술 등을 고려하기로 했다.

심사 방식은 먼저 출품작들이 많으므로 수준 미달인 작품부터 추려내는 일부터 시작했다. 심사위원 각자가 서너 작품씩을 초반에 탈락시켰다. 이 작업은 몇 차례 반복되어 20여 개가 남을 때까지 지속되었다. 물론 이 과정에서 패자부활전을 두어 탈락 위기에 처한 작품 중에서 몇몇을 심사위원이 부활시킬 수 있도록 했다. 나는 PA였기에 심사에는 참여하지 않았지만 심사 과정을 옆에서 지켜보면서 심사를 관리했다.

심사 과정에서 기억에 남는 것은 외국인 심사위원들이 우리나라 계획가들이 늘 해오던 유형의 계획들을 모조리 퇴출시킨 점이다. 이들은 자신들에게 제시된 심사 기준인 도시건설의 목표, 미래상 등에 철저했던 것 같다.

특히 데이비드 하비는 건축가가 아님에도 불구하고 오랜 경험과 예리한 판단력으로 아이디어 있는 작품들을 추려나갔다. 그는 노무현 정부가 주장하는 민주와 평등 정신을 심사 기준으로 철저하게 활용했다. 그는 남아 있던 20여 개 정도의 작품 중에서 안드레스 페레아 오르테가Andrés Perea Ortega 의 작품을 꼭 집어 내놓았다.

이에 대해 다른 심사위원들은 별로 반박을 하지 못했지만 그렇다고 모두가 하비의 행동에 대해 동의해 준 것은 아니었다. 이 심사 과정에서는 영어를 공용어로 사용했기 때문인지 한국인 심사위원들은 좀 불편해 했다. 그들은 작품에 관한 토론에는 별로 말을 하지 않았고 투표에만 집중했다.

심사가 끝날 무렵 하비 외의 다른 심사위원들은 오르테가의 작품을 1등 당선작으로 선정하는 데 다소간 부담감을 느낀 것 같았다. 계획안이 전통적인 도시 형태와는 너무나 달랐고, 만약 이 작품을 1등으로 당선시킬 경우 그대로 수용하지 않을 수 없다는 불안감에 사로잡혔다. 그래서 다수의 심사위원을 중심으로 마스터플랜을 확정할 만한 단일 당선작을 결정하기는 어렵다고 의견이 모아졌고, 공모작 중에서 새로운 도시를 설계하는 데 도움이 될 수 있는 아이디어를 얻는 것에 초점을 맞추게 되었다. 결국 심사위원들은 의견 수렴을 거쳐 다섯 팀의 공동 당선작과 다섯 팀의 공동 장려작을 선정하는 데 동의했다.


## 당선작과 장려상

### 〈당선작〉 The City of the Thousand Cities(수많은 도시로 구성된 도시)

[안드레스 페레아 오르테가(Andrés Perea Ortega), 스페인]

공모전을 대표하는 당선작이며, 기본계획의 모태가 되는 아이디어를 보여주고 있다. 즉, 순환되는 선형 도시의 형태를 갖고 있고, 그 중심에 대중교통축이 돌아가고 있다. 작자는 이 순환 고리를 25개의 생활권으로 나누고, 각 생활권은 2만 명씩 수용하게 했다. 생활권은 사이마다 역사를 두고 있다. 작자는 논은 철저하게 개발에서 제외시켜 보존하려 했다. 그런 까닭에 금강 남쪽은 개발의 띠가 가늘어질 수밖에 없었고, 생활권마다 인구 2만 명을 수용하기 위해 초고층 타워로 생활권 전체를 채워야만 했다. 산지 또한 보존하고자 했기 때문에 전체 개발 면적이 작아서 전체적으로는 고밀 개발이 될 수밖에 없다. 도시의 중심을 비워둔다는 이 계획은 도심의 발생을 근원적으로 차단하고 있다. 모든 생활권이 역사와 역사 사이에서 동등한 자격으로 독자적으로 펼쳐지고 있어 정부가 주장하는 민주와 평등 개념에도 부합한다. 그러나 이 아이디어는 이론상으로, 또 이념상으로 완벽할지는 모르지만 현실 적용에는 많은 문제를 갖고 있다. 첫째, 개발 면적이 너무 작아 상당수의 생활권을 초고밀로 개발해야 한다. 둘째, 모든 기능이 분산되다 보니 효율성이 떨어진다. 도시란 원래 평등할 수가 없는데, 무리하게 평등하

그림 21-1. The City of the Thousand Cities(수많은 도시로 구성된 도시)_ (건설교통부, 2006).

게 하려다 보니 동선이 길어지는 등 여러 가지 부작용이 생겨났다.

〈당선작〉 The Orbital Road(순환도로형 도시)

[장피에르 뒤리그(Jean-Pierre Düerig), 스위스]

이 작품은 환상형 선형 도시의 형태를 더 확실하게 보여주는 작품이다. 띠의 폭이 600m로 일정하고, 바깥쪽에서 중심축까지는 300m 이내여서 도시 전체가 지하철 보행권 안에 포함된다. 도시 형태론에 근거한 작품으로, 민주적 도시에 대한 열망을 표현하고 있다. 그러나 이 작품 역시 개발 면적에 대한 고려는 없어서 실제로 50만을 수용할 도시로는 적합하지 않다.

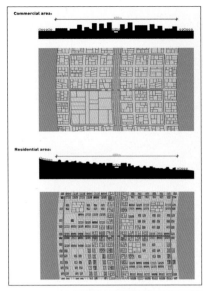
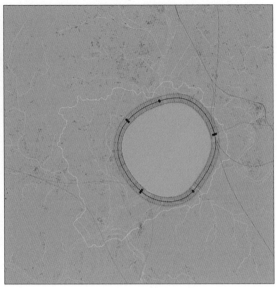
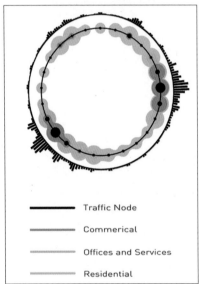

| | |
|---|---|
| Traffic Node | Korea Train Express |
| Commerical | National Railway |
| Offices and Services | Rapid-transit Railway |
| Residential | Subway |
| | Foot- and Bikepath |
| | Bus Route |

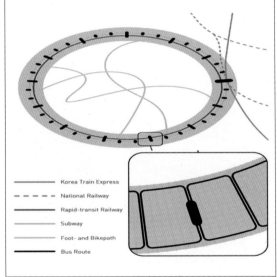

그림 21-2. The Orbital Road(순환도로형 도시)_ (건설교통부, 2006).

〈당선작〉The Dichotomous City(이분법의 도시)

[김영준, 한국]

'The Dichotomous City'는 기존 지역의 개발 습성과 성향을 유지하면서 영역에 대한 좀 더 불규칙적이고 탄력적인 네트워크 체계를 지향하는 개념이다. 이 작품은 구체적인 계획안을 제시하는 것이라기보다는 설계 프로세스를 제시하는 데 초점을 맞추고 있다. 이는 도시 조직이 막연히 확장되는

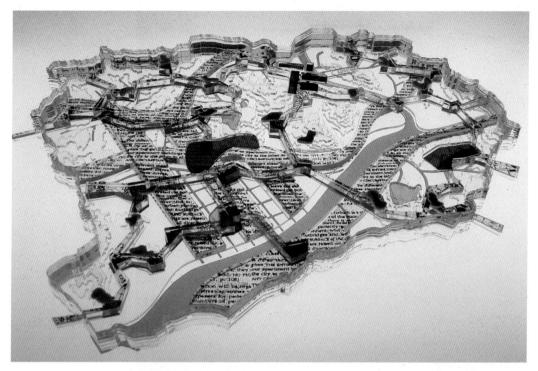

그림 21-3. The Dichotomous City(이분법의 도시)_ (건설교통부, 2006).

기존의 방식 대신에 전이·이동·교류 등 불확실성을 매개로 한 변환, 그리고 부가 및 대체 접근이 가능한 일련의 유용한 지도를 마련하는 전략이다.

이 작품은 정보 나열, 현상 표현, 관계 분석, 복잡한 패턴 개발 등을 통해 도시 현황에 대한 풍부하고 깊이 있는 이해가 가능하도록 도시의 구성 요소를 찾아내고 시스템을 겹치게 하는 방식을 취하고 있다. 이 작품은 OMA의 렘 콜하스가 송도신도시 마스터플랜 설계 경기에서 보여준 도시 구성 기법과 접근 방식이 유사한데, 이 작품 역시 그의 사무실에서 훈련받은 김영준이기에 가능한 작품이라 할 수 있다. 그러나 이것만으로 행정복합도시의 마스터플랜을 만들어 나가기에는 너무나 이르고, 또 좋은 도시가 될 수 있다는 보장도 없다.

〈당선작〉 Thirty Bridges City(30개의 교량을 갖는 도시)

[송복섭, 한국]

도시의 대부분의 기능이 직경 3.5km 원 안에 담겨 있는 이 계획은 원의 주변을 개발제한구역으로 묶어서 도시의 확산을 막고 있다. 도시는 금강을 중심으로 형성되며, 금강 위의 많은 교량들은 도시의 중요 가로들의 연장이

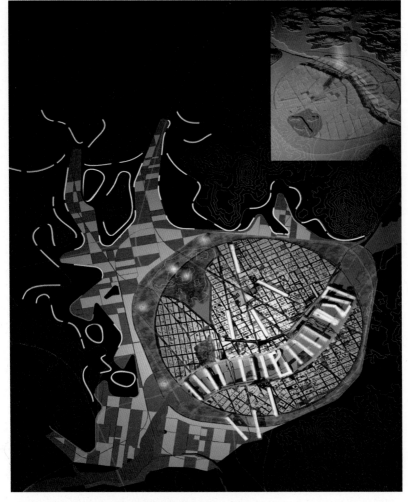

그림 21-4. Thirty Bridges City(30개의 교량을 갖는 도시)_ (건설교통부, 2006).

지만, 단순히 교통을 위한 공간이 아니라 다양한 기능을 수용하는 생활공간으로 활용된다. 강변에는 레저, 상업, 정부청사 등이 배치되어 금강의 활용을 극대화하고 있다. 그러나 시가지 면적이 지나치게 협소하고, 상존하고 있는 강의 범람에 대한 아무런 대책이 없다.

〈당선작〉 A Grammar for the City(도시를 위한 맞춤법)

[피에르 비토리오 아우렐리(Pier Vittorio Aureli), 이탈리아]

이 작품에서 도시는 도시벽이라 할 수 있는 십자 형태의 건물에 의해 폐쇄된 다양한 공간으로 구성된다. 도시벽은 유용한 공간을 만들어내는 시스템으로서 연속되는 형태로 경관을 생성한다.

그림 21-5 . A Grammar for the City(도시를 위한 맞춤법)_ (건설교통부, 2006).

　그러나 동일한 형태의 건물이 도시의 수많은 기능들을 수용해야 하고 동
일한 형태의 도시 공간이 도시의 다양한 공간 수요를 수용해야 한다는 것은
이상적이긴 하지만 현실성이 없다. 다만 도시를 균일한 밀도로 개발하는 방
식으로 평등성과 민주성을 강조한 점이 심사위원들에게 높이 평가되었다.

## 〈장려작〉 City in Flow(흐름속의 도시)

[위르겐 쿤츠만(Jürgen Kunzemann), 독일]

이 작품은 금강의 홍수를 대비하기 위해 물을 담을 수 있는 원형 그린벨트를 제공하면서 계획의 아이디어가 시작되었다. 원형의 그린벨트는 평상시에 공원이나 녹지로 활용되며, 금강 범람 시에는 호수가 된다. 도시는 중심이 따로 없으며, 시가지는 개발이 가능하다면 어디든지 개발할 수 있다. 이런 시가지들은 대중교통으로 연결되며, 뚜렷한 용도지역 제도의 적용을 받지 않는다. 문제는 행정중심복합도시로서의 상징성이 약하고, 무분별한 개발에 대한 대비가 부족하다.

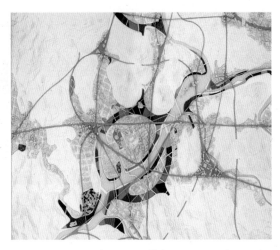

그림 21-6. City in Flow(흐름속의 도시)_ (건설교통부, 2006).

## 〈장려작〉 Yeon Meong(음양)

[토마스 푸셔(Thomas Pucher), 오스트리아]

음양으로 이름 지어진 이 작품은 기본적으로 격자형 패턴을 보여주고 있다. 이 동-서, 남-북의 직교하는 패턴들은 메가트렌드megatrend를 의미하며, 9×9의 메가트렌드들이 교차하는 몇 군데를 골라 핫스폿hot spot으로 명명하고 적합한 기능들을 배치했다. 이러한 띠들과는 별도의 격자형 가로망이 존재하며, 시가지 중심부에 도심이 위치한다. 이 역시 송도신도시 계획에서 콜하스가 사용했던 네트워크와 파티오 개념과 유사하지만, 이 작

그림 21-7. Yeon Meong(음양)_ (건설교통부, 2006).

품에서 파티오는 존재하지 않는다. 문제는 각 방향의 아홉 개로 구별된 트렌드축끼리는 교차할 수 없어서 훨씬 복잡한 현대 도시의 요구를 만족시킬 수 없다는 것이다.

### 〈장려작〉 Healing the Site(공간의 치유)

[최현규, 한국]

음양오행설에 근거해 중심부에 위치할 행정 기능의 우백호(좌청룡은 전월산)를 인위적으로 고층 건물군의 상업지역으로 형성시킨다는 구상이다. 이 작품은 남-북 방향으로 4개 녹지축을 인공적으로 형성시키고 자연 지형과 연결시키려 했다. 그러나 50만 인구를 어디에 어떻게 수용하느냐에 대해서는 언급이 없다.

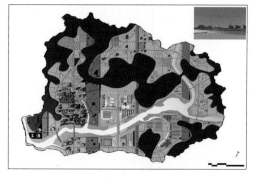

그림 21-8. Healing the Site(공간의 치유)_ (건설교통부, 2006).

### 〈장려작〉 Archipelagic City[군도(群島)로 이루어진 도시]

[스미야 마모루(Sumiya Mamoru), 일본]

이 작품에서는 군도archipelago의 형태로 이루어진 도시 구조가 적용되었다. 녹지 공간 속에 20개의 자치적 마을로 도시가 구성되며, 그중 하나가 행정 기능을 수용하는 핵심 마을core village이다. 이 마을들은 지하 도로망에 의해 연결되며, 지하에는 고속도로와 지하철도 통과한다. 각각의 마을들은 시간이 지남에 따라 점차 고밀도로 채워져 목표 연도에는 2만 5000명을 수용하게 된다. 마을과 마을 사이에는 숲이 조성되어 도시 안에 거대

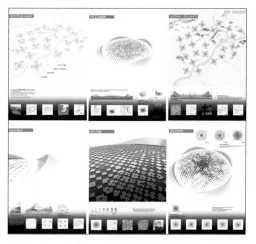

그림 21-9. Archipelagic City[군도(群島)로 이루어진 도시]_ (건설교통부, 2006).

한 비오톱biotope을 제공하며, 마을의 다양한 문화를 연결시키는 도시회랑으로서의 기능을 수행한다.

### 〈장려작〉 Nurturing a New Urbanity(새로운 도시성의 형성)

[크리스티안 운두라가(Cristián Undurraga), 칠레]

도시의 중심부에 위치한 금강을 확장하는 방식을 택한 이 작품은 새로운 댐 건설에 의해 생겨난 인공 호수 주변으로 12개의 구분된 마을을 제시하고 있다. 각 마을들은 금강에 면하게 배치되었는데, 수변에는 중앙행정기관들과 업무시설들이 배치되었으며, 상업지역과 주거지역은 이들로부터 바깥쪽으로 확장되어 나간다. 각 마을들 사이 공간은 공원과 녹지가 차지한

다. 각 마을은 직경 500m의 크기로, 보행만으로도 마을 내 교통이 가능하다. 마을들을 연결하는 교통시설로는 간선대로, 내부 순환 지하철, 외부 순환 경전철 등 세 가지 교통회랑이 존재한다.

계획가는 신도시에 전통과의 조화를 위해 태극기 문양을 응용했다고 주장한다. 나는 개인적으로 매우 흥미로운 작품이라고 생각했지만, 심사위원들은 별 관심을 보이지 않아 겨우 장려작으로 선정되었다.

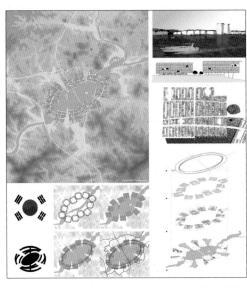

그림 21-10. Nurturing a New Urbanity(새로운 도시성의 형성)_ (건설교통부, 2006).

그렇다면 나머지 111개 작품은 어떠했는가? 작품들의 성향을 보면 크게 두 가지로 나눠볼 수 있었다. 하나는 대부분 국내 작품들로 전통적인 방식, 즉 도시 중심에 도심부가 있고 거기로부터 상징축이 남-북으로 뻗어 나와 그 끝에는 행정기관이 위치하는 패턴을 취하고 있다. 다른 하나는 전통적인 방식이 아닌 그야말로 독특한, 어떤 경우에는 해괴하기까지 한 아이디어를 제시하기도 했다. 당선작이나 장려작으로 선정되지는 않았지만 비교적 아이디어가 돋보이는 작품들을 모아보면 〈그림 21-11〉과 같다.

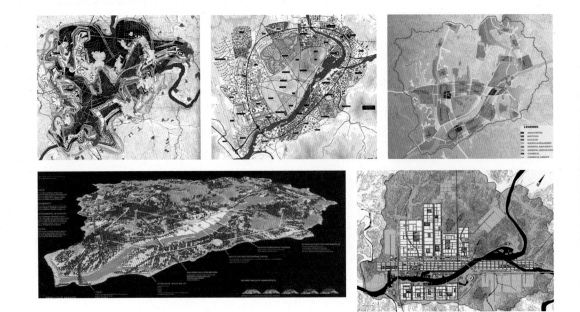

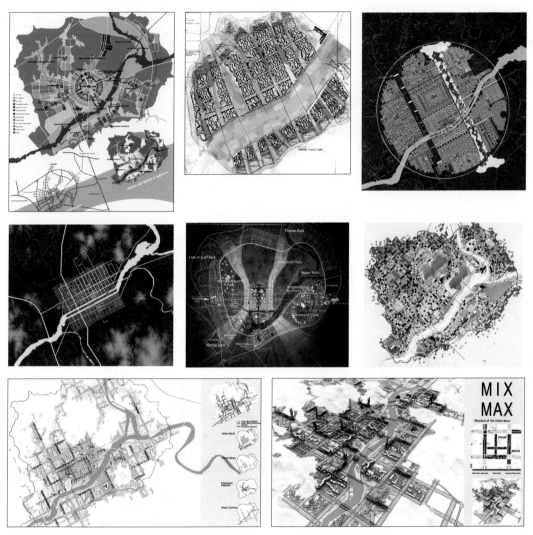

그림 21-11. 다양한 작품들_ (건설교통부, 2006).

## 기본계획과 개발계획

### 아이디어 선별

당선작을 다섯 개 선정했다는 이야기는 당선작이 없다는 말도 된다. 그
럼에도 불구하고 심사가 끝나자 사람들은 오르테가의 'The City of the
Thousand Cities'가 사실상의 당선작이라는 생각을 하게 되었다. 그 이유
는 이 작품이 다른 작품과는 사뭇 특이한 도시 구조를 갖고 있고, 심사 과
정에서 많이 논의되었기 때문이다.

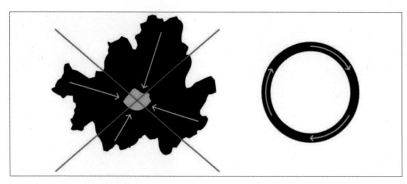

그림 21-12. 도심의 집중과 분산_ (건설교통부, 2006).

나는 기본계획의 책임자로서 이러한 상황을 어떻게 받아들이고 행동해야 하는지 당황할 수밖에 없었다. 공모전 이전에 누차 이번 공모전은 단순히 아이디어를 얻기 위한 것일 뿐이고 당선자에게 계획권을 부여하는 것은 아니라고 못 박았지만, 이 계획안이 너무나 구체적으로 만들어졌기 때문에 완전히 무시할 수는 없었다.

나는 이 계획안이 우리가 그동안 생각하지 못했던 도시 형태를 제시하는 것에 대해 한편으로는 스스로 자성하면서도, 다른 한편으로는 도시 구조를 어떻게 할지에 대한 걱정을 덜었다는 생각이 들었다. 더 이상 상징축이나 중심축 이야기는 하지 않아도 되겠구나 싶었던 것이다. 그러면서도 한편으로는 섭섭한 생각이 들기도 했다. 신행정수도가 될 장소를 정하고 이해찬 총리가 "바로 이 땅이다"라고 했다는 일화가 생각났다. 당신들이 도시를 앉히려고 했던 그 중앙 농지는 이 계획안에서는 사용하지 않고 아예 비워버린 것이다!

이 작품으로부터 무엇을 택하고 무엇을 버릴 것인가 하는 결정이 우리 작업의 시작점이었다. 이 작품에서 가장 특징적인 것은 고리형 선형 도시라는 점이다. 선형 도시는 세계적으로도 많지 않지만 19세기 후반인 1882년에 아르투로 소리아 이 마타Arturo Soria Y Mata에 의해 제안된 적이 있고, 몇 군데에서 시도된 적도 있었다. 당선안은 이러한 선형 도시의 양쪽 끝을 이어 고리 모양을 만든 것이라 할 수 있다. 중심을 비워 도시를 도넛형으로 만드는 것은 현실의 도시에서는 찾을 수 없는 형태이지만, 행정도시라는 특수성 때문에 채택할 만한 아이디어라고 생각했다.

이렇듯 도시의 외곽으로 시가지를 만들고 중앙부를 비워놓는다는 것은 노무현 정부가 주장해 온 민주·평등의 개념에 잘 부합한다. 자본주의 시장

그림 21-13. 서울의 전경(위)과 당선작이 본 중심부(아래)_ (건설교통부, 2006).

체제 아래에서 도시는 사람과 물자가 중앙으로 모이게 되고, 따라서 고밀 개발이 도심부로부터 이루어지며 땅값도 중심부가 높을 수밖에 없다. 즉, 중심부로부터 얼마나 떨어져 있느냐에 따라 땅의 가치가 달라질 수밖에 없고 이것이 차등의 원인이 된다. 중심이 따로 존재하지 않는 선형 도시는 이러한 차등화가 일어나지 않는 평등한 도시가 될 수 있다. 또한 선형 도시는 선형의 중심을 따라 지하철이나 버스 등 대중교통 수단이 운영되므로 굳이 차량을 이용할 필요가 없다. 소득과 상관없이 누구나 보행과 대중교통만으로 도시 어느 곳이던 접근할 수가 있어 접근성 측면에서 평등하다.

이 계획안에서 우리가 채택할 수 없는 아이디어 중 하나는 개발 가능지 면적이었다. 계획가가 현장에 대해 충분히 조사하거나 분석할 여유가 없었겠지만, 계획안에서의 개발 면적은 50만 인구를 수용하기에는 너무 부족하다. 논을 최대한 보전하기 위해서 금강 남쪽 대평뜰을 다 비우다 보니 남쪽의 링은 폭이 너무 좁아 도시 형태를 갖추기 어렵다. 또한 25개의 독립된 생활권도 선언적 의미라고 볼 수는 있지만 꼭 지켜야 할 당위성을 갖는 것은 아니다.

## 개발 가능지와 보전지의 판별

세종시 대상 면적 72.91km²(2205만 평) 중에서 장남평야와 금강 유역을 제외하고 남는 땅에 50만 명을 수용하기에는 그렇게 여유롭지 못하다. 그래서 환경팀이 먼저 보전지를 추려내기 위해서 작업을 진행했다. 이들은 광역적 차원에서 이 지역이 **금북정맥**錦北正脈의 끝이라고 정의하고, 이와 연결해 생태축을 지정했다.

우리가 예상했던 대로 이들은 북서쪽의 국사봉(1977년 임시행정수도계획 당시 주산)으로부터 뻗어 나와 대상지 내의 원수산과 전월산을 거쳐 동남쪽의 괴화산을 잇는 축을 생태축으로 정하고, 이 축과 금강 및 미호천이 만나는 곳을 포함해 토지를 보전해 줄 것을 요청했다. 이 축은 나중에 토지이용계획 시에 그대로 반영했다. 나머지 산지와 구릉지는 생태자연도와 보전 등급에 따라 보전할 가치가 있는 곳만 골라 토지이용계획에서 공원이나 녹지로 보전했다.

**금북정맥**: 경기도 안성군의 칠장산(492m)에서 대전의 백월산(569m)에 이르고 다시 북상해 서산의 성국산(252m)을 거쳐 태안 반도의 안흥진에 이르는 산줄기의 옛 이름이다.

## 주요 기능 배치

이론적으로 선형 도시에서는 선형을 이루는 모든 지점의 중요성이 동등하다고 간주된다. 그러나 도시는 수많은 기능들을 포함해야 하고, 각 기능의 중요성은 각기 다르다. 세종시는 행정중심복합도시로 출발한 만큼, 중앙행정 기능을 수용하는 것이 가장 중요한 임무라고 할 수 있다. 나머지 복합되는 기능은 행정도시를 더 다양한 도시로 만들고 행정 기능을 지원하며 50만 인구가 생활하는 데 불편함이 없게 하는 기능들이다. 거기에는 여러 기능들이 있겠지만, 중요한 것들만 추려보았을 때 국제 교류, 문화, 도시행정, 대학과 연구, 의료와 복지, 그리고 첨단지식 기반 기능을 고려할 수 있다.

우리는 중앙행정 기능을 포함한 이들 기능을 크게 여섯 개의 그룹으로 나누어, 시가지 고리 위에 적정 간격을 두고 배치했다. 그러면서 중요도가 가장 큰 중앙행정 기능은 고리의 서쪽 중간에 배치했다. 그곳은 앞이 장남평야로 탁 트여 있고 작은 순환 링의 꼭짓점에 위치해 접근성이 좋을 뿐만 아니라 적당한 구릉이 펼쳐져 있어 경관을 조성하는 데 유리하다. 중앙행정 기능과 가장 관계가 깊은 기능은 국제 기능과 문화 기능이다. 따라서 이들을 중심상업 및 업무 기능과 함께 중앙행정 기능의 남쪽과 금강 사이에 배치했다.

다음으로 중요한 것은 도시행정 기능인데, 중앙행정과는 적정한 거리를 유지하는 것이 바람직하고, 나름대로 상징성도 있으므로 장남평야가 바라다보이는 금강 변 대평뜰에 위치시켰다. 첨단지식 기반 기능은 월산 산업단지와 가까운 조치원이나 오송바이오단지 등 인접지에 배치했으며, 대학과 연구시설(정부출연기관)들은 작은 순환 링에 의해 중앙행정 기능과 쉽게 연결되지만 전체 모양상으로는 이와 대칭되는 동남쪽 괴화산 주변에 배치했다.

나머지 의료와 복지는 다른 기능들과는 거리상 떨어져 있어도 상관이 없으므로 경관이 좋고 환경 친화적인 북동쪽 미호천 변으로 입지시켰다. 이제 가락지 형태의 선형 도시는 여섯 개의 진주가 꿰인 목걸이 형태가 된 셈이다. 이러한 기능별 배치는 도시개발 순위와도 일치한다.

가장 먼저 개발될 수 있는 곳은 서측 국도 1호선 주변이기 때문에 이쪽에 첫마을(시범주택단지)이 들어서기 좋고, 중앙행정 기능도 조기에 개발될 수 있다. 국도 1호선이 서울과 대전을 연결하는 기본축이라 한다면, 접근성 측면에서 볼 때 가장 먼 의료 및 복지 기능과 대학 기능은 가장 늦게 개발될 수밖에 없다.

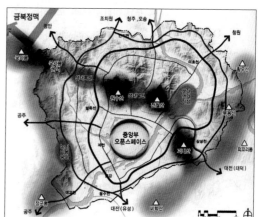

그림 21-14. 생태축_ (건설교통부, 2006).

그림 21-15. 생태 자연도_ (건설교통부, 2006).

## 토지이용계획

토지이용계획에서 가장 넓은 부분을 차지하는 것은 역시 주거지역이다. 보전할 녹지를 정하고 중요 시설과 상업 중심지를 정하고 나면 나머지는 대부분 주거지역이 된다. 계획에서 우리가 다루어야 할 부분은 어떤 유형의 주거지를 어디에 형성시키느냐 하는 것이다. 주거용지는 500만 평 정도 되지만, 인구 50만 명을 수용하기 위해서는 대부분 공동주택으로 채워야 했다.

유형 배분의 기본 원칙은 중심축을 기준으로

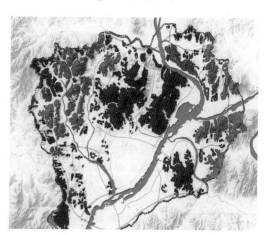

그림 21-16. 보전 지역 등급도 _붉은 보라색이 1등급지이고 색깔별로 7 등급지까지 매겨져 있다. (건설교통부, 2006).

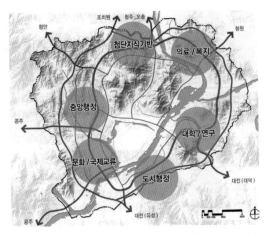

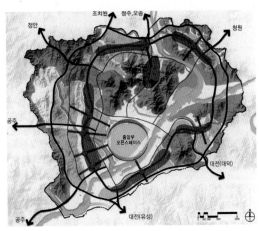

그림 21-17. 여섯 개의 주요 기능 배치_ (건설교통부, 2006).　　　그림 21-18. 초기 토지 이용 구상_ (건설교통부, 2006).

내부 순환 보조간선도로와 외곽 순환 고속화도로 사이의 공간을 대부분 고밀도의 공동주택으로 채우고, 그 띠ring의 안쪽과 바깥쪽은 저밀도 주택으로 채우기로 한다는 것이다. 그것은 중심축에서 멀어질수록 대중교통 접근성이 떨어지고 승용차 이용률이 높아지기 때문에 해당 지역에 사는 거주민의 수를 줄이고자 함이었다.

반면 행정타운과 문화 및 국제 교류 지역에는 초고밀도 주상복합을 허용해 도심 주거를 활성화하고자 했다. 문제는 중심축 띠의 고밀 아파트가 모두 고층 아파트가 된다면 대중교통을 이용하는 사람들은 고층 아파트만 보면서 도시를 한 바퀴 돌게 된다는 점이다. 이를 방지하기 위해 각 생활권 중심부에는 저층·저밀 주택들을 배치해 이러한 답답함을 완화시키려 했다.

이러한 구상을 하는 가운데, 도시 전체를 5층 이하의 저층 아파트로 채우는 것이 어떠냐는 주장이 나왔다. 김진애 박사가 주장한 내용인데, 나도 이 아이디어가 가능하다면 수용하겠노라 하고서 가능한지 계산을 해보니 도저히 50만 인구를 수용할 수가 없어서 포기했다. 그렇다면 중심축에 접한 단지만이라도 저층으로 하자고 생각하다가 이것도 결국 포기하고, 중심축에 접한 건물 한 켜만이라도 중층·저층으로 하는 것으로 결론을 내렸다.

면적으로 치면 주거지역보다는 작지만 간과할 수 없는 것이 바로 근린상업 기능이다. 초기 구상에서는 근린상업용도를 중심축의 양편으로 축을 따라서 길게, 연속되게 만들기로 생각했었다. 그런데 그렇게 할 경우 지나치게 많은 근린상업용도가 공급된다. 따라서 대중교통 정류장 부근에만 근린상업용지를 공급하기로 했다. 정류장과 정류장 사이는 단순한 주거용지로 하

고, 정류장 근처의 근린상업용도 또한 건물 전체보다는 저층부만 상업용도
로 사용하며, 상층부는 주거로 사용할 수 있게 했다.

## 중심축 구조

고리형 선형 도시를 만들고자 할 때 가장 먼저 해야 할 일은 중심축 위
치를 결정하는 것이다. 중심축을 결정할 때는 축 양편의 시가지 폭을 동등
하게 하는 것이 접근성 측면에서 유리하기 때문에 먼저 개발 가능지를 재정
의할 필요를 느꼈다. 중앙에 위치한 논(장남평야)을 보전하려면 주변의 웬만
한 구릉지는 대부분 시가지로 개발해야 했다. 또한 선형 도시라는 띠를 두
르기 위해서는 제천과 국도 1호선(옮기기 전) 서쪽 논 그리고 금강 남쪽 대평
뜰은 전부 개발 면적에 포함시켜야 했다.

산지와 구릉지에 대해서 우리는 지형 분석과 생태 조사를 통해 특별히
경사가 급하거나 임상林相이 양호한 곳만 남기고, 나머지는 개발이 가능한
곳으로 분류했다. 그런 후 개발 가능지의 분포를 보니 대상지의 북서쪽에
치중되어 있음을 알 수 있었다. 중심축의 대중교통 수단은 도시 구조에서
가장 중요한 부분인 바, 이 중심축으로부터 양쪽으로 보행권(약 500m) 내에
서는 차량을 이용하지 않아도 된다.

개발 띠(개발 가능지)의 폭이 1km라면 그 띠의 중간으로 중심축을 잡으면
되지만, 개발 띠가 그보다 넓은 경우에는 양쪽 끝에서 각각 500m 이상 떨
어진 곳이라면 어디라도 중심축을 보낼 수 있다. 그러나 어느 쪽이던 500m
를 넘어선 곳에서는 자전거나 차량 이용이 불가피해진다. 그래서 가능하면
중심축으로부터 양쪽으로 500m 이내에 많은 시가지를 포함시켜야만 했다.
북서쪽은 폭이 넓은 곳은 4km 가까이 되어, 그 일대에 사는 사람들의 4분
의 3은 교통수단을 이용해야만 중앙축에 도달할 수 있다. 따라서 이 지역
에서는 어디로 대중교통축을 보내도 상관없다. 다만 너무 바깥쪽으로 보내
면 중앙축의 길이가 길어져 교통 시간이 늘어나므로, 가능하면 원의 안쪽
에 가깝게 돌리는 것이 바람직하다.

또 다른 변수는 행정 기능을 어디다 집중시키느냐에 따라 중심축의 위
치도 달라진다는 것이다. 〈그림 21-19〉와 〈그림 21-20〉에 보이는 대로, 안
쪽 노선과 바깥쪽 노선 사이에는 하천과 산지가 놓여 있어 중간 지점이라
는 절충안을 만들기 어렵다. 내 생각에 행정 기능은 중심축의 안쪽에 입지
해야 한다고 생각했다. 그래서 행정기능이 중앙공원과 접하기를 원했다. 그

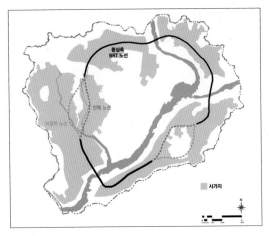

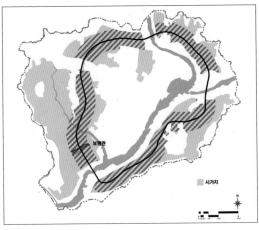

그림 21-19. 중심축 대안_ 노란색은 주거지, 원호를 이루는 검정 선은 대중교통축을 의미. 빨간색 점선이 원호의 안쪽으로 지나가는 중심축 대안이고, 파란색 점선은 원호의 바깥쪽에서 지나가는 중심축 대안이다. (저자 제작).

그림 21-20. 선택한 대안_ 선택한 대안은 원호 안쪽을 지나가는 대안이며, 중심축 좌우로 500m 내 보행권역을 표시한 것이 붉은 사선 표시지역이다. (저자 제작).

렇게 하려면 중심축 안쪽으로 지나가게 하는 대안을 선택해야 한다.

그런데 이 대안의 선택을 둘러싸고 청장과 나 사이에 의견 차이가 생겼다. 청장은 바깥쪽을 주장했고, 나는 안쪽이 좋다는 내 주장을 굽히지 않았다. 그렇게 되자 서로의 자존심 대결로 치닫게 되었고, 종국에 가서는 감정싸움으로까지 이어지게 되었다. 그래서 청장은 회의실에 모인 관계자들 간에 투표로 결정하자고 제안했다. 청장의 단순한 생각에는 그곳에 모인 사람들의 3분의 1이 건설청 사람들이고 나머지 3분의 1은 토지공사 사람들이니 당연히 자기가 이길 것이라 생각하고 제안한 것 같았다. 나를 포함해 우리 연구진은 두세 명에 불과했다.

그러나 뜻밖에도 투표의 결과는 나의 승리였다. 나와 청장은 그러지 않아도 서로에 대해 별로 좋은 감정을 갖고 있지 않았었지만, 이 일로 인해 더욱 물과 기름 같은 사이가 되었다. 내가 이전에 이춘희 청장에 대해 못마땅하게 생각한 것은 초기 행정수도 계획을 추진하면서 나를 완전히 소외시킨 것도 한 원인이었다. 또, 그는 내가 있는 자리임에도 불구하고 자기가 분당을 계획했다고 공공연하게 말해왔다. 나는 앞에서도 언급했지만 분당을 계획하면서도 이춘희가 관계되어 있었다는 것은 전혀 알지 못했다. 아니, 그를 본 일조차 없다. 내가 아는 계획 담당 관료는 신도시기획실의 추병직(후일 건설교통부 장관 역임)이 유일하다(나중에 생각을 해보니 당시 주택국 신입 사무관으로 200만 호 계획에 참여했을지도 모른다는 생각이 들었다).

이춘희 청장은 처음부터 세종시 설계에 대해 자기가 주도권을 잡고, 자기의 생각대로 하고 싶어 했다. 그 과정에서 나와 우리 팀은 떼어버리고 싶은 장애물이었던 것이다. 나와 이 청장 사이의 갈등은 이후 내가 신행정수도 계획에서 손을 떼는 날까지 나의 입지를 좁히려 했고, 여러 과정에서 내가 소외되는 데 결정적 역할을 했다.

중심축의 위치 결정 문제는 동남쪽에서도 발생했다. 동남쪽에는 괴화산이 가운데에 위치하고 개발 가능지가 북쪽과 남쪽에 나뉘어져 있는데 여기서 어느 쪽에 중심축을 두느냐가 문제였다. 여기서도 안쪽을 택했는데, 이는 외곽에 고속도로를 배치하면서 합리화되었다.

## 외곽으로부터 접근

세종시의 가로망 패턴은 현상 공모를 통해 고리형 선형 도시로 결정이 났기 때문에 다른 신도시처럼 외부로부터의 접속이 가로망의 전제가 되지는 않는다. 다만 외부 도시들과 연결할 수 있는 접근 가로망을 선택하고 강화시키는 것이 중요하다고 생각했다.

외부와의 연결 차원에서 가장 중요한 것은 역시 서울과의 연결이다. 서울과 통하는 새로운 고속도로를 건설하지 않는다면 기존의 고속도로에 접속시켜야 한다. 도시계획 당시 이미 세종시 동쪽에는 경부고속도로, 서쪽에 천안-논산 고속도로가 지나가고 있었으며, 남쪽으로 대상지와 접해서는 당진-대전 고속도로가 건설되고 있었다.

이들과 기존의 국도, 지방도, 신설 도로로부터 여덟 곳의 접근 도로가 세

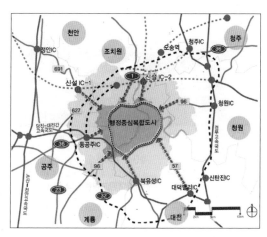

그림 21-21. 광역 접근 도로망_ (건설교통부, 2006).

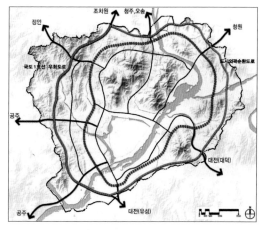

그림 21-22. 중심축과 외곽고속도로 _ (건설교통부, 2006).

종시의 외곽 고속화도로에 접속하게 되고, 이들 대부분은 중앙 중심축과도 연결된다. 그럼에도 불구하고 외곽의 도로망을 보면 지나치게 많은 도로들이 서로 얽혀 있어서 목적지로 가는 대안은 많지만 도무지 어떤 노선을 선택하는 것이 좋을지 판단하기 어렵다. 이렇게 된 배경에는 광역도로망계획이 그때그때 필요할 때마다, 또 정치적 이유에서 누더기처럼 생겨났기 때문인데, 이러한 현상은 전국 어디서나 볼 수 있다.

## 도시 가로망 계획

나는 이 신도시가 미래 지향적이고 환경 친화적이어야만 한다고 생각했다. 그래서 도시 내 자동차 사용을 최소화하려고 노력했다. 여타 선형 도시의 목적이 그렇듯, 중심축에 위치한 대중교통 수단이 도시 내 교통 수요 대부분을 수용할 수 있도록 도시 구조를 짜는 것이다. 실제로 보행권을 500m라고 할 때, 중심축 도로 좌우편 각각 500m씩, 즉 폭 1km 내의 띠에 거주하거나 일하는 사람들이 도시 전체 인구의 70%가 되므로 이들이 모두 BRT나 트램 등 대중교통 수단을 이용한다면 교통 수요의 70%는 해결이 될 수 있다고 생각했다.

중심축도로 외에 중요한 도로는 중심축도로를 보완해 줄 수 있는 평행하는 순환도로들이다. 그중에서 도시의 외곽을 순환하는 도로는 고속화시킬 필요가 있어서 타 도로와의 접속을 제한하고, 고속화시키며, 타 도로와의 접속 시에는 입체화시키기로 했다. 한편 외곽순환도로와 중심축도로 둘만으로 전체 교통을 다 처리하기에는 무리일 것이라 판단해 두 도로의 간격

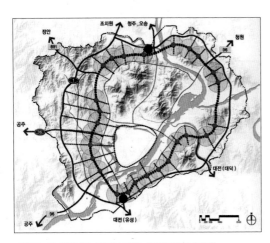

그림 21-23. 대중교통 수단과 보행권_ (건설교통부, 2006).

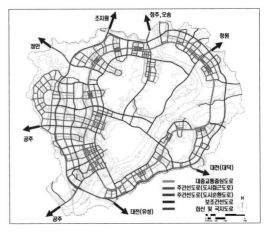

그림 21-24. 도로 위계별 배치 _ (건설교통부, 2006).

이 벌어지는 곳, 즉 서측에는 이들 도로 사이에 평행하는 보조간선도로를 추가했고, 중심축도로 안쪽으로도 이와 평행하는 보조간선도로를 연장할 수 있는 데까지 연장했다. 또한 순환하는 도로가 도시를 한 바퀴 도는 데는 적지 않은 시간이 들게 되므로 중간에 가로질러 갈 수 있게 중앙녹지공원 주변으로 작은 순환도로를 만들었다.

### 자전거도로망

중심축에서 500m 이상 벗어나는 범위에 거주하거나 일하는 사람들은 버스와 자전거를 이용하도록 했다. 버스야 버스업체들이 알아서 노선을 정해 운영할 것이고, 우리가 노선을 정해줘도 그대로 실행하지 않을 것임을 잘 알고 있기에 신경 쓰지 않기로 하고, 우리는 자전거 이용을 활성화하기 위해서만 노력했다.

첫째, 외곽고속화도로 말고는 도시 내 모든 도로는 양쪽 또는 한쪽에 자전거도로를 설치하는 것을 원칙으로 했다. 둘째, 자전거도로는 대중교통 이용형과 다목적 이용형

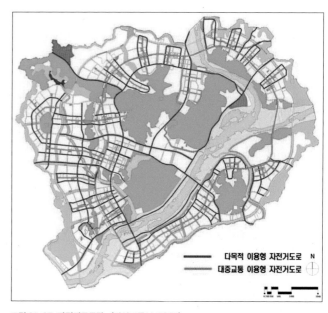

그림 21-25. 자전거도로망_ (건설교통부, 2006).

으로 구분하고, 대중교통 이용형은 대중교통 정류장과 생활권 중심을 연결하는 간선으로서의 역할을 하도록 했다. 다목적 이용형은 도로의 집산도로collector road와 같은 기능, 다시 말해서 각 주거지의 자전거 교통을 모아 대중교통 이용형 자전거도로에 연결해 주는 역할을 하며, 산이나 강변의 경관지구에도 접근할 수 있도록 했다.

### 가로망 패턴 연구

위에 보여준 가로망이 만들어질 때까지 우리는 겨울 내내 도시 모양을 만들어내는 일에 시간을 소비했다. 링 자체가 곡선 형태이기 때문에 링을 교차하는 다른 도로들은 곡선이 아니어도 좋다고 생각했다. 그래서 대부분의 국지도로나 접근 도로는 직선화하고 격자화해 필지나 블록을 정형화하

그림 21-26. 스케치 과정과 도시 골격이 갖추어진 모습_ (저자 제작, 2006).

려고 노력했다. 그것은 나중에 건물 배치가 쉽게 이루어지게 하기 위해서였
지만, 돌이켜보면 지나치게 경직되게 운영한 것이 아닌지 후회되기도 한다.

〈그림 21-26〉의 스케치들은 설계 과정에서 작업했던 일부 도면들이다.

### 서측의 개발 구상

행정타운이 있는 곳에서부터 금강까지는 가로망 구성에서 가장 중요한
부분이었다. 그것은 물론 그곳에 중앙행정 기능이 집중되고, 이어서 남쪽으
로 세종시의 도심이라 할 수 있는 중심상업지구, 국제업무지구와 문화시설
지구가 위치하기 때문이다. 이 두 중심 기능은 모두 중앙 축의 동쪽에 위치
하고, 서쪽은 주택지구가 펼쳐진다.

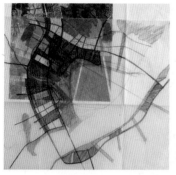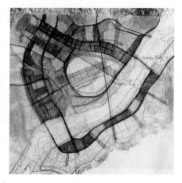

그림 21-27. 행정타운 스케치_ (서울대학교 권영상 교수 작, 2006).

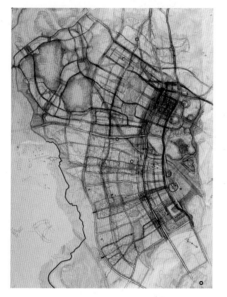

그림 21-28. 서측의 개발 구상_ (저자 제작, 2006).

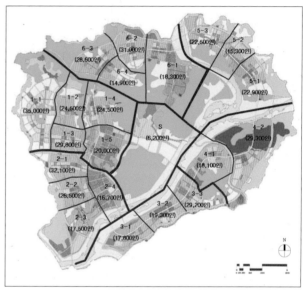

그림 21-29. 기본계획 마스터플랜_ (건설교통부, 2006).

나는 이 남-북 간의 주거지 띠를 분절시킬 필요를 느꼈다. 그래서 각 생
활권이 접하는 곳에는 녹지띠를 중앙축에 직각으로 연결시키고, 한가운데
의 폭 넓은 공원축을 중앙축 대중교통 정류장과 연결해 보행자와 자전거가
녹지를 따라 안전하게 접근할 수 있게 했다.

## 대통령 보고

일단 도시 전체에 대한 마스터플랜이 만들어지고 나니 대통령 보고가 결
정되었다. 2006년 7월 24일로 정해졌는데, 발표 시간은 고작 20분 이내였
다. 건설청에서는 내가 발표할 내용을 사전 점검할 것이니 원고를 보내달라
고 해서 보냈는데, 별다른 수정은 없었다. 다만 리허설을 통해 정확하게 토

씨 하나하나 체크하고 발표 시간을 초 단위로 점검을 하니 짜증이 날 수밖에 없었다. 왜 이렇게까지 해야 하나 하는 생각도 들었다. 대통령이 관심이 있으면 질문도 할 수 있고, 추가로 답변도 하다보면 어차피 시간을 정확하게 맞출 수는 없을 텐데, 지나친 간섭으로 느껴졌다. 건설청의 요구는 원고를 읽어도 좋으니 그냥 자연스럽게 말하지는 말라는 것이었다. 즉, 딴 소리할 생각은 말라는 뜻이다. 하는 수 없이 시키는 대로 시간에 맞추어 원고를 읽었지만, 대통령은 내게 아무런 질문도 하지 않았다. 사실 대통령은 내 발표 내용에 대해 별 관심이 없는 듯 보였다.

## 생활권의 구분

도시 전체는 여섯 개의 주요 기능에 따라 여섯 개의 지역 생활권으로 나누어진다. 제1지역 생활권은 행정타운이 속한 지역이 되며, 여기서부터 시계 반대 방향으로 돌면 여섯 번째 생활권에 이르게 된다. 한편 중앙공원(장남평야)과 그 북쪽의 개발 유보지는 이들에 속하지 않고 미래에 대비한 'S생활권'으로 명명했다.

제1지역 생활권은 행정타운과 그 북서쪽 주거지들로서 I-1, I-2, I-3, I-4, I-5(행정타운) 등 다섯 개의 소생활권으로 나누어진다. 제2지역 생활권은 행정타운의 남쪽, 첫마을과 중심상업 및 국제업무 기능이 속한 생활권으로서 II-1, II-2, II-3, II-4 등 4개의 소생활권으로 나누어진다. 제3지역 생활권은 금강 남측, 시청사가 속해 있는 곳으로, III-1, III-2, III-3 등 세 개의 소생활권으로 나누어진다. 제4지역 생활권은 대학과 연구소들이 있는 곳으로서 IV-1, IV-2 소생활권으로 나누어지며, 제5지역 생활권은 의료·복지 기능이 포함되어 있는 곳으로서 V-1, V-2, V-3 등 세 개의 소생활권으로 구분된다. 제6생활권은 첨단지식 기반 기능을 포함해 VI-1, VI-2, VI-3, VI-4 등 네 개의 소생활권으로 구분된다.

S생활권을 제외하면 각 소생활권은 수용 인구가 최소 1만 4900명(VI-4)에서 최대 3만 5000명(I-1)이며, 평균적으로는 2만 명 내외가 된다. 각 지역 생활권에는 이미 결정되어 있는 주요 기능과 더불어, 주요 기능과 관련성이 높은 업무 기능, 그리고 상업 기능이 어울려 지역 중심상권을 형성한다. 각 소생활권에는 소생활권 중심이 형성되는데, 거기에는 주민공동시설, 각종 학교, 근린공동시설, 어린이공원, 근린상업시설 등이 수용된다.

이렇게 함으로써 주민들이 한 곳에서 여러 가지 활동을 할 수 있게 되는

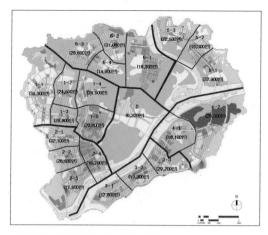

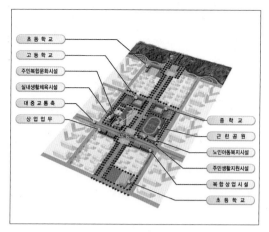

**그림 21-30. 생활권 구분_** (건설교통부, 2006).

**그림 21-31. 소생활권 중심 기능 복합화_** (건설교통부, 2006).

데, 이곳에 입주하는 주체들도 가능하면 한 건물에 복합화해서 수용한다면 개발 비용과 운영 비용을 절감할 수 있다. 이러한 소생활권 중심은 대중교통 정류장이나 버스 정류장과 접하도록 배치시킨다.

### 공원·녹지계획

공원·녹지계획에서 가장 중요하게 생각했던 것은 대상지 내에 있는 생태축의 보전과 녹지의 적절한 분포였다. 자연 산지로는 원수산과 전월산, 그리고 괴화산이 중점 보전 대상이 되었고, 장남평야는 처음부터 개발에서 제외되었다. 그리고 생태축을 연결하기 위해 원수산과 북서쪽의 국사봉을 연결하는 녹지축을 설정했다.

하천 유역은 전체가 보전 대상이 되므로 하천과 연접한 산지나 급경사지는 보전하려고 노력했다. 특히 미호천의 양편은 민감한 생태계가 형성되어 있으므로 제5생활권의 미호천 변은 개발에서 제외했다. 문제는 서쪽의 제1생활권과 제2생활권의 동-서 간 폭이 너무 넓어, 모두가 개발되면 자칫 지나치게 큰 시가지가 펼쳐지게 되고 선형 도시의 특징을 감쇄시킬 우려가 있어서 어떻게 하든 간에 분절시켜야 했다.

마침 가학천과 방죽천 사이에 남-북으로 이어지는 산지가 있고, 두 하천이 만나는 곳에서부터 다시 산지가 내려와 금강에 이르고 있으므로 이들 남-북 간의 산지를 어떻게 해서라도 보전하고자 했다.

다음으로는 선형 도시의 긴 띠를 적정 간격으로 분절시킬 필요가 있었다. 다행히 산지가 있는 곳은 산지를 이용해서 분절하고, 대평뜰처럼 평지

그림 21-32. 공원과 녹지계획_ (건설교통부, 2006).　　　　　　그림 21-33. 금강과 미호천의 관리_ (건설교통부, 2006).

가 계속될 경우에는 인공적인 녹지 띠를 지정해 분절시켰다. 금강과 미호천
의 제외지(제방에서 물쪽)에 대해서는 세 가지 유형으로 나누어 관리하기로
했는데, 친수지구는 사람들이 금강으로 접근해 즐길 수 있도록 하고, 보전
지구는 가능하면 사람들의 접근을 억제하고 동식물을 보호하며, 복원지구
는 이미 황폐화되어 있는 지역을 원래의 모습으로 되돌려 놓고 보전지구화
한다는 것이었다.

# 세종시 개발계획 3부
## 첫마을 현상 공모부터 제2행정타운까지

## 첫마을 현상 공모

첫마을이란 이름은 일반적으로 사용하는 시범단지라는 용어보다는 처음 만들어진다는 느낌을 강하게 준다. 도시개발사업이 토지공사에 맡겨졌으므로 정부는 주택공사에도 무언가 하나 주어야 한다는 형평 차원에서 배려한 것이라 생각된다. 개발계획이 완전히 끝나지 않은 상황이었지만, 무언가를 빨리 국민들에게 보여주고 싶어 하는 정부의 의도를 여기서 읽을 수 있다. 이 현상 공모는 중앙대 류중석 교수가 PA를 맡았고, 심사위원으로는 나를 비롯해서 미국에서 활동하는 김태수(TSK 대표), 우규승이 참여했다. 외국인으로 테리 패럴Terry Farrell, 로돌포 마차도Rodolfo Machado(하버드대학교 교수), 야마모토 리켄山本理顕, 벤 반베르컬Ben van Berkel이 참여했다. 대상지는 2-2 생활권으로, 세종시 가장 남서쪽인 금강 변에 위치한다. 면적은 약 34만 평으로, 수용 세대수는 약 7000세대다. 출품작은 기대에는 못 미치는 18개뿐(국내 11개, 국외 7개)이었다. 이 현상 공모에서도 도시계획 아이디어 공모 때와 마찬가지로 기존 방식을 탈피한 혁신적인 개발 아이디어를 요구했고, 도시계획 공모전과는 달리 미래 지향적인 커뮤니티 조성을 위해서 아주 구체적인 개발 방식까지도 발굴해 줄 것을 요구했다.

심사에서는 최종적으로 두 작품이 올라와 경합을 벌였는데, 우연하게도 내국인 3인과 외국인 3인이 각각 동일 작품을 밀었고, 일본인 건축가 야마모토만이 결정을 망설이고 있었다. 우리는 결론을 못 내고 휴식 시간을 가졌는데, 내가 야마모토 씨를 설득해 우리 편을 들게 만들었다. 그래서 결국

그림 22-1. 첫마을 현상 공모 1등 당선작(건원 작)_ (첫마을 현상 공모 작품집, 2006). 　그림 22-2. 1등 당선작의 모형(건원 작)_ (첫마을 현상 공모 작품집, 2006).

그림 22-3. 1등 당선작의 조감도(건원 작)_ (첫마을 현상 공모 작품집, 2006).

4:3으로 내국인 심사위원이 고른 작품이 당선작으로 선정되었다.

　나를 비롯한 모든 심사위원들은 각 출품작이 누구의 것인지는 전혀 알지 못했는데, 어떻게 내국인 심사위원이 동일 작품을 밀었을까, 왜 외국인 심사위원들은 각기 국적이 다른데도 동일 작품을 밀었을까? 그리고 왜 일본인 심사위원이 우리 쪽을 편들었을까?

　여기에 대한 나의 해석은 다음과 같다. 주거단지는 문화와 매우 밀접한 관계를 갖고 있다. 내국인 심사위원으로 참여한 김태수와 우규승도 한국보다는 미국에서 살아온 날이 더 많은 사람들이지만 주거에 대한 판단에는 한국 문화의 영향이 배어 있을 수밖에 없다는 게 내 생각이다. 또한 이들은 한국의 현실에 대해서도 어느 정도 이해를 하는 사람들이기 때문에 창의성과 현실성을 균형 있게 반영했을 가능성이 높다. 반면 미국과 유럽의 심사

그림 22-4. 1등 당선작의 금강 변 투시도(건원 작)_ (첫마을 현상 공모 작품집, 2006).

그림 22-5. 1등 당선작의 단지 내 회랑 조감도(건원 작)_ (첫마을 현상 공모 작품집, 2006).

위원들은 한국의 현실을 잘 모르기 때문에 창의성에 더 큰 기준을 두었을 수 있다. 일본 심사위원의 경우에는 사실 그 중간이라고밖에 할 수 없다. 그 자신이 한국에서 연립주택(서판교)을 설계한 경험도 있는데다가, 일본과 한국의 문화적 배경에도 유사한 점이 있기 때문이 아닐까 한다.

나는 작품 심사 일주일 전에 베트남에 출장을 가서 심사 바로 전날 돌아왔기 때문에 출품작에 대한 아무런 정보를 갖고 있지 못했다. 내

그림 22-6. 첫마을 모습_ (저자 촬영).

가 심사장에서 느낀 점은 1등 작품이 외국인 작품인 줄 알았다는 것이다. 계획 구상과 도면 표현 방법이 모두 국내에서 본 적이 없는 것이었기 때문이다. 반면 2등 작품은 첫눈에 김영준 작품임을 알아차렸다. 작품을 전개해 나가는 기법이 도시 전체 아이디어 공모에서 보여준 것과 일치했다. 그는 여기서도 역시 이론적으로 풀어나가는 데는 어느 정도 성공했지만 현실성 측면에서 의구심을 갖게 했다.

당선작은 건원 대표 김종국의 이름으로 제출되었지만, 실제 설계자는 건원에서 오랫동안 일하다 퇴사한 윤용근이었다고 전해 들었다. 그는 홍익대학교 건축과를 다니다가 중퇴하고 대한주택공사에 입사했는데, 양재현 씨가 주택공사를 그만두고 나올 때 데리고 나와 건원에서 오랫동안 키운 사람이다. 건원에서 출품한 대부분의 공모 작품은 그의 손을 거쳐서 나올 정도로 설계 능력이 뛰어난 사람이다. 올림픽선수촌 현상 때는 나와 같이 일한 적도 있어서 나하고도 면식이 있는 사이다. 첫마을 당선안은 모두 그대

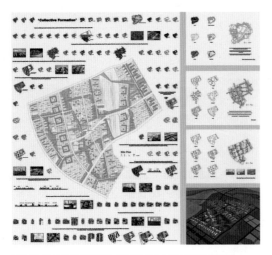
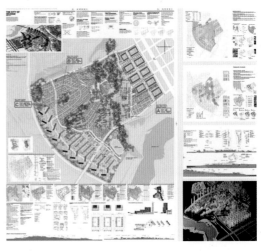

그림 22-7. 김영준의 안(2등)_ (첫마을 현상 공모 작품집, 2006).　　　그림 22-8. 조성룡의 안(3등)_ (첫마을 현상 공모 작품집, 2006).

로 실천에 옮겨지지는 않았지만, 새로운 아파트 설계를 보여주었다는 것만으로도 그 의미가 크다고 할 수 있다. 이를 시작으로 해서 세종시의 주거단지의 모습이 달라지기 시작했다고도 볼 수 있다.

당선작의 특징은 34만 평을 몇 개의 날개를 가진 바람개비 모양으로 나누고, 날개 중심을 공공시설지역으로 만들어 이로부터 방사형으로 뻗어 나가게 함으로써 날개 사이에 녹지 공간을 바깥쪽(금강 쪽)으로 개방시키고 있다. 각 날개에는 기다란 단지를 조성하고, 건물과 건물 사이의 공간을 위요된 오픈스페이스로 만들어 다양한 옥외 기능을 부여하고 있다. 한편 건물은 일률적인 타워형이나 판상형이 아닌 다양한 높이 변화를 도모함과 동시에 발코니를 입면立面에 다양하게 돌출시켜 경관을 지루하지 않게 만들었다. 많은 건물이 동향과 서향으로 배치되었지만 입주자들은 큰 반발 없이 새로운 주거 환경을 즐길 수 있다.

'집합적 구성'이라는 타이틀이 말해주듯 2등으로 당선된 김영준의 안은 분산과 집중 형태를 구분치 않고 서로 중첩시켜 일련의 집합 구조를 형성하고 있다. 개별 건축물의 디자인 추구보다는 도시 전체의 미래상을 제시하고 있는 이 작품은 한국의 새로운 주거 문화를 선도하는 다양한 전략을 제시한다. 첫마을 전체는 보행축으로 구분된 근린주구neighbourhood unit를 기반으로 하고 있다. 외국인 심사위원들이 선호했던 계획안이지만, 이 땅을 분양해 국내 건설회사에 이대로 짓게 하기에는 무리가 따를 것이다.

한편 3등으로 당선된 조성룡의 안은 기존 지형을 최대한 보존해 도시와

자연이 공존하는 새로운 공간 개념(Rural-Ruban-Urban)을 제시하고 있다. 구
릉지에는 단독주택을, 외곽지에는 아파트를 배치해 자연 지형의 훼손을 최
소화하려고 노력한 점이 좋게 평가받았다. 주민 커뮤니티 공간을 별도로 구
획하지 않고 통행로를 커뮤니티 공간으로 활용하는 것도 특징 중 하나다.
그러나 아파트 배치가 너무 단조롭고 신선함이 떨어져 내국인 심사위원들
은 점수를 많이 주지 않았다.

## 행정타운 현상 공모

세종시에서 가장 중요한 부분은 역시 행정관청들을 어디에 어떻게 배치하
는가 하는 문제다. 추진위원회에서도 일찍부터 TF를 구성하고 지속적으로
관여해 왔다. 2005년 9월에 정부청사 건립 사업을 위한 TF가 구성되어 팀
장으로 서의택 교수가, 추진위원으로 안건혁, 승효상, 양병이 등이 지명되었
다. 그러나 어디까지나 행정관청을 새로 짓는 것은 행정자치부 소관 사항이
었기에 건설교통부나 건설청이 주도할 수 있는 일은 아니었다.

우리는 아무래도 행정관청들은 링ring 전체에 흩어놓는 것보다는 집단화
시키는 것이 업무의 효율성을 높이는 데 유리하다고 생각했다. 그래서 행
정관청들이 집단화된 곳을 행정타운이라 명명했다. 공모 이전의 기본계획
에서는 행정타운을 격자형으로 구성했다. 우리는
행정타운에서 상징적인 기능들은 동쪽 인공 호
수 변에, 나머지 일반 부처는 중심축의 양편으로
배치했고, 일부 청 단위 기관은 남쪽 II-4생활권
에 배치했다. 그 이유는 호수 변의 상징적 기관은
독립적으로 상징성을 갖추게 하고자 하는 의도에
서 상징성이 높은 위치에 배치했으며, 일반 부처
는 접근성이 더욱 중요하기에 중앙축 양편으로 집
단화시킨 것이다. 그리고 하급 관서인 국세청 등
은 독자성을 중요시해 약간 분리해 중심축 남쪽
에 배치했다. 정부청사 사이에는 상업 기능 및 관
련 기능을 채워 넣어 타운 전체가 권위적이거나
딱딱하지 않도록 했다. 그러나 이러한 초기 구상

그림 22-9. 공모 이전 행정타운 구상(회의용 자료)_ (저자 소장).

은 현상 공모의 전제로 삼지는 않았다. 다만 참고자료였을 뿐이다.

국제 현상 공모 공고는 2006년 8월 29일에 나왔으며, 총 56개 팀(국내 25개 팀, 해외 31개 팀)이 참여했다. 공모를 주관한 PA는 서울대학교 건축과 최재필이 맡았고, 심사는 피터 드로지Peter Droege(오스트레일리아), 알렉산드루 벨디만Alexandru Beldiman(루마니아), 유걸, 임창복, 김준성 등 다섯 명이 맡았다. 그런데 내가 문제라고 여긴 것이 하나 있었다. 엄연히 청사 건립 TF가 2년 이상 활동해 왔는데 TF 내 아무도 현상이 어떻게 진행되는지를 몰랐다는 것이다. PA나 심사위원이 모이는 곳에 추진위원회 TF 중 한 명이라도 참여를 해서 그동안 마스터플랜 진행 과정에 대해 설명도 하고 계획 의도도 전달했어야 했는데, 그런 것은 무시되었고 도시계획에 전혀 관여하지 않았던 사람들이 모든 것을 결정한 것이다. 그것은 이 공모를 행정자치부가 주관했기 때문에 건설청의 간섭을 받지 않으려고 행정자치부가 의도적으로 그렇게 한 것으로 생각된다.

공고한 지 4개월이 지나 작품이 접수되었으며, 2007년 1월 19일에 당선작이 발표되었다. 1등은 "Flat City·Link City·Zero City(평평한 도시·연결된 도시·자원순환 도시)"라는 제목의 작품을 제출한 해안건축(대표이사 윤세한), 2등은 "Reverse Code"라는 제목으로 출품한 건축회사 프리빌레지오 세키 아키텍투라Privileggio_Secchi architettura, 3등은 "Civic Landscapes"로 이름을 지은 승효상이 받았다.

나는 이 당선안들을 보고 놀라마지 않았다. 1등 안은 정말이지 창의적이고 환상적이었다. 한국의 건축가들이 만들어낼 수 있는 수준의 것이 아니었다. 알아보니 역시 발모리Balmori라고 하는 미국의 조경회사에서 만든 아이디어를 국내의 해안건축이 정리해 제출한 것이었다. 그러나 나는 곧바로 이 환상적인 1등 당선안이 어떤 의미를 갖는지를 검토해 보고 나서 이 안이 그대로 실현되어서는 안 된다는 것을 깨달았다. 당선안에서 도시적 맥락은 언급조차 되지 않았다. 단순히 건축물의 형태에만 아이디어와 모든 노력이 집중된 것이다. 왜 이런 계획이 만들어졌으며, 또 1등으로 당선되었는가? 결과만 놓고 보면 이 현상 공모의 취지와 한계, 그리고 이 현상 공모가 후에 이어지는 건물 설계와 어떤 관계를 갖는지에 대해 명쾌한 원칙이 없었기 때문이 아닌가 의심된다.

나는 이 현상 공모 과정에 참여하지 못했지만, 도시 전체 마스터플랜을 책임지고 있는 사람으로서 이 공모가 일종의 도시설계 공모라고 생각했다.

그림 22-10. 행정타운 마스터플랜
당선작(해안)_ (행정중심복합도시
건설청·한국토지공사, 2007).

왜냐하면 각 청사에 대한 건축 계획은 다시 별도의 건축 공모를 통해서 얻을 것이기 때문이다. 그렇다면 제출된 작품들은 90만 평에 가까운 이 행정타운이 하나의 작은 도시로서 어떤 구조와 시스템을 갖춰야 하는지를 보여주어야 했다. 즉, 어떤 가로망 패턴이 행정타운에 적합한지, 각 청사의 상징성이나 기념비성이 필요한지, 청사와 가로망이 어떤 관계를 가져야 하는지 등이 설명되어야 한다. 그러나 현상 공모 요강에는 건축가들의 창의력에 지장을 주어서는 안 된다는 이유로 이 요소 중 어떤 것도 담겨져 있지 않았다. 따라서 이 현상 공모가 건축물만을 대상으로 한 현상인지 아니면 가로망 패턴과 건물 형태building mass를 다루는 도시설계 현상인지 불분명한 상태에서 참여자들은 혼선을 겪었을 것이다. 결과적으로 어떤 작품은 이러한 과제를 염두에 두고 계획을 해나간 것으로 보이지만, 그렇지 않은 것들도 많았다. 1등 당선작은 그중 후자에 속한다. 가로와 건물의 관계에 대해서는 아무런 해석이 없다. 마치 완전히 별개의 요소로 다루어진 것 같았다. 나는 도대체 이 안을 1등으로 당선시킨 심사위원들이 누구인지 알아보았는데, 모두가 건축과 교수나 건축가들이었다. 거기에는 행정타운 계획을 이해하는 도시계획가가 아무도 없었다.

당선안이 창의적이라는 점은 누구도 무시하지 못할 것이다. 이 계획안이 제시한 설명 또한 매우 흥미롭다(〈그림 21-11〉). 이 계획안은 21세기에 도시가 나아갈 길을 세 가지로 규정했다. 첫째는 도시의 모습이 제각각 높이 솟아오르는 건물에 의해 정의되는 것이 아니라, 위가 평평flat하고 아래가 지형에 따라 굴곡진 형태가 되어야 한다는 것이다. 물론 설계자는 모든 도시의 건물들이 이래야 한다고는 주장하지 않았다. 다만 행정타운에 속한 정부청사가 그래야 한다는 말일 것이다. 그 이유는 평평한 지붕을 이용해 거대한 옥상정원을 조성하겠다는 의도가 깔려 있기 때문이다. 따라서 21세기를 여기에 끌어들인 것은 지나친 과장이라 할 수 있다. 두 번째는 연결성link을 의미하는데, 정부청사는 오픈스페이스와 물 그리고 공원 옆에 있으면서 담장으로 상호 분리되지 않고 서로 엮이는 것을 의미한다. 이는 매우 비권위적이라 할 수 있는 아이디어다. 셋째는 환경 친화적이어야 한다는 것인데, 자원의 순환과 재생을 의미하기도 한다. 두 번째와 세 번째 명제는 실현의 정도가 문제일 뿐이지 충분히 공감이 가는 것들이다.

이러한 명제하에 만들어진 토지이용계획(〈그림 21-12〉)은 한마디로 색맹 검사 때 사용하는 퍼즐 같은 느낌이 든다. 우리는 여기서 숨겨진 청사를 찾아야 한다. 흰색의 사각 격자형 도로망은 눈에 확연히 들어오지만, 토지 이용을 나타내는 다양한 색깔들은 격자 창살 뒤에 깔려 있어 도로망과는 아무런 관계가 없는 것처럼 보인다. 서로 다른 토지용도 간의 연결에만 신경을 쓰다 보니 주된 도로망과의 연결은 사라진 것이다.

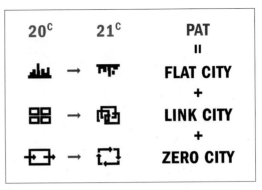

그림 22-11. 당선작의 계획의 목표_ (행정중심복합도시건설청·한국토지공사, 2007).

그림 22-12. 토지이용계획(당선작)_ (행정중심복합도시건설청·한국토지공사, 2007).

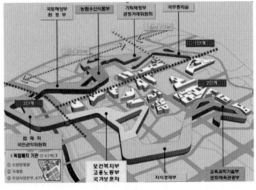

그림 22-13. 중앙행정기관의 배치와 단계별 개발계획(당선작)_ (행정중심복합도시건설청·한국토지공사, 2007).

나는 이 당선작을 들여다보면서 이대로 행정타운이 개발되어서는 안 된다고 생각했다. 그래서 이 작품의 문제점들을 다음과 같이 정리했다.

① 이렇듯 불규칙하고 긴 형태의 건물은 통로가 길어지고 쓸모없는 공간이 많이 발생하기 때문에 행정업무에 사용할 수 있는 공간이 상대적으로 줄어든다. 건물의 총면적은 서울에 있을 때보다 더 넓어졌지만 사무 공간은 그때보다 **훨씬 줄어들 것이다.**

② 지상부에 자연 지형을 잘 살려서 지면ground level의 높낮이를 다르게 하고 옥상의 높이를 같게 한다고 했으나, 건물을 짓기 위해 기초 공사를 하면 어차피 땅은 모두 파헤쳐지는데 다시 어떻게 원상 복구를 하며, 과연 **그렇게 할 가치가 있는가?**

③ 건물의 최상층을 주차장으로 사용한다고 하는데, 차량이 최상층으로 이동하기 위해서는 램프가 설치되어야 하고 차량 이동 시마다 진동과 소음이 발생함은 물론 이동 하중으로 인해 구조적으로도 **매우 취약해진다**(강남버스터미널도 다층 구조로 설계되었으나, 상층부 균열로 인해 버스는 지상층만 이용하고 있다).

④ 건물의 폭이 일정치 않고 건물의 방향이 수시로 변하는데, 사계절이 있는 우리나라에서는 철에 따라 건물 팽창이 방향마다 다르게 생길 수 있으므로, 이에 적응하기 위한 신축 이음expansion joint이 불필요할 정도로 많이 생기게 되고, 또 그때마다 누수 같은 하자가 생길 위험이 커진다.

⑤ 지상부와 옥상을 개방해 일반인들이 쉽게 접근할 수 있게 한다고 했는데, 과연 우리나라 여건상 그렇게 **개방할 수 있을까?** 현재는 모든 청사에 접근하려면 수차례 신분증을 제시해야만 한다. 더구나 옥상을 전부 시민들에게 개방한다고 하는데, 과연 가능할까?

⑥ 1층을 모두 필로티piloti로 하고 개방하면 외기에 노출되는 면(2층의 바닥면과 지하층의 상부)이 많이 늘어나는데, 그렇게 할 경우 냉난방 부하가 가중되어 관리 비용이 크게 늘어날 것이다.

⑦ 건물 길이가 2~3km나 되고 전부 이어지지만 한 부처에서 다른 부처로 가기 위해 관계도 없는 또 다른 부처를 통과하는 사람은 없을 것이다. 그러니 모든 부처들을 전부 잇는다는 것은 불필요한 공사비만 증가시킬 것이고 실제적 효용은 없다.

건물의 총면적은 늘어났으나, 건물의 형태 때문에 활용 가능한 공간이 지나치게 줄어든 탓에 청사 이전 시 큰 소동을 겪었으며, 결국 제2청사를 짓게 되었다.

결과적으로 보면 원래의 지형은 모두 사라졌다.

이 아이디어는 많은 논쟁 끝에 결국 중간에 포기되었다.

이 아이디어 역시 실행되지 않았으며, 다만 외부에서 직접 접근이 가능한 옥상의 일부 지역만 개방을 추진하고 있다.

그림 22-14. 건물 지붕이 평평한 중심부 상업지역의 단면도(당선작)_ (행정중심복합도시건설청·한국토지공사, 2007).

⑧ 여기에 입주하는 각 부처는 부처마다 특성이 다르므로 독자적인 건물을 건설해 각각의 특징과 상징성을 나타내야 하는데, 한 건물로 다 이으면 이런 가능성이 상실된다.

⑨ 부처들이 다 이어지면 각 부처의 아이덴티티가 확보되지 않아 민원인이나 타 지역 공무원들이 목적지 찾는 데 어려움을 겪을 것이다.

⑩ 건물이 이어지기 위해 도로 위를 지나가는데, '건축법'상 건축선 후퇴라든가 공중권 사용에 대해 현행법상으로 해결해야 할 문제가 많을 것이다.

나는 이러한 문제들을 정리해 추진위원회에 올렸다. 그런데 신기하게도 추진위원들 모두가 나의 문제 제기에 대해 꿀 먹은 벙어리처럼 아무 말도 하지 않았다. 다만 김진애 위원만 내 주장에 동의했고, 이 계획안대로 건축이 이루어지면 안 된다고 나를 거들었다. 나는 다른 추진위원들이 모두 무엇을 위해 추진위원을 맡고 있는지 의심하지 않을 수 없었다. 그러자 행정안전부에서 나온 관리가 당선안대로 할 수밖에 없는 이유를 설명했다. 며칠 전 심사가 끝나자마자 자기들이 그 결과를 가지고 장관과 차관한테 가서 보고했다는 것이다. 그렇기 때문에 어떠한 변경도 자기들 입장에서는 할 수가 없다고 말했다. 그래서 나는 건설청장이 국토교통부를 대표해서 행정안전부 장차관을 설득하기를 요청했다. 그러나 그의 대답 또한 가관이었다. 이 일은 행정안전부 소관이므로 국토교통부에서는 간섭할 수가 없다는 것이다. 내가 추진위원회에서 울분을 터뜨렸지만 소용이 없었다. 그 후 행정안전부에서는 내 주장이 마음에 걸렸는지 설계를 담당했던 건축가들을 내게 보내왔다. 해안의 김태만과 조항만(현재는 서울대학교 교수) 두 사람이 내가 제기한 문제들에 대한 해결책이라는 것을 가지고 내 사무실에 찾아왔다

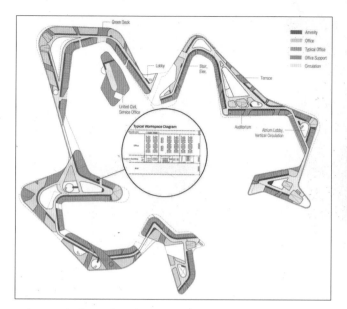

그림 22-17. 기준층 평면도(당선작)_ 전체 건물 면적에서 사무실로 사용할 수 있는 공간은 40%밖에 되지 않는다. 일반적으로 사무실은 통로와 계단실, 엘리베이터, 기계실 등으로 전체 면적의 30~40% 정도 사용하고, 사무실을 60~70% 사용한다. (행정중심복합도시건설청·한국토지공사, 2007).

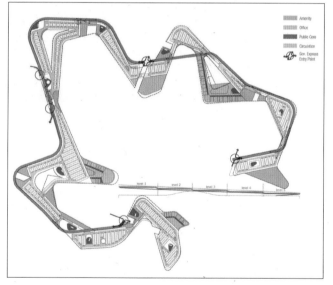

그림 22-18. 상층부 주차장 평면도(당선작)_ 차량을 세우는 주차 공간은 전체 면적의 35% 미만이고, 나머지는 모두 차량 통로나 쓸모없는 공간에 해당된다. (행정중심복합도시건설청·한국토지공사, 2007).

그림 22-15. 여름의 옥상 정원의 모습(당선작)_ (행정중심복합도시건설청·한국토지공사, 2007).

그림 22-16. 가을의 옥상 정원 모습(당선작)_ (행정중심복합도시건설청·한국토지공사, 2007).

그림 22-19. 무리하게 청사 건물을 연결한 보행브리지_ (저자 촬영).

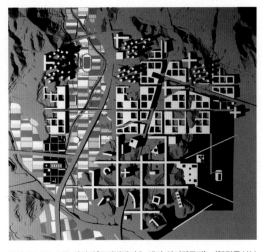

그림 22-20. 2등 당선작(프리빌레지오 세키 아키텍투라)_ (행정중심복
합도시건설청·한국토지공사, 2007).

그림 22-21. 3등 당선작(승효상)_ (행정중심복합도시건설청·한국토지
공사, 2007).

가 결국 나한테 야단만 맞고 돌아갔다. 그들이
갖고 온 것은 해결책이 아니라 변명에 불과했기
때문이다. 그러나 이후 내가 할 수 있는 일은 아
무것도 없었다. 아무리 장차관이 높으신 분이라
도 그렇지, 한 번 보고를 했기 때문에 수정할 수
가 없다는 공무원이나 이러한 문제를 내 일이
아니다 하고 덮어두려는 추진위원들이나 한심하
기가 이를 데 없었다. 이 일을 통해 현상설계 당
선작을 그대로 실현시키는 것이 얼마나 위험한
일인가를 절실히 깨달았다.

그림 22-22. 범건축의 1단계 청사 현상 공모 1등 당선작_ (행정중심복합
도시건설청·한국토지공사, 2007).

　그 일 이후 당선안에 대해 몇 가지 수정이 가해졌다. 최상층에 주차장을
넣기로 한 것은 취소되었다. 설계자들은 최상층 주차장에서 테러가 발생하
면 옥상만 파괴되지만 지하 주차장에서 테러가 발생하면 건물이 무너질 수
있다고 주장했으나, 행정안전부 스스로도 이것이 억지주장인 것을 알고 철
회시킨 것이다. 그리고 각 부처의 입구를 다양하게 설계해 특징을 갖게 하
겠다고도 했다. 결국 지어진 건물들을 보면 설계자들이 주장했던 세 가지
목표 중 이루어진 것은 정부 부처들의 '연결'만 되었을 뿐이다.
　2등으로 당선된 작품은 행정타운을 남과 북 두 지역으로 나누고, 패턴
에 대해서는 모두 사각 격자 형태를 사용하되 건물 배치 방식은 서로 대조
되도록 했다. 즉, 북쪽의 블록들은 업무와 상업 기능을 배치하되 큰 격자는

그 사이가 도로에 의해 구분되도록 했으며, 큰 격자의 내부는 다시 아홉 개의 작은 격자로 나눈 뒤 그중 몇 개는 건물로 채우고 나머지는 정원으로 만들었다. 반면 남쪽의 큰 격자는 격자 그 자체가 업무용 건물이 되게 하고, 큰 격자 내부는 오픈스페이스로 두되 그 안에 정부청사를 배치했다. 그렇게 함으로써 정부청사는 상징성과 독자성을 가질 수 있다. 이 부분은 도시 전체 아이디어 공모전의 당선작 중 하나인 피에르 비트리오 아우렐리의 "A Grammar for the City"를 연상시킨다. 두 작가 모두 이탈리아 건축가라는 점도 흥미롭다. 이 안이 내가 선호한 계획안인데, 이 안이 당선작이 되었으면 더 좋지 않았을까?

3등 당선작은 한국인 건축가 승효상의 것인데, 기존 자연 지형을 보존하려는 노력이 돋보인 작품이다. 그러나 역시 중심축에 대한 미련은 버리지 못해서인지 중앙에 동-서 방향으로 넓은 보행축을 형성하고 있다. 하지만 이 보행축은 경직성을 없애기 위해 비정형으로 만들었는데, 나는 오히려 강력한 직선 축을 만들면 어땠을까 하는 생각이 든다.

행정안전부는 (주)해안의 당선안에 대해 큰 변경 없이 이를 바탕으로 1단계 청사 건축설계에 대한 지명 경쟁을 시행했다.


## 중앙녹지 현상 공모


다음으로 큰 설계 공모로는 조경가를 대상으로 하는 장남평야(중앙녹지) 계획이다. 원래 이 땅은 기본구상 아이디어 공모에 당선되었던 몇몇 작품들이 제안했던 대로 개발을 하지 않고 비워두기로 한 땅이다. 공모전에서는 1단계 92작품 선정에 이어 2단계에서 결선작 10작품이 결정되었고, 노선주 안이 1등으로 당선되었다. 이 계획의 특징은 논 대부분을 그대로 보전할 뿐 아니라 나아가 금강의 제방을 헐어내어 강물이 자연스럽게 범람할 수 있게 하자는 것이었다. 그것이 자연의 원래의 모습이라는 것이다. 이에 대해 건설청과 토지공사 내에서 많은 논란이 벌어졌다.

하지만 이 땅의 면적이 넓다 보니 토지공사 입장에서는 그대로 비워두기에는 너무나 아까웠다. 그래서 이들은 우리가 도시 마스터플랜을 수립하는 동안 이용할 수 있게 하자고 줄기차게 요구해 왔다. 그래도 우리는 냉정하게 거절했고, 이 땅을 지키기 위해 애를 썼다. 하지만 우리의 노력에도 아랑

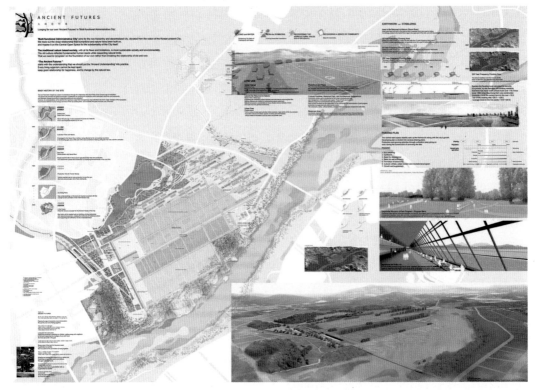

그림 22-23. 중앙녹지 현상 공모 1등 당선안_ (행정중심복합도시건설청·한국토지공사, 2007b).

곳하지 않고 건설청과 토지공사는 우리 의견을 묵살
한 채 이곳 일부를 수목원으로 변경했다.

그러나 수목원의 위치와 형태가 매우 묘하게 이루어
졌는데, 짐작하건대 나머지 땅을 여러 조각으로 나누기
쉽도록 한 것이 아닌가 싶다. 현재는 주민단체들과 갈
등이 있지만 향후 여러 단계에 걸쳐 계획을 변경할 것
으로 보인다.

그림 22-24. 변경안_ (NAVER 지도).

## 생활권별 현상 공모

보통 신도시에서는 개발계획이 시작됨과 동시에 지구단위계획이 발주되어
구체적인 지침을 만들어놓고 토지를 분양한다. 그런데 세종시에서는 지구
단위계획을 조기에 발주하지 않았다. 거기에는 건설청이 우리가 만든 개발
계획을 상당 부분 무시하고, 각 생활권별로 별도의 현상 공모 또는 제안서

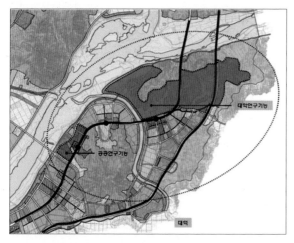

그림 22-25. 제4 생활권 개발계획안_ (도시개발계획 최종보고, 2006).

그림 22-26. 제4 생활권 공모안_ (행정중심복합도시건설청, 2019).

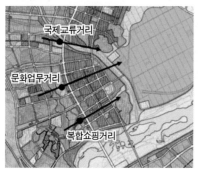

그림 22-27. 제2-4 소생활권_ (도시개발계획 최종보고, 2006).

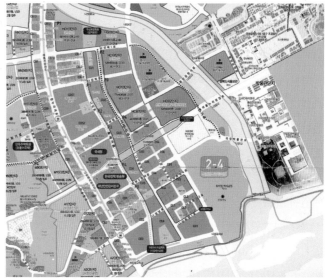

그림 22-28. 제2-4 소생활권 공모안_ (행정중심복합도시건설청, 2019).

경쟁을 통해 자기들의 입맛에 맞는 새로운 계획으로 변경하겠다는 의도가 깔려 있었다.

나는 그것이 이춘희 청장의 생각이란 것을 잘 알고 있다. 그는 우리 설계 진이 자기의 의도를 잘 따라주지 않자 아예 무시하고자 한 것이다. 그래서 내가 세종시에서 손을 뗀 2007년이 되어서야 생활권별 계획공모가 이어졌 고, 10년 이상 지난 지금까지도 진행 중이다. 여러 차례 현상 공모를 통해 더 좋은 아이디어를 찾는 것은 좋은 일이다.

나는 내가 마스터플랜의 책임자라고 해서 우리 안을 고집할 생각은 없다. 어차피 도시란 한두 사람의 손으로 만들어지는 것은 아니기 때문이다. 그것은 내가 오랜 세월 동안 도시를 설계해 오면서 터득한 믿음이다. 문제는 이러한 행위가 단순히 어떤 한 사람의 계획을 지우기 위해 어떤 한 사람의 주장대로 시행되어서는 안 된다는 것이다.

## 기공식

행정중심복합도시 공동연구단의 단장직을 맡게 된 나는 내가 추진위원이면서 동시에 용역을 수행한다는 것이 매우 꺼림직했다. 내가 계획하고 내가 심의하는 꼴이 되기 때문이다. 그래서 계획이 어느 정도 완성되고 심의에 들어갈 때쯤인 2006년 4월에 나는 스스로 추진위원직을 반납했다. 추진위원회에 들어간 지 고작 1년 만이었다. 나는 대신 온영태를 추진위원으로 추천했고, 위원회는 온영태로 내 자리를 채웠다. 그런데 나의 양심에 따른 이러한 자발적 행동이 내가 우리 계획을 이끌어나가는 데 매우 불리하게 작용한다는 것을 나중에야 깨달았다. 대표적인 것이 행정타운 현상설계에 대한 문제 제기였다. 내가 추진위원이었더라면 문제 제기를 할 때 결코 그대로 물러서지는 않았을 것이다. 추진위원직을 내놓은 나는 단순히 용역사의 일원에 불과했다.

2007년 7월 20일 드디어 행정중심복합도시 기공식이 열렸다. 대통령이 참석하는 행사라 그런지 그 준비도 대단했다. 행사에 참석하는 내빈들에게는 여러 색깔의 비표들이 전해졌고, 내게도 하나가 왔다. 황색 명찰이었던 것으로 기억하는데 확실치는 않다. 토지공사가 제공한 버스를 타고 현장에 도착해 행사장에 들어섰는데, 비표에 번호가 있어서 나는 내 자리가 마련되어 있는 줄로 착각했다.

맨 앞줄에는 대통령 및 3부 요인들이 자리를 차지하고 있었다. 그 다음 그룹에는 빨간색 비표를 가진 국회의원들과 장차관들의 자리였고, 그 다음 그룹은 추진위원회 위원, 정부 각 부서장, 소속 기관장들이 차지했다. 내 자리가 어디인지 행사장 운영 요원에게 물어보았더니, 그는 맨 뒤 그룹에 속하고 정해진 자리는 없으니 아무 데나 앉으라고 이야기했다. 그 그룹은 세종시 건설과 관련된 건설회사 임직원들에게 배당된 자리였다.

나는 순간 당황했고 불쾌하기도 했다. 아무리 우리나라가 계획가나 건축가를 무시한다지만 정작 세종시의 마스터플랜을 진두지휘한 대표 설계자에게 자리 하나쯤은 앞쪽에 마련해 줄 것으로 기대했다. 언뜻 전에 김수근 선생이 한 말이 생각났다. 자기가 종합운동장을 설계했는데, 준공식 날 행사 주최 측이 자기를 대통령 옆자리에 앉힐 줄 알았지만 아니더라는 것이다. 프랑스 같았더라면 당연히 건축가가 대통령 옆자리를 차지했었을 것이라고도 했다. 한국은 아직 문화적으로 야만에 가깝다는 이야기도 덧붙였다.

비단 정부만 그렇다는 것은 아니다. 언론 또한 다르지 않다. 나는 신문에 건축물에 관한 기사가 나면 꼭 읽어보는데, 대부분 건물에 대해서만 언급을 하지, 누가 설계를 했는지는 빼놓는 경우가 대부분이다. 하물며 도시계획가에 대해서야 누가 관심이나 갖겠나. 나는 뒤에 앉아 있기가 창피하기도 해서 밖으로 빠져나와 서성이다가 일찍 돌아왔다.


## 총괄기획가

2006년 말이 되자 행정중심복합도시의 기본계획과 개발계획이 완료되었고, 연구단도 해체되었다. 현장에서는 여기저기서 공사가 진행되고 있었지만, '경관 7대 과제'라던가 '통합 이미지 형성 계획', '공공디자인 기본설계' 등 계획과 설계 차원에서 추가되는 일들은 여전히 많이 남아 있었다. 그래서 건설청은 계획 및 설계 부문 간의 일관성과 연계성, 전체와 부분의 통일성과 차별성 등을 조화롭게 이루어 나가기 위해 일종의 계획·설계 감리 제도로서 총괄 조정 체계를 도입했다(2006년 11월). 이것은 총괄기획가와 총괄자문단 및 기획조정단으로 구성되었다.

'총괄기획가'라는 아이디어는 김진애 박사(당시 국가건축선진화위원회 위원장)의 발의로 생겨난 것인데, 그는 도시계획과 도시설계 및 건축에 앞서 이들을 연결해 줄 수 있는 디자인 코디네이터design coordinator 역할이 필요하다고 주장했고, 그 주장을 받아들여 첫 번째로 적용한 곳이 세종시가 되었다.

첫 번째 총괄기획가로 내가 선임되었는데, 그것은 내가 마스터플랜의 책임자였기 때문이었을 것이다. 내가 총괄기획가 역할을 한 것은 꼭 1년뿐이다. 사실 이때의 나는 지쳐 있었고, 남들이 해온 설계를 조정하는 일도 지겨웠다. 대중교통도 갖춰지지 않았던 시절에 한 달에 두 번씩 세종시를 내려가는 일도 쉽지 않았다. 또, 2006년에 일 년 동안 학교를 안식년으로 쉬었던 관계로 학교에도 일이 많이 쌓여 있었다.

어떻든 1년 만에 나는 총괄기획가에서 해촉되었다. 토지공사의 홍경표 단장(현재 건화 부회장)과 건설청에 새로 부임한 남인희 청장이 자기가 주장해서 해촉했다고 내게 양해를 구했지만 나는 개의치 않았다. 어차피 나는 이미 흥미를 잃은 터였으니까. 내 후임에는 아주대학교 제해성 교수가 지명되었는데, 그는 남인희 청장과 잘 조화를 이루면서 일을 했던 것 같다. 그리고 거의 10년가량을 지속했다고 하니 아마도 그의 입김이 계획에도 많이 작용했을 것이다.

## 세종시에 대한 불만과 문제점

2007년 말이 되자 대통령 선거가 치러졌고, 한나라당 이명박 후보가 당선되었다. 새 정부 출범과 더불어 이명박 대통령은 정부청사의 세종시 이전 계획을 중단하고, 그 대신 세종시를 과학기술도시로 개발하겠다고 발표했다. 그러자 같은 여당의 박근혜 측에서 강력 반발했다. 이는 다음 대통령 선거를 염두에 둔 포석이었다고 볼 수밖에 없다. 나는 어차피 모든 정부 기능이 이전하는 신행정수도가 아닌 반쪽짜리 수도가 될 바에는 이명박 대통령 말대로 청사 이전 계획을 취소하고 다른 용도로 개발하는 것이 바람직하다고 생각했다.

하루는 어떤 언론에서 내게 인터뷰를 요청해 왔다. 나는 내가 설계한 도시지만, 객관적으로 볼 때 그리고 우리나라를 위해서는 정부 이전을 차라리 취소하는 편이 옳다고 평소 생각대로 이야기했다. 기사가 나가자마자 김진애 박사한테서 전화가 왔다. 어떻게 몇 년 동안 행정도시를 위해 일하던 사람이 정권이 바뀌었다고 다른 말을 할 수 있냐는 것이다. 나는 힘들게 해명을 해야 했다. 그간 내가 일은 한 것은 도시계획가에게 주어진 일이므로 했던 것이지, 나의 정치적인 견해에 따라 옳다고 판단해서 한 것은 아니었다. 결국 여당에서도 의견이 둘로 갈라지자, 이명박 대통령은 변경 계획을 취소하고 그대로 진행시켰다.

도시가 개발되고 입주자들이 생겨나면서 도시에 대한 불만들이 쏟아져 나왔다. 우선 가장 큰 불만은 신도시 도로가 너무 좁아 차량 소통이 잘 되지 않는다는 것이었다. 나는 이에 대해 교통 체증은 당연히 감수해야 하는 것이라고 주장했다. 왜냐하면 세종시는 (지하철, 버스, 자전거, 도보 등) 대중교통이 중심이 된 녹색 교통green transportation 위주로 설계를 했기 때문에 자동차를 많이 이용하면 길이 막힐 수밖에 없다. 앞으로 인구가 더 늘어나면 자동차로 인한 교통 문제는 더욱 심각해질 것이다. 모두가 대중교통을 이용하지 않고 자동차를 타고 나올 것이었다면 처음부터 선형 도시 아이디어를 선택하지 말았어야 했고 에너지 저감 도시라는 홍보도 하지 말았어야 한다.

교통 문제를 더욱 심각하게 만든 것은 대중교통 중심축의 디자인 때문이다. 원래 우리의 계획에서는 중심축의 가운데 차선에는 BRT나 트램이 2개 차선으로 엇갈려 지나가고, 양쪽으로 각각 3개 차선이 자동차를 소화해 내도록 설계되어 있었다. 그런데 건설청이 나중에 대중교통축의 BRT 통행 속도를 높이고자 원 계획에는 다섯 곳에만 설치 예정이었던 입체교차로를 열댓 개로 늘려놓는 바람에 입체교차로가 위치하는 곳의 양쪽 차선 수가 줄어든 것이다. 수도권 인구를 분산시키려고 어마어마한 비용을 들여서 세종시라는 도시를 건설해 놓고, 일은 그곳에서 하면서 서울에 출퇴근한다면 이처럼 모순된 일은 없을 것이다. 세종시 주민은 누구든지 자기 직장 근처에 주택을 구입하면 승용차는 쓸 일이 없을 것이며, 보행과 자전거 또는 BRT로 모든 교통 수요를 해결할 수 있을 것이다.

정부청사가 완성된 후에는 청사에 대한 불만들도 터져 나왔다.

정홍원 총리는 청사 입주 후 출입기자 오찬 간담회에서 다음과 같은 소감을 피력하였다. "건물은 미와 실용성이 (함께) 있어야 한다. 용을 형상화했다는데, (세종청사는) 하늘에서 봐야 용이지 땅에서 보면 아무것도 아니다"고 말했다. 정 총리는 이어 "청사가 실용성이 없어 끝에서 끝까지 가려면 몇 십 분 걸리는데, 이건 정말 잘못된 것"이라며 "멋만 실컷 부렸지 실용성이 많이 떨어진다"고 덧붙였다.

실제로 세종청사는 용 모양의 길쭉한 건물들이 다 지어질 경우 길이가 3.5km에 달한다. 성인이 한 시간 가까이 걸어야 청사 끝에서 끝까지 갈 수 있다. 1단계 구간만 해도 1동의 총리실에서 6동의 환경부까지 걸어가는 데 최소 20분 이상 걸린다.

정부 세종청사는 2007년 국제 현상설계 공모전 당선작이다. 당시 국내 설계사무소인 해안건축이 '플랫시티flat city, 링크시티link city, 제로시티zero city'를 주제로 설계한 작품이다. 해안건축의 윤세한 대표는 "세종시의 자연환경이 어울리도록 높지 않게flat 건물을 지어 서로 연결link한 자연친화적 도시를 만들자는 취지에서 설계한 것"이라고 말했다. 당시 해안건축의 작품은 '저층 일체형인 중심행정타운 마스터플랜에 충실하면서도 지면과 지붕의 조경이 자연스럽게 이어지도록 설계해 친환경적이면서 조형성이 조화를 이뤘다'는 평가를 받았다. 용의 머리 부분에 해당하는 총리실을 시작으로 옥상에 꽃과 나무를 심어 조성한 3.5km의 옥상 정원길도 주민공간으로 활용할 계획이었다.

하지만 설계 의도는 준공하자마자 수포로 돌아갔다. 정부청사가 보안시설이라 주민들에게 개방할 수 없다는 결론이 내려졌기 때문이다. 외부에서 옥상정원으로 올라갈 수 있는 1동 입구 건물은 완성된 채로 폐쇄돼 있다. 총리실에 따르면 용이 똬리를 튼 모양의 세종청사 안쪽으로 수십 층 규모의 상가들이 들어올 예정이었지만 국가정보원에서 이를 모두 취소시켰다고 한다. 상가가 올라갈 경우 대통령 집무실이 저격에 완전 노출되는 문제가 결정적이었다는 게 후문이다.

보안은 총리실만의 문제가 아니다. 정부의 주요 결정을 내리는 모든 부처에 해당하는 사항이다. 이 때문에 안전행정부 세종청사관리소는 이달 말까지 세종청사 북쪽 유리창 전부에 밖에서 안을 볼 수 없도록 보안필름을 부착할 예정이다. …… 공정위 관계자는 "플랫시티라는 당초 개념에도 전혀 어울리지 않는 이해할 수 없는 설계"라고 말했다(≪중앙일보≫, 2013.7.25).


## 제2행정타운 공모

이 원고를 쓰고 있던 2018년에 제2행정타운 현상 공모에 대한 소식이 들렸다. 예상했던 대로 세종시의 정부청사는 사무실 공간이 너무 좁아 모두들 아우성이라고 했다. 그래서 정부는 원래 행정타운 내에 많은 토지를 상업지역과 주거지역으로 계획했던 것을 바꿔 토지 분양을 막고 이를 유보했다. 이 땅에 부족한 사무 공간을 채워줄 제2청사에 대해 공모전을 한 것이다.

그러나 공사비 3714억 원 규모의 세종시 신청사 국제 설계 공모전의 당선작이 발표된 가운데, 공모전을 이끈 심사위원장(김인철 아르키움 대표)이 결과에 불복하고 심사위원장직을 사퇴하는 사태가 발생했다. 그 이유는 심사를 앞두고 행안부에서 '타워형 고층 건물 선호'를 언질함으로써 심사위원들이

그림 22-29. 희림건축의 당선안_ (NAVER).

그림 22-30. 해안건축의 2등 안_ (NAVER).

사무형 14층짜리에 표를 몰아주었다는 것이다.

　건설청에 따르면 당선작은 희림종합건축사 사무소 컨소시엄이 낸 '세종 시티코어Sejong City Core'다. 현 청사의 중심부에 들어설 건물은 연면적 13만 4000m²(약 4만 606평)로 14층 규모인데, 지상 8층 규모로 구불구불 이어지는 기존 청사 사이에서 우뚝 솟아오른 형태다. "정부세종청사의 새로운 구심점 구축을 통해 전체 행정타운 완성을 표현했다"라는 게 행정중심복합도시건 설청의 설명이다(≪중앙일보≫, 2018.11.1).

　나는 이번 해프닝을 보고 쓴웃음을 짓지 않을 수 없었다. 기존 청사 현 상설계 때 나의 모습과 정반대 현상이 일어난 것이다. 나는 기존 청사가 너 무나 비효율적으로 계획되어 유효 공간이 절대적으로 부족할 것이라고 경 고했다. 그 결과 청사가 이전한 지 몇 년 되지도 않아 다시 추가 건물을 짓 게 되었다. 행정안전부가 당시에 내 경고를 무시하고 장차관에게 보고했다 는 이유만으로 그대로 지어서 이런 어처구니없는 결과를 초래한 것이다.

　그들은 이번에는 기존 청사와는 정 반대로 공간 활용도가 높은 네모반듯 한 고층 빌딩을 선호했다. 그러나 이번에도 또다시 큰 잘못을 저지른 셈이 되었다. 이미 첫 번째 청사가 용의 모양을 하고 있다면 두 번째 청사도 이에 어울리게 만들어야 하는데, 엉뚱하게도 전혀 어울리지 않는 박스 모양을 선 호한 것이다. 아마 이번에도 장차관에게 보고는 했을 것이고, 당선작을 바 꾸지는 못할 것이다.

## 회고

세종시 도시설계는 내게 의미 있는 마지막 도시설계 작품이었다고 할 수 있다. 그러나 10여 년이 지난 지금까지도 제대로 완성된 나의 작품이라는 생각이 들지 않는다. 나 없이도 지금까지 지속해서 계획이 바뀌고 있기 때문인가, 아니면 시작부터 공모전에 의해 타인으로부터 아이디어가 도출되었기 때문인가? 결국 내가 한 일은 시작과 끝을 이어주는 중간 작업이었던 같다. 하긴 이런 규모의 신도시를 어느 한 사람이 처음부터 끝까지 일관되게 끌고 나갈 수는 없었을지도 모른다. 그런 점에서 볼 때 처음부터 지금까지, 또 당분간 지속될 이춘희 청장의 영향력이 계획을 담당했던 나의 역할보다는 훨씬 클 것이라고 생각한다.

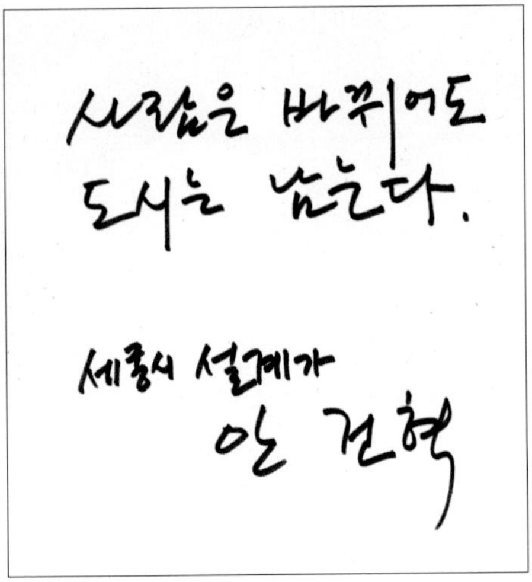

그림 22-31. 균형발전상징공원 바닥돌에 새길 희망 메시지

세종시에 관한 이야기를 마무리 지으면서 나는 내가 왜 2년간 신행정수도 계획에서 배제되었는가, 왜 총괄기획가 역할을 1년 만에 접게 되었는가를 곰곰이 씹어보았다. 나는 스스로 내가 도시설계 분야에서는 최고라고 자부했지만, 도시설계를 벗어난 세계에서는 아무것도 아니었던 것이다. 그리고 내 성격이 외향적이지도 않고 사교성과 친화력이 없는 까닭에 아무도 나를 천거하지 않았던 것 같다. 어쨌거나 신행정수도는 신도시를 개발하는 것인데, 한국에서 신도시를 가장 많이 계획해 온 내가 계획의 추진 과정에서 완전히 배제된 것은 어쩌면 내게 더 큰 문제가 있었던 것은 아닌지 반성

그림 22-32. 하늘에서 본 행정타운_ (NAVER).

한다. 사실 내가 추진위원이 되기 이전 2년 동안 신행정수도건설추진위원회가 한 일은 고작 입지를 정한 것밖에는 없었다. 그것도 좀 이상한 곳을 말이다. 입지가 정해진 후에도 위원회나 소위원회 그리고 TF가 수차례 회의를 거듭했지만 PA 하나 정하지 못한 채 방황하고 있었다. 이러한 과정을 옆에서 지켜보자니 답답하고 한심하기까지 했다. 그러나 설계에 관한 모든 권한이 막상 나에게 주어졌을 때 내 자신이 주변의 질시와 간섭, 특히 건설청의 견제를 극복하지 못하고 끌려갔던 점이 특히 후회된다.

# 베트남 신도시 개발계획

## 하노이 신도시 개발계획(1999년)

### 배경

한아도시연구소를 개설하고 나서 가장 먼저 수주한 국외 프로젝트는 베트남의 하노이 신도시 개발계획이었다. 하노이 신도시는 원래 대우의 김우중 회장이 추진하던 프로젝트였는데, 1997년 IMF 경제 위기 이전에 이미 벡텔에 마스터플랜을 발주해 결과물을 받아놓은 상태였다. 그리고 이 결과를 갖고서 베트남 정부와 개발에 대한 협의를 하고 계획안을 조정할 전문가가 필요했다. 하지만 이때는 이미 대우가 파산 위기에 몰려 있던 터라 김우중 회장이 더 이상 나설 처지가 못 되었다. 그래서 이 프로젝트를 실무 차원에서 책임을 맡았던 이현구 부사장이 적은 비용으로 끌고 나가야만 했고, 이 일을 맡아줄 팀으로서 우리를 선택했다.

사실 나는 1980년대 말경 국토개발연구원에 근무하고 있을 때 대우로부터 요청을 받아 하노이에 한 달간 파견을 간 적이 있었다. 그때는 김 회장이 베트남에 한창 투자를 하고 있었고, 베트남 정부의 지도층과도 두터운 교분을 쌓고 있던 시절이었다. 그때 김 회장은 베트남 정부에서 요청하는 것은 무엇이든지 들어주었다고 한다. 그리고 하노이에서 도시계획 전문가를 파견시켜 달라고 부탁해서 김 회장이 국토개발연구원에 요청을 한 것이다. 하노이에 도착한 나는 하노이도시계획연구소에 머물면서 자문을 해주었다. 당시 하노이는 전쟁의 상흔이 아직 가시지 않아 도시는 무질서했고, 중심가에도 번번한 호텔 하나 없었다. 길가에는 돈을 벌기 위해 007가방만 한 좌판에 담배 개비를 뽑아놓고 파는 사람들로 넘쳐났다. 마치 시내 사람들 전부가 돈을 벌기 위해 나선 것 같았다. 하노이시는 기반시설이 거의 갖추어져 있지 않았으며, 길거리마다 옆에는 복개되지 않은 하수가 흐르고 있었고, 여기저기에 이 오염된 하수가 모여 작은 호수를 이루고 있었다. 인구가 계속 늘어나자 하노이 시정부는 외곽으로 시가지를 확장할 계획을 세우고 있었다. 그들은 제3순환도로를 건설하고 도심으로부터 밖으로 시가지를 뻗어 나가도록 하는 계획을 갖고 있었는데, 그때는 제2순환도로와의 사이 공간이 절반도 채 차지 않았을 때였다. 그러니 제3순환도로를 건설하는 것은 도시의 지나친 확장이 될 것으로 생각되었다. 도시의 확장보다는 재개발이 더 나은 대안일 수 있지만 거의 불가능해 보였다. 나는 차라리 기존 시가지를 포기하고 새로운 신도시를 건설하는 것이 어떤가 하는 생각이 들었다.

## 김우중 회장의 아이디어

당시 도시의 상황을 본 김 회장은 홍-Hồng강 북쪽의 미개발지를 신도시로 개발하는 아이디어를 하노이 정부에 제안했다. 이는 마치 1960년대 말 서울에서의 한강 이남 개발을 하노이에 적용한 것과 같았다. 게다가 이미 신공항이 홍강 북쪽에 건설되고 있어서 이것은 좋은 대안이었다.

김 회장은 이러한 아이디어를 구체화하기 위해 미국의 벡텔에 용역을 맡겼다. 벡텔이 만든 신도시 계획 면적은 8830ha으로서 강남 3구를 합한 면적보다도 큰데, 계획 인구는 고작 75만 명이어서 상당히 저밀도의 도시가 될 수 있었다. 이렇게 밀도가 낮아진 것은 그 안에 넓은 면적의 수로와 호수 그리고 오픈스페이스를 포함하고, 기존의 농가 마을들 또한 대부분 그대로 보전했기 때문이다.

하지만 기본구상이 마련된 후 본격적인 설계를 들어가야 하는 상황에서 한국이 IMF 사태를 맞게 되고, 급기야 대우가 부도를 맞게 되면서 신도시 프로젝트도 중단되었다.

## 한아도시연구소의 참여

김 회장으로부터의 자금 지원이 불가능해지자 이 프로젝트를 담당했던 팀은 벡텔을 포기하고 그 대신 한아도시연구소를 노크했다. 한아에서는 많지 않은 용역 비용으로 이 벡텔의 구상안을 대부분 그대로 수용하되 일부 현실성이 없는 부분을 찾아서 수정하는 정도의 일을 했다. 그러나 그 정도의 작업만으로는 베트남 정부를 설득하기에 부족해, 다시 중심부에 대한 국제 현상을 개최하기로 했다. 지명 경쟁으로 이루어진 공모에는 OMA 등 세계적인 건축회사와 건축가들도 포함되어 있었다.

그러나 이 2단계 프로젝트를 수행하기 위해서는 비용이 필요했는데, 당시 대우의 형편상 비용 조달이 어려웠다. 여기서 우리가 낸 아이디어는 한국국제협력단KOICA(이하 코이카)의 자금을 지원받자는 것으로, 대우 측도 이에 동의하고 추진했다. 그런데 그때까지만 해도 도시계획이 되었든 건축이 되었든 코이카 프로젝트는 환경그룹(대표는 곽○○)이 독식하고 있었다. 그리고 이 일이 추진된다는 것을 안 환경그룹이 가만히 있을 리 없었다. 이런 일은 자기들만이 해야 한다고 코이카를 설득하기 시작한 것이다. 이사장을 비

그림 23-1. 수정된 계획안_ (저자 제작, 1997).

롯해 대부분의 간부가 곽○○과 친분이 두터웠던 관계로, 우리가 추진하려는 프로젝트에 대한 정보도 새어나갔음이 분명했다.

일이 점점 복잡하게 꼬이자 이현구 부사장이 나서서 곽○○의 형(이현구의 고교 동창)과 만나 담판을 지었고, 곽 씨를 설득했다. 그 후부터는 환경그룹의 독점이 깨지기 시작했는데, 그 이유가 우리 때문만은 아니었다. 물론 코이카 실무자들이 우리의 성과물이 환경그룹의 성과물에 비해 큰 차이가 나는 것을 보고 '이게 아니었구나' 하고 생각했을 수도 있다.

결정적이었던 것은 아프리카 어느 지역의 신도시 계획을 환경그룹이 맡아 하면서, 그동안 해오던 대로 너무나 허술하고 엉터리로 하다가 감독관인 LH의 프로젝트 감리 감독project management consulting: PMC으로부터 크게 지적을 받으면서부터다. 이 일이 있은 후 한아도시연구소는 코이카 프로젝트를 간간이 맡게 되었고, 우리에 대한 평가도 매우 높게 이루어졌다.

2단계 프로젝트를 끝내고 나니 더 이상 프로젝트를 계속할 수 없었다. ㈜대우가 해체 수순을 밟았기 때문이다. 그렇게 하노이 신도시 계획은 중단되었다. 하노이 강북 신도시는 20년이 지난 아직까지도 구체화되지 못하고 있지만 강 남쪽의 호따이Ho Tai와 서쪽의 뚜리엠Tu Liem 지역은 하노이 시

정부가 나서고 한국 건설업체들도 참여한 덕분에 어느 정도 개발이 진행되었다.

## 김우중 회장의 영향력

하노이 프로젝트를 하면서 대우 김우중 회장의 베트남에서의 너무나도 큰 영향력에 대해 놀랐다. 그는 베트남 경제 개방 이전에 이미 그곳에 진출해 베트남이 새로운 경제 체제에 적응해 가는 데 큰 도움을 주었고, 그들이 요구하는 것들을 대부분 들어주는 대신 자신과 회사도 상당한 이권을 차지했다.

대우가 파산하면서 모든 이권과 특권을 상실했지만, 별세하기 전까지 김 회장은 베트남에서 VVIP로 대우받았다. 김 회장은 개인적으로 하노이 북쪽의 공항과 멀지 않은 곳에 골프장을 소유하고 있는데, 그 일대 약 300ha을 m²당 1달러에 매입했었다니, 지금의 가치와 비교하면 놀랄 만한 일이다.

내가 들은 바로는 땅이 저지대라 성토하는 데 m²당 1달러가 들어서, 개발할 수 있는 땅으로 만드는 데 매입비와 성토비 등을 포함하면 평당 10달러 정도가 들었다고 한다. 그가 이 땅의 절반가량을 현재의 골프장으로 만들고 나머지는 팔아서 빚 갚는 데 썼다고 들었다. 김 회장의 신화는 베트남에 국한된 것이 아니다. 김 회장의 "세상은 넓고 할 일은 많다"라는 말이 무엇을 뜻하는지는 한국 밖에 나가 대우의 흔적을 찾아보면 쉽게 이해할 수 있다.

## 호찌민시 나베신도시 개발계획(2004년)

나베Nhà Bè신도시는 성장하고 있는 호찌민시 남쪽 10km에 위치하는 농촌 지역를 대상으로 하고 있다. 면적은 약 100만 평 정도 되는 장방형의 토지인데, 가운데로 소아이랍Soài Rạp강이 지나가고 있다. 강폭은 100m 남짓한데 수량이 많고, 주변이 늪지대처럼 느껴졌다. 대상지 중앙으로 고가 고압선로가 종단하고 있어서 지중화를 하든가 밖으로 이전시켜야만 했다.

이 프로젝트는 LG건설(현 GS건설)이 1990년대 초 호찌민시에 도로 공사를 해주고 대금조로 받은 토지에서 진행하는 것이다. 대상지의 동쪽 경계는 간선도로가 지나가고 있는데, 이를 통해 기존 도심부와 연결된다. 호찌민시에서는 이곳에 대해 구체적인 개발계획을 갖고 있었고, 상세 계획까지 만들어 놓았다. 그러나 LG건설에 개발권을 넘긴 이상 개발계획은 얼마든지 바뀔 수 있었다.

그림 23-2. 모형도_ (저자 제작, 2005).

### 기본구상

도시의 골격을 짜는 데 가장 중요한 요소는 하천과 송전선이었다. 송전선은 이설하지 않으면 개발할 수 없으니 우선적 서쪽 경계선으로 이전하는 것으로 했다. 지중화도 좋지만 비용이 만만치 않아서 경계부에 완충녹지를 지정하고 그곳에 고가 선로를 설치하는 것으로 했다.

대상지를 따라 종횡하는 강은 폭이 넓지는 않지만 수량이 많아 쉽게 손댈 수는 없었다. 강은 대상지를 크게 세 조각으로 나누는데, 북서쪽과 남쪽이 크고 중앙 동쪽이 작은 편이다. 따라서 도시의 주 진입로인 동쪽 경계부 국도에서 어떻게 단지로 진입하면서 강으로 인해 조각난 땅들을 엮느냐가 관건이었다. 그래서 일단 우리는 국도에 직접 접하는 중앙에 도심부를 배치했다. 그리고 거기로부터 북쪽과 남쪽으로 도시 기능이 뻗어가는 패턴을 생각했다.

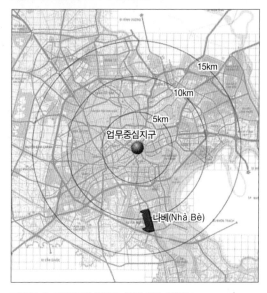

그림 23-3. 호찌민시와 대상지_ (저자 제작, 2005).

문제는 중심에서 남쪽으로 연결되는 도로축이 최종안에서는 삭제된 것이다. LG측에서 교량이 너무 많아져 곤란하다는 이유에서 빼도록 강요했다. 그렇게 되자 도시계획의 전체 개념이 무너져 버렸다. 하지만 도시가 개발되면 언젠가는 이 도로축이 만들어질 수밖에는 없을 것으로 생각한다. 나는 이 계획을 실현시키기 위해 부단히 노력했고, 해외 도시개발 경험이 없는 LG측에 수없이 자문을 해주었다. 그렇지만 결국이 사업은 무기한 연기되었다. 그런데 20년 가까

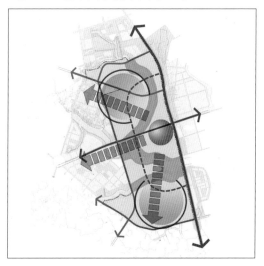

그림 23-4. 골격 구상_ (저자 제작, 2005).

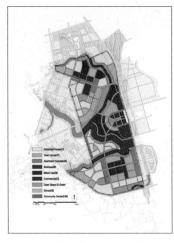

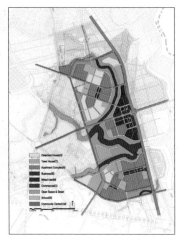

그림 23-5. 대안 1_ (저자 제작, 2005).　　그림 23-6. 대안 2(최종안)_ (저자 제작, 2005).　　그림 23-7. 가로망 체계도_ (저자 제작, 2005).

이 지난 2019년 시점에서 다시 개발을 추진한다는 소문이 들린다.

## 하이퐁 신도시 개발(2007년 12월~2009년 12월)

### 배경과 진행

세종시 계획과 총괄기획가 역할이 끝나고 한숨 돌릴 때쯤 삼안엔지니어링에서 연락이 왔다. 삼안은 세종시 개발계획을 함께 작업한 컨소시엄 멤버였다. 자기들이 코이카 측으로부터 하이퐁Hải Phòng 신도시 개발계획을 수주했으니 도와달라는 것이었다. 대상지는 하이퐁시 중심부의 북쪽 껌Cẩm강 건너편의 토지로, 전체는 1000만 평 가까운 규모이지만 동쪽은 이미 자기들이 계획을 세워놓았으니 서쪽 약 350만 평을 계획해 달라는 것이었다. 그런데 동쪽도 개발계획이 확정된 것이 아니어서 얼마든지 전체를 계획할 수 있는 상황이었다. 그래서 나는 전체 지역에 대한 계획을 구상했다. 이곳의 중심에는 시청을 비롯한 하이퐁 행정기구들을 이전할 업무단지를 포함하고 있었다. 내가 만든 마스터플랜에 대해 하이퐁시에서는 대체로 만족한 듯 보였다.

### 중국 자본의 횡포

우리가 계획을 확정지어 가는 도중에 하이퐁 측에서 새로운 문제 제기를 해왔다. 동쪽 절반의 계획은 바꾸지 말라는 요구였다. 동쪽은 이미 싱

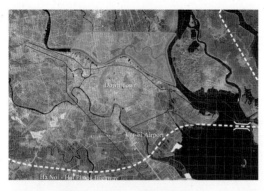

그림 23-8. 하이퐁 신도시(주황색 영역)와 시가지의 위치_ (저자 제작, 2008).

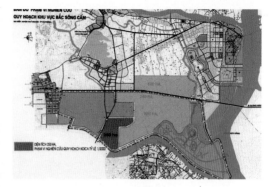

그림 23-9. 대상지 분할도_ (저자 제작, 2008).

그림 23-10. 우리가 만든 서쪽 마스터플랜_ (저자 제작, 2008).

가포르 정부가 지원하는 업체가 개발을 결정하고 투자 계획을 세우고 있다는 것이었다. 그래서 우리는 할 수 없이 동쪽은 포기하고 서쪽만 계획했다. 동쪽과 서쪽이 사실은 둘이 아니고 하나의 신도시를 나누어 개발하는 것인 만큼 도시의 형태도 연계성을 가져야 할 터였다. 그래서 우리는 도로망도 동쪽과 모두 연결시켰다. 문제는 싱가포르 업체의 개발계획이 지나칠 정도로 야비하게 자기들 이익을 위해 만들어졌다는 것이다. 그들은 가장 중심에 놓인 행정단지는 자기들의 계획구역에서 빼고, 행정단지와 인접해 대규모 중심상업단지를 형성하고 자기들이 분양하려고 계획을 만든 것이다. 더나아가 싱가포르 업체는 껌강 남쪽의 기존 시가지와 연결되는 교량(2019년 건설 예정)으로부터 북쪽으로 뻗은 간선도로변에도 양편으로 노변 상가를 설치하고, 북쪽 경계 부근인 동-서 간 간선도로의 양편에도 산업단지와 상

업시설을 배치했다. 즉, 주요한 T자형 간
선도로 양편을 모두 차지해 상업용지로
개발하겠다는 것이었다. 당시 북쪽의 간
선도로 위로는 산업단지를 개발하고 있
었다. 그러니 도시 전체의 균형상 우리가
맡은 서쪽은 개발해도 이익이 별로 날
수 없는 행정단지와 주거용지 말고는 배
치할 것이 마땅치 않았다. 다시말해 우리
나라 업체들이 도시개발사업에 진출하려
해도 수익을 낼만 한 땅이 별로 없었다.
우리는 김이 샜지만 하는 수 없이 동쪽
가로망 패턴을 따라 가로망을 구성하고
사업성에 대한 검토를 했다. 우리는 껌강
남쪽 기존 시가지와의 연결 교량도 없는

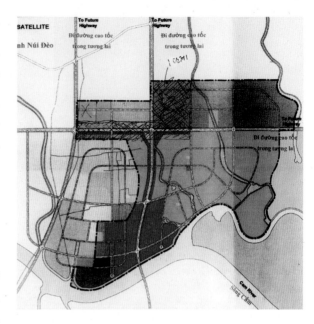

그림 23-11. 기존 계획(싱가포르 안)_ (저자 소장).

상태에서 교량 건설 비용까지 부담해야 했는데, 게다가 행정업무단지를 조
성원가보다 싸게 분양한다면 사업성이 나오지 않을 것이 분명했다.

　이후 그 싱가포르 업체라는 것을 알고 보니 중국 자본을 끌어들여 싱가
포르 정부가 자기들이 하는 양 포장한 것이었다. 싱가포르는 선진국이라는
이미지를 내세워 동남아 전체에 진출하고 있었는데, 자기들 돈도 많지만 상
당 부분은 중국의 무지막지한 자본을 끌어들이고 있는 것이었다. 그리고
이들은 투자 대상국의 도시가 어떻게 망가지던 상관하지 않고 수익성 사업
에만 몰두하고 있었다. 이러한 행태를 처음 보게 된 나는 매우 분개했지만
당사국 사람들은 아무런 개념이 없는 것 같았다. 10년 이상 지난 지금 구글
지도를 통해 본 하이퐁은 아직 동쪽조차 개발이 시작되지 않은 것 같다.
교량도 새로 놓인 것이 없지만, 북쪽의 동-서 간 간선도로변에는 공장들이
들어서서 가동되고 있는 것 같았다. 싱가포르 개발자는 사실 그 목적이 수
익성 있는 도시개발사업권을 따놓은 후 시기가 무르익을 때까지 사업은 벌
이지 않고 땅값이 오르기만 기다리는 데 있었다. 그 대신 수요가 있는 공단
만 만들어 분양하는 등 자신들의 속셈만 차리는 것이다. 향후 하이퐁시가
경제 성장을 해 자기들 돈으로 교량을 건설하고 나면, 그때 남-북 간 간선
도로변 중심상업지역을 개발할 것이다.

# 미얀마
## 양곤 신도시 계획
### (2015~2017년)

## 배경

2016년 한아는 코이카로부터 '미얀마 양곤Yangon-한따와디Hanthawaddy-바고Bago 회랑corridor 및 양곤 남서부 지역 개발을 위한 마스터플랜' 프로젝트를 컨소시엄을 구성해 수주했다. 엔지니어링 부분은 경동엔지니어링이 맡기로 하고, 그밖에 한국법제 연구원과 서울연구원 등이 우리 컨소시엄에 참여했다. 양곤은 2006년 이전까지 미얀마의 수도로서, 과거에는 랑군Rangoon으로 부르기도 했다. 양곤의 대상지 설정은 묘하게 되어 있어서 행정구역과 일치하지 않아 매우 혼란스러웠다. 도시계획을 하려면 기본 데이터가 필요한데, 대상지 경계가 임의로 정해지면 인구나 산업에 대한 데이터를 구할 방법이 없다. 전차 사업을 한 전문가들이 경험이 부족해서였는지, 그 당시 참여했던 LH가 자기들이 정해놓은 산업단지에만 관심이 있어서 그랬는지는 잘 모르지만, 이로 인해 우리는 상당히 애를 먹었다. 대상지는 양곤주의 일부와 바고주의 일부가 포함되어 있어서 필요한 데이터는 우리가 직접 만들어 사용해야 했다.

양곤시는 미얀마의 최남단에 있는 최대 도시다. 말하자면 부산과 같은 위치에 있는 셈이다. 미얀마의 행정수도는 2006년에 양곤에서 네피도Nay Pyi Taw로 이전했지만 경제수도는 아직 양곤이다. 양곤시는 양곤주에 속해 있지만 특별한 지위를 갖고 있다. 바고는 바고주의 주도로서, 양곤시 북동쪽 경계와 접하고 있다. 양곤시의 행정구역 면적은 서울시 면적과 비슷하며, 인구는 약 570만 명에 이른다. 프로젝트 목표 연도는 2040년인데, 기존 자료의 목표 연도가 2030년으로 되어 있어 우리가 연장해서 사용해야만 했다.

　우리는 맨 처음 프로젝트를 시작하자마자 먼저 중앙정부와 양곤주 정부에 미얀마의 장기국토계획이나 양곤주의 장기계획을 요청했는데, 도시 설계가 끝날 때까지 얻지 못했다. 아니, 애초에 그들에게는 정해진 토지계획이 없는 것 같았다. 양곤도시개발위원회YCDC만이 일본국제협력기구JAICA가 만들어준 2030년 계획을 갖고 있어 그나마 다행이었다.

## 'Y'축 개발 방향 제시

나는 양곤의 도시 현황을 살펴본 즉시 양곤시의 장래 발전에 대한 아이디어를 구상했다. 즉, 'Y'형 개발이었다. 북쪽으로는 두 방향으로 발전축이 형성되어 있었다. 북서쪽은 프롬Prome 방향으로 뻗어 있고, 북동쪽은 한따와디 국제공항을 거쳐 네피도와 만달레이Mandalay 방향으로 향한다. 두 축의

그림 24-1. 발전축의 기본 콘셉트_ 오른쪽 위 코너에 있는 지도는 양곤주(Yangon Region)와 가운데 양곤시를 나타내고 있다. 이 도면 중 양곤시를 확대한 것이 이 중심도면이다. 여기서 짙은 살색 부분이 양곤시 관할구역이고, 주변은 모두 양곤주 관할구역이다. 양곤시와 북쪽의 도시들 간에 연결도로 체계는 매우 열악하고, 다만 철도에 의해 연결되어 있다. (한아도시연구소 제작, 2015).

사이에는 산지가 뻗어 있다. 두 방향은 만달레이 근처에서 합쳐진다. 남쪽으로는 축이 아직 형성되어 있지 않았으나, 심해 항구를 추구하는 양곤 입장에서는 해안까지 발전축을 형성시킬 필요가 있었다. 그래서 우리는 'Y'자 발전축을 제안했고, 이에 대해서 양곤 측에서도 만족해 했다. 그다음 할 일은 2040년까지의 발전 방향을 정하는 일이었다. 2016년의 양곤은 1970년대 초의 서울과 매우 흡사하다. 국민 1인당 소득도 비슷하고, 인구나 도시 면적도 비슷하다. 따라서 서울이 어떻게 발전해 지금의 모습으로 변화했는가를 보여주는 것은 양곤 사람들을 설득하는 데 매우 유효했다. 2040년의 목표 인구는 여러 가지 방법으로 예측했는데, 1000만 명을 조금 넘을 것으로 판단했다. 즉, 1990년경의 서울의 인구와 비슷하다. 따라서 양곤시 인근에 400만 명을 수용할 수 있는 신도시를 개발할 필요가 있었다. 서울은 1970년대부터 한강 남쪽을 개발하기 시작했다. 양곤의 경우 도심부가 강변인 남쪽 끝에 있는 만큼 강 건너에 신도시 개발이 절실했다. 우리가 양곤강 남쪽을 관심 있게 본 이유는, 양곤시가 북쪽으로는 도심으로부터 이미 상당히 멀리까지 확산되어 나갔기 때문에 더 먼 곳까지 개발한다면 도심으로 집중되는 교통 문제를 해결할 방법이 없다고 생각했기 때문이다. 그와 반면에 남쪽이 개발된다면 기존의 도심부와 아주 가까워 교통 거리를 줄일 수 있다. 문제는 강폭이 상당히 넓어 교량 건설 비용이 만만치 않다는 점이다.

## 서남부 신도시 개발

양곤강의 남쪽 개발은 서울의 강남 개발과 비교할 수 있다. 서울의 경우는 도심부가 한강 변에서 많이 북쪽으로 떨어져 있지만, 양곤은 강변이 바로 도심부라서 강 건너 개발이 더욱 의미가 있다. 그래서 우리는 강남 개발의 경험을 살려 강 서남부 신도시 개발에 집중하기로 했다.

또 한 가지 우리가 양곤에 제안한 것은 제2순환고속도로였다. 양곤의 인구는 급격히 증가하고 있어 곧 1000만 명에 가까워질 터인데, 시 안팎에 고속도로 하나 제대로 된 것이 없었다. 기껏 하나 있다는 것은 새로운 수도인 네피도로 가는 길을 고속화시키고 그것을 고속도로라고 부르는 수준이었다. 그 도로는 차량 진출입 통제가 안 되는데, 우리나라 국도 수준이었다. 일본의 자이카가 만든 양곤 마스터플랜에서는 기존 시가지 외곽에 있는 도

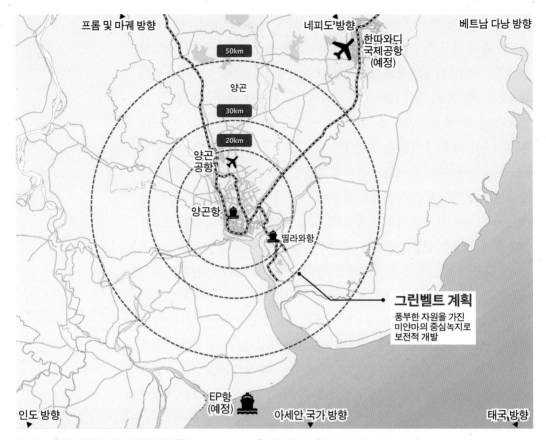

그림 24-2. 양곤의 랜드마크인 슈웨다곤 파고다(Shwedagon pagoda)로부터의 거리_ (한아도시연구소 제작, 2015).

로를 개선하고 그것을 연장해 제1순환
고속도로라고 명명했는데, 교차로를 입
체화하는 등의 계획은 했지만 여러 면
에서 고속도로로 보기는 어려운 것이었
다. 어차피 우리가 맡은 대상지는 기존
시가지가 아니었으니 자이카가 만든 계
획을 수정할 생각은 없었다. 다만 이 도
로만으로는 늘어나는 광역교통 수요를
감당할 수 없을 것 같아서 제2순환고속
도로를 제안한 것이다. 이 도로는 완전

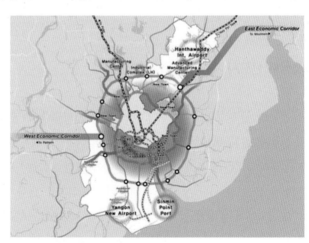

그림 24-3. 제2순환고속도로와 동서 개발축_ (한아도시연구소 제작, 2015).

한 고속도로, 즉 접근이 제한되고 요금징수소toll gate가 있는 고속도로를 말
한다. 제2순환고속도로는 도시 중심으로부터 반경 40km 내외에서 순환하
게 되는데, 양곤이 계획하고 있는 모든 신도시들은 이 순환도로 안쪽에 위

치하게 된다. 우리는 두 순환고속도로 사이의 공간을 신도시 개발 지역을
제외하고는 그린벨트와 유사하게 규제하라고 제안했다.


## 양곤의 항구

우리가 양곤강 남쪽에 신도시를 제안하기 위해서
는 연결 교량이 필요했다. 도시의 규모로 보아서
장래에 교량이 10~15개는 필요할 것 같았다. 그런
데 문제가 되는 것은 강변에 있는 항구였다. 항구
가 양곤의 중심부로부터 강의 상류인 서쪽까지 형
성되어 있어서, 교량을 설치할 경우 배가 지나가
도록 만들어야 하는 어려움이 발생한다. 양곤시
의 항구는 미얀마 수출입 화물의 90%를 처리해
왔다. 그러나 강의 수심이 얕아 만조 시에나 접안
이 가능하며, 기껏해야 1만 5000톤급 정도만이 항
구를 이용할 수 있다. 최근에 양곤강 하류에 띨라
와Thilawa 항만을 일본에서 개발해 상당한 양의 물
동량을 소화하고 있지만, 항만 배후 지역에 공업단
지를 800만 평이나 개발하고 있어서 이곳에서 발
생하는 물동량을 처리하기에도 벅찬 실정이다.

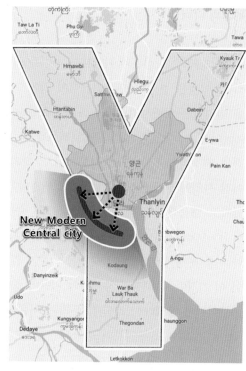

그림 24-4. 새로운 도심 제안_ 서남부를 선택한 것은 기존 도심과
거리가 가깝고, 강폭이 좁으며, 미개발지가 많기 때문이다. (한아도
시연구소 제작, 2015).

　나는 강변 항구를 생각할 때 30~40년 전쯤의
인천의 연안 부두와 부산 1~8부두를 떠올렸다. 컨
테이너 물동량이 점차 늘어나고 있는 실정에 이런
정도의 항구 규모로는 미래 전망이 보이지 않았다. 그래서 미얀마 정부에서
도 5만 톤급 배가 접안할 수 있는 심해항 개발을 구상하고 한국 전문가들
에게 계획을 의뢰했다. 나는 도시개발 관점에서 강변에 치우쳐 있는 양곤의
중심부가 항구 기능 때문에 강과 단절되어 있는 점이 매우 안타까웠다. 강
변의 항만시설들을 걷어내면 강변을 녹지 및 공원으로 만들어 미래의 1000
만 시민에게 되돌려 줄 수 있을 것이다. 또 한 가지 항만시설을 걷어내야 하
는 이유는, 강남을 개발하기 위해서 교량을 많이 설치해야 하는데 항구 기
능이 남아 있으면 배가 지나갈 수 있도록 모든 교량이 수면에서 90m 이상

높이 떠서 지나가야 하고, 그 양편은 도로와의 연결이 매끄럽지 못하게 되기 때문이다. 특히 양곤의 중심시가지에는 많은 문화유적들이 남아 있는데, 도로를 확장할 경우 이것이 사라질 수 있다. 이러한 우려가 당장 문제가 된 것이 한국에서 지어주는 우정의 다리였다.

## 우정의 다리

우정의 다리는 도심부와 서남부를 이어줄 첫 번째 다리다. 이것은 한국의 수출입은행이 장기 저리로 돈을 빌려주는 차관사업economic development cooperation fund: EDCF이다. 이 사업은 우리가 프로젝트를 착수하기 이전에 결정되었고, 미얀마 정부하고도 합의가 이루어진 사업이었다. 교량 설계는 수성엔지니어링이 맡았다고 했는데, 우려했던 대로 교량은 수면으로부터 80~90m 떠서 지나가도록 되어 있다. 양곤주에서는 이를 문제 삼아 한동안 승인을 내주지 않았다. 일

그림 24-5. 공사 중인 우정의 다리 투시도_ (수성엔지니어링 자료).

이 이 지경이 될 때까지 양곤주와 미얀마 중앙정부 간에 제대로 된 협의가 이루어지지 않았다는 것이다. 우리는 처음에 이러한 처지를 잘 몰랐는데, 겉으로 보기에도 주정부와 중앙정부 간 마찰은 심한 것 같았고, 그로 인한 피해를 우리도 볼 수밖에 없었다. 우리는 정부와 정부 간의 공적개발원조official development assistance: ODA 협약에 의해 결정된 사업이므로 우리의 파트너는 당연히 미얀마 건설부라고 생각했다. 그러나 착수 보고 시에도 가장 깊게 이해관계가 달려 있는 양곤주는 참여하지 않았다. 그리고는 우리한테 별도로 보고해 달라고 했다. 처음에는 그럴 수도 있겠다 했는데, 그들은 매번 별도 보고를 요구하면서도 정해진 약속 시간에 보고받은 적은 한 번도 없었다. 어떤 때는 며칠 연기하자고 해서 귀국을 연기한 적도 있었다. 나중에 안 일이지만 양곤주에서는 미얀마 중앙정부가 추진하는 이 과제가 처음부터 못마땅했던 것이다. 그런데도 미얀마 중앙정부는 양곤주에 대해 아무 말도 하지 못했다. 그 이유는 양곤주지사가 아웅 산 수 치 여사의 오른팔로서 미얀마의 2인자라는 것이었다. 이런 내부 정치 상황에 대해 우리가 할 수 있는 것은 아무것도 없었고, 따라서 후반부에는 우리는 미얀마 건설부

대신 양곤주를 주로 상대하면서 일을 풀어나갔다.

내가 양곤주지사에게 처음 보고하는 자리에서 우리 구상을 설명했고, 미얀마의 미래에 대해서도 이야기했다. 나는 미얀마처럼 잠재력이 큰 나라가 어찌해 지금껏 아무런 계획이 없느냐고 질타했다. 내가 큰소리를 치는 동안에는 주지사를 비롯해서 주 장관들 그리고 관계자들 모두가 야단맞는 학생처럼 주눅이 들어 있었다. 나는 서남부에 왜 신도시가 빨리 개발되어야 하는지를 설명했고, 이를 위해서는 교량을 설치해야 하는데, 그러려면 항구를 하구 쪽으로 이전해야 한다고 주장했다.

그러자 양곤주지사가 우정의 다리 이야기를 꺼냈다. 자기는 이를 하저터널로 하고 싶다고 말했다. 그러나 앞으로 건설될 수많은 다리를 모두 터널로 할 것이냐는 내 질문에는 아무도 답을 하지 못했다. 이들이 항구를 옮기면 모든 것이 해결될 터인데 그게 쉽지 않은 것 같았다. 거기에 많은 이권이 연결되어 있다고 했다. 또, 군부(?)에서 그 땅을 관할하고 있어서 어렵다는 이야기도 했다. 하지만 터널로 다리를 만들자면 지상에 만드는 것보다 비용이 두 배나 든다. 이 문제에 대해 한국수출입은행 측은 말도 안 되는 소리라고 일축하고 있어서 쉽게 결정 내리지는 못한 채 용역은 마무리되었다. 2018년 이 글을 쓰면서 자료를 찾아보니, 한국이 지원하는 우정의 다리가 이미 착공되었다고 한다. 조감도를 보니 교량이 높이 지나가는 것만이 문제가 아니었다. 도로와 교량을 연결하기 위한 램프가 강변을 따라 1.5km나 공중에 떠서 지나가기 때문에 도심부에서 강변을 바라다보는 경관을 가로막게 되어 있었다. 공사는 GS건설이 맡았는데, 두고두고 양곤 시민들의 원망을 들을 것 같아 안타깝다. 아마도 장래 양곤 사람들이 잘 살게 되면 다리는 철거할지도 모르겠다.


## 신도시 구상

양곤도시개발위원회Yangon City Development Committee: YCDC는 기존 시가지 주변에 일곱 개의 신도시를 계획하고 있었다. 대부분이 기존 시가지와 연접한 개발이어서 도시의 확장 개념으로 보였다. 우리는 북쪽에 계획되어 있는 4개 신도시를 제외시키고, 동쪽과 남쪽의 세 개만을 순차적으로 개발할 것을 제안했다. 그중에서는 강 건너 서남쪽에 지정된 달라Dala 신도시와 뜨완

떼Twantay신도시가 도심과 가까워 그곳을 1
차적인 개발지로 지정했다. 마침 달라 지역
에는 우정의 다리 건설이 예정되어 있어서
교량이 건설되면 도시개발이 빨라질 수 있
다는 장점도 있었다.

두 신도시는 붙어 있는 것이나 마찬가
지여서 우리는 하나의 신도시로 구상했다.
면적은 총 196.4km²로서 5000만 평이 넘
는다. 이 면적은 서울의 강남 + 서초 + 송
파 + 강동의 면적(145km²)보다도 30%나 넓

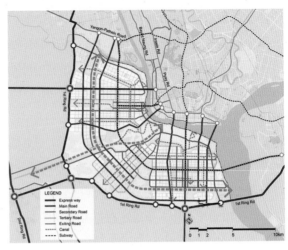

그림 24-6. 달라와 뜨완떼의 가로망 체계도(푸른색 점선은 운하)_ (한아도시연
구소 제작, 2015).

다. 그러나 이 땅이 모두 시가지로 개발되
는 것은 아니다. 50% 정도는 수로, 인공 호
수, 기존 마을 등으로 빠지게 되는데, 그래도 나머지 100km² 정도가 시가지
로 채워져야만 한다. 이곳에 우리는 인구 200만 명을 수용하게 했다. 이미
강변에 인구가 30만 명 정도가 살고 있으니까 새로운 인구는 170만 명만 수
용하면 되는 것이다. 양곤시의 인구가 2040년에는 400만 명이 늘어난 1000
만 명이 될 터이니, 이 중에서 170만 명을 이 신도시에 거주시키면 된다[참
고로 서울의 강남 4구(강남구, 서초구, 송파고, 강동구)의 인구도 200만 명이다]. 이렇
게 넓은 면적의 신도시를 계획하는 것은 처음이었다. 세종시의 두 배가 넘
는 면적인 데다가 전체가 평지이므로 어디 기댈 데가 없었다. 도면을 그리
는 데도 애로가 많았는데, 땅이 너무 커서 사용할 스케일이 마땅치 않았다.
국내에서 늘 쓰던 1 : 5000이나 1 : 10000의 스케일로는 작업을 할 수 없어
1 : 20000 스케일을 사용해야만 했다. 스케일이 확 달라지니까 공간을 이해
하는 뇌가 감당을 하기 어려웠다. 땅의 생김새는 'ㄴ'자 모양으로 강 건너 도
심을 감싸는 모양을 하고 있어서 도시의 기본 틀은 'ㄴ'자 모양 그대로 가야
겠다고 생각했다. 그리고 부분적으로는 격자형 패턴을 사용할 수밖에 없었
다. 격자형 이외에는 다른 어떤 형태가 가능할 것인가? 다만 축을 변화시켜
다양한 모양이 되도록 시도했으나 결국에는 다시 격자 형태로 되돌아올 수
밖에 없었다. 이 정도 규모라면 도시의 시스템을 먼저 생각할 수밖에 없다.
어느 한 군데 아기자기하게 만들 수는 있지만 전체가 그렇게 될 수는 없기
때문이다. 그래서 일단 모양은 격자형으로 짜고, 나중에 도시를 쪼개서 개
발할 때 변화를 시도하기로 했다.

**그림 24-7. 달라와 뜨완떼의 토지이용계획_** (한아도시연구소 제작, 2015).

범례:
- 고층 주거
- 중층 주거
- 저층 주거
- 복합용도 주거
- 상업
- 업무
- 기존마을
- 공공시설
- 산업
- 연구 및 개발
- 학교
- 대학
- 문화 및 레저
- 종교(파고다)
- 터미널
- 유통단지
- 스포츠 단지
- 공원
- 수로 및 호수

　　도시 구조를 짜는 데 가장 중요하게 생각했던 것은 기존 도심부와의 연결과 주변 순환고속도로와의 연결이었다. 신도시의 외곽 경계는 바로 제1순환고속도로이므로 바깥으로 뻗는 방사형 도로 중 간선도로만 이에 연결시키고, 다시 이 간선도로가 도심부에 연결되는 방식으로 틀을 잡았다. 다른 한편으로는 'ㄴ'자 형태로 간선도로망을 평행해 보내도록 해 방사형 도로와 직교하도록 했다. 이 도로망 패턴은 나중에 지하철 등 대중교통망과도 조화를 이루어야 하므로 동시에 도시 전체의 지하철 노선망도 검토해야만 했다. 방사형 간선도로는 결국 강북과 연결하기 위해서 교량을 설치해야만 하는데, 교량 숫자를 지나치게 많이 만들 수는 없어 평균 간격을 1.5km 정도로 했다. 'ㄴ'자형 도로는 순환도로의 성격이 강하므로 간선도로로 세 개를

2km 거리를 두고 지나가게 했다. 그리고 기존의 운하가 'ㄴ'자의 꼭짓점(남서 방향)으로 빠져나가 달라와 뜨완떼를 갈라놓고 있는데, 이 운하도 방사형 간선도로와 같이 주요한 교통수단으로 사용하게 되어 있다. 신도시 내에는 많은 수로를 넣었는데, 그중에서 가장 큰 수로(대운하)를 'ㄴ'자형 순환도로 사이를 지나가게 해 하상(河上) 교통수단으로 사용토록 했다. 지하철은 장래 기존 시가지에서 몇 개 더 내려오게 했고, 신도시를 순환하는 노선(서울지하철 2호선과 유사)도 마련했다. 이 노선은 첫 번째 간선도로 하부로 지나게 해 이 간선도로를 따라 중심 기능들이 배치되도록 했다. 향후 도시가 다 들어차게 될 시점에는 두 번째와 세 번째 간선도로 사이에 대운하가 화물 수송 기능과 여객 수송 기능을 담당하도록 했다.

달라와 뜨완떼에는 각각 도심부에서 넘어오는 중심축을 배치하고, 그 하부에는 지하철이 지나도록 했다. 도시의 일반산업 기능은 뜨완떼 북쪽 끝에 배치해 기존의 하운과 제1외곽순환도로를 이용토록 했고, 첨단산업 기능은 뜨완떼와 달라의 사이(기존 운하 근처)에 개발해 대규모 고용 창출을 도모했다. 달라의 동쪽 끝에도 양곤강과 접한 부분에 물류유통단지와 산업단지를 배치해 물자 수송을 원활하게 하고, 고용 창출도 도모할 수 있게 했다. 뜨완떼와 달라에는 각각 대형 불교 사원을 두어 상징적 장소로 만들고, 주변 생활권별로 중소 규모의 사원을 배치했다. 도시 내에는 수많은 대형 호수들을 배치했는데, 그렇게 한 것은 두 가지 이유 때문이다. 첫째로 땅이 대부분 평탄지이기 때문에 갑작스러운 폭우에 대처하기 위한 저류조가 필요하고, 둘째로 시가지를 조성하려면 성토를 해야 하는데 흙이 주변에 많지 않아 땅을 파서 그 흙으로 성토를 해야 하기 때문이다. 동남아 지역의 도시들이 호수를 많이 갖고 있는 것은 모두 이런 이유 때문이다.

'ㄴ'자의 바깥쪽 꼭짓점 부근은 대규모 유원지와 종합체육시설을 위해 남겨놓았다. 전체 면적이 약 15km²(약 450만 평) 정도인데, 운하의 남쪽에는 미래에 아시안게임이나 올림픽을 유치할 수 있을 정도의 경기시설과 숙박시설을 배치하고, 북쪽에는 골프장이나 각종 물놀이 및 관람시설 등의 유원지 시설을 배치했다.

## 단계별 개발계획

인구 증가와 경제 발전 속도를 감안한다면 단
계를 나누어 한 단계씩 개발한다는 것은 너무
나 한가한 이야기다. 우리나라도 1970년대의 강
남 개발 과정이 10년 이상 연이어 진행된 것을
보면 이곳의 현 상황을 짐작할 수 있을 것이다.
우리의 경우 제3한강교(현 한남대교) 하나에 매달
려 강남 전체 개발이 시작되었다. 이곳도 우정
의 다리 외에 빨리 대형 교량을 하나 더 건설해
신도시 개발에 박차를 가해야 할 시점이 된 것
이다. 그러나 그렇게 될 가망은 없어 보인다. 바

그림 24-8. 달라와 뜨완떼의 단계별 개발계획_ (한아도시연구소 제작, 2015).

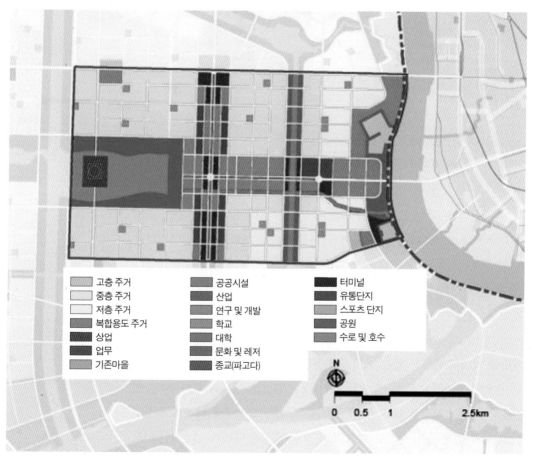

그림 24-9. 뜨완떼신도시 개발 1단계_ (한아도시연구소 제작, 2015).

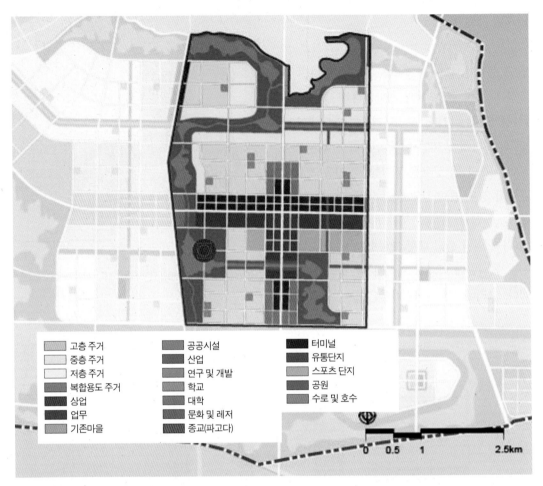

| | | |
|---|---|---|
| 고층 주거 | 공공시설 | 터미널 |
| 중층 주거 | 산업 | 유통단지 |
| 저층 주거 | 연구 및 개발 | 스포츠 단지 |
| 복합용도 주거 | 학교 | 공원 |
| 상업 | 대학 | 수로 및 호수 |
| 업무 | 문화 및 레저 | |
| 기존마을 | 종교(파고다) | |

**그림 24-10. 달라신도시 개발 1단계_** (한아도시연구소 제작, 2015).

로 교량 건설이 문제인데, 항구를 그대로 둔 채로 교량을 건설할 수는 없기 때문이다. 우리 계획에서는 아홉 개의 신설 교량을 제안했는데, 어느 하나도 가까운 시일 내에 착수될 것 같지는 않았다. 도시 전체를 동시에 개발하기에는 너무 크다는 것도 문제이므로 일단 단계를 나누어 보기로 했다((그림 22-8)). 전체는 5단계로 나누었는데, 1단계에서는 뜨완떼 1990만㎡(약 590만 평), 달라 1690만㎡(약 500만 평)를 개발하는 것으로 했다. 나는 달라 쪽의 개발을 더 선호했지만, 무슨 까닭인지 양곤주에서는 뜨완떼를 우선 개발지로 선호하는 바람에 두 군데 모두 1단계에 포함시켰다. 내가 달라 쪽을 더 선호한 이유는 상징성 때문이었다. 달라는 도심부에서 바로 남쪽에 위치해 있고, 남북 간에 축이 형성될 수 있으며, 또한 우정의 다리가 건설되면 바로 이를 통해 접근할 수 있기 때문이다. 그럼에도 양곤주가 뜨완떼를 우선 개

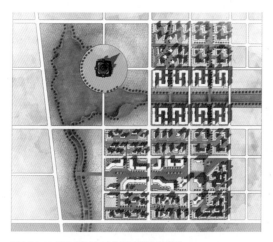

그림 24-11. 달라신도시 1단계 중심부(학생 작품).

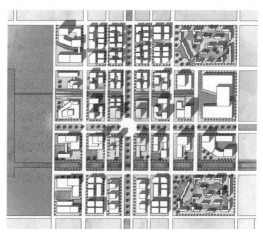

그림 24-12. 뜨완떼신도시 1단계 중심부(학생 작품).

발지로 선호하는 데는 다른 정치적 이유가 있었다. 미얀마의 이전 정권인 군사정권에서 뜨완떼를 개발할 민간 사업자 셋을 선정해 계획을 추진했다는 것이다. 정권이 바뀐 후 이들로부터 개발권을 모두 되사들이기는 했지만, 마스터플랜이 끝나면 어차피 민간이 개발을 할 것이고 그때가 되면 민간인 업자들에게 참여할 기회를 주겠다고 약속했다는 것이다. 이들이 달라 지역을 싫어하는 또 다른 이유는 달라 지역의 북쪽, 즉 강변에는 무허가 불법 가옥들이 들어차 있고, 이곳의 거주자들은 무슬림이 대부분인지라 이들을 이주시키기도 곤란하며, 불법 점유지인 땅을 정부가 매수하기도 어려워 그냥 외면하는 것이었다. 그러나 언젠가는 치러야 할 전쟁인데 일찍 해결하는

그림 24-13. 뜨완떼신도시 1단계 강변(학생 작품).

것이 주변이 다 개발된 후 하는 것보다는 더 쉬울 것이라는 점을 이들은 이해하려고 하지 않았다. 그밖에도 이들이 뜨완떼를 선호하는 데는 또 다른 정치적 이유들이 있겠지만 우리가 그런 부분까지 건드릴 수는 없었다.

2단계는 1단계와 접한 부분인데, 뜨완떼에서는 북쪽 강변으로 확장하고, 달라에서는 동쪽 강변으로 확장하는 것으로 했다. 강변을 개발하는 것이 건설 물자 수송에 용이하기 때문이다. 3단계는 뜨완떼와 달라의 개발을 연결하는 것이다. 여기에는 첨단산업단지도 포함되어 있어 고용 창출도 함께 이루어질 수 있다. 4단계는 변두리 지역이고, 5단계는 종합운동장 시설과 유원지, 골프장 등의 서비스시설이 될 것이다.

## 계획의 미래와 전망

우리는 이 계획을 수립하면서 양곤 신도시가 얼마나 미래에 중요한 사업이 될 것인가를 생각하고, 어떻게 해서든지 우리나라가 참여해서 우리 경험을 알려주고 미얀마 발전에 기여하기를 바랐다. 그러나 계획을 진행해 가면서 느낀 것은 그와는 반대였다. 양곤주가 우리의 노력과 선한 의도를 부정하고 비협조적으로 나오는 것을 볼 때는 낙심하지 않을 수 없었다. 나중에 안 사실이지만, 우리 계획을 받아들이지 않는 데는 다른 이유가 있었다. 양곤주의 도시개발 담당 장관이 우리에게 처음부터 냉대를 한 것은 뒤에 있는 누군가의 영향 때문인 것 같았다. 나중에 새어 나온 이야기는 한 싱가포르 업체가 뜨완떼 지역을 개발하려고 한다는 것이었다. 그래서 우리는 그들이 무엇을 하고 있고 어느 정도까지 준비하는지 알기 위해 그 업체의 사람들을 만났다. 그런데 그들은 우리에게 자기들의 정보를 주기를 매우 꺼려하는 것 같았다. 우리가 여러 소스를 통해 알아보니, 싱가포르 업체라는 것은 겉에 내세운 얼굴일 뿐이고 실상은 뒤에 중국의 자본이 노리고 있다는 것이었다. 그래서 담당 장관이 우리에게 그렇게 큰소리를 치고 있었던 것이다. 그가 실토한 바로는 중국이 미화 200억 달러를 쏟아 붓겠다고 한다는 것이었다. 반면 우리나라는 도시계획만 하지, 아무런 투자자나 투자 계획이 없으니 우리 편이 되어줄 수 없다고 말했다. 나는 문득 하이퐁신도시 생각이 났다. 그때도 싱가포르를 내세운 중국의 자본이 우리 계획을 가로막았기 때문이다. 우리가 개발도상국을 도우면서 동반 성장을 하고 싶어도 중국의 힘이 이를 허용하지 않고 있다. 이 문제를 해결하지 않으면 우리는 우리 돈만 헛되이 쓰게 되는 꼴이 될 것이다.

미얀마는 이미 중국의 꾐에 넘어가 심해항 개발권까지 넘겨주었지만, 중국 측에서는 아직까지도 계획을 실현시킬 생각을 하고 있지 않아 미얀마 정부도 이들에 대한 의구심을 버리지 않고 있다. 양곤 신도시도 이들을 믿다간 언제 실행될지 알 수 없다. 중국이 소위 일대일로一帶一路라는 중국몽을 바탕으로 아시아와 아프리카까지 접수해 나가려는 것이 눈에 보이지만, 당장 눈앞에 보이는 돈 때문에 약소국들이 자신들의 미래를 팔아넘기는 모습을 보면 안타까울 뿐이다.

# 제3기 신도시
# 고양 창릉지구
# 현상 공모
(2020년)

## 제3기 신도시의 배경

우리가 소위 1기라고 부르는 수도권 5개 신도시가 동일한 시기에 개발된 이후에도 전국적으로 크고 작은 신도시들은 꾸준히 개발되어 왔다. 이 신도시들은 개발 시기가 분산되어 있기 때문에 한데 모아 2기, 3기 등으로 구분하기가 어렵다. 그럼에도 국토부나 LH를 중심으로 2000년대 개발된 동탄, 고덕, 운정 등 비교적 규모가 큰 신도시들을 2기 신도시라고 부른다. 그러나 최근 들어 대규모 토지 확보가 어려워지면서 신도시 규모는 작아지고 있다. 어쩌면 신도시라 부르기도 민망한 소규모 개발이라 할 수 있다. 하지만 2020년을 전후해 주택 가격이 다시 급등하면서 정부는 주택의 대량 공급을 추진할 수밖에 없었다. 그래서 정부가 서둘러 제안한 것이 3기 신도시들이다. 3기 신도시들은 규모 면에서 1기와 2기에 비할 바가 못 된다. 그러나 입지 면에서는 서울 외곽에 남아 있는 그린벨트를 활용하므로 주택가격 상승에 긍정적으로 대처할 수 있을 것이다. 2019년에 과천, 하남 교산, 인천 계양, 남양주 왕숙 등에 대한 계획이 발주되었고, 2020년에는 이들 신도시에 대한 설계 공모가 시행되었다. 나와 한아도시연구소는 이 중에서 먼저 시행된 과천과 교산, 계양 등에 참가하였으나, 계양에만 컨소시엄의 일원으로 참여할 수 있었다. 이들 비교적 큰 신도시들의 공모가 끝나자마자 고양 창릉을 비롯한 몇몇 소규모 신도시들의 공모가 발표되었고, 우리는 그중에서 가장 규모가 큰 창릉지구(812만 6000m²)를 선택하여 공모에 응하기로 했다.

## 계획 여건의 변화

신도시 계획의 여건도 2010년 이후부터 조금씩 달라지기 시작하였다. 그 이전까지만 해도 LH 같은 사업자가 사업지구를 정한 후 용역회사를 시켜 사전 계획 구상을 하거나 타당성 조사를 한 다음, 이것을 갖고 정부로부터 사업에 대한 승인 신청을 요청하면서부터다. 정부는 이러한 요청에 대해 그린벨트 해제 같은 골치 아픈 문제가 아니라면 대개 승인을 해주므로 프로젝트는 그대로 진행되었다. 정부의 승인과 동시에 사업자는 조사설계용역을 일정 자격을 지닌 엔지니어링 회사들을 대상으로 경쟁입찰을 진행해 업체를 선정하고, 그 다음은 일사천리로 진행되었다. 이 조사설계용역은 마스터플랜(개발계획)을 포함한 실시계획과 지구단위계획을 포함한다. 그동안 나와 한아도시연구소가 주로 해온 일은 사전 계획, 즉 계획 구상을 만들어 사업을 시작토록 돕는 일들이다. 그리고 조사설계용역 발주 공모가 나오면 대형 엔지니어링 회사들 컨소시엄에 참여하거나, 여의치 않으면 하도급 형식으로 일을 수주했다. 우리가 주로 한 일은 마스터플랜과 지구단위계획이었다. 특히 마스터플랜 작성은 우리가 참여한 대부분의 국내외 용역에서 우리의 몫이었다. 그런 까닭에 지난 20여 년의 신도시 마스터플랜은 대부분 우리가 해왔다고 해도 과언이 아니다. 그런 만큼 많은 직원들도 각자 마스터플랜 작성의 전문가가 되었다.

그러나 이러한 계획 프로세스의 관행은 2009년 대한주택공사와 한국토지공사가 합병되면서부터 달라지기 시작했다. 주택공사와 토지공사가 분리되어 있을 때는 도시계획은 토지공사가, 주택건설은 주택공사가 맡아 업무 영역이 분명하게 나뉘어 있었지만, 병합 후에는 직원들의 출신 배경에 상관없이 인사가 혼합되고 교차근무가 이루어지다 보니 도시개발에 관한 생각도 달라지기 시작한 것이다. 주택공사 출신들은 도시개발에 관한 경험은 적지만 건축에 대한 애착은 큰 편이라 이들은 도시개발에 좀 더 건축적 영향력이 강화되기를 원하는 것으로 보였다. 이러한 분위기가 급물살을 타게 된 것은 정부의 일련의 건축정책이 생겨나면서부터다. 노무현 정권 말기에 건설기술·건축문화선진화위원회가 발족하면서 김진애 박사가 위원장으로 선출되었다(2005). 그녀는 이해찬 국무총리 지원을 업고 건축연구를 전문으로 하는 연구원을 만들기 위해 건축도시공간연구소(2006)를 국토연구원 부설로 설치하도록 했고, 2008년에는 '건축기본법'에 대통령 소속 국가건축정책위원회(이하 국건위, 2008)를 두도록 영향력을 행사하였다. 한편 박원순 서울시장은 건축가 승효상 씨를 서울시 건축가로 지명하여 서울의 주요 공공건축이 그의 영향력 아래 들어오게 되었으며, 이후 승효상 씨가 국건위 위원장(2018~2020)이 되면서 향후 도시개발을 과거처럼 도시계획가가 주도하는 것이 아니라 처음부터 건축가가 참여하여 계획하도록 관련 기관에 지침을 시달하였다. 이를 계기로 LH를 비롯한 공공 발주자들은 초기에 건축가를 참여시키기 위해 입체도시계획이라는 또 하나의 계획 과정을 만들어냈다. 그러나 건축가들에게는 입체도시계획이라는 것이 생소할 뿐 아니라 프로젝트 발주 방법도 과거를 답습하고 있어서 참여가 저조했다. 이러한 문제를 개선하기 위해 3기 신도시는 마스터플랜을 현상 공모로 시행하되 시범단지(아파트 단지) 실시설계권을 포함시켜서 건축가들의 참여 의욕을 고취시켰다.

## 새로운 시대와 변화의 요구

사실 2기 신도시라 부르는 2000년대의 세종시와 동탄2신도시 이후, 우리는 별반 의미 있는 신도시계획을 수립할 기회가 없었다. 그러다 보니 지난 십여 년간의 시대적 변화를 느끼지 못하고 현실 문제에만 매달려서 세월을 보내왔다. 그러나 오래간만에 찾아온 3기 신도시 설계 기회를 놓칠 수는 없는 일이었다. 물론 현상설계 공모이므로 당선될 확률은 높아봐야 20% 안팎일 것이었다. 왜냐하면 국제 현상인데다가 국내 굴지의 건축사 사무소들이 모두 창릉 현상으로 모였기 때문이었다.

창릉 신도시 계획을 착수하려 하니 가장 먼저 생각해야 할 것이 도시의 비전과 설계의 원칙을 정하는 일이었다.

1기 신도시인 분당과 일산에서 우리의 목표는 그저 당시의 도시 현실을 벗어나고자 하는 것뿐이었다. 그렇기에 사실 누구에게도 우리의 계획 철학이 어떤 것이라고 떳떳하게 내세우지 못한 것도 사실이다. 그러나 시간이 지나면서 우리는 '도시 현실을 벗어나고자 하는 것' 그 자체가 계획 철학일 수가 있다는 생각이 들었다. 다만 그러한 철학이 어려운 언어로 표현되지 못한 것뿐이다. 2기 신도시인 동탄에서는 계획 철학이 있어야 한다는 강박관념은 다소 줄어들었지만, 그렇다고 뚜렷한 철학을 정립해놓고 계획을 세운 것은 아니다. 그렇게 1기 신도시 계획 때 달성하지 못한 우리의 목표(좀 더 낮은 인구밀도, 높은 녹지율 등)를 실현시키는 데 계획의 초점을 맞추었다. 세종에서는 설계자 외에 도시 비전을 만드는 태스크포스 팀이 따로 있었고, 기본구상은 국제공모를 통해서 아이디어를 얻은 것이어서 설계는 제시된 아이디어를 따라가면 되는 것이었다. 태스크포스 팀이 만든 비전은 "상생과 도약"이었는데, 너무나 추상적이어서 물리적 계획에 곧바로 적용되지는 못하였다.

따라서 3기 신도시야말로 새로운 시대 변화에 적합하게 우리의 철학을 바탕으로 한 도시의 모습을 만들 수 있는 좋은 기회가 될 수 있다. 그동안 도시계획 분야에서도 많은 반성도 있었고, 때로는 새로운 방향 제시도 있었지만 그러한 이야기들은 공론에 불과할 뿐, 계획과 설계 자체에 반영된 적은 없었다고 해도 과언이 아니다.

그렇다면 도시 공간에 변화를 요구할 만한 현재와 가까운 미래의 변화는 무엇인가? 우리는 이 주제에 대해 크게 세 가지 변화를 꼽았다. 첫째는 코로나19와 같은 세계적인 전염병의 창궐이다. 물론 2019년 말부터 시작되었고, 곧 백신이 개발되면 확산 양상이 수그러들 수 있지만, 그것으로 끝날 것 같지는 않다는 것이 전문가들의 공론이다. 전 세계가 하나로 엮여 있는 상황에서 또 다른 바이러스가 창궐할 수 있기 때문이다. 수년 전부터 우리는 일 년의 절반가량을 황사와 미세먼지로 인해 마스크를 쓰고 다니지 않을 수 없었다. 그러나 어쩌면 이제는 일 년 내내 마스크를 벗을 수 없을지도 모른다.

둘째는 꽤 오래 전부터 언론에 의해 충분히 소개된 바 있는 4차 산업혁명의 진행이라고 할 수 있다. 도시계획 전문가로서 우리는 그것이 도시에 어떤 영향을 미칠 것인지, 또 우리가 이에 대해 능동적으로 대응해 나갈 수 있을지에 대해 확실한 답변을 갖고 있지 않다. 그럼에도 벌써부터 기술의 변화는 우리 사회와 도시에 스멀스멀 자리 잡기 시작했다.

셋째는 상당히 오래전부터 진행되어 왔으며, 예견된 미래로서 도시 인구의 감소와 인구 구조의 변화 현상이다. 도시는 인구와 인구의 삶을 담는 공간일진대, 이는 분명한 메시지를 전하고 있다. 도시 집값의 상승과 교육비의 증가는 더 이상 혼자 벌어 가정을 유지할 수 없는 처지에 이르게 했다. 이는 곧 맞벌이가 보편화됨을 의미하며, 만혼과 더불어 무자녀 가정, 한 자녀 가정, 1인 가구의 비율을 증가시킨다. 또 다른 인구 변화는 노령화의 진전이다. 내가 만든 계산법으로는 기대수명이 10년마다 세 살씩 늘어난다.

부모가 자식보다 나이가 30세 위라면 자식은 부모보다 아홉 살은 더 살게될지 모른다는 것이다. 통계청의 예측으로는 65세 이상의 노인 인구 비율이 2020년 현재 15%에서 2040년에는 34%에 이른다고 한다. 최근에는 100세 노인들이 사회 곳곳에서 등장하면서, 나 같은 70대 초로(?)들은 아예 노인 축에도 끼지 못하고 있다. 분명 이러한 소가족화, 아동 인구의 감소와 노인 인구의 증가는 도시가 제공해야 할 기반시설에도 큰 변화를 가져다준다. 이러한 새로운 시대적 변화를 구체적으로 도시계획에 어떻게 반영해야 할지를 판단하는 것은 큰 과제임이 분명하다.

## 도시계획 패러다임의 전환

과거 1, 2기 신도시와는 달리 이번 3기 신도시의 계획 목표는 좀 더 분명해져야 한다. 그러기 위해서는 시대적 변화 하나하나가 도시 공간 계획에 반영되어 새로운 도시 형태를 만들어야 한다. 그래서 세 가지 변화에 도시 공간이 어떻게 대응하는가를 생각하게 되었다.

**첫째, 코로나19로 인한 팬데믹 현상의 보편화는 사람들의 접촉을 최소화하도록 만들고 있다.**

그 결과 우리 사회는 비접촉 사회uncontacted society로 진행되고 있으며, 이에 따라 도시계획도 사람 간의 접촉을 최소화하면서도 도시가 기능함에 부족함이 없도록 해야 한다. 이를 위해서는 과거와 같은 도심 집중과 변두리 저밀화라는 위계 체제는 지양하고, 대신 전 지역이 평준화된 밀도의 분산 개발을 유지하도록 해야 한다. 또한 사람들의 접촉을 촉진하는 공유 주택, 공유 사무실, 공유 택시 등의 공유 개념은 사라질 것이며, 대부분의 도시 활동이 개인화personalizing 또는 privatizing되어야 할 것으로 보인다. 재택근무의 일상화도 사람 간의 접촉을 줄이는 유용한 수단이 된다.

한편, 사람들의 밀착된 접촉이 가장 많이 일어나는 공간이 버스나 전철 등, 대중교통 수단이다. 따라서 가장 좋은 방법은 대중교통 수단보다는 자가용, 자전거, 보행 등 개인 교통을 이용하는 것이다. 어쩔 수 없이 대중교통 수단을 이용해야만 할 경우에도 이용자 밀도를 낮추고 가능하면 이동 시간을 줄이는 것이 접촉에 의한 감염을 줄이는 방법이 된다. 이는 직주근접의 원리와도 맞아떨어지는 아이디어다. 도시계획이 시작된 이래 직주근접은 항상 추구되어 온 단골 메뉴였지만 여러 가지 현실적 이유로 공염불에 그쳐왔다. 그러나 이제는 다른 모든 제약을 극복해서라도 달성해야만 한다.

사람들의 원거리 교통을 줄어들게 하려면 대부분의 서비스를 주거지 주변에서 확보할 수 있게 해주어야 한다. 이는 주거지 주변의 소비 증가를 가져다주며 이를 통해 자족적 커뮤니티가 만들어질 수 있다. 교통 거리를 줄일 수 있는 또 하나의 방법은 건물 용도와 기능의 복합화라고 할 수 있다. 한 건물 안에서 일하고, 거주하며, 서비스받을 수 있다면 굳이 외부 교통이 필요 없다. 녹지의 접근성 또한 중요하다. 직장이나 주거지 인근, 보행권 내에 적당한 크기의 녹지와 공원이 존재한다면 일하거나 거주하는 데 쾌적성을 높여줄 수 있다.

**둘째, 4차 산업혁명의 진행과 AI, 빅데이터 활용의 증가는 미래 도시에 필요한 기술로 이어지고 있다.**

사람들의 상거래 패턴도 최근 들어와 급격하게 변하고 있다. 고객이 직접 상가를 찾아가는 오프라인에서 집 안에서 PC나 스마트폰으로 필요한 상품을 주문하는 온라인으로 바뀌어 가고 있다. 특히 코로나19 발생 이후 이러한 경향은 두드러져, 밖에서 해오던 외식조차도 주문하여 배달받는다. 이는 업무나 상업 공간의 수요 감소를 의미하며, 그 대신 유통 시스템의 발전과 확대를 뜻한다. 도시에서 AI를 활용한 스마트 기술의 응용은 이미 전 분야에 걸쳐 이루어지고 있다. 대도시들마다 빅데이터를 활용하여 자율주행을 수용할 수 있게 하는 기반을 구축하고 있으며, 다른 한편에서는 가상 도시를 활용하여 새로운 시스템의 적용 가능성을 실험하고 있다.

기업의 형태도 다양해지는데, 새로운 아이디어만 있다면 누구든 소규모 창업을 할 수 있게 되는데, 특히 1인 기업의 진출이 두드러질 것이다.

이동 수단의 지능화가 이루어져 자율주행이 보편화되고 편리해지면 개인 이동수단personal mobility이 증가될 것이다. 한편, 지상교통의 혼잡을 피할 수 있는 드론의 활용이 보편화되면서 도시와 건축에서 이를 수용할 수 있는 제도적·기술적 시스템 개발이 필요해진다.

**셋째, 도시 인구의 감소와 인구 구조의 변화는 도시에 필요한 공공시설의 수요 변화를 가져다주며 도시주거의 형태도 바꾸어놓을 것이다.**

우리나라 인구 증가가 둔화되면서 사망자가 출생자를 넘어서는 시점, 즉 인구 정점에 도달할 것으로 예측되는 시점은 2028년(2019년 통계청 예측)으로, 7~8년 전의 예측에 비해 2년 이상 앞당겨졌다. 2028년이라 함은 3기 신도시가 완공되는 시점과도 일치한다. 그러나 인구의 구성을 보면 노인 인구는 급성장하는 반면, 아동 인구는 급감하게 될 것이다. 그래서 우리는 현 시점에서 아동들을 위한 공공시설의 원단위가 점차 줄어들어 갈 것을 감안한 계획을 수립해야 할 것이다. 그렇다고 당장 필요한 초등학교나 유치원을 미리 줄일 수는 없으므로 이러한 시설들을 수요 변화에 대응해 타 용도로 전환할 수 있도록 해야 한다. 이는 비단 학교만의 문제가 아니다. 보육시설, 복지시설, 여가시설, 생활문화시설도 변화하는 인구 구성에 따라 그 용도가 함께 변화되어야 할 것이다. 예를 들어 초등학교 시설이 남아돌면 노인들의 여가시설이나 재교육시설로 전환시키던가 하면 된다.

또한 가구의 인구 구성도 달라지는데, 한 가구당 인구 규모는 지난 반 세기동안 감소되어 왔다. 내가 40년 전(1980년) 미국에서 귀국했을 당시에는 도시 평균 가구원수는 4.2인이었다. 10년 후인 1기 신도시의 평균 가구원수는 4.0인으로 계획했다. 그러나 평균 가구원수는 점점 줄어들어 2000년대 들어오면서부터는 2.5인으로 하는 경우가 많아졌다. 3기 신도시는 도시에 따라 다른데, 창릉의 경우 2.4인을 평균으로 하고 있다. 그러나 그것은 LH의 생각일 뿐, 내 생각으로는 더욱 줄어 2.0에 근접할 것으로 예측된다. 따라서 주택의 규모도 가구원수의 감소에 따라 작아지는 것이 정상이다. 그러므로 중형, 대형보다는 소형주택의 비중을 확대시킬 필요가 있다.

## 디자인의 논리

위에서 언급한 새로운 패러다임에 적합하도록 하기 위해서 도시 구성에 어떤 디자인 방법을 채택하여야 할까?

도시 공간 구조 차원에서는 전통적으로 도시 중심에 중심상업지구를 배치하던 패턴에서 벗어나 상업 기능의 위계를 좀 더 낮추어 각 생활권 community으로 분산시키는 분산형 선형구조를 선택하였다. 따라서 도시의 중심에는 문화와 레저기능을 두어 주말 생활권을 형성시키되 분산된 생활권 중심에서 제공할 수 없는 약간의 특수 상업기능을 제공토록 한다.

토지이용계획이나 건축계획에서도 전통적으로 해온 단일용도 부여가 아니라 대부분의 경우에 복합용도를 부여함으로써 이용자에게는 편리함을, 소유자에게는 수익성을 높여준다. 주거에서도 비단 주거전용 건물(아파트 같은)뿐만 아니라 오피스텔과 같은 준주택도 맞벌이부부나 1인 가구를 위해서 제공한다.

산업구조는 창릉의 입지적 잠재력을 살려, (상암을 포함한) 서울 북서부와 파주를 이을 수 있는 4차 산업을 위한 첨단기업을 수용토록 한다. 따라서 대기업이 단일 건물에 입주할 수도 있겠지만, 가능하면 한 건물에 다수의 중소기업을 수용하는 복합 오피스 형태를 제시한다. 여기에서는 여러 중소 벤처기업들이 자유롭게 자신들의 의견을 교환할 수 있는 소통의 장이 마련된다. 근무지의 분산을 가능하게 하는 것은 첨단 네트워킹 기술이다.

전통적 의미의 교통수단 또한 그 비중이 대폭 줄어들 것이다. 도시를 벗어나는 장거리 교통을 위해서는 어쩔 수 없이 지하철이나 버스를 이용하게 될 것이다. 그러나 그것은 일상적인 생활이 될 수 없으며, 주말이나 월말, 휴가 때나 이용될 것이다. 매일 매일의 통근 및 통학은 생활권 내에서 좀 더 경량화되고, 환경 친화적인 수단이 담당한다. 30분 이내의 이동 시간은 퍼스널 모빌리티, 보행 등이 담당하게 될 것이며, 이미 기술개발이 완성 단계에 접어든 자율주행이 한 몫을 맡을 것으로 예상된다.

녹지 체계도 1기 신도시(분당 등)에서 처음 등장한 중앙공원 개념에서 벗어나 커뮤니티 공원 및 주거단위공원으로 분절시키고, 크기 또한 축소하는 것이 바람직하다.

우리는 그간 신도시라는 대규모 사업에서 공사 구간을 나누어 시행하고는 했지만 모든 계획이 고정되어 있어서 착수와 준공의 시차만 존재할 뿐, 도시의 장기적 비전을 고려하고 이 시대의 불확실성을 고려한 가변적인 계획 운용을 해본 적이 많지 않다. 따라서 고정 용도의 확정된 개발 시점을 지양하고 가변 용도와 **타임조닝**time zoning을 활용해 적응해 나가도록 해야 할 것이다.

> **타임조닝**: 일반적인 조닝(zoning)은 계획 당시에 토지의 용도를 정해놓는 것이지만, 타임조닝은 용도를 미리 정하지 않고 도시가 점차 성장해 가는 과정에서 적합하거나 필요한 용도를 정해 가는 조닝 방법이다.

## 대상지 여건

고양 창릉지구는 남쪽 경계부에 경의선이 지나가고, 화정역이 있으며, 북쪽에는 지하철 3호선이 지나가고, 원흥역이 위치해 있다. 동쪽으로는 봉산과 서오릉에 접하고 그 너머로 은평구가 위치한다. 서쪽으로는 바로 행신동과 화정동이 접하며, 그 너머에는 일산신도시가 위치한다. 간단히 말하자면 한

강변을 따라 마포-상암-행신-일산 축에 남아 있는 자투리 공간이라고 할 수 있다. 대상지 내 한가운데로 창릉천이 남북 방향으로 흐르고, 동쪽에는 약 180m 높이의 망월산이 있는데 현재는 군부대가 차지하고 있다. 한편 남쪽 경계부 경의중앙선 철도 건너에는 항공대가 사용하는 비행교육원의 활주로가 있어서 대상지 남쪽 절반 정도가 건물의 높이 제한을 받도록 되어 있다.

그림 25-1 대상지 위치_ (NAVER 지도).

## 도시 구조의 결정

우리가 도시의 공간 구조를 결정할 때는 항상 주변 여건(간선가로망, 하천, 철도 등)으로부터 실마리를 풀어왔다. 창릉 대상지에는 이미 많은 간선도로들이 대상지를 가로질러 가고 있으며, 공사 중인 고속도로가 있는가 하면, 지하철(경전철)까지도 선형이 결정되어 있었다. 따라서 주변 지역과의 연결을 위한 별도의 간선도로 설치를 고려할 필요는 없다. 기존 간선도로를 활용해 도시 내 도로와 연결하면 된다.

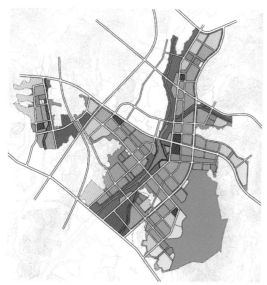

그림 25-2 기효성의 안_ (한아도시연구소 제작, 2020).

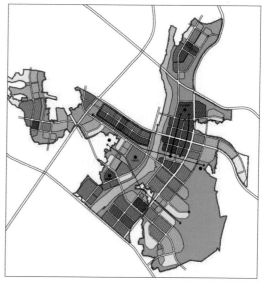

그림 25-3 고세범의 안_ (한아도시연구소 제작, 2020).

그림 25-4 밑둥_ (한아도시연구
소 제작, 2020).

그림 25-5 가지_ (한아도시연구
소 제작, 2020).

그림 25-6 이파리_ (한아도시연
구소 제작, 2020).

그림 25-7 녹지축_ (한아도시연
구소 제작, 2020).

우리는 처음부터 앞에서 언급한 디자인 원칙을 적용하기에 앞서 먼저 도
시의 골격을 구상해야만 했다. 우리 설계팀은 본부장급 두 명이 각자 구상
안을 생각해 내도록 했고, 3~4일 후 이 중 한 개의 아이디어를 선택했다. 선
택한 구상안은 기효성 본부장의 것으로서 구조적으로 평범하지는 않은 것
이었는데, 위험 부담이 있었지만 공모전에서 승리하기 위해서는 위험을 감
수하기로 하였다. 다른 하나는 고세범 본부장의 것으로 기본 틀이 우리 눈
에 매우 익숙한 패턴이어서 위험 부담은 없었지만, 다른 팀들도 유사한 구
상안을 만들어올 것 같아서 차별화를 위해 기효성 안을 택하는 모험을 감
행한 것이다.

다음은 이러한 도시 골격을 우리가 만든 디자인 논리에 맞추어 어떻게
발전시켜 나갈 것인가 하는 점이다. 대상지에서 우리 눈에 가장 두드러지
는, 가장 강력한 요소는 중심을 종단하는 창릉천과 동남쪽 경계부의 망월
산이다. 둘 모두 자연 요소이기는 하지만 망월산은 능선부가 대상지 경계로
서 개발하기는 어렵고 도시 구조를 형성하는 데 별 영향을 주지 못한다. 반
면 창릉천은 대상지 한가운데를 지나가고 있기 때문에 어떤 경우에든 이의
활용이 중요하다. 우리는 창릉천과 인접지를 하나의 큰 녹지축으로 인지하
고 이곳으로부터 도시골격을 시작하기로 했다(〈그림 25-4〉~〈그림 25-7〉). 이는
창릉천과 인접지를 나무의 몸통으로 하여 도시 수준의 공원으로 활용하고,
여기에서 가지들이 뻗어 나와 커뮤니티 수준의 공원으로 활용되며, 이는 다
시 각 단지에 마치 나무 잎이 피어나듯 스며들어 자연생태계가 완성됨을 뜻
한다. 이것이 밑둥-가지-이파리trunk-branch-leaf 녹지체계다.

## 기본 생활권 모듈

디자인의 논리에서 밝혔듯이 우리 계획의 초점은 도심부보다는 커뮤니티에 맞춰져 있다. 따라서 기본이 되는 커뮤니티를 어떻게 짜는가가 우리가 중요하게 생각해 온 부분이다. 지금까지 사람들은 직장의 위치와는 상관없이 주거의 입지를 정하는 경우가 많았다. 우리 주변에서 평균 출퇴근 시간이 하루에 세 시간이 넘는 사람들을 흔하게 볼 수 있다. 출퇴근 시간을 줄이는

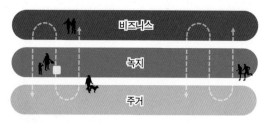

**그림 25-8 어번밴드 모듈_** 선형으로 길게 이어지는 녹지축(가지)을 따라 한편에는 비즈니스 및 산업, 다른 한편에는 주거지가 마주보고 늘어선다. 아침에는 직장인은 마을 공원을 건너 직장으로 가고, 아이들은 마을 공원에 있는 유치원이나 초등학교에 간다. 주부는 마을 공원에서 아이들을 기다리거나 비즈니스 지역에 있는 상가에서 쇼핑을 하다가 아동들의 하교 시간에 맞추어 돌아온다. (한아도시연구소 제작, 2020).

방법으로 우리는 아주 오래전부터 '직주근접'을 주장해 왔다. 그러나 그러한 주장은 이론적으로만 존재할 뿐, 여러 가지 사회적·경제적 이유로 인해 실제 도시계획에서는 실현되지 못하고 있다. 우리는 직주근접을 가능하게 하는 매개체로 녹지 축 가지를 활용하고, 주거와 근무, 통학, 쇼핑이 한 커뮤니티 밴드 안에서 이루어질 수 있는 모듈을 만들었다.

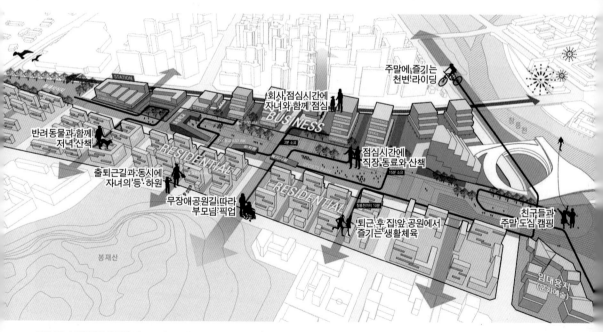

**그림 25-9 어번밴드의 적용 예_** 맨 위쪽 붉은 선은 지하 경전철 노선이며 서쪽 끝부분에 지하역사가 위치한다. 지하철 남쪽의 푸른색 건물들은 산업 및 기업용 건물들이며, 이들 건물의 저층부(1~2층) 붉은 색 표시는 그곳에 판매시설 등 서비스시설이 입주할 수 있음을 말한다. 가운데 위치한 녹색 띠는 이 커뮤니티에 속한 오픈스페이스로서, 기본적으로 숲이 대부분 공간을 차지하고, 그 안에 아동교육시설, 보육시설, 기타 커뮤니티 공공시설이 입주할 수 있다. (한아도시연구소 제작, 2020).

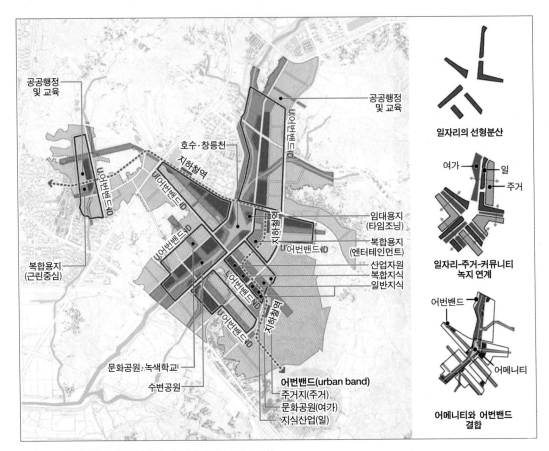

공공행정
및 교육

호수·창릉천

지하철역

U어번밴드 ND

U어번밴드 ND

U어번밴드 ND

U어번밴드 ND

U어번밴드 ND

U어번밴드 ND

공공행정
및 교육

임대용지
(타임조닝)

복합용지
(엔터테인먼트)

산업자원
복합지식
일반지식

복합용지
(근린중심)

지하철역

문화공원·녹색학교
수변공원

어번밴드(urban band)
주거지(주거)
문화공원(여가)
지식산업(일)

일자리의 선형분산

여가 ─── 일
주거

일자리-주거-커뮤니티
녹지 연계

어번밴드

어메니티

어메니티와 어번밴드
결합

**그림 25-10 어번밴드의 분산형 도시 구조_** (한아도시연구소 제작, 2020).

**그림 25-11 어번밴드로 구성된 도시 중심부 조감도_** (한아도시연구소 제작, 2020).

그림 25-12 창릉신도시 마스터플랜_ (한아도시연구소 제작, 2020).

이러한 **어번밴드**urban band는 일자리와, 녹지와 주거의 분산을 가져다주며, 교통이 한 곳으로 집중되는 것을 막아준다. 한편 도시의 중심부는 주말에 사람들이 여가와 레저를 즐길 수 있게 하기 위해 각종 시설을 모아놓은 문화공원으로 만든다.

**어번밴드**: 어번 밴드는 커뮤니티 밴드로 도시가 구성된다는 의미다. 덧붙이자면, 커뮤니티 밴드는 마을이라고 할 수 있는 소지역에 주민들이 생활하는 데 필요한 대부분의 요소들을 포함시키고 하나의 단위로 묶어 논다는 의미로, 우리가 만든 용어다.

## 토지이용계획

앞의 디자인 논리에서 주장한 대로 우리가 설정한 토지이용계획은 주거나 상업 등 단순 토지용도 부여 방식을 지양하고, 대부분의 토지를 여러 용도의 혼합으로 제시한다. 따라서 색상 선택은 단일한 색이 아니라 바탕색과 다른 색의 선을 추가하는 형식을 택한다. 복합화하려는 용도에 따라서 선의 색깔이 선택되므로 수많은 조합이 만들어질 수 있다. 이러한 토지이용 표기 기법은 처음이기 때문에 다소 혼란스러울 수 있다. 〈그림 23-15〉에서는 약 20여 개의 토지이용 유형이 사용되었다. 앞으로 토지이용 복합의 종류도

그림 25-13 전통적 방식의 토지이용계획도_ (한아도시연구소 제작, 2020).

그림 25-14 새로운 방식의 토지이용계획도_ (한아도시연구소 제작, 2020).

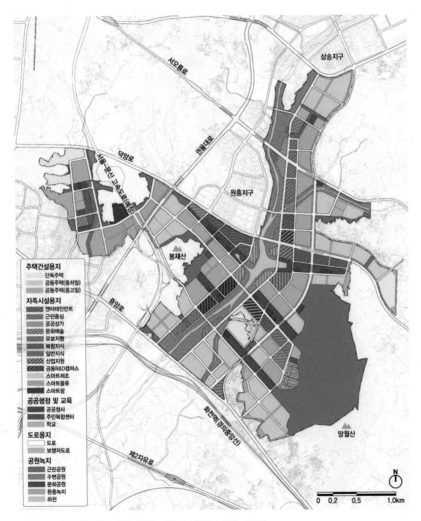

그림 25-15 창릉신도시 토지이용계획도_ (한아도시연구소 제작, 2020).

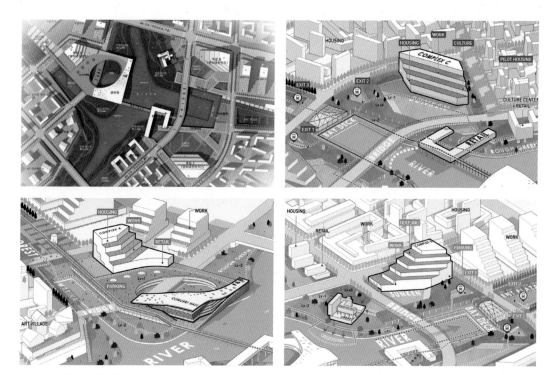

그림 25-16 중심부 계획_ 왼쪽 위부터 마스터플랜, 상업시설, 문화시설, 업무 및 레저시설. (한아도시연구소 제작, 2020).

정리되면 좀 더 유용하게 사용될 수 있을 것이다.

## 평가와 교훈

우리가 제안한 계획안은 설계 공모에 제시한 안이지 실현된 안은 아니다. 비록 당선은 되지 않았지만, 우리는 작품을 만든 지난 2개월 동안 연구소의 절반 정도의 인원이 참여하여 최선을 다했다. 1기, 2기 신도시에 주도적으로 참여했던 나와 한아도시연구소는 3기 신도시에도 주도적으로 참여하기를 원한다. 이번 창릉신도시 계획이 의미 있는 것은 설계 이전에 계획 철학과 디자인 논리를 바탕으로 안을 만들었다는 것이다.

그림 25-17 중심부 조감도_ (한아도시연구소 제작, 2020).

지금까지 40년 간 신도시계획에 참여해 왔지만 계획 철학이나 도시 비전에 대해서는 별 확신이 없었기에 이번 프로젝트는 특히 우리에게 값진 것이다.

# 후기

대학교 교수직 은퇴를 앞둔 시점에 제자들 몇 명이 찾아왔다. 그들은 내게 은퇴하면 무엇을 하겠는가를 묻더니, 아무런 계획이 없다고 말하자 기다렸다는 듯이 내게 책을 쓰는 것이 좋겠다고 이구동성으로 말해왔다. 내가 글 쓰는 것이 귀찮다면 그저 구술만 하고, 자기들이 돌아가면서 그것을 받아 적어 책을 만들겠다는 것이었다. 뜻은 고맙지만 나는 책을 쓸 생각이 전혀 없었고, 그래서 그들을 그냥 돌려보냈다. 나는 그런 식으로 책을 쓰고 싶지도 않았고, 또한 그렇게 해서는 제대로 된 책이 되지도 않을 것이라 생각했다.

내가 책 쓰는 일을 기피한 데는 또 다른 이유가 있다. 내가 일생 동안 한 일은 많지만 어느 하나도 내가 만족하면서 끝을 낸 것은 없었기 때문이다. 내 능력이 부족해서, 주변의 압력으로 인해서, 계획 여건이 마련되지 않아서 등 이유야 수없이 많다. 그런데 무얼 자랑하겠다고 졸작들을 엮어 책을 낸다는 말인가? 그래서 프로젝트가 끝나더라도 관련 자료들을 챙겨서 보관하는 일에는 별 관심을 두지 않았다.

그래도 애착이 가는 몇몇 도면이나 스케치는 버리기 아까워서 책꽂이 한 켠에 말아서 세워두었다. 그리고 중요한 원고는 모두 한글 파일로 보관되어 있었으니 따로 신경 쓸 일은 없었다. 얼마 안 되는 자료가 사라지기 시작한 것은 사무실과 집의 이사 때문이다. 내가 처음 프로젝트를 맡기 시작한 이래 40년이 지나는 동안 직장도 내 사무실도 열 번 이상 이사를 했고, 내가 사는 집은 열댓 번이나 옮겼다. 한번 옮길 때마다 자료들은 조금씩 사라졌다. 은퇴에 임박해서는 내가 가진 모든 것을 정리해야 할 때가 되었다는 생각이 들어 책이고 파일이고 버리기 시작했다.

그러던 중 2016년 여름에 갑자기 신혜경 박사(전 중앙일보 논설위원)와 박소현 교수(서울대학교 건축과 교수)가 함께 만나자고 내 사무실로 찾아왔다. 대충 짐작은 했지만 이들의 이야기도 제자들의 이야기와 동일했다. 내가 스스로 글을 쓰기 싫다면, 나는 구술만 하면 되고 자기들이 글 쓰는 능력이 되니 이야기를 정리하겠다는 것이었다. 제자들도 아니고 사회적으로 명망 있는 사람들이 찾아와 이렇게 간곡하게 요청하니 즉시 못하겠다고 잘라 말하기는 어려웠다. 이들의 주장은 내가 우리나라 신도시 설계사의 산 증인이므로 무언가는 기록으로 남겨놓아야 후배들에게 가르침이 되지 않겠냐는 것이었다. 그래서 마지못해 생각해 보겠다고 하자, 그들은 바로 시작하자고 대충 일정을 짜기 시작했다. 그리고 매달 한 번씩 모여 내 이야기를 녹음하고, 돌아가서 정리를 하는 것으로 계획을 세웠다.

이들이 돌아간 후 생각해 보니 내가 잘했든 못했든 무언가는 후배들에게 남기는 것도 의미 있는 일일 수 있겠다는 생각이 들었다. 잘한 것은 무엇이 잘되어서인지, 못한 것은 무엇이 잘못되어서인지를 알려주면 후배들이 도시설계를 해나가는 데 시행착오를 줄일 수 있을 것 같았다.

그렇다면 어떤 이야기를 해야 할 것인가? 무엇부터 시작하고 어떻게 끝을 낼 것인가를 곰곰이 생각해 보았다. 우선 대강의 목차를 적기 시작했는데, 사람들이 관심을 가질 주된 주제는 분당과 세종이니까 제목을 먼저 "분당에서 세종까지"라고 가제를 달았다. 그렇지만 두 도시만 가지고는 책이 되지 않을 것이므로, 두 도시 전후로 해서 내가 해온 수많은 프로젝트들을 나열하니 목차만 다섯 쪽이 넘었다. 목차를 대강 정해놓고 연락이 오기를 기다렸는데, 그들로부터 몇 달이 지나도 연락이 없었다.

나는 그러는 사이에 각 제목에 들어갈 내용에 대해 생각해 보기 시작했다. 어떤 내용은 기억을 더듬어 말로 풀어갈 수 있지만 어떤 내용은 도면이나 그림이 필요했다. 희미한 기억을 내 마음대로 소설 쓰듯 할 수는 없으니 자료들을 일일이 찾아 확인해야 했고, 이를 위해서 컴퓨터 속 깊이까지 뒤져야 했다. 그러면서 이런 종류의 작업은 내가 구술하고 다른 사람이 받아 적어서 될 일이 아니라는 것을 새삼 깨달았다.

일상적인 연구소 업무 사이사이 틈을 내어 쓰다 보니 하루에 평균 A4 용지 한 장 정도의 진도로 쓰기 시작했다. 그러던 것이 2년 가까이 지나니 내용이 대강 채워졌다. 지금 돌이켜 생각하니 신혜경 박사나 박소현 교수가 나의 구술을 기록하겠다고 한 것은 정말로 그렇게 하겠다는 것이 아니라 그렇게 말해서라도 내가 일을 시작하도록 만들려는 매우 높은 수준의 지략이었던 것 같다. 어찌되었든, 이 두 분이 아니었으면 나는 이 책을 쓰는 일은 하지 않았을 것이다.

인생을 긴 끈이라고 생각할 때, 거기에는 크고 작은 수많은 매듭들이 지어지기 마련이다. 초등학교 입학과 졸업, 또 중고등학교와 대학의 입학과 졸업, 군대 입대와 제대, 유학, 결혼, 직장 입사, 은퇴 등 모든 것이 내가 생각하는 인생의 매듭들이다. 이 매듭들 중에서 가장 마지막을 장식하는 것이 은퇴이다. 개인 사업을 하는 사람들이 아닌 봉급생활자들의 은퇴는 우리 사회에서 대체로 50대 중반부터 60대 중반 사이에 이루어진다. 나에게 의미 있는 첫 번째 은퇴는 서울대학교에서의 정년퇴임이다. 미국에서의 직장 생활이나 KIST 부설 지역개발연구소에서의 짧은 직장 경험을 제외하면 국토개발연구원에서 보낸 14.5년, 그리고 명지대학교와 서울대학교에서의 19년 교수 생활이 내 커리어의 전부라 해도 과언이 아니다. 물론 대학 은퇴 후에도 벌써 6년째 한아도시연구소를 운영해 오고 있지만, 이는 그저 덤으로 일하는 것이라고 생각한다.

은퇴는 모든 사회의 굴레로부터의 자유를 의미한다. 즉, 내가 내 시간을 내 마음대로 써도 된다는 것이다. 그래서 나는 은퇴와 동시에 사회적으로 어떤 의미 있는 일에도 참여하지 않겠다고 마음먹었다. 그러나 세상일이란 그렇게 칼로 무를 베듯이 싹둑 자를 수는 없어, 지난 4~5년간 시간강사를 하거나 여러 심의회와 자문회의 등에 간간이 참여해 왔다. 그러나 언젠가는 모든 것을 끝내야 하겠다는 생각에, 나는 그 데드라인을 70세로 잡았다. 이제 고희를 넘겨 마지막으로 나의 일생의 작업들을 정리해서 이 책을 출간하게 되니 끝마무리가 되는 것 같아 더할 나위 없이 기쁘다.

마지막으로 이 책을 시작하도록 권유를 했던 제자들, 내가 결정하게끔 만든 신혜경 박사와 박소현 교수, 세종시 원고 검토를 해주신 권영상 교수, 도면 작업에 도움을 준 한아도시연구소의 직원들, 마지막으로 출판사 한울엠플러스의 조수임, 임혜정 선생에게 감사의 말을 전하고 싶다.

2020년 10월
안건혁

# 참고문헌

건설부·산업기지개발공사. 1985. 「반월신도시 재정비계획」. 과천: 건설부, 수원: 산업기지개
　　발공사.

경상남도 창원지구 출장소. 1977. 「창원도시기본계획」. 창원: 창원시.

산업기지개발공사. 1978. 「창원신도시 도시설계」 수원: 산업기지개발공사.

서울특별시. 1988.8. 「서울특별시 주요도로 노선번호부여 및 표지판 설치계획」. 서울: 서울
　　특별시, 서울: 국토개발연구원

성남시. 1992. 「성남분당지구 도시설계 최종보고서」. 성남: 성남시

신행정수도건설추진기획단. 2004. 「신행정수도 건설 추진 백서」. 서울: 신행정수도건설추진
　　기획단.

안산시·산업기지개발공사. 1986.12. 「안산시(반월신도시) 도시설계」. 안산: 안산시, 수원: 산
　　업기지개발공사.

안양시. 1992. 「안양평촌지구 도시설계」. 안양: 안양시.

위례(송파)신도시. 2020. 「토지이용계획」. songpa.go.kr(검색일: 2020.)

위키백과. n.d. "중동신도시". https//ko.wikipedia.org/wiki/%E C%A4%91%EB%8F%99
　　%EC %8B%A0%EB%8F%84%EC% 8B%9C(검색일: 2019.12.27).

전라북도. 2008.9. 「새만금종합개발 기본구상을 위한 국제공모용역」. 전주: 전라북도, 성남:
　　한국토지공사.

"정 총리 '세종청사 멋만 실컷 부려, 잘못됐다'". ≪중앙일보≫, 2013년 7월 25일 자, 2면.

"정부 세종 신청사 설계공모전 불공정 심사 논란". ≪중앙일보≫, 2018년 11월 1일 자, 18면.

제주도. 1984.12. 「특정지역 제주도 종합개발계획」. 제주: 제주도.

창원시. 1983.2. 「창원신도시 중심지구 도시설계」. 창원: 창원시.

한국토지개발공사. 1989. 「성남 분당지구 택지개발사업 개발계획 승인신청서」. 성남: 한국
　　토지개발공사.

한국토지개발공사. 1990a. 「분당신도시 개발사업 기본계획」. 성남: 한국토지개발공사.

한국토지개발공사. 1990b. 「일산신도시 개발사업 기본계획」. 성남: 한국토지개발공사.

한국토지개발공사. 1990.5. 「분당신도시 택지개발사업 기본계획」. 성남: 한국토지개발공사.

한국토지개발공사. 1990.6. 「일산신도시 택지개발사업 기본계획」. 성남: 한국토지개발공사.

한국토지개발공사. 1992. 「분당 홍보 팸플릿」. 성남: 한국토지개발공사.

한국토지개발공사·국토개발연구원. 1989.7. 「안양 평촌지구 택지개발 기본구상」. 성남: 한
　　국토지개발공사, 서울: 국토개발연구원.

한아도시연구소. 2004. 「평택 고덕지구 발표자료」. 서울: 한아도시연구소

행정중심복합도시건설청·신행정수도건설추진기획단. 2007b. 「행정중심복합도시 중앙녹지
　　공간 국제설계공모 작품집」. 세종: 행정중심복합도시건설청,

행정중심복합도시건설청·한국토지공사. 2007a. 「행정중심복합도시 중심행정타운 마스터플
　　랜 국제공모전」. 세종: 행정중심복합도시건설청, 성남: 한국토지공사.

한국토지개발공사·국토개발연구원. 1989. 「안양 평촌지구 택지개발 기본구상. 성남: 한국토

지개발공사」, 서울: 국토개발연구원.

Australian Government National Capital Authority. 2004. The Griffin Legacy: The blueprint for the future development of the central national areas. Parkes, Australia: Australian Government NCA.

RoVorm, B. V. 2006. 『Almere vanuit de lucht』. Amersfoort, Netherland: Rovorm Uitgevers.

The Korea Research Institute for Human Settlements. 1991. "The Five New Towns in the Seoul Metropolitan Area, Korea". Seoul: The Korea Research Institute for Human Settlements.

# 연보

## ▌학력

| | |
|---|---|
| 1971.2 | 서울대학교 공과대학 건축공학과 졸업(공학사) |
| 1977.8 | 미국 오하이오주립대학교(Ohio State University) 건축학 석사 |
| 1979.6.7 | 미국 하버드대학교(Harvard University) 도시설계학 전문석사 |
| 1995.2 | 경원대학교 공학박사(도시설계학 전공) |

## ▌경력

| | |
|---|---|
| 1969.11~1970.2 | 김중업건축연구소 파트타임 |
| 1970.2~1971.5 | 서울대학교 공과대학 응용과학연구소 건축연구실 파트타임 |
| 1971.6~1974.9 | 해군시설장교(중위 예편) |
| 1974.9~1975.5 | 범진건축설계사무소 |
| 1976.3~1977.8 | 오하이오주립대학교 Engineering Station 파트타임 연구보조자 |
| 1978.5~1979.6 | Community Development Corporation of Boston 파트타임 건축가 |
| 1979.6~1981.2 | 미국 매사추세츠주 보스턴 Anderson-Nichols Co., Inc. 건축가 및 도시디자이너 |
| 1981.3~1981.6 | 한국과학기술연구소 부설 지역개발연구소 도시설계실 선임연구원 |
| 1981.6~1995.8 | 국토개발연구원 수석연구원(1983), 선임연구위원(1991), 도시연구실장(1989~1993) |
| 1993.10~1994.9 | MIT 건축대학 도시디자인 섹션(Urban Design Section) 방문연구원 |
| 1995.8~1995.12 | 국토개발연구원 초빙연구원 |
| 1995.8~1998.8 | 명지대학교 공과대학 건축학부 교수 |
| 1998.9~2014.2 | 서울대학교 공과대학 건설환경공학부 교수(도시설계협동과정 교수 겸임) |
| 2005.6~2006.11 | 행정중심복합도시 기본계획 및 개발계획 공동연구단 단장 |
| 2006.4~2008.4 | 한국도시설계학회 회장 |
| 2007.8~2011 | 도시재생사업단 입체복합개발 핵심연구책임자 |
| 2012.11~2014 | 한국도시계획가협회 수석 부회장 |
| 2016.12~2018.12 | (주)한아도시연구소 건축사사무소 대표이사 회장 |
| 2015.6~2017 | 건축사사무소 도시안 소장 |
| 2019.1~현재 | (주)한아도시연구소 건축사사무소 회장 |

## ▌위원회 경력

| | |
|---|---|
| 1986.1~1987.12 | 안산시 건축위원회 심의위원 |
| 1987.6.23~1989.6.22 | 건설부 중앙도시계획위원회 위원 |
| 1987~현재 | 한국토지공사 자문위원(도시계획 부문)1991, 1995 |

| | |
|---|---|
| 1988.2.11~1990.2.10 | 서울특별시 설계심사위원회 위원 |
| 1988.12.19~1992.12.18 | 건설부 중앙건축위원회 위원 |
| 1989.1.1~1991.12.31 | 대한주택공사 주택자문위원(지역 및 도시계획 부문) |
| 1989.4.7~1991.4.22 | 국제무역산업박람회 조직위원회 기본구상 전문위원회 위원 |
| 1989.6.1~1990.5.31 | 사립학교교원년금관리공단 사업개발자문위원 |
| 1990.1.1 | 서울특별시 건설기술심의위원회 위원 |
| 1990~1991 | 서울특별시 건축위원회 위원, 기술용역심의위원회 위원 |
| 1991.3 | 한국토지개발공사 기술자문위원 |
| 1991.3.20 | 서울특별시 건축위원회 위원 |
| 1991.4.30 | 광주직할시 상무신도심개발 기본계획 현상 공모 작품심사위원 |
| 1991.8.3 | 서울특별시 도시개발공사 건설심의위원회 위원 |
| 1991.12 | 고속전철건설추진자문위원회 위원 |
| 1992.1.1~1994.12.31 | 대한주택공사 주택자문위원(지역 및 도시계획 분야) |
| 1992.5.16 | 건설부 신도시 도시설계자문위원회 위원 |
| 1992.7.20~1996.9 | 건설부 중앙도시계획위원회 위원 |
| 1992.12 | 서울특별시 지하개발 자문위원회 위원 |
| 1993.3.15~1993.3.18 | 한국고속철도건설공단 경부고속철도 천안역 현상설계 작품 심사위원 |
| 1994.10.31~1997 | 건설부 중앙교통영향평가심의위원회 위원 |
| 1995.1.1~1997.12.31 | 대한주택공사 주택자문위원(지역 및 도시계획 분야) |
| 1995.5.1~1997.4.30 | 경기도 지방도시계획위원회 위원 |
| 1995 | 한국토지개발공사 기술자문위원(도시계획 분야) |
| 1996.5.1~1998.4.30 | 경기도 용인시 지방건축위원회 위원 |
| 1996.7.5~1998.7.4 | 경기도 용인시 도시계획위원회 위원 |
| 1996.3.8 | 한국토지공사 1996년 기술자문위원(도시계획 및 교통 분야) |
| 1996.5~현재 | 한국토지공사 경영평가위원, 기술자문위원(도시계획, 1997) |
| 1996.9~2002.12.31 | 건설교통부 중앙도시계획위원회 위원 |
| 1996.12.5~1998.12.4 | 수도권 신공항건설공단 자문위원회 위원 |
| 1997.5.1~1999.4.30 | 경기도 도시계획위원회 위원 |
| 1998.4.1~2001.3.31 | 대한주택공사 주택자문위원(지역 및 도시계획 분과) |
| 1997.4.25 | 국립자연사박물관 창녕유치추진위원회 자문교수 |
| 1997.5.8 | 한국토지공사 1997년 기술자문위원(도시계획 및 교통분야) |
| 1997.8.1~1998.3 | 대통령자문 정책기획위원회 위원 |
| 1997.6.22~1998.3 | 공정거래위원회 경제규제개혁위원회 위원 |
| 1997.10.27 | 대전광역시 서남부 생활권 개발 상세계획 수립용역 자문위원 |
| 1998.1.1~1999.12.31 | 한국토지공사 기술심의위원회 특별분과위원(단지 및 도시계획 분야) |

| | |
|---|---|
| 1998.1.1~1999.12.31 | 건설교통부 중앙건설기술심의위원회 위원 |
| 1999.2~1999.7 | 한국토지공사 「개발제한구역 발전방향에 관한 연구」 자문위원 |
| 1999.5.27 | 서울특별시 새서울타운 기획자문단 위원 |
| 1999.10.26 | 서울특별시 개발제한구역 자문단 위원 |
| 1999.11.25~2001.11.24 | 서울특별시 「한강을 사랑하는 시민의 모임」 위원 |
| 2000.1.1~2001.12.31 | 건설교통부 중앙건설기술심의위원회 위원 |
| 2000.1~2002.12 | 대통령자문 지속가능발전위원회 위원 |
| 2000.4.1~2002.3.31 | 대한주택공사 설계자문위원회 자문위원 |
| 2000.6 | 건설교통부 국토정비기획단 자문위원회 위원 |
| 2001.6.2 | 부산광역시 도시계획자문위원회 위원 |
| 2001.12.28~2003.12.27 | 서울특별시 도시디자인위원회 위원 |
| 2001.9~2003.8 | 서울대학교-우스터공과대학교 소방엔지니어링 프로그램(Seoul National University-Worcester Polytechnic Institute Fire Protection Engineering) 자문위원 |
| 2002.1.1~2003.12.31 | 건설교통부 중앙건설기술심의위원회 위원 |
| 2002.1~2003.12 | 충청남도 아산만권 배후 신시가지 개발지원자문위원 |
| 2002.2.25 | 전라남도 남악신도시건설 설계자문위원 |
| 2002.3.1~2004.2.29 | 한국건설기술연구원 신기술심사위원회 위원 |
| 2002.3.20~2004.3.19 | 한국토지공사 신기술심사위원회 위원 |
| 2002.4.1~2004.3.31 | 대한주택공사 설계자문위원회 자문위원(단지 및 도시계획분야) |
| 2002.6.7~2004.6.6 | 수도권매립지관리공사 드림파크(Dream Park) 조성 분야 기술자문위원회 위원 |
| 2002.6.1 | 한국장애인복지진흥회 장애인종합체육시설 건립추진위원회 위원 |
| 2002.11.18 | 2010 평창동계올림픽유치위원회 위원 |
| 2003.1.20 | 대통령직인수위원회 정무분과위원회 자문단 자문위원 |
| 2003.9.1~2005.8.31 | 건설교통부 신도시자문위원회 위원 |
| 2003.2.15~2005.2.14 | 수도권매립지관리공사 공원 및 생태계분야 기술자문위원회 위원 |
| 2003.6.10~2005.6.9 | 서울시정개발연구원 연구자문위원회 위원 |
| 2003.9.17~2005.9.16 | 한국토지공사 경영정책자문위원 |
| 2003.11.1~2004.10.31 | 대통령자문 국가균형발전위원회 자문위원 |
| 2004.2.25 | 국무총리 산하 용산기지공원화 기획자문위원회 위원 |
| 2004.3.26~2005.6.30 | 경기지방공사 경기첨단·행정 신도시 개발사업 자문단 위원 |
| 2004.11.11 | 아산신도시 자문위원 |
| 2005.3.23 | 아산시정 자문교수단 위원 |
| 2005.4.7~2006.4.7 | 대통령 산하 행정중심복합도시 건설추진위원회 위원 |
| 2005.8.26 | 제주권 광역도시계획수립 자문위원 |
| 2005.10.5~2007.10.4 | 건설교통부 신도시건설자문위원회 위원 |
| 2005.11.10~2007.11.9 | 국무총리 산하 용산 민족·역사공원 건립추진위원회 위원 |

| | |
|---|---|
| 2006.1.2~2006.12.31 | 해양수산부 2012 여수세계박람회 기본계획수립용역 자문위원 |
| 2006.1.20 | 서울특별시 「홍강개발지원정책자문단」 위원 |
| 2006.2.9 | 한국산업은행 개발자문단 자문위원 |
| 2006.3.15~2006.10.31 | 한미파슨스주식회사 무안기업도시 프로젝트 매니지먼트 자문위원회 도시/지역개발분과 자문위원 |
| 2006.8.1~2007.7.31 | 한국토지공사 국토도시연구원 연구자문위원 |
| 2006.9.27~2007.12.27 | 경기도 선진화위원회 위원 |
| 2006.10.25~2008.10.24 | 서울대학교 멀티캠퍼스 위원회 위원 |
| 2007.1.1~2007.12.31 | 한국토지공사 행정중심복합도시 총괄기획가(Design Commissioner) |
| 2007.1.16~실시계획승인 | 한국토지공사 전북혁신도시 계획지도위원(마스터플래너) |
| 2007.1.24 | 전라북도 새만금 종합개발 구상 및 환황해권 국제관광지 조성 국제공모추진위원회 위원장 |
| 2007.2.22 | 인천경제자유구역청 경제자유구역(송도지구) 개발계획 및 실시계획(5, 7공구) 수립용역 총괄자문위원 |
| 2007.3 | 한국토지공사 통합디자인 위원회 위원 |
| 2007.10.1~2009.9.30 | SH공사 설계자문위원 |
| 2007.10.24 | 경기지방공사 광교명품신도시 특별계획 자문위원회 |
| 2008.3.7~실시계획승인 | 한국토지공사 화성 동탄2신도시 총괄계획가(마스터플래너) 상임위원회 위원 |
| 2008.3.14 | 한국토지공사 통합디자인위원회(L+Design Committee) 위원 |
| 2008.1.29~실시계획승인 | 한국토지공사 동탄2신도시 기업존치심의위원회 위원장 |
| 2008.2.21~2009.12.31 | 경기도시공사 경기도 친환경신도시 자문단 자문위원 |
| 2008.5.1~2009.4.30 | 행정중심복합도시건설청 행정중심복합도시 총괄자문단 자문위원 |
| 2008.7.1~2010.6.30 | 한국토지공사 국토도시연구원 연구자문위원 |
| 2008.10.30~현재 | 한국수자원공사 송산그린시티 도시계획 지도위원회(마스터플래너) 위원장 |
| 2008.12~2010.11 | 대통령자문 국가건축정책위원회 위원 |
| 2009.1.1~2010.12.31 | 경기도시공사 제6기 설계자문위원회 위원 |
| 2009.1.21~2011.1.20 | 국무총리 산하 제주특별자치도지도위원회 위원 |
| 2009.2.21~2010.12.31 | 한국수자원공사 일반기술심의위원회 위원(단지 및 도시개발분야) |
| 2009.5.1~2010.4.30 | 행정중심복합도시 총괄자문단 계획조정분과 자문위원 |
| 2009.5.1~2011.4.30 | 건설청·한국토지공사 건축/도시계획 분야 기술자문위원 |
| 2009.5.13~2010.2.28 | GS건설주식회사 제2회 멘토링 프로그램의 멘토 |
| 2009.11.2~2010.10 | 경기고등학교 2010 제4차 건강도시연맹 국제대회 조직위원회 위원 |
| 2010.4.26~2011.4.30 | 서울특별시 강남구 기술심사평가위원 |
| 2010.5.1~2012.4.30 | 한국토지주택공사 행정중심복합도시 총괄자문단 계획조정분과 자문위원 |
| 2010.5.28 | 행정중심복합도시건설청·한국토지주택공사하남감일 및 성남고등 보금자리주택지구 총괄계획가 |
| 2010.8.18 | 한국토지주택공사 친서민 주택정책 전문가포럼 자문위원 |
| 2010.11.25 | 국회국토해양위원회·인천시 남구청 인천시 주안 2, 4동 일원 재정비촉진지구 사업협의회 위원 |
| 2011.3.29~2013.3.28 | 충청북도 도정 정책자문단 위원 |

## ▌단지계획 및 마스터플랜 설계 실적

| | |
|---|---|
| 1971.3~1971.6 | 서울대학교 종합캠퍼스계획 참여(연구원) |
| 1983 | 제주도 관광지계획(성산포, 서귀포) |
| 1986 | 음섬관광개발계획 |
| 1987 | 여의도 증권단지 마스터플랜 |
| 1997.10~1998.2 | 고성 송지호 관광단지 개발 구상 |

## ▌설계 및 연구자문

| | |
|---|---|
| 1978.12~1979.2 | 신행정수도백지계획 해외초청연구 (한국과학기술연구소 부설 지역개발연구소) |
| 1984 | 광명시 철산동 CBD 도시설계(주택공사+한양대학교) |
| 1985 | 서울특별시 상계동 신시가지 도시설계(주택공사+한양대학교) |
| 1987~1988 | 충주호권역 관광종합개발계획(교통개발연구원) |

## ▌설계경기 심사

| | |
|---|---|
| 1984 | 수원 매탄지구 도시설계 (한국토지개발공사) 심사위원 |
| 1984~1987 | 제 2, 3, 4, 5회 공간 건축상 (공간사) 심사위원 |
| 1985 | 광주 하남지구 도시설계 (한국토지개발공사) 심사위원 |
| 1989 | 분당 신도시 시범단지 현상설계 (한국토지개발공사) 심사위원 |
| 1996~2018 | 매일경제 주최 "살기좋은 아파트" 선정위원 및 심사위원장 |
| 2006 | 세종시(행정중심복합도시) 마스터플랜 국제공모 전문위원 |
| 2007 | 세종시(행정중심복합도시) 첫마을 국제공모 심사위원 |
| 2007 | 세종시(행정중심복합도시) 종합청사 공모 심사위원 |

## ▌수상

| | |
|---|---|
| 1970 | 연암장학재단 연암장학회 |
| 1971 | 서울대학교 총동창회장상(대학졸업시 학생대표수상) |
| 1976 | AIA Chapter Scholarship, Archiects Society of Ohio |
| 1977 | AIA Research Corporation Award, Special Mention in Student Design Competition, AIA Research Corporation |
| 1978 | AIA Student Medal(W/Highest Scholartic Achievement), AIA |
| 1980 | 1st Award on District Courthouse Design Competition, District Court of Manchester, NH |
| 1982.12.31 | 국토개발연구원 우수연구원 표창 |
| 1983.7 | 서울특별시 목동신시가지 개발계획 설계경기 당선 |
| 1985.6.21 | 서울특별시 서울올림픽 선수촌·기자촌 계획안 국제 현상 공모 가작당선(공동작품) |
| 1988.12.31 | 국토개발연구원 우수연구원 표창 |

| 1990.12.29 | 건설부장관 표창 |
|---|---|
| 2002.4.26 | 서울대학교 공과대학 우수강의 교수상(Best Teacher Award) |
| 2003.1. | 건설교통부 감사패 |
| 2008.12.8 | 광명시 감사장 |
| 2009.1.5 | 국토연구원 감사패 |
| 2009.4.24 | 대한건축학회 논문상 |
| 2009.6.17 | 한국토지공사·대한국토도시계획학회 분당·일산 신도시 건설 20주년 기념 공로패 |
| 2009.10.9 | 국토해양부 표창장<br>한국도시설계학회 학술상 |
| 2010 | 서울대학교 공과대학 우수강의 교수상(Best Teacher Award) |
| 2010.12.16 | 한국공학한림원 한국의 100대 기술과 주역 |

## ▍건축설계 실적

| 1971~1974 | 해군 ○○기지 사무실, 숙사, 식당<br>해군 ○○기지 하사관 아파트<br>해병기념관 |
|---|---|
| 1974~1975 | 용평리조트-유스호스텔(기본설계)/ 사무실건축(기본설계)/ 주택 |
| 1979~1981 | 맨체스터지방법원(District Courthouse), 미국 뉴햄프셔주 맨체스터(Manchester)<br><br>Wang Co. 본사(기본설계), 미국 매사추세츠주 로웰(Lowell)<br><br>툭스베리동물병원(Tewksbury Animal Hospital), 미국 매사추세츠주 툭스베리(Tewksbury) |
| 1985~1988 | 안흥부외과의원<br>부산 은아극장<br>성북동 리원장댁<br>제주유스호스텔 |

## 안건혁

서울대학교 공과대학 건축공학과를 졸업했다. 대학 졸업 후에는 해군시설장교로 3년 남짓 복무하고, 1975년 미국 오하이오주립대학교(Ohio State University)에 유학해 건축학 석사를 취득했으며, 다시 하버드대학교 설계대학원(Harvard Graduate School of Design)에서 도시설계학 석사를 마쳤다. 귀국 후 직장생활을 하면서 주변의 강권에 못 이겨 박사과정을 병행해 1995년에 경원대학교(현 가천대학교)에서 박사학위를 받았다.

주요 경력은 2년간 미국 보스턴의 Community Development Corporation of Boston에서 일을 했고, 1980년 귀국해 KIST 부설 지역개발연구소와 국토개발연구원에서 15년간 일했다. 1995년 9월에는 명지대학교로 직장을 옮겨 교수가 되었고, 3년 후인 1998년 9월에 서울대학교 지구환경시스템공학부(현 건설환경공학부) 교수가 되어 2014년 정년퇴임을 할 때까지 16년을 근무했다. 현재는 필자가 설립한 (주)한아도시연구소에서 활동하고 있다.

번역서로는 『뉴어바니즘헌장』(공역, 한울아카데미, 2003) 『내일의 도시』(공역, 한울아카데미, 2006), 『공간디자인의 사조』(공역, 기문당, 2010) 등이 있다. 연구소와 대학에 오래 있었던 만큼 저술하고 발표한 논문은 50여 편에 이른다. 도시설계를 전공했기에 40여 년에 걸쳐 수많은 도시계획 및 도시설계 프로젝트를 수행해 왔는데, 신도시 계획 중 주요한 것만 추리면 분당신도시, 일산신도시, 평촌신도시, 동백신도시, 동탄신도시, 세종특별자치시 등이 있다.

한울아카데미 2235

# 분당에서 세종까지
## 대한민국 도시설계의 역사를 쓰다

ⓒ 안건혁, 2020

지은이 **안건혁** ㅣ 펴낸이 **김종수** ㅣ 펴낸곳 **한울엠플러스(주)**
편집 **조수임·임혜정**

초판 1쇄 발행 **2020년 10월 23일** ㅣ 초판 2쇄 발행 **2023년 8월 30일**

주소 **10881 경기도 파주시 광인사길 153 한울시소빌딩 3층**
전화 **031-955-0655** ㅣ 팩스 **031-955-0656** ㅣ 홈페이지 **www.hanulmplus.kr**
등록번호 **제406-2015-000143호**

ISBN **978-89-460-6914-5 93540**

Printed in Korea.
* 책값은 겉표지에 표시되어 있습니다.